应用型高等院校校企合作创新示范教材

信息技术基础

主 编 阙清贤 黄 诠

副主编 王剑波 赵巧梅 李 芳 刘泽平 颜富强 成 蒙

中国水利水电出版社
www.waterpub.com.cn
·北京·

内 容 提 要

本书致力于推动信息技术的普及，使用通俗易懂的语言深入浅出地介绍了信息技术的相关知识，包括信息技术与编码、计算机软硬件基础、网络与信息安全、操作系统及应用、WPS 办公软件、常用工具软件、信息技术前沿等，使非计算机专业学生能全面系统地了解现代信息技术的基本概念、知识体系，结合课程思政要求，以案例的形式阐述我国信息技术方面的应用优势，在大学生信息技术课程中推行 WPS 系列产品的教学，可以加快国产软件的替代与传播。

本书强调信息技术知识基础的普及，注重实用性与操作性，可作为普通高等院校、高职高专院校信息类通识课程的教材，也可作为各类计算机考试参考用书。

图书在版编目（CIP）数据

信息技术基础 / 阙清贤，黄诠主编. -- 北京 : 中国水利水电出版社，2023.8
应用型高等院校校企合作创新示范教材
ISBN 978-7-5226-1610-0

Ⅰ. ①信… Ⅱ. ①阙… ②黄… Ⅲ. ①电子计算机－高等学校－教材 Ⅳ. ①TP3

中国国家版本馆CIP数据核字(2023)第122412号

策划编辑：周益丹　责任编辑：张玉玲　加工编辑：张玉玲　封面设计：梁燕

书　　名	应用型高等院校校企合作创新示范教材 信息技术基础 XINXI JISHU JICHU
作　　者	主　编　阙清贤　黄　诠 副主编　王剑波　赵巧梅　李　芳　刘泽平　颜富强　成　蒙
出版发行	中国水利水电出版社 （北京市海淀区玉渊潭南路 1 号 D 座　100038） 网址：www.waterpub.com.cn E-mail：mchannel@263.net（答疑） sales@mwr.gov.cn 电话：（010）68545888（营销中心）、82562819（组稿）
经　　售	北京科水图书销售有限公司 电话：（010）68545874、63202643 全国各地新华书店和相关出版物销售网点
排　　版	北京万水电子信息有限公司
印　　刷	三河市德贤弘印务有限公司
规　　格	184mm×260mm　16 开本　19.75 印张　506 千字
版　　次	2023 年 8 月第 1 版　2023 年 8 月第 1 次印刷
印　　数	0001—6000 册
定　　价	56.00 元

前　言

二十大报告提出，科技是第一生产力、人才是第一资源、创新是第一动力。信息技术正成为科技创新的普遍工具，也是各类社会人才必备的基本能力。对今后将成为外交官、法官、公务员、教师等各类社会人才的大学生而言，信息技术应用是大学期间必须掌握的基本技能。本书以知识为主线，贯穿计算机应用能力的培养，注重信息知识普及、计算思维构建、信息检索与信息处理、信息技术前沿等素养的提升，按照“注重基础，强调技能，突出能力，展望前沿”的思路，凝聚一线教师的教学经验和教改成果。本书的编写自始至终以面向应用、服务专业、贯穿计算思维、启发学生兴趣、培养学生自主学习的能力为指导思想，力求叙述清晰、通俗易懂、图文并茂，适合高等学校非计算机专业本专科学生使用。

为方便教师教学与学生学习，本书配有数字教学资源，对应章节与知识点配有二维码，可使用移动终端随时随地进行学习，并根据课程要求建立了相应的教学测试平台供教师管理与学生操作练习。

本书由多年从事计算机基础教学工作的教师共同完成，涵盖信息技术与编码、软硬件基础、WPS 办公软件应用、常用工具软件介绍、网络与安全、计算机前沿技术六部分内容，并将课程思政案例元素融入教材的各个章节，注重现实产品与流行技术的结合，使读者能够学以致用。

本书总体框架设计、内容组织、案例选取由阙清贤、刘浩、王剑波负责，具体编写分工如下：第 1 章由颜富强编写，第 2 章由王剑波编写，第 3 章由阙清贤编写，第 4 章由李芳编写，第 5 章由刘泽平编写，第 6 章由黄诠编写，第 7 章由刘永逸编写，第 8 章由赵巧梅编写，第 9 章由刘淑华编写，第 10 章由胡婵编写，颜富强和成蒙收集并整理了思政案例，罗如为开发了用于 WPS 实验操作的练习与测评系统，刘浩教授审阅全书。

在本书编写过程中，编者参阅了国内学者的相关成果，在此深表谢意。

由于时间仓促及编者水平有限，书中难免有不妥之处，恳请读者批评指正。

编　者

2023 年 4 月

目　录

第1章　信息技术与编码

信息是对客观世界中各种事物的运动状态和变化的反映，是客观事物之间相互联系和相互作用的表征，表现的是客观事物运动状态和变化的实质内容。信息科学是研究信息运动规律和应用方法的科学，是由信息论、控制论、计算机理论、人工智能理论和系统论相互渗透、相互结合而成的一门新兴综合性科学。信息技术是指利用计算机、网络等各种硬件设备及软件工具与科学方法，对文图声像各种信息进行获取、加工、存储、传输与使用的技术之和。本章主要介绍信息技术处理过程中的计算思维、计算机发展历程与发展趋势、信息检索、信息编码等方面的内容。

1.1　计算思维

计算思维（Computational Thinking）是运用计算机科学的基本概念进行问题求解、系统设计及人类行为理解等涵盖计算机科学之广度的一系列思维活动。计算思维具有以下特征：

（1）计算思维是概念化的抽象思维，而不是程序思维。

（2）计算思维是人的思维，而不是机器的思维。

（3）计算思维是思想，而不是人造品。

（4）计算思维与数学和工程思维互补和融合。

（5）计算思维面向所有的人、所有的领域。

（6）如同“读、写、算”一样，计算思维是一种基本技能。

我们学习计算机，不仅仅是为了能够打字、上网，更重要的是用计算机来求解问题。计算思维是信息化社会所有学生都应掌握的基本思维方式，是促进学科交叉、融合与创新的重要思维模式。它可以帮助学生养成持续学习、尝试多角度解决复杂问题，甚至提出新问题的习惯和能力。下面以百钱百鸡问题来说明求解过程。

1.1.1　现实问题

公元五世纪末，我国古代数学家张丘建在《算经》中提出了如下的问题：“鸡翁一值钱五，鸡母一值钱三，鸡雏三值钱一。凡百钱买百鸡，问鸡翁、母、雏各几何。”这是一个为大家所熟悉的经典问题，那么用数学方法如何求解呢？

1.1.2　数学方法

根据问题的描述，我们将翁、母、雏分别用 x、y、z 表示，得出下列数学模型：

$$\begin{cases} x+y+z=100 & ① \\ 5x+3y+z/3=100 & ② \end{cases}$$

有两个方程、三个未知量，称为不定方程组，有多种解。

令②×3–①得：$7x+4y=100$，所以 $y=(100-7x)/4=25-2x+x/4$。

令 $x/4=t$，则易得 $x=4t$，$y=25-7t$，$z=75+3t$，因为 x、y、z 为正整数，从而得到 $t\geqslant 0$ 且 $t\leqslant 3$：

当 $t=0$ 时 $x=0$，$y=25$，$z=75$；

当 $t=1$ 时 $x=4$，$y=18$，$z=78$；

当 $t=2$ 时 $x=8$，$y=11$，$z=81$；

当 $t=3$ 时 $x=12$，$y=4$，$z=84$。

当然，分析问题和抽象方法不同，求解的途径就不同。上述过程，由抽象到模型再到求解，我们用的都是数学方法，那么这种问题如果用计算机求解该如何做呢？

1.1.3 编程算法

相对于人来说，计算机难以进行形象思维和决策，例如方程的建立、数量的假设与置换等。但计算机更容易进行重复计算，可以通过大量尝试的方法来获得问题答案。

1. 面向计算机的问题分析

枚举法（也称穷举法）是计算机程序设计中使用最为普遍的算法之一，可以用它来求解百钱百鸡问题。利用计算机运算速度快、精度高的特点，对公鸡、母鸡、小鸡的数量进行穷举组合，从中找出符合要求的结果。如果用百钱只买公鸡，最多可以买 20 只，但题目要求买一百只，所以公鸡数量在 0～20 之间。同理，母鸡数量在 0～33 之间，小鸡数量在 0～100 之间。在此把公鸡、母鸡和小鸡的数量分别设为 x、y、z，则 $x+y+z=100$，$5x+3y+z/3=100$，因此百钱百鸡问题就转换成解不定方程组的问题了。

2. 算法思路

对于不定方程组，我们可以利用穷举循环的方法来解决。公鸡范围是 0～20，可用语句 for(x=0; x<=20; x++) 实现。钱的数量是固定的，要买的鸡的数量也是固定的，母鸡数量是受到公鸡数量限制的。同理，小鸡数量受到公鸡和母鸡数量的限制，因此可以利用三层循环的嵌套来解决：第一层循环控制公鸡数量，第二层控制母鸡数量，最里层控制小鸡数量。

以上算法需要穷举尝试 21*34*101=72114 次，算法的效率明显太低了。对于本题来说，公鸡与母鸡的数量确定后，小鸡的数量就固定为 100–x–y，无须进行穷举了。这样我们利用两重循环即可实现，大大提高了算法的效率。

3. 计算机求解过程

下面用程序流程图来描述计算机求解此题的过程，如图 1-1 所示。

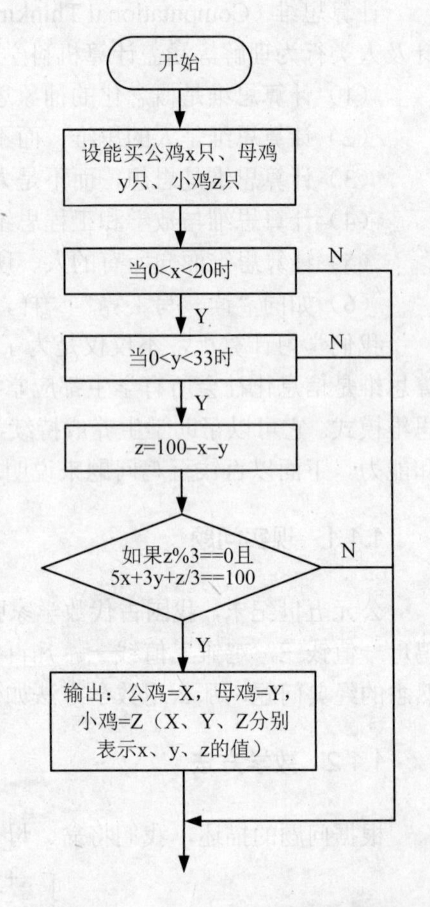

图 1-1 “百钱百鸡”程序流程图

1.1.4　程序代码

由以上算法可以得到 C 语言参考程序，如图 1-2 所示。

```
#include  <stdio.h>
int main( )
{
        int  x,y,z;
        for (x=0; x<=20; x++)       //公鸡数量的取值范围
            for (y=0; y<=33; y++)   //母鸡数量的取值范围
            {   z=100-x-y;          //根据公鸡、母鸡数量确定小鸡数量
                if (x*5+y*3+z/3==100&&z%3==0)//小鸡数量必须是3的倍数
                    printf("公鸡=%d,母鸡=%d,小鸡=%d\n",x,y,z);
            }
}
```

图 1-2　“百钱百鸡”参考程序

编译运行后结果如图 1-3 所示。

```
公鸡=0,母鸡=25,小鸡=75
公鸡=4,母鸡=18,小鸡=78
公鸡=8,母鸡=11,小鸡=81
公鸡=12,母鸡=4,小鸡=84

--------------------------------
Process exited after 0.008694 seconds with return value 0
请按任意键继续. . .
```

图 1-3　“百钱百鸡”运行结果

发展历程

1.2　发展历程

人类历史的诞生伴随着信息的诞生，可是人类对信息的认识却姗姗来迟，直到电子计算机出现以后，才逐渐展露出信息时代的真正面目。计算机的普及应用与现代通信技术的结合是人类社会继语言的使用、文字的创造、印刷术的发明和广播、电视发明之后的第五次信息革命。它的广泛使用提高了人类对信息的利用水平，极大地推动了人类社会的进步与发展。

1.2.1　计算机的概念

计算机（Computer）俗称电脑，是现代一种用于高速计算的电子计算机器，可以进行数值计算，也可以进行逻辑判断，还具有存储记忆功能，是能够按照程序运行，自动、高速处理海量数据的现代化智能电子设备。它由硬件和软件组成，没安装任何软件的计算机称为裸机。

经过短短几十年的发展，计算机技术的应用已经十分普及，从国民经济的各个领域到个人生活、工作的各个方面，可谓无所不在，计算机已深入我们的日常生活。因此，学习电子计算机，对于学生、科技人员、教育者和管理者都是十分必要的，也是每一个现代人所必须掌握的知识，而使用计算机应该是人们必备的基本技能之一。

1.2.2　计算机的起源与发展

1621 年，英国数学家威廉・奥特雷德（William Oughtred）根据对数原理发明了圆形计算尺，也称对数计算尺，如图 1-4 所示。对数计算尺在两个圆盘的边缘标注对数刻度，然后让它们相对转动，就可以基于对数原理用加减运算来实现乘除运算。对数计算尺不仅能做加、减、

乘、除、乘方、开方运算，甚至可以计算三角函数、指数函数和对数函数，一直被使用到袖珍电子计算器面世为止。圆形计算尺是世界上最早的模拟计算工具，开创了模拟计算的先河，曾为科学和工程计算做出了巨大贡献。

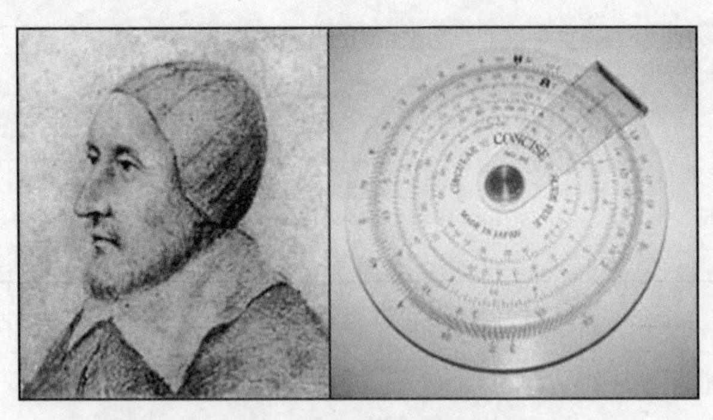

图 1-4　威廉·奥特雷德及其圆形计算尺

1642 年，法国科学家布莱斯·帕斯卡（Blaise Pascal）为了帮助父亲计算税款而发明了帕斯卡加法器，如图 1-5 所示。这款计算器设有一系列齿轮，第一个齿轮上有 10 个齿，旋转到一定刻度后转移到第二个齿轮上，依次类推，分别表示个、十、百、千、万等。这是人类历史上第一台机械式计算机器，它第一次确立了计算机器的概念，其原理对后来的计算工具产生了持久的影响。现在这种装置还用于汽车里程表、水电表和煤气表等领域。

二战期间，迫切的军事需求，对火炮的精度提出更高的要求，弹道计算日益复杂，原有的计算器不能满足计算要求，需要有一种新的快速的计算工具。1946 年，世界上第一台电子计算机埃尼阿克（Electronic Numerical Integrator And Calculator，ENIAC）诞生了，如图 1-6 所示。它是由艾克特（J. Presper Eckert）和莫奇利（John Mauchly）在美国宾夕法尼亚大学莫尔电子工程学院研制成功的。它装有 18000 多只电子管和大量的电阻、电容，第一次用电子线路实现运算。无数杰出的科学家为埃尼阿克的问世付出了艰苦的努力，如布尔、香农、图灵、冯·诺依曼，这些科学家的名字将永远被人们铭记。

图 1-5　帕斯卡的加法器

图 1-6　第一台电子计算机

自 1946 年世界上第一台通用电子计算机问世以来，计算机已被广泛应用于科学计算、工程设计、数据处理及日常生活的广大领域。到目前为止，计算机的发展按计算机内部所采用的电子元器件来划分，经历了以下 4 个阶段：

（1）第一代（1946—1957 年）：电子管时代。其特征是采用电子管作为逻辑元件，主要使用机器语言编程，应用于科学研究和工程计算。

（2）第二代（1958—1964 年）：晶体管时代。其特征是晶体管代替电子管，晶体管比电子管小，消耗能量较少，处理更迅速、更可靠。计算机的程序语言从机器语言发展到汇编语言，主要用于数据处理和过程控制。

（3）第三代（1965—1970 年）：中小规模集成电路时代。其特征是采用集成电路代替分立元件晶体管，出现了操作系统和诊断程序，高级语言更加流行，开始应用于科技工程领域，具有实时处理功能。

（4）第四代（1971 年至今）：大规模及超大规模集成电路（VLSI）时代。使用的元件依然是集成电路，不过这种集成电路已经大大改善，它包含着几十万到上百万个晶体管，被称为大规模集成电路和超大规模集成电路，微型计算机问世。从此，人们对计算机不再陌生，计算机开始深入到人类生活的各个方面。

1.3 应用领域

应用领域

计算机的应用已渗透到社会的各个领域，正在改变着人们的工作、学习和生活的方式，推动着社会的发展。其应用领域归纳起来可分为下述 9 个方面。

1. 数值计算

科学计算也称数值计算，是指应用计算机处理科学研究和工程技术中所遇到的数学问题。在现代科学和工程技术中，经常会遇到大量复杂的数学计算问题，这些问题用一般的计算工具来解决非常困难，而用计算机来处理却非常容易。随着现代科学技术的进一步发展，数值计算在现代科学研究中的地位不断提高，在尖端科学领域中显得尤为重要。例如，同步通信卫星的发射、人造卫星轨迹的计算、房屋抗震强度的计算、神舟系列宇宙飞船的研究设计，以及我们每天收听收看的天气预报都离不开计算机的科学计算。

2. 数据处理

数据处理又称为信息处理，指对大量数据进行加工、存储、检索和处理。在科学研究和工程技术中会得到大量的原始数据，其中包括大量图片、文字、声音、视频等，比如在生物工程中，对大型基因库数据的分析与处理就是数据处理的典型应用。目前计算机的数据处理应用已非常普遍，如人事管理、库存管理、财务管理、图书资料管理、情报检索和图形处理系统等。

数据处理已成为当代计算机的主要任务，也是现代化管理的基础。据统计，全世界计算机用于数据处理的工作量占全部计算机应用的 80%以上，大大提高了工作效率，提高了管理水平。

3. 自动控制

自动控制是指通过计算机对某一过程进行自动操作，它不需要人工干预，能按人预定的目标和预定的状态进行过程控制。所谓过程控制是指对操作数据进行实时采集、检测、处理和判断，按最佳值进行调节的过程。目前自动化控制技术被广泛地应用于化工行业、生产制造、电气工程、现代建筑等各个行业中。使用计算机进行自动控制可大大提高控制的实时性和准确性，提高劳动效率、产品质量，降低成本，缩短生产周期。

计算机自动控制还在国防和航空航天领域起着决定性作用，例如无人驾驶飞机、导弹、人造卫星和宇宙飞船等飞行器的控制都是靠计算机自动实现的。可以说计算机是现代国防和航空航天领域的神经中枢。

4. 计算机辅助工程

计算机辅助工程包括计算机辅助设计、计算机辅助制造和计算机辅助教育三方面内容。

（1）计算机辅助设计（Computer Aided Design，CAD）。计算机辅助设计是指借助计算机及其图形设备帮助设计人员进行各类工程的设计工作。它可以提高设计质量，缩短设计周期，做到设计自动化或半自动化。目前CAD技术已应用于飞机设计、船舶设计、建筑设计、机械设计、大规模集成电路设计等。在京九铁路的勘测设计中，使用计算机辅助设计系统绘制一张图纸仅需几个小时，而过去人工完成同样工作则要一周甚至更长时间；又如大规模集成电路版图设计要求在几平方毫米的硅片上制成几十万甚至上百万个电子元件，线条只有几微米宽，人工无法完成设计，只能借助CAD自动绘制复杂的版图。可见采用计算机辅助设计可以缩短设计时间，提高工作效率，节省人力、物力和财力，更重要的是提高了设计质量。CAD已得到各国工程技术人员的高度重视。

（2）计算机辅助制造（Computer Aided Manufacturing，CAM）。计算机辅助制造是指在机械制造业中，利用计算机通过各种数值控制机床和设备，自动完成离散产品的加工、装配、检测和包装等制造过程以及与此过程有关的全部物流系统和初步的生产调度。其核心是计算机数值控制，简称数控。

（3）计算机辅助教育（Computer Based Education，CBE）。计算机辅助教育指以计算机为主要媒介所进行的教育活动。也就是使用计算机来帮助教师教学，帮助学生学习，帮助教师管理教学活动和组织教学等，主要包括计算机辅助教学（CAI）、计算机管理教学（CMI）、计算机辅助测试（CAT）和计算机辅助学习（CAL）。

有些国家已把计算机辅助设计、计算机辅助制造、计算机辅助测试和计算机辅助工程组成一个集成系统，使设计、制造、测试和管理有机地组成为一体，形成高度的自动化系统，因此产生了自动化生产线和“无人工厂”。

5. 计算机网络

计算机网络是指将地理位置不同、具有独立功能的多台计算机及其外部设备，通过通信线路连接起来，在网络操作系统、网络管理软件及网络通信协议的管理和协调下，实现资源共享和信息传递的计算机系统。

随着网络技术的发展，计算机的应用进一步深入到社会的各行各业，通过高速信息网实现数据与信息的查询、高速通信服务（电子邮件、电视电话、电视会议、信息传输）、电子教育、电子娱乐、电子购物（通过网络选看商品、办理购物手续、质量投诉等）、远程医疗和会诊、交通信息管理等。计算机的应用将推动信息社会更快地向前发展。

6. 多媒体技术

多媒体技术（Multimedia Technology）是把数字、文字、声音、图像和动画等多种媒体有机组合起来，利用计算机、通信技术，使它们建立起逻辑联系，并进行加工处理的技术。多媒体计算机（Multimedia Computer）是指能够对声音、图像、视频等多媒体信息进行综合处理的计算机。多媒体计算机一般指多媒体个人计算机（MPC）。多媒体计算机可分为家电制造厂商研制的电视计算机和计算机制造厂商研制的计算机电视。

随着电子技术特别是通信和计算机技术的发展，人们已经把各种媒体综合起来，在医疗、教育、商业、银行、保险、行政管理、军事、工业、广播和出版等领域广泛应用。

7. 虚拟现实

虚拟现实（Virtual Reality，VR）是利用计算机生成的一种模拟环境，通过多种传感设备使用户“投入”到该环境中，实现用户与环境直接进行交互的目的。虚拟现实技术是一种能够创建和体验虚拟世界的计算机仿真技术，它利用计算机生成一种交互式的三维动态视景，其实体行为的仿真系统能够使用户沉浸到该环境中。

虚拟现实不仅仅被关注于计算机图像领域，它已涉及更广的领域，如电视会议、网络技术和分布式计算技术，并向分布式虚拟现实发展。在医学院校，学生可在虚拟实验室中进行“尸体”解剖和各种手术练习。用这项技术，由于不受标本、场地等的限制，所以培训费用大大降低。一些用于医学培训、实习和研究的虚拟现实系统仿真程度非常高，其优越性和效果是不可估量和不可比拟的。

8. 人工智能

人工智能（Artificial Intelligence，AI）是研究和模拟人类智能、智能行为及其规律的学科，是可以展现某些近似于人类智能行为的计算系统。它由不同的领域组成，如机器学习、计算机视觉等。总的说来，人工智能研究的一个主要目标是使机器能够胜任一些通常需要人类智能才能完成的复杂工作，主要包括计算机实现智能的原理、制造类似于人脑智能的计算机，使计算机能实现更高层次的应用。

人工智能是计算机应用的一个新的领域，近年来它获得了迅速的发展，在很多学科领域都获得了广泛应用，并取得了丰硕的成果。在医疗诊断、定理证明、语言翻译、机器人等方面已经有了显著的成效。例如，我国已开发成功一些中医专家诊断系统，可以模拟名医给患者诊病开方。机器人是计算机人工智能的典型例子。智能机器人能够感知和理解周围环境，使用语言、推理、规划和操纵工具，以及模仿人完成某些动作。机器人还能代替人在危险环境中进行繁重的劳动。例如，利用机器人进行深海作业、安检排爆工作等。

9. 娱乐游戏

随着互联网技术和多媒体技术的快速发展，音乐、影视、游戏等娱乐活动深受广大网友的喜爱。娱乐游戏中应用了计算机后，使得娱乐游戏的内容更加多样化和复杂化，而且可以达到很高深的程度。适当进行这种娱乐游戏，不仅可以使人感到精神轻松愉快，而且对人的脑力、智力以及反应速度都能起到很好的训练作用。美国阿塔瑞公司就是通过把计算机应用到娱乐游戏中之后取得显著成绩而闻名的。

1.4 发展趋势

发展趋势

现代计算机的发展主要表现在两个方面：一是冯·诺依曼计算机的发展趋势，主要朝着巨型化、微型化、网络化和智能化方向发展；二是非冯·诺依曼计算机的发展趋势，计算机将有可能在光子计算机、生物计算机、量子计算机等方面的研究领域取得重大的突破，未来计算机的前景美好。

1.4.1 冯·诺依曼计算机的发展

冯·诺依曼计算机的发展趋势主要有以下 4 个方面：

（1）巨型化。巨型化是指具有极高运算速度、大容量存储空间、更加强大和完善功能的超级巨型计算机，主要用于航空航天、军事、气象、人工智能、生物工程等学科领域。如我国的银河—Ⅰ、银河—Ⅱ和银河—Ⅲ，美国的 Cray-1、Cray-2 和 Cray-3，日本富士通的 Vp-30、Vp-50 等都属于巨型计算机。它们对尖端科学、国防和经济发展等领域的研究起着极其重要的作用。

（2）微型化。微型化是指计算机的体积微型化，由于大规模及超大规模集成电路的发展，计算机的体积越来越小、功耗越来越低、性能越来越强、性价比越来越好，微型计算机已广泛应用到社会各个领域。计算机芯片集成度越来越高，所完成的功能越来越强，使计算机微型化的进程和普及率越来越快。

（3）网络化。网络化是指用通信线路把各自独立的计算机连接起来，形成各计算机用户之间可以相互通信并使用公共资源的网络系统。1969 年 10 月 29 日，从洛杉矶向斯坦福传递了一个包含五个字母的单词 LOGIN，标志着计算机网络时代的到来。随着 Internet 的飞速发展，计算机网络已广泛应用于政府、学校、企业、科研、家庭等领域，在社会经济发展中发挥着极其重要的作用。

（4）智能化。智能化是指计算机具有人的智能，能够像人一样思维，让计算机能够进行图像识别、定理证明、研究学习、探索、联想、启发和理解人的语言等。人工智能是 20 世纪 70 年代以来的世界三大尖端技术之一（空间技术、能源技术、人工智能），也是 21 世纪的三大尖端技术之一（基因工程、纳米科学、人工智能）。人工智能在计算机领域得到了愈加广泛的重视，并获得了迅速的发展，在机器人、经济决策、控制系统、仿真系统中得到了广泛的应用。

2022 年 11 月底，美国人工智能研究实验室 OpenAI 新推出的一种人工智能技术驱动的自然语言处理工具 Chat GPT 使用了 Transformer 神经网络架构，具备了上知天文下知地理，并且能根据聊天的上下文进行互动的能力，做到与真正人类几乎无异的聊天场景交流。Chat GPT 不单单是聊天机器人，还能完成撰写邮件、视频脚本、文案、翻译、代码等任务。

1.4.2 非冯·诺依曼计算机的发展

根据摩尔定律，传统电子计算机中的逻辑电路逐渐接近物理性能极限，且电子计算机在计算能力等方面亦存在局限性，科学家期待并开始寻找新的计算模型来代替传统的电子计算机。随着高新技术的研究和发展，我们有理由相信计算机技术也将拓展到其他新兴的技术领域，计算机新技术的开发和利用必将成为未来计算机发展的新趋势。

（1）光子计算机。光子计算机（Photon Computer）是一种由光子取代电子进行数字运算、逻辑操作、信息存储和处理的新型计算机。它的基本组成部件是集成光路，主要包括激光器、光学反射镜、透镜、滤波器等光学元件和设备。光的并行、高速，天然地决定了光子计算机的并行处理能力很强，具有超高运算速度，其存储量也是现代计算机的几万倍。光子计算机还具有与人脑相似的容错性。光子在光介质中传输所造成的信息畸变和失真极小，光传输、转换时能量消耗和散发热量极低，对环境条件的要求比电子计算机低得多。光子计算机可以对语言、图形和手势进行识别与合成。在 1990 年初，美国贝尔实验室制成世界上第一台光子计算机。目前，光子计算机的许多关键技术都已获得重大突破，我们相信在不久的将来它将成为人类普遍使用的工具。

（2）生物计算机。生物计算机（Biological Computer）又称仿生计算机，是以生物芯片取代在半导体硅片上集成数以万计的晶体管而制成的计算机，它是以分子电子学为基础研制的一种新型计算机。它的主要原材料是生物工程技术产生的蛋白质分子，并以此作为生物芯片。生物计算机芯片本身还具有并行处理的功能，其运算速度要比当今最新一代的计算机快 10 万倍，存储量可达到普通计算机的 10 亿倍，而能量消耗仅为普通计算机的十亿分之一，且其组成器件的密度比大脑神经元的密度高 100 万倍，传递信息的速度比人脑思维的速度还快 100 万倍。生物计算机正是由于上述独特的优势而受到科学家们极大的青睐。

（3）量子计算机。量子计算机（Quantum Computer）是一类遵循量子力学规律进行高速数学和逻辑运算、存储及处理量子信息的物理装置。量子计算机的概念源于对可逆计算机的研究，研究可逆计算机的目的是解决计算机中的能耗问题。量子计算机以处于量子状态的原子作为中央处理器和内存，其运算速度将比 Pentium 4 芯片快 10 亿倍，可以在一瞬间完成对整个互联网的搜索，可以轻易破解任何安全密码。2009 年 11 月 15 日，世界上首台量子计算机在美国正式诞生。

1.5　信息检索

1. 信息检索的概念

随着网络对生活的影响与渗透越来越深，网络上的信息越来越多，在浩如烟海的信息中有效地进行信息检索变得越来越重要。信息检索狭义上讲就是从信息集合中找出所需要的信息的过程，严格定义上讲是指信息按一定的方式组织起来，并根据信息用户的需要找出有关信息的过程和技术。信息检索的手段有手工检索、光盘检索、联机检索和网络检索，概括起来分为手工检索和机械检索。手工检索指利用印刷形式检索书刊信息的过程，优点是回溯性好，没有时间限制，不收费；缺点是费时、效率低。机械检索指利用计算机检索数据库的过程，优点是速度快；缺点是回溯性不好，且有时间限制。

信息检索按检索对象分有文献检索、数据检索和事实检索。文献检索是以文献（包括题录、文摘和全文）为检索对象的检索，可分为全文检索和书目检索两种。数据检索是以数值或数据（包括数据、图表、公式等）为对象的检索。事实检索是以某一客观事实为检索对象，查找某一事物发生的时间、地点及过程。

2. 搜索引擎

信息检索需求让搜索引擎应运而生。搜索引擎就是用来在万维网上快速搜索定位资源的工具，实际上是 Internet 上的一个个网站。它的主要任务是在 Internet 中主动搜索其他 Web 站点中的信息并对其自动索引，其索引内容存储在可供查询的大型数据库中，用户从已建立的索引数据库里进行查询。这种查询并不是实时查询，查到的信息可能已经过时，因此需要定期地对数据库进行更新维护。根据使用技术的不同，搜索引擎可分为全文搜索引擎、分类目录搜索引擎和元搜索引擎。全文搜索引擎是名副其实的搜索引擎，著名的百度、谷歌就是全文搜索引擎。分类目录搜索引擎虽有搜索功能，但不是严格意义上的搜索引擎，它并不采集网站的任何信息，只是利用各网站向搜索引擎网站提交的关键字和网站描述信息建立按目录分类的网址链接列表。其代表有大名鼎鼎的雅虎、新浪、搜狐、网易的分类目录搜索。元搜索接受用户的查询请求后，同时在多个搜索引擎上搜索，并将结果返回给用户。中文元搜索中具代表性的是搜星搜索引擎。

在进行信息检索时我们要选择合适的搜索引擎；要输入合适的关键字，可使用布尔表达式的检索方式；对返回的搜索结果可根据排序位置、网址链接、文字说明等合理分析与选取。

搜索引擎有很多，表 1-1 所示为国内外常用的搜索引擎。

表 1-1　常用的搜索引擎

搜索引擎	URL 地址
百度	http://www.baidu.com
中文 Yahoo!	http://cn.yahoo.com
谷歌	http://www.google.com
好搜（360 搜索）	http://www.haosou.com
新浪搜索	http://search.sina.com.cn
有道搜索（网易）	http://www.youdao.com

3. 其他专业检索平台

（1）中国知网。全称是国家知识基础设施，简称 CNKI，是目前全球最大的中文数据库。它是以实现全社会知识资源传播共享与增值利用为目标的信息化数字出版平台。其收录的资源包括期刊、博硕士论文、会议论文、报纸等学术与专业资料，覆盖了理工、社会科学、电子信息技术、农业、医学等九大专辑、126 个专题数据库，收录了 1994 年以来中国出版发行的 6600 种学术期刊全文，数据每日更新，支持跨库检索。当需要这方面资源时，我们可以使用中国知网进行搜索。

（2）万方数据。万方数据致力于期刊、学位、会议、科技报告、专利、视频等十余种资源的搜索，且覆盖各研究层次，包括数亿条全球优质学术资源。

4. 信息检索方法

（1）常规法。常规法是利用检索工具来查找文献信息的方法，也是最常用的一种检索方法。这种方法可分为顺查法、倒查法和抽查法 3 种。

1）顺查法：是按课题的起始年代，由远及近逐年查找的检索方法。由于逐年查找，故查全率较高，而且在检索过程中可以不断筛选，剔除参考价值较小的文献，因而误检的可能性较小。利用这种方法检索文献比较全面、系统，但费时费力，工作量大，适合于内容较复杂、时间较长、范围较广的研究课题。

2）倒查法：与顺查法相反，是由近及远逐年查找文献的检索方法。这种方法适合于课题查新、掌握研究动态和制订研究规划时使用。采取这种检索方法可以及时把握学科的最新发展动态，且检索的时间跨度可以灵活掌握，检索效率高，但与顺查法相比查全率相对较低。

3）抽查法：是根据课题所属学科研究发展的某一高峰时期，抽出一个时间段，进行集中查找。此方法花费的时间较少，检索效率较高。但检索者必须熟悉该学科的发展特点，了解该学科文献发展较为集中的时间范围，只有这样才能取得较好的效果。

（2）追溯法。追溯法又称引文法，是利用文献后所附的参考文献、相关书目、推荐文章和引文注释查找相关文献。科学研究的连续性和继承性决定了要不断地参考和借鉴以前的科研成果。一篇学术论文的形成往往要参考或引用多篇其他论文的内容，并在文末将其作为参考文献列出。利用文末的参考文献线索查找相关的文献信息在某种程度上可以扩大文献来源。由于原文作者所引用的参考文献数量有限，而且不够全面，因此容易产生漏检和误检，且查全率极低，所以该方法是在缺少检索工具的情况下作为查找文献的一种辅助方法来使用的。

（3）综合法。综合法又叫循环法或分段法，是常规法和追溯法相互结合的一种检索方法。这种方法是先利用检索工具查出一批有用的文献，然后利用这些文献所附的参考文献进行追溯查找，扩大文献线索。如此分段交替循环进行，从而可得到大量相关文献。

5. 百度搜索常用技巧

（1）精准搜索。将需要搜索的关键词用双引号引起来，可以去除搜索结果中的广告、新闻及其他无关链接。如搜索关键词“Chat GPT”，在搜索框中给关键词加上双引号，搜索结果将更加精准。

（2）档案文件检索。想要搜索某些类型的文件时，可以在关键词后输入英文冒号及文件类型。例如需要搜索工作总结方面的PPT文件，则在搜索框中输入“工作总结:pptx”。

（3）组合条件检索。搜索条件中需要包含多个关键词时，可以使用“+”将关键词连接起来。例如搜索：IT+就业，表示搜索IT行业就业情况方面的文献资料。

（4）标题检索。搜索条件是文档标题的一部分，可以使用intitle作为搜索的前缀，后面加英文冒号，再接搜索的标题，可以只搜索含有该标题的文献，完全去除含有广告的链接。

1.6 进制转换

计算机中采用二进制表示数据。由于二进制表示的数据长度过大，很不方便，因此又引入了八进制和十六进制。

1.6.1 数制及其特点

数制也称进位计数制，是指用一组固定的符号和统一的规则来表示数值的方法，它遵循由低位向高位进位计数的规则。在进位计数制中有数码、基数和位权3个要素。

（1）数码：是指数制中表示基本数值大小的不同数字符号。例如，十进制有10个数码：0、1、2、3、4、5、6、7、8、9。数位是指数码在这个数中所处的位置。

（2）基数：是指在某种进位计数制中，每个数位上所能使用的数码的个数；例如十进制数基数是10，每个数位上所能使用的数码为0～9。

（3）位权：是指数码在不同位置上的权值。在数制中有一个规则，如果是N进制数，必须是逢N进1。对于多位数，处在某一位上的“1”所表示的数值的大小称为该位的位权。例如，十进制第2位的位权为10，第3位的位权为100。

几种常用数制的特点如表1-2所示。

表 1-2 常用数制的特点

进制	进位关系	字母表示	基数	数码	示例
二进制	逢二进位	B	2	0，1	$(101)_2$、101B
八进制	逢八进位	O（前缀 0）	8	0，1，2，3，4，5，6，7	$(173)_8$、173O
十进制	逢十进位	D	10	0～9	$(199)_{10}$、199D
十六进制	逢十六进位	H（前缀 0x）	16	0～9，A，B，C，D，E，F	$(1AB)_{16}$、1ABH

1.6.2 常用数制之间的转换

1. 十进制转换成 N 进制

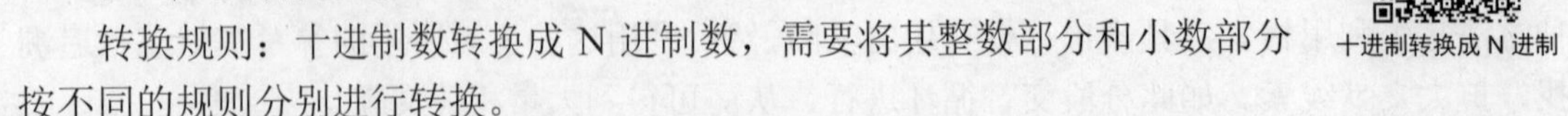

十进制转换成 N 进制

转换规则：十进制数转换成 N 进制数，需要将其整数部分和小数部分按不同的规则分别进行转换。

（1）整数转换成 N 进制。转换过程：除以 N 取余数，直到商为 0，反向取余，得到的余数即为二进制数整数部分各位的数码。

【例 1-1】将十进制数 75 转换成二进制数。

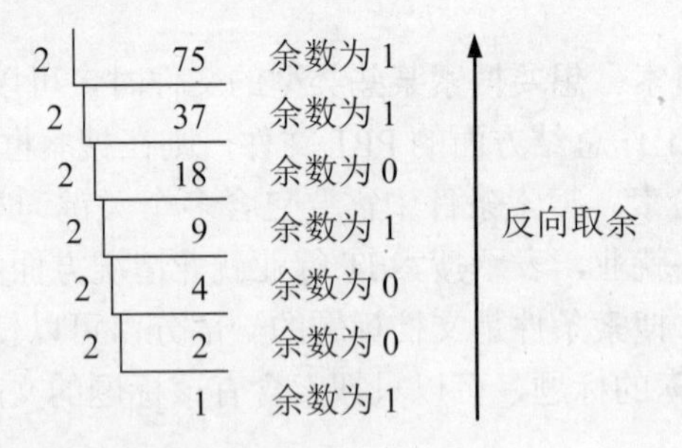

结果：$(75)_{10}=(1001011)_2$，或者表示成：75D=1001011B。

【例 1-2】将十进制数 75 转换成八进制数。

8 | 75 余数为 3
8 | 9 余数为 1
1 余数为 1
反向取余

结果：$(75)_{10}=(113)_8$，或者表示成：75D=113O。

【例 1-3】将十进制数 75 转换成十六进制数。

16 | 75 余数为 11（B）
4 余数为 4
反向取余

结果：$(75)_{10}=(4B)_{16}$，或者表示成：75D=4BH。

（2）小数部分转换成 N 进制。转换过程：乘以基数 N，正向取整数，得到的整数即为二进制数小数部分各位的数码。

【例 1-4】将十进制数 0.625 转换成二进制和八进制。

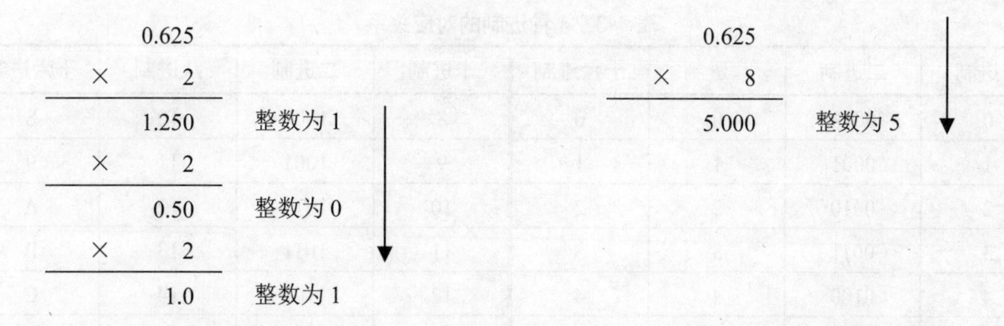

结果：0.625D=0.101B。　　　　　　　　　结果：0.625D=0.5O。

转换结果的二进制表示：应该以最初的整数为最高位，把每次乘积的整数部分连接起来。

【例 1-5】将$(13.6875)_{10}$转换成二进制数。

先对整数部分 13 进行转换，再对小数部分 0.6875 进行转换，最后按从高位到低位取数将所得的数排列后组合而成。

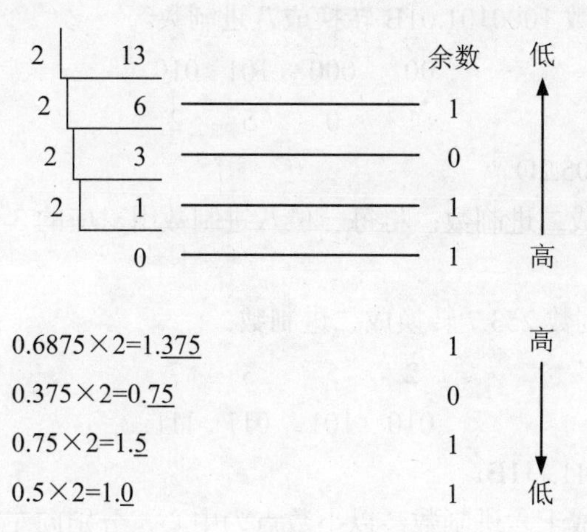

所以$(13.6875)_{10}=(1101.1011)_2$。

2. N 进制转换成十进制

N 进制转换成十进制

采用位权法，就是把各位非十进制数按位权展开求和。

【例 1-6】将二进制数 1001011.01 转换成十进制数。

$$100\ 1011.01B=1*2^6+0*2^5+0*2^4+1*2^3+0*2^2+1*2^1+1*2^0+0*2^{-1}+1*2^{-2}$$

$$=64+8+2+1+0.25=75.25D$$

【例 1-7】将八进制数 1357.06 转换成十进制数。

$$1357.06O=1\times8^3+3\times8^2+5\times8^1+7\times8^0+0\times8^{-1}+6\times8^{-2}=751.09375D$$

【例 1-8】把十六进制数 3A9D.08 转换成十进制数。

$$3A9D.08H=3\times16^3+10\times16^2+9\times16^1+13\times16^0+0\times16^{-1}+8\times16^{-2}=15005.03125$$

N 进制之间转换

3. N 进制之间整数的转换

十进制、二进制、八进制和十六进制的对应关系如表 1-3 所示。

表 1-3　4 种进制的对应关系

十进制	二进制	八进制	十六进制	十进制	二进制	八进制	十六进制
0	0000	0	0	8	1000	10	8
1	0001	1	1	9	1001	11	9
2	0010	2	2	10	1010	12	A
3	0011	3	3	11	1011	13	B
4	0100	4	4	12	1100	14	C
5	0101	5	5	13	1101	15	D
6	0110	6	6	14	1110	16	E
7	0111	7	7	15	1111	17	F

（1）二进制数转换成八进制数：以小数点为中心，分别向左和向右按每 3 位进行分组划分（首、尾不足 3 位时用 0 补足），将每 3 位二进制数用其对应的八进制数来表示。

【例 1-9】将二进制数 1000101.01B 转换成八进制数。

001　000　101 . 010

1　　0　　5 .　2

所以 1000101.01B=105.2O。

（2）八进制数转换成二进制数：将每一位八进制数用对应的 3 位二进制数表示。若首尾有 0，应去掉。

【例 1-10】将八进制数 253.7 转换成二进制数。

2　　5　　3 . 7

010　101　011 . 111

所以 253.7O=10101011.111B。

（3）二进制数转换成十六进制数：以小数点为中心，分别向左和向右按每 4 位进行分组划分（首、尾不足 4 位时用 0 补足），将每 4 位二进制数用其对应的十六进制数来表示。

【例 1-11】将二进制数 1100101010.111 转换成十六进制数。

0011　0010　1010 . 1110

3　　2　　A . E

所以 1100101010.111B=32A.EH。

（4）十六进制数转换成二进制数：将每一位十六进制数用对应的 4 位二进制数表示。若首尾有 0，应去掉。

【例 1-12】将十六进制数 FE.7 转换成二进制数。

F　　E　.　7

1111　1110 .　0111

所以 FE.7H=11111110.0111B。

1.7 信 息 编 码

1.7.1　计算机中数据的存储单位

图、文、声、像等各种媒体信息在计算机中均是以二进制数据的形式进行存储的，常用的存储单位有位、字节和字。

1. 位（bit，b）

位是计算机存储数据的最小单位。它是二进制的一个数位，简称位。一个二进制位只能表示 2^1=2 种状态，要想表示更多的数据，就得把多个位组合起来作为一个整体，每增加一位，所能表示的数据量就扩大一倍。

2. 字节（Byte，B）

字节是计算机处理数据的基本单位，即计算机是以字节为单位存储和解释数据的。字节是由相连的八个位组成的数据存储单位。数据的存储容量除了用字节表示外，还可以用千字节（KB）、兆字节（MB）、吉字节（GB）、太兆字节（TB）、拍字节（PB）等表示存储容量。它们之间的换算关系如下：

1B=8bits　1KB=1024B　1MB=1024KB　1GB=1024MB　1TB=1024GB　1PB=1024TB

3. 字（Word）

在计算机中，一串数码作为一个整体来处理或运算的称为一个计算机字，简称字。一个字通常由一个字节或若干个字节组成。在存储器中，通常每个单元存储一个字，因此每个字都是可以寻址的。字的长度用位数来表示，每个字所包含的位数称为字长。字长是计算机一次所能处理的实际位数长度，它是衡量计算机性能的一个重要指标，字长越长，计算机性能越强。按字长可以将计算机划分为 8 位机、16 位机、32 位机、64 位机等。

1.7.2　计算机中数据的表示

计算机内的数据是以二进制的形式存储和运算的。我们把一个数在计算机内被表示的二进制形式称为机器数，该数称为这个机器数的真值。在计算机中，数的最高位为符号位，并用“0”表示正，用“1”表示负，称为数符。

1. 机器数的分类

根据小数点位置固定与否，机器数可以分为定点数和浮点数。

（1）定点数。所谓定点数是指小数点位置固定的数。通常用定点数来表示整数与纯小数，分别称为定点整数与定点小数。

对于定点整数，小数点默认在整个二进制数的最后，且小数点不占二进制位。

例如，用 8 位二进制定点整数表示十进制数–76 为：

$$(-76)_{10}=(11001100)_2$$

↑ 小数点的默认位置

对于定点小数，小数点默认在符号位之前，且小数点不占二进制位。

例如，用 8 位二进制定点小数表示十进制纯小数+0.6875 为：

$$(+0.6875)_{10}=(0\ 1011000)_2$$

↑小数点的默认位置

（2）浮点数。既有整数部分又有小数部分的数，基于其小数点位置不固定，一般用浮点数表示。在计算机中，通常所说的浮点数就是指小数点位置不固定的数。对于既有整数部分又有小数部分的二进制数 P 可以表示为：$P=S\times 2^n$，其中 S 为二进制定点小数，称为 P 的尾数；n 为二进制定点整数，称为 P 的阶码，它反映了二进制数 P 的小数点后的实际位数。为使有限的二进制位数能表示出最多的数字位数，要求尾数 S 的第 1 位（符号位的后面一位）必须是 1。

【例 1-13】用 16 位二进制定点小数与 8 位二进制定点整数表示十进制数–255.625。

第一步，把十进制数–255.625 转换成二进制数：

$$(-255.625)_{10}=(-11111111.101)_2=(-0.11111111101)_2\times 2^8$$

第二步，将阶码 8 转换成二进制数为：

$$(+8)_{10}=(+1000)_2$$

第三步，将尾数转换成 16 位二进制定点小数：

$$S=(-0.11111111101)_2=(1\ 111111111010000)_2$$

↑小数点位置

第四步，将阶码转换成 8 位二进制定点整数：

$$N=(+1000)_2=(00001000)_2$$

↑小数点位置

所以，十进制数–255.625 转换成所要求的二进制浮点数后，存放形式为：

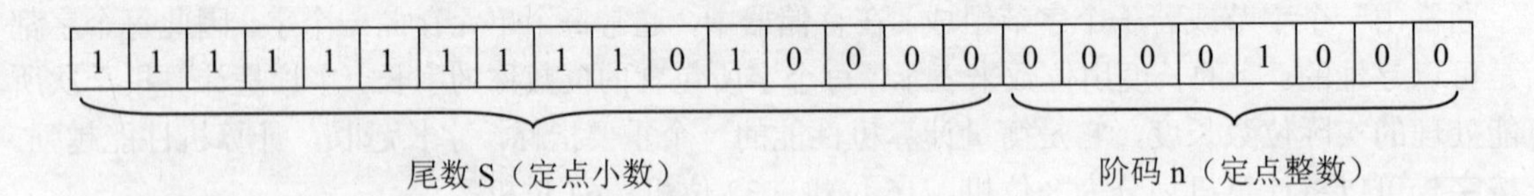

由此可见，在计算机中表示一个浮点数，其结构为：

数符（+/–）	尾数 S	阶符（+/–）	阶码 n
尾数部分（定点小数）		阶码部分（定点整数）	

2. 机器数的原码、反码和补码

在计算机中，对于有符号的数通常有 3 种表示方法：原码、反码和补码。

（1）原码：将数的真值形式中的“+”号用“0”表示，“–”号用“1”表示时，叫作数的原码形式，简称原码。例如，$[+125]_{原}$=01111101，$[-125]_{原}$=11111101，$[+0]_{原}$=00000000，$[-0]_{原}$=10000000。

（2）反码：当 N>0 时，反码与原码为同一形式；当 N<0 时，反码为原码的各位取反（符号位除外）。例如，$[+125]_{反}$=01111101，$[-125]_{反}$=10000010，$[+0]_{反}$=00000000，$[-0]_{反}$=11111111。

（3）补码：当 N>0 时，补码与原码为同一形式；当 N<0 时，补码为该数的反码加 1。例如，$[+125]_{补}$=01111101，$[-125]_{补}$=10000011，$[+0]_{补}$=00000000，$[-0]_{补}$=00000000。注意，计算机中，0 也分正负，+0 其原码、反码与补码的关系与 N>0 时相同；–0 其原码、反码与补码的关系与 N<0 时相同。

1.7.3　字符编码

字符编码

字符编码也称字集码，是把字符集中的字符编码为指定集合中某一对象，以便文本在计算机中存储和通过通信网络传递。常见的字符编码包括将拉丁字母表编码成摩斯电码和 ASCII。ASCII（American Standard Code for Information Interchange，美国信息交换标准代码）是基于拉丁字母的一套计算机编码系统，主要显示现代英语和其他西欧语言，是现今最通用的单字节编码系统，并等同于国际标准 ISO/IEC 646。

ASCII 码有 7 位版本和 8 位版本两种，国际上通用的是 7 位版本。7 位版本的 ASCII 码有 128 个元素，只需用 7 个二进制位（2^7=128）表示，其中控制字符 34 个，阿拉伯数字 10 个，大小写英文字母 52 个，各种标点符号和运算符号 32 个。在计算机中实际用 8 位表示一个字符，最高位为“0”。表 1-4 列出了全部 128 个符号的 ASCII 码。例如，数字 0 的 ASCII 码为 48，大写英文字母 A 的 ASCII 码为 65，空格的 ASCII 码为 32 等。

表 1-4　7 位的 ASCII 码表

$b_3b_2b_1b_0$	$b_6b_5b_4$							
	000	001	010	011	100	101	110	111
0000	NUL	DLE	SP	0	@	P	`	p
0001	SOH	DC1	!	1	A	Q	a	q
0010	STX	DC2	″	2	B	R	b	r
0011	ETX	DC3	#	3	C	S	c	s
0100	EOT	DC4	$	4	D	T	d	t
0101	ENQ	NAK	%	5	E	U	e	u
0110	ACK	SYN	&	6	F	V	f	v
0111	BEL	ETB	′	7	G	W	g	w
1000	BS	CAN	(	8	H	X	h	x
1001	HT	EM	)	9	I	Y	i	y
1010	LF	SUB	*	:	J	Z	j	z
1011	VT	ESC	+	;	K	[	k	{
1100	FF	FS	,	<	L	\	l	|
1101	CR	GS	–	=	M	]	m	}
1110	SO	RS	.	>	N	^	n	~
1111	SI	US	/	?	O	_	o	DEL

1.7.4　汉字编码

汉字编码

汉字是一类特殊的字符，与西文字符比较，汉字数量大、字形复杂、同音字多，这就给汉字在计算机内部的存储、传输、交换、输入、输出等带来了一系列的问题。为了能直接使用西文标准键盘输入汉字，必须为汉字设计相应的编码，以适应计算机处理汉字的需要。其编码涉及输入、存储、输出 3 个方面：将汉字输入计算机内部进行的编码，称为输入编码；汉字的存储编码，指将汉字采用二进制形式存储在计算机内部，有国标码和机内码；输出编码，指汉字输出时采用的编码，典型代表是字模码，或者称为字形码。

（1）输入编码。

输入编码，是用来将汉字输入到计算机中的一组键盘符号。汉字输入编码方案有 4 种：音码、形码、音形码、数码。

1）音码：根据汉字的拼音进行编码，常见的音码输入方法有全拼、双拼、搜狗等。

2）形码：根据汉字的形状结构进行编码，主要代表是五笔字型输入法。

3）音形码：结合汉字的拼音与形状进行编码，比较典型的是自然码，现在几乎已没有用户使用。

4）数码：使用 4 位十进制数来表示一个汉字，电报码是一种常用的数码汉字输入方法。最大优点是没有重码，每一个 4 位十进制数唯一对应一个汉字，缺点是特别难记，适合专业人员使用。

（2）存储编码。

1）区位码：1980 年我国颁布了《信息交换用汉字编码字符集・基本集》，代号为 GB2312－80，是国家规定的用于汉字信息处理使用的代码依据，这种编码称为国标码。在国标码的字符集中共收录了 6763 个常用汉字和 682 个非汉字字符（图形、符号），其中一级汉字 3755 个，以汉语拼音为序排列；二级汉字 3008 个，以偏旁部首进行排列。

国标 GB2312－80 规定，所有的国标汉字与符号组成一个 94×94 的矩阵，在此方阵中，每一行称为一个“区”（区号为 01～94），每一列称为一个“位”（位号为 01～94），该方阵实际组成了一个 94 个区，每个区内有 94 个位的汉字字符集，每一个汉字或符号在码表中都有一个唯一的位置编码，称为该字符的区位码。使用区位码方法输入汉字时，必须先在表中查找汉字并找出对应的代码，才能输入。区位码输入汉字的优点是无重码，而且输入码与内部编码的转换方便。

2）国标码：为避免在信息传输过程中与控制字符混淆，国标码从二进制数 100000（即十进制的 32）开始编码，表示为十六进制，即为 20H。因此，要把区位码转换为十六进制的国标码，需要分别在区号和位号上加上十六进制数 20H，区位码与国标码之间存在如下关系：

国标码=区位码+2020H

例如，“啊”的区位码为 1601，则其国标码为 3621H。

3）机内码：汉字的机内码是计算机系统内部对汉字进行存储、处理、传输统一使用的代码，又称为汉字内码。由于汉字数量多，一般用 2 个字节来存放汉字的内码。在计算机内汉字字符必须与英文字符区别开，以免造成混乱。英文字符的机内码是用一个字节来存放 ASCII 码，一个 ASCII 码占一个字节的低 7 位，最高位为“0”。为了区分，汉字机内码中两个字节的最高位均置“1”。国标码与机内码之间存在如下关系：

机内码=国标码+8080H

例如，汉字“中”的国标码为 5650H，机内码为 D6D0H。

（3）输出编码。

汉字输出编码又称汉字字形码，每一个汉字的字形都必须预先存放在计算机内，例如 GB2312 国标汉字字符集的所有字符的形状描述信息集合在一起，称为字形信息库，简称字库。通常分为点阵字库和矢量字库。目前汉字字形的产生方式大多是用点阵方式形成汉字，即用点阵表示的汉字字形代码。根据汉字输出精度的要求有不同密度点阵，汉字字形点阵有 16×16 点阵、24×24 点阵、32×32 点阵等，点数越多，输出的汉字越美观。汉字字形点阵中每个点的信息用一位二进制码来表示，“1”表示对应位置处是黑点，“0”表示对应位置处是空白。字形点阵的信息量很大，所占存储空间也很大。例如 16×16 点阵，每个汉字就要占 32 字节；24×24 点阵的字形码需要用 72 字节，因此字形点阵只能用来构成“字库”，而不能用来替代机内码用于机内存储。字库中存储了每个汉字的字形点阵代码，不同的字体（如宋体、仿宋、楷体、黑体等）对应着不同的字库。在输出汉字时，计算机要先到字库中去找到它的字形描述信息，然后再把字形送去输出。

例如，图 1-7 中的“重”字，采用 16×16 点阵图形表示，每一个点用一个二进制位来表示，填充为黑色的点表示为 1，空白的点为 0，这样，16 点阵的汉字，就由十六行二进制构成，每行二进制有十六位，每 8 位一个字节，因此每行两个字节，16 点阵的汉字形状表示需要占用的存储空间为：16 行×每行 2 字节，共 32 字节。

	1	2	3	4	5	6	7	8	9	10	11	12	13	14	15	16
1	0	0	0	0	0	0	0	0	0	0	0	0	0	0	0	0
2	0	0	0	0	0	0	0	0	0	0	0	0	1	1	0	0
3	0	0	0	1	1	1	1	1	1	1	1	1	0	0	0	0
4	0	0	0	0	0	0	0	0	1	0	0	0	0	0	0	0
5	0	0	1	1	1	1	1	1	1	1	1	1	1	1	0	0
6	0	0	0	0	0	0	0	0	1	0	0	0	0	0	0	0
7	0	0	0	1	1	1	1	1	1	1	1	1	1	0	0	0
8	0	0	0	1	0	0	0	0	1	0	0	0	1	0	0	0
9	0	0	0	1	1	1	1	1	1	1	1	1	1	0	0	0
10	0	0	0	1	0	0	0	0	1	0	0	0	1	0	0	0
11	0	0	0	1	1	1	1	1	1	1	1	1	1	0	0	0
12	0	0	0	0	0	0	0	0	1	0	0	0	0	0	0	0
13	0	0	1	1	1	1	1	1	1	1	1	1	1	1	0	0
14	0	0	0	0	0	0	0	0	1	0	0	0	0	0	0	0
15	0	1	1	1	1	1	1	1	1	1	1	1	1	1	1	0
16	0	0	0	0	0	0	0	0	0	0	0	0	0	0	0	0

00000000 00000000	0000H	1
00000000 00001100	000CH	2
00011111 11110000	1FF0H	3
00000000 10000000	0080H	4
00111111 11111100	3FFCH	5
00000000 10000000	0080H	6
00011111 11111000	1FF8H	7
00010000 10001000	1088H	8
00011111 11111000	1FF8H	9
00010000 10001000	1088H	10
00011111 11111000	1FF8H	11
00000000 10000000	0080H	12
00111111 11111100	3FFCH	13
00000000 10000000	0080H	14
01111111 11111110	1FFEH	15
00000000 00000000	0000H	16

图 1-7　采用 16×16 点阵输出

1.7.5　音频编码

对音频进行编码的目的就是进行数据压缩，以此来降低数据传输和存储的成本。用二进制数字序列表示声音，是利用现代信息技术处理和传递声音信号的前提。现实中的声音是具有一定振幅和频率且随时间变化的声波，通过话筒等转化装置可将其变成光滑连续的声波曲线，这是模拟电信号。声音的强弱体现在声波压力的大小上，音调的高低体现在声音的频率上。这种模拟信号无法由计算机直接处理，所以必须先对其进行数字化，即将模拟的声音信号变换成计算机所能处理的二进制数的形式，然后利用计算机进行存储、编辑或处理。

把模拟声音信号转变为数字声音信号的过程称为声音的数字化，与图像信息数字化一样，其过程也包括采样、量化和编码 3 个步骤。采样是指在模拟音频的波形上每隔一定的间隔取一个幅度值。量化是将采样得到的幅度值进行离散、分类并赋值（量化）的过程。编码就是将量化后的整数值用二进制数来表示。如果将声音分成 32 级，量化值为 0～32，则只需用 5 个二进制数来编码；若量化值为 0～127，每个样本就要用 7 个二进制数来编码。

自然界中的声音非常复杂，波形也复杂，通常我们采用脉冲代码调制编码，即 PCM 编码。PCM 通过抽样、量化、编码 3 个步骤将连续变化的模拟信号转换为数字编码，如图 1-8 所示。

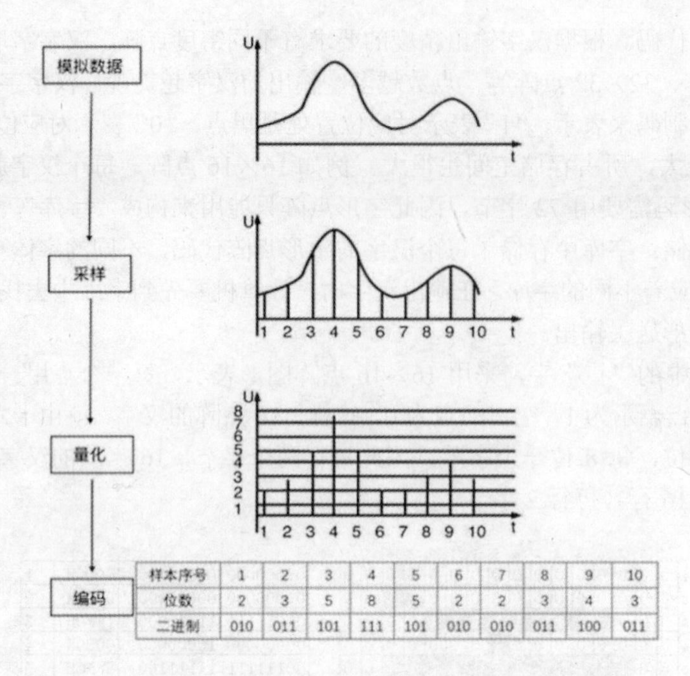

样本序号	1	2	3	4	5	6	7	8	9	10
位数	2	3	5	8	5	2	2	3	4	3
二进制	010	011	101	111	101	010	010	011	100	011

图 1-8 PCM 编码过程

1.7.6 图像编码

图像编码也称图像压缩，是指在满足一定质量的条件下，以较少比特数表示图像或图像中所包含信息的技术。利用图形、图像恰当地表现和传达信息已经成为今天利用多媒体方式交流信息的重要手段。这除了与图形、图像可以承载大量而丰富的信息有关外，还有一个重要原因是图形、图像具有生动而直观的视觉效果，从而为人类构建了一个形象的思维模式。下面就来了解位图（图像）与矢量图（图形）的概念。

位图，又称光栅图像，指的是图像由点阵组成，就是最小单位由像素构成的图，只有点的信息，所以也叫点阵图、像素图。常见的格式有 JPG、PNG、GIF 等。

矢量图，是根据几何特性来绘制图形，使用直线和曲线来描述，这些图形的元素是一些点、线、矩形、多边形、圆、弧线等，它们都是通过数学公式计算得到的，特点是放大后图像不会失真，与分辨率无关，这也是矢量图与位图最大的区别。常见的格式有 CAD、Flash 等。

1. *颜色深度及 RGB*

图像中每个像素的颜色信息被量化后将用若干数据位来表示，这些位数称为图像的颜色深度，也称图像深度或深度。单色图像可以用 1 位（2^0）位图表示，16 色图像可以用 4 位（2^4）位图表示，256 色图像可以用 8 位（2^8）位图表示。

计算机屏幕上的所有颜色都是由红色、绿色、蓝色三种色光按照不同的比例混合而成的。一组红色绿色蓝色就是一个最小的显示单位。屏幕上的任何一个颜色都可以由一组 RGB 值来记录和表达。因此这个红色绿色蓝色又称为三原色光，用英文表示就是 R（red）G（green）B（blue）。在计算机中，RGB 的所谓“多少”是指亮度，并使用整数来表示。通常情况下，RGB 各有 256 级亮度，用数字表示为 0～255。注意，虽然数字最高是 255，但 0 也是数值之一，因此共 256 级。按照计算，256 级的 RGB 色彩总共能组合出约 1678 万种色彩，即 256×

256×256=16777216。通常也被简称为 1600 万色或千万色，也称为 24 位色（2 的 24 次方）。

2. 图像分辨率

位图由网格形状的像素点阵列组成，每个小网格即为一个像素点，图像长与宽的网格个数即为分辨率。例如，分辨率为 1920×1080 表达的就是屏幕长上有 1920 个像素，屏幕宽上有 1080 个像素。每一个像素点都是单独染色，像素点的颜色由 RGB 三原色与灰度值决定。正如十字绣中绣布上的小方格子越密，绣出来的“作品”越精致细腻，用于表示位图的像素点越多，位图图像也会越逼真，也就是说位图图像分辨率越高图像越清晰。分辨率是单位长度内像素点的数量，即该图像水平和垂直方向上的像素数，是决定位图质量的主要因素之一。

3. 位图数据量计算

位图文件所占字节数的计算公式：(图像分辨率×颜色深度)/8。例如，一幅分辨率为 1024×768 像素的 256 色位图，原始数据量为(1024×768 像素×8 位)/8/1024=768KB。可见，位图所占的存储空间较大，因此进行实际图像处理时需要对其进行压缩。

4. 图像编码

图像数字化的方法有两种：一种是直接由扫描仪、数字照相机和摄像机等输入设备捕捉的真实场景画面产生的映像，将其数字化后以位图形式存储；另一种是对模拟图像经过特殊设备的处理，如量化、采样等，转化成计算机可以识别的二进制数表示的数字图像。可见，将模拟图像转化成数字图像的过程就是图像信息的数字化过程，这个过程主要包含采样、量化和编码 3 个步骤。

那么，图像信息又是如何编码的呢？因为计算机总是以数字的方式存储和工作，它把图像按行与列分割成 m×n 个网格，然后将每个网格的图像表示为该网格的颜色平均值的一个像素，也就是说用一个 m×n 的像素矩阵来表达一幅图像，网格的密度被称为图像的分辨率。显然分辨率越高，图像就会越精细，失真也就越小。图 1-9 所示是一个单色图像颜色编码示意图，即像素点包含的颜色只有黑色和白色两种，所以只要用“0”来表示黑色，用“1”来表示白色，就表达了一个简单单色图像。

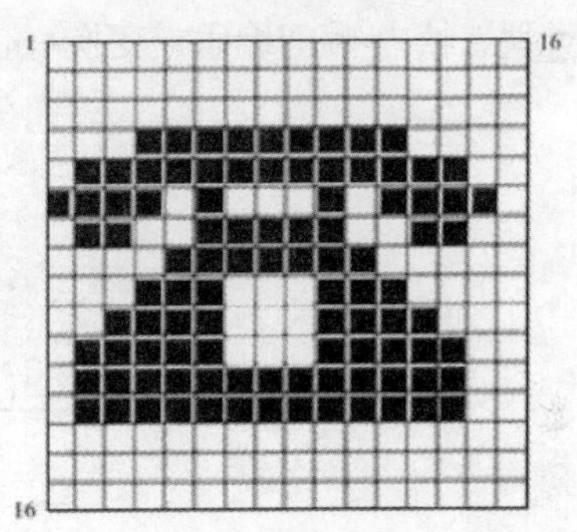

图 1-9　单色图像颜色编码示意

1.7.7 视频编码

视频编码又称视频压缩，伴随着用户对高清视频需求量的增加，视频多媒体的视频数据量也在不断加大。如果未经压缩，这些视频很难应用于实际的存储和传输。我们计算一段 10 秒钟 1080P（1920*1080）、30f/s 的 YUV420P 像素格式（每个像素占用 1.5 字节）原始视频的容量：1920*1080*30*10*1.5=933120000 字节≈889.89MB。仅仅是一段 10 秒钟的 1080P 原始视频的容量就达到了 889.89MB，如此大的数据量如果直接进行存储或传输将会遇到很大困难，因此必须采用压缩技术以减少码率。

1. 编码流程

在进行当前信号编码时，编码器首先会产生对当前信号做预测的信号，称为预测信号，预测的方式有以下两种：

（1）时间上的预测，亦即使用先前帧的信号做预测。

（2）空间上的预测，亦即使用同一帧之中相邻像素的信号做预测。

得到预测信号后，编码器会将当前信号与预测信号相减得到残余信号，并只对残余信号进行编码，如此一来，可以去除一部分时间上或空间上的冗余信息。编码器并不会直接对残余信号进行编码，而是先将残余信号经过变换（通常为离散余弦变换），然后量化以进一步去除空间上和感知上的冗余信息。量化后得到的量化系数会再通过熵编码去除统计上的冗余信息。

有了视频编码的存在，大幅减少了视频流所需要的比特，让现在的网络可以无压力地播放，甚至在某些低码率的情况下我们依然可以看到高清的视频。当前视频编码标准有很多，最主流的是 H.264 编码。

2. H.264 编码过程

国际上制定视频编解码技术的组织有两个：一个是“国际电联（ITU-T）”，它制定的标准有 H.261、H.263、H.263+等；另一个是“国际标准化组织（ISO）”，它制定的标准有 MPEG-1、MPEG-2、MPEG-4 等。而 H.264 是由两个组织联合组建的联合视频组（JVT）共同制定的新数字视频编码标准，它提供了明显优于其他标准的压缩性能，在同样的画质下拥有更高的压缩率（低码率），同时拥有更好的网络亲和性，可适用于各种传输网络。

H.264 的编程过程比较复杂，大体可以归纳为以下几个主要步骤（如图 1-10 所示）：划分帧类型、帧内/帧间编码、变换+量化、滤波、熵编码。

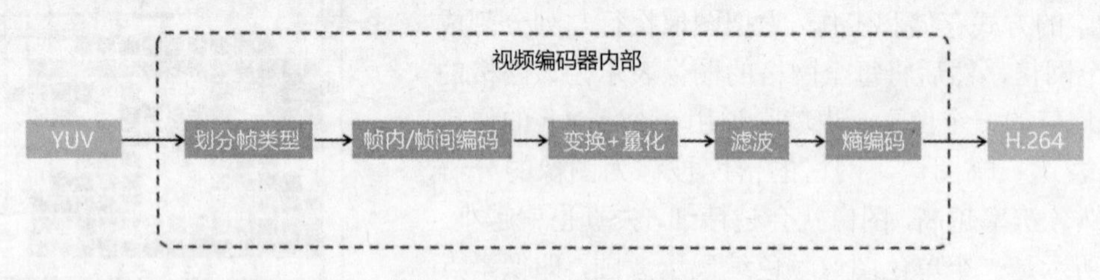

图 1-10 H.264 的编码过程

（1）划分帧类型。视频压缩主要是压缩视频的冗余数据，而视频数据主要有两类冗余数据，一类是空间上的冗余，一类是时间上的冗余。其中时间上的冗余是最大的。为什么说时间上的冗余是最大的呢？我们使用 YuvEye 查看视频的每一帧会发现，有很多连续的帧是相似的（如图 1-11 中的 5 秒 28 帧和 7 秒 0 帧是非常相似的），连续相似的帧有可能有几十帧，也有可能有几百帧。对于这些连续相似的帧，其实我们只需要保存一帧数据，其他帧可以通过这一帧按照某种规则预测出来，所以说视频数据在时间上的冗余是最多的。

有统计结果表明，在连续的几帧图像中，一般只有 10%以内的像素有差别，亮度的差值变化不超过 2%，而色度的差值变化只在 1%以内。为了达到连续相似的相关帧通过预测的方法来压缩数据，就需要将视频帧进行分组。那么如何对相似帧进行分组呢？H.264 编码器会按顺序，每次取出两幅相邻的帧进行宏块比较，计算两帧的相似度。通过宏块扫描与宏块搜索可以发现这两个帧的关联度是非常高的，进而发现这一组帧的关联度都是非常高的，这些帧就可以划分到一个图像群组，简称为 GoP（Group of Pictures），如图 1-12 所示。

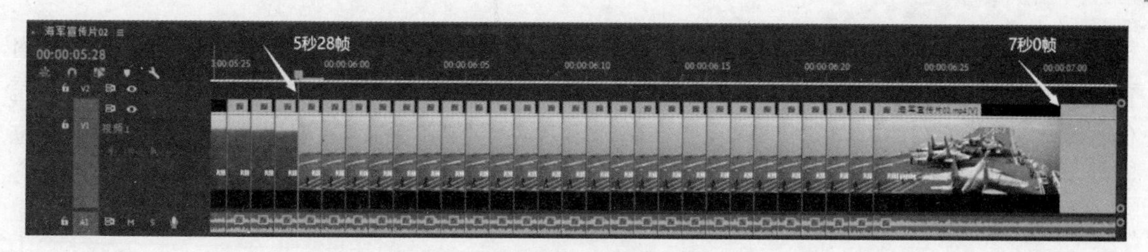

图 1-11　视频帧

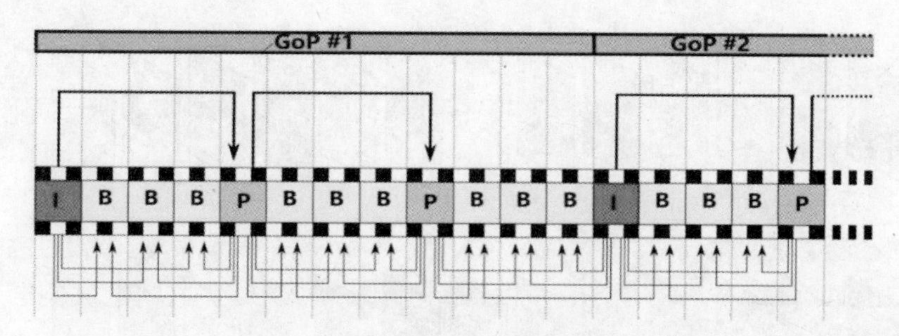

图 1-12　H.264 GoP

接下来就要对 GoP 中的每一帧确定一个类型，H.264 协议中定义了 I 帧、P 帧和 B 帧共 3 种类型。

I 帧（I Picture、I Frame、Intra Coded Picture），译为帧内编码图像，也叫关键帧（Keyframe），是视频的第一帧，也是 GoP 的第一帧，一个 GoP 只有一个 I 帧。I 帧是一种自带全部信息的完整独立帧，不会依赖其他帧的信息，也就是自我进行参考的帧，可以简单理解为一张静态图像。在编码时对整帧图像数据进行编码，在解码时仅用当前 I 帧的编码数据就可以解码出完整的图像。

P 帧（P Picture、P Frame、Predictive Coded Picture），译为预测编码图像。编码时并不会对整帧图像数据进行编码，以前面的 I 帧或 P 帧作为参考帧，只编码当前 P 帧与参考帧的差异数据。解码时需要先解码出前面的参考帧，再结合差异数据解码出当前 P 帧的完整图像。

B 帧（B Picture、B Frame、Bipredictive Coded Picture），译为前后预测编码图像。编码时并不会对整帧图像数据进行编码，同时以前面、后面的 I 帧或 P 帧作为参考帧，只编码当前 B 帧与前后参考帧的差异数据，因为可参考的帧变多了，所以只需要存储更少的差异数据。解码时需要先解码出前后的参考帧，再结合差异数据解码出当前 B 帧的完整图像。

以图 1-13 为例，在播放时，站在用户角度看到的帧的顺序为 I0->B2->B3->P1->B5->B6->P4->B8->B9->I7->B11->B12->P10。编码时同样首先编码 I0 帧，按照显示顺序接下来应该编码 B2 帧，但是由于 B2 帧需要参考后面的 P1 帧，所以要优先编码 P1 帧，接下来才能编码 B2 帧，然后是 B3 帧，再后面就是 P4 帧、B5 帧、B6 帧，紧接着由于 B8 帧和 B9 帧需要参考 GoP #1 的 I7 帧，在 B8 帧和 B9 帧编码之前要先编码 I7 帧，总结下来编码的顺序是 I0->P1->B2->B3->P4->B5->B6->I7->B8->B9->P10->B11->B12。解码顺序和编码顺序一样。

（2）帧内/帧间编码。I 帧采用的是帧内编码，处理的是空间冗余。P 帧、B 帧采用的是帧间编码，处理的是时间冗余。帧内编码，也称帧内预测。假设当前的块不在图像边缘，我们可以用上方相邻块边界邻近值作为基础值，也就是上面一行中的每一个值都垂直向下做拷贝，构建出和源 YUV 块一样大小的预测块，这种构建预测块的方式叫作垂直预测模式，属于帧内预测模式的一种。紧接着，以 4×4 的预测块为例，用源 YUV 的数据和预测 YUV 的数据做差值，得到残差块（图 1-14），这样我们在码流中就直接传输当前 4×4 块的预测模式的标志位和残差数据即可，极大地节省了码流。编码器会选取最佳预测模式，使预测帧更加接近原始帧，减少相互间的差异，提高编码的压缩效率。

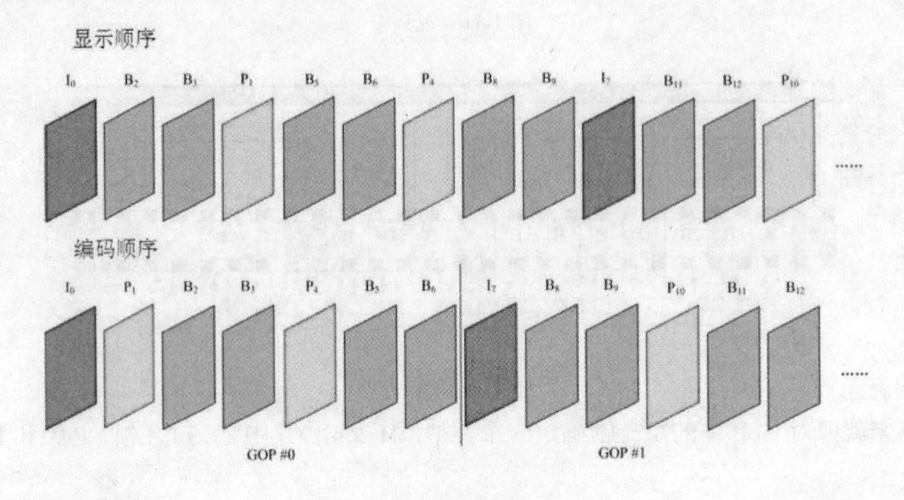

图 1-13 H.264 帧的显示与编码顺序

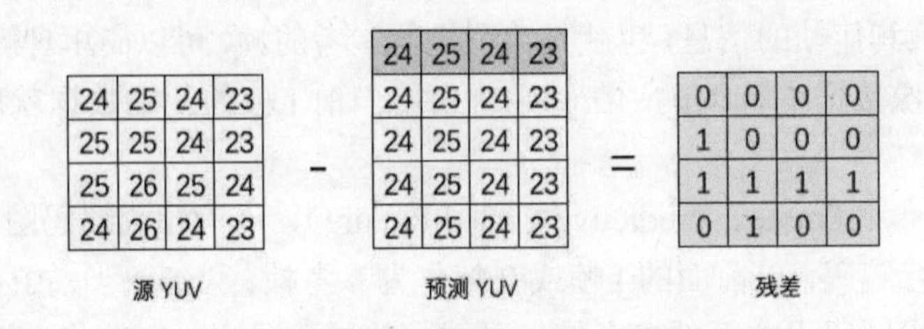

图 1-14 源块与预测块之间的残差

帧间编码，也称帧间预测，用到了运动补偿技术。编码器利用块匹配算法，尝试在先前已编码的帧（称为参考帧）上搜索与正在编码的块相似的块。如果编码器搜索成功，则可以使用称为运动矢量的向量对块进行编码，该向量指向匹配块在参考帧处的位置。在大多数情况下，编码器将成功执行，但是找到的块可能与它正在编码的块不完全匹配，这时编码器将计算它们之间的残差值。这些残差值称为预测误差，需要进行变换并将其发送给编码器。综上所述，如果编码器在参考帧上成功找到匹配块，它将获得指向匹配块的运动矢量和预测误差。使用这两个元素以及帧间预测模式标志位，解码器将能够恢复该块的原始像素。如果一切顺利，该算法将能够找到一个几乎没有预测误差的匹配块，因此，一旦进行变换，运动矢量加上预测误差的总大小将小于原始编码的大小。如果块匹配算法未能找到合适的匹配，则预测误差将是可观的。因此，运动矢量的总大小加上预测误差将大于原始编码。在这种情况下，编码器将产生异常，并为该特定块发送原始编码。

（3）变换+量化。把经过预测后得到的残差值进行 DCT 变换（离散余弦变换），目的是把直流和低频能量集中在左上，高频能量集中在右下。DCT 本身虽然没有压缩作用，仅仅是去掉了数据的相关性，但却为后面进一步压缩数据时的取舍奠定了必不可少的基础。

变换后直流分量 DC 都集中在左上角，是整块像素求和的均值。由于人眼对高频信号不敏感，我们可以定义这样一个变量 QP=5，将变换块中所有的值都除以 QP，这样做进一步节省传输码流位宽，同时主要去掉了高频分量的值，在解码端只需要将变换块中所有的值再乘 QP 就可以基本还原低频分量。

QP 运算的过程称为量化，可见量化值越大，丢掉的高频信息就越多，再加上编码器中都是用整形变量来代表像素值，所以量化值最后还原的低频信息也会越不准确，即造成的失真就越大，块效应也会越大（图 1-15），视频编码的质量损失主要来源于此。

图 1-15　块效应

（4）滤波。为了减轻和消除视频图像中的块效应，通常会使用滤波器对块边界处的像素进行滤波以平滑像素值的突变，改善画面质量，这种滤波称为去块滤波。去块滤波最核心的部分就是区分真假边界，而真假边界区分则基于两个假设：真实边界两边像素点的差值通常比虚假边界两边像素的差值要大；对于两边像素差值小的真实边界，即使使用平滑滤波，其主观效果也不会有太大的影响。

因此，去块滤波应该遵循以下原则：在平坦区域，即使很小的像素不连续也很容易被人察觉，所以要使用比较强的去块滤波，可以改变较多的像素点；对于复杂的区域，为了保持图像细节，要使用较弱的去块滤波，改变较少的像素点。

（5）熵编码。利用信源的统计特性进行码率压缩的编码就称为熵编码，也叫统计编码。熵编码是无损压缩编码方法，它生成的码流可以经解码无失真地恢复出原数据。熵编码是建立在随机过程的统计特性基础上的。

熵的大小与信源的概率模型有着密切的关系，各个符号出现的概率不同，信源的熵也不同。当信源中各事件是等概率分布时，熵具有极大值。信源的熵与其可能达到的最大值之间的差值反映了该信源所含有的冗余度。信源的冗余度越小，即每个符号所独立携带的信息量越大，那么传送相同的信息量所需要的序列长度越短，符号位越少。因此，数据压缩的一个基本途径是去除信源符号之间的相关性，尽可能地使序列成为无记忆的，即前一符号的出现不影响以后任何一个符号出现的概率。

第2章　硬件技术基础

自1946年第一台电子计算机问世以来，计算机技术在元器件、硬件系统结构、操作系统、应用软件等方面迅速发展，现代计算机系统小到微型计算机和个人计算机，大到巨型计算机及其网络，而且物联网、大数据、人工智能等计算机新技术层出不穷。本章主要介绍微型计算机系统的硬件构成、工作原理，以及多媒体技术及其特点。

2.1　计算机系统

计算机系统

计算机系统约每2～3年更新一次，性能价格比成倍提高，体积大幅减小。超大规模集成电路技术将继续快速发展，并对各类计算机系统均产生巨大而深刻的影响。32位微型机已出现，64位微型机也已问世，单片上集成数千万个元器件。比半导体集成电路快10～100倍的器件，如砷化镓、高电子迁移率器件、约瑟夫逊结、光元件等的研究将会有重要成果。提高组装密度和缩短互连线的微组装技术是新一代计算机的关键技术之一。各种高速智能化外部设备不断涌现，光盘的问世使辅助海量存储器面目一新。多处理机系统、多机系统、分布式处理系统将是引人注目的系统结构。软件硬化（也称固件）是发展趋势。新型非冯·诺依曼机、推理计算机、知识库计算机等已开始实际使用。软件开发将摆脱落后低效状态。软件工程正在深入发展。软件生产正向工程化、形式化、自动化、模块化、集成化方向发展。新的高级语言如逻辑型语言、函数型语言和人工智能的研究将使人－机接口简单自然（能直接看、听、说、画）。数据库技术将大为发展。计算机网络将广泛普及。以巨大处理能力（例如每秒100～1000亿次操作）、巨大知识信息库、高度智能化为特征的下一代计算机系统正在大力研制。计算机应用将日益广泛。计算机辅助设计、计算机控制的生产线、智能机器人将大大提高社会劳动生产力。办公、医疗、通信、教育及家庭生活都将计算机化。计算机对人们生活和社会组织的影响将日益广泛和深刻。人们对信息数据日益广泛的需求导致存储系统的规模变得越来越庞大，管理越来越复杂，信息资源的爆炸性增长和管理能力的相对不足之间的矛盾日益尖锐。同时这种信息资源的高速增长也对存储空间大小、文件磁盘容量和网络传输速度提出了更高的要求。

2.1.1　计算机系统结构

计算机系统由硬件系统和软件系统组成，如图2-1所示。硬件系统和软件系统相辅相成，缺一不可。硬件是躯体，软件是灵魂，没有安装任何软件的计算机称为裸机，裸机只能识别0和1组成的机器代码，编程难度特别大。只有二者协调配合，才能有效地发挥计算机的功能为用户服务。

1. 硬件系统

硬件系统是指构成计算机的所有实体部件的集合，由主机和外部设备构成，其中主机包含CPU和内部存储器，CPU包含控制器与运算器，运算器进行算术运算和逻辑运算。

内存可分为RAM（随机存储器）、ROM（只读存储器）、Cache（高速缓冲存储器）。

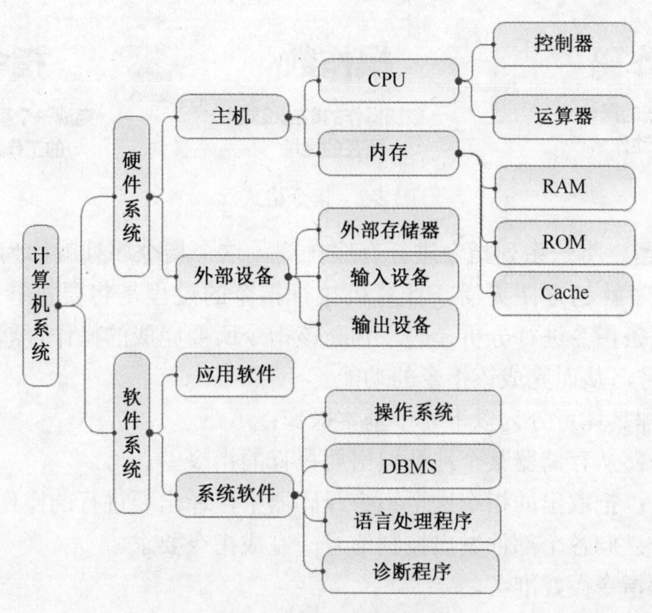

图 2-1　计算机系统构成

外部设备包括外部存储器、输入设备、输出设备 3 类。

2. 软件系统

软件系统是指能够驱使计算机硬件系统进行有效工作的程序的集合，主要有两类：应用软件和系统软件。

其中系统软件主要有：

（1）操作系统：Windows 系列、安卓、iOS。

（2）DBMS：数据库管理系统。

（3）语言处理程序：编译程序、汇编程序、解释程序。

（4）诊断程序：计算机开机自检程序（BIOS）。

除这 4 类以外的其他软件都属于应用软件的范畴，比如我们经常使用的办公软件、网上订票系统、财务管理系统、学生成绩管理系统等都是应用软件。

2.1.2　计算机工作原理

1. 指令与指令系统

计算机能够根据人们的工作要求自动地处理信息。在计算机中这种工作要求就是指令，即操作者发出的命令，一条指令规定了计算机执行的一个基本操作，它由一系列二进制代码组成。指令通常由操作码和地址码两部分构成，如图 2-2 所示。操作码指明计算机要完成的操作，例如加、减、乘、除、移位等；地址码用来描述指令的操作对象，如参加运算的数据所在的地址。一台计算机所支持的全部指令称为该计算机的指令系统。指令系统能说明计算机对数据进行处理的能力。不同型号的计算机，其指令系统也不相同。目前指令系统的架构主要有精简指令集（RISC）和复杂指令集（CISC）。RISC 的代表是 ARM 指令集，用于专用机，如嵌入式设备、无线通信、便携式设备等；CISC 的代表是 Intel 的 x86 指令集，用于台式机和笔记本电脑。

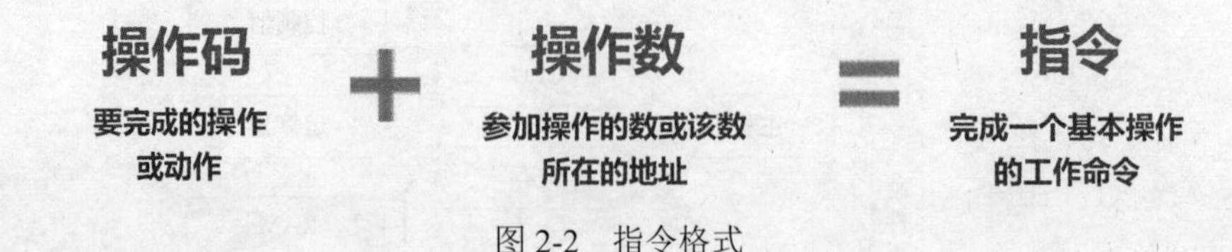

图 2-2 指令格式

为解决某一问题，将一系列指令进行有序排列，这个指令序列就称为程序。指令系统越丰富完备，编制程序就越方便灵活。计算机执行指令的过程是将要执行的指令从内存调入 CPU，由 CPU 对该条指令进行分析译码，判断该指令所要完成的操作，然后向相应部件发出完成操作的控制信号，从而完成该指令的功能。

指令执行的过程具体可分为以下 4 个基本操作：

（1）取出指令：从存储器某个地址取出要执行的指令。

（2）分析指令：把取出的指令送至指令译码器中，译出要进行的操作。

（3）执行指令：向各个部件发出控制信号，完成指令要求。

（4）为下一条指令做好准备。

2. 计算机工作原理

计算机采用"存储程序控制"原理，这一原理是 1946 年冯·诺依曼提出的，所以又称为"冯·诺依曼原理"。图 2-3 所示描述了冯·诺依曼计算机的工作原理。

（1）程序和数据通过输入设备输入到存储器中。

（2）运算器从存储器中读取数据计算。

（3）计算结果再写入存储器。

（4）输出设备将存储器中的数据输出。

控制器控制输入设备、运算器、存储器、输出设备协同工作。

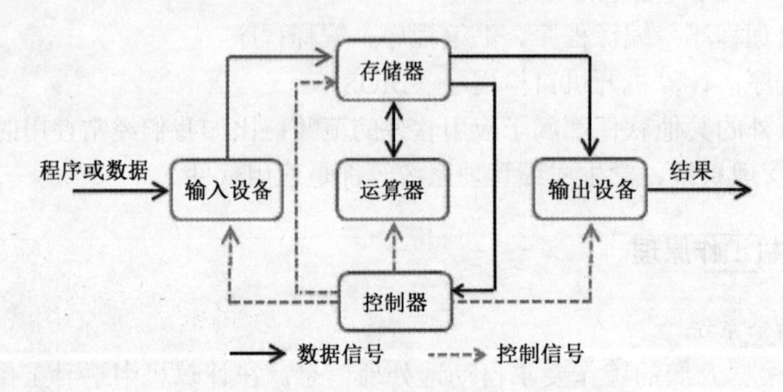

图 2-3 冯·诺依曼计算机的工作原理

2.1.3 总线

微机各功能部件相互传送数据时需要有连接它们的通道，这些公共通道就称为总线（BUS）。按系统总线上传输信息的类型不同可将总线分为数据总线（Data BUS，DB）、地址总线（Address BUS，AB）和控制总线（Control BUS，CB）。

（1）数据总线：用来传输数据信息，它是 CPU 同各部件交换信息的通道，数据总线都是双向的，而具体传送信息的方向则由 CPU 来控制。

（2）地址总线：用来传送地址信息，CPU 通过地址总线把需要访问的内存单元地址或外部设备的地址传送出去，地址总线是单方向的。

（3）控制总线：用来传输控制信号，以协调各部件的操作，它包括 CPU 对内存储器和接口电路的读写信息、中断响应信号等。

总线可以单向传输信息，也可以双向传输信息，并能在多个设备中选择唯一的源地址和目的地址。图 2-4 所示是面向内存的双总线系统结构示意图，数据总线实现输入设备、CPU、内存、输出设备之间的数据传输；控制总线将 CPU 的控制指令发送到内存、输入/输出接口；使用地址总线进行寻址，地址总线的宽度决定了计算机的寻址能力，比如 40 位地址总线的寻址能力是 2 的 40 次方：$2^{40}=2^{10}\times2^{10}\times2^{10}\times2^{10}B=2^{10}\times2^{10}\times2^{10}KB=2^{10}\times2^{10}MB=2^{10}GB=1TB$，即 40 位宽度地址总线的地址访问范围为 0B～1TB。

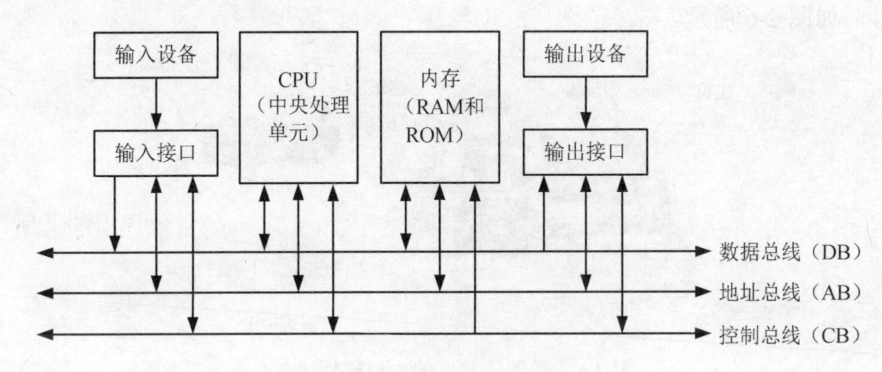

图 2-4　面向内存的双总线结构示意图

2.1.4　接口

接口是计算机系统中两个独立的部件进行信息交换的共享边界，是外部设备与计算机连接的端口，也叫 I/O 接口。在微机中，通常将 I/O 接口做成 I/O 接口卡插在主板的 I/O 扩展槽中（如显卡、网卡），也有的直接做在主板上，如键盘接口、鼠标接口、串行接口、并行接口、USB 接口。图 2-5 所示是计算机主机箱上的常见接口。

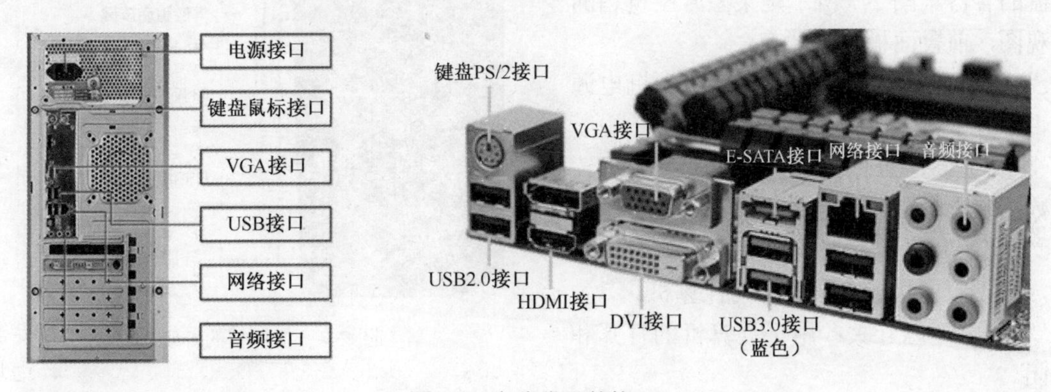

图 2-5　各类常见的接口

接口的主要作用有：

（1）快慢设备之间的速度缓冲与匹配。

（2）实现数字信号与模拟信号的转换。

（3）实现串行传输与并行传输的转换。

比如我们将内存中的一个文档通过打印机打印出来，这里涉及两个部件：内存和打印机，因为数据在计算机内部传送速度很快，而打印机速度很慢，速度差异大，所以打印指令发送后，并不是将内存文档直接发送到打印机，而是将打印文档从内存发送到接口，打印机再从接口中取文档去打印，在这里接口实现数据缓冲的作用。

2.2 计算机硬件系统

计算机硬件系统

一台微型计算机的主要部件及外部设备包括主机、显示器、键盘、鼠标、音箱、打印机和扫描仪等，如图 2-6 所示。

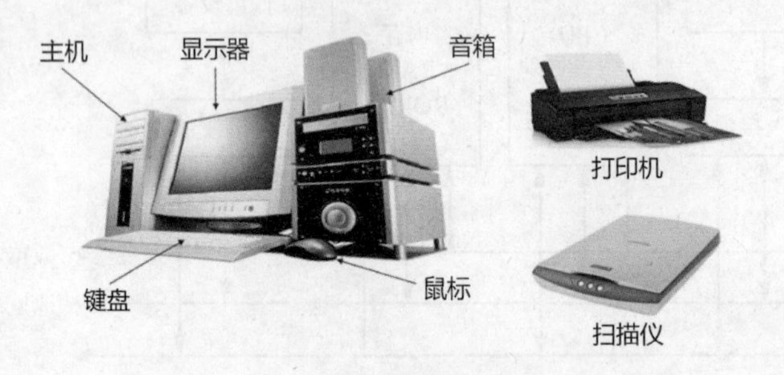

图 2-6 微型计算机的主要硬件设备

硬件包括控制器、运算器、存储器、输入设备和输出设备五大基本部件，其中控制器和运算器统称为中央处理器，即 CPU。

2.2.1 主机

1. 主机箱

主机箱是安装计算机主板、CPU、内存、硬盘的容器。图 2-7 所示是某型号主机箱的外观图，前置面板上主要有：

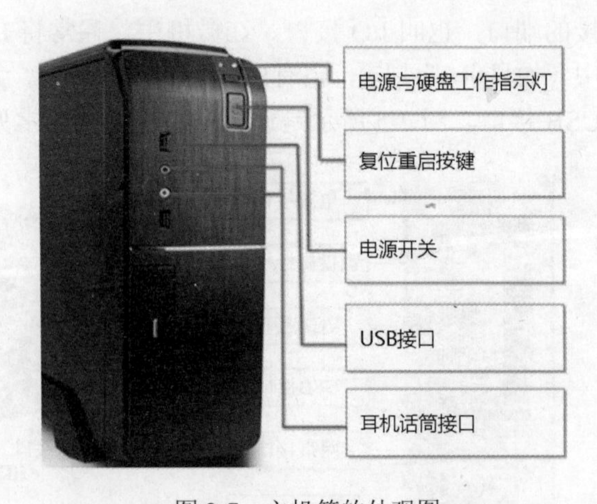

图 2-7 主机箱的外观图

（1）电源指示灯：用来查看主机电源是否打开。

（2）硬盘工作指示灯：当硬盘处于读写数据状态时指示灯会闪烁。

（3）复位重启按钮：用于计算机热启动，即不断电状态下重新启动计算机。

（4）电源开关：用于计算机的打开和关闭。

（5）音频接口：用于音频信号的输入输出，耳机接口用于输出，话筒接口用于输入。

图 2-8 所示是某型号主机箱的内部结构图，主要包括：

（1）主板：连接计算机各部件的电路板。

（2）CPU：中央处理单元，也称中央处理器，是计算机控制各部件的核心硬件。

（3）内存：也称为内部存储器，CPU 运行程序时从内存中读取数据和指令。

（4）PCI 扩展槽：通过接入不同的扩展卡可以增强计算机的功能，如显卡、网卡、声卡等。

（5）硬盘：计算机的主要外部存储设备。

（6）电源：为开关电路，将普通交流电转换为直流电，再通过斩波控制电压，将不同的电压分别输出给主板、硬盘、光驱等计算机部件。

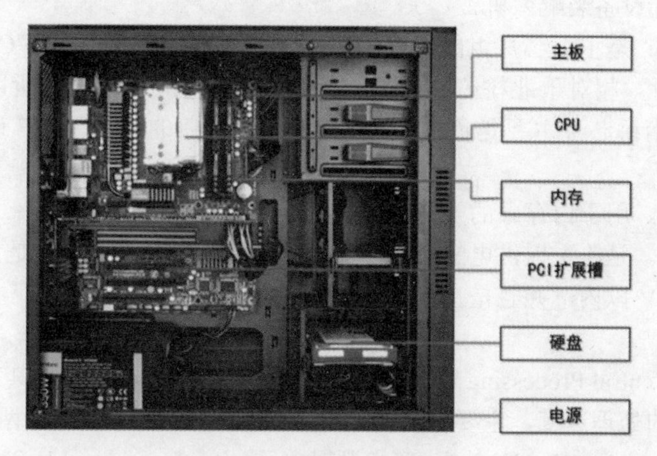

图 2-8　主机箱的内部结构图

2. 主板

主板是一个提供了各种插槽和系统总线及扩展总线的电路板，又叫主机板或系统板。主板上的插槽用来安装组成微型计算机的各部件，而主板上的总线可实现各部件之间的通信，所以说主板是微机各部件的连接载体，如图 2-9 所示。

图 2-9　主板结构图

下面我们来认识一下主板上的几个主要部件。

（1）北桥芯片。计算机主板上的一块芯片，位于 CPU 插座旁，起连接作用，用来处理高速信号，通常处理 CPU（处理器）、RAM（内存）、AGP 端口或 PCI Express 和南桥芯片之间的通信。

（2）CPU 插槽。CPU 需要通过接口与主板连接，接口方式有引脚式、卡式、触点式、针脚式等。CPU 接口类型不同，则插孔数、体积、形状都有变化，所以不能互相接插。

（3）PCI 插槽。为了将外部设备的适配器连接到微型计算机主机中，在系统主板上有一系列的扩展插槽供适配器使用。这些扩展槽与主板上的系统总线相连。适配器插入扩展槽后，就通过系统总线与 CPU 连接，进行数据的传送。PC 这种开放的体系结构允许用户按照自己的需求选择不同的外部设备装配微机。

（4）南桥芯片。是主板芯片组的重要组成部分，一般位于主板上离 CPU 插槽较远的下方，PCI 插槽的附近。相对于北桥芯片来说，其数据处理量并不算大，所以南桥芯片一般都没有覆盖散热片。南桥芯片主要是负责 I/O 接口等外设接口的控制、IDE 设备的控制及附加功能等。

（5）内存接口。用于内存条的安装，一般有 2～4 个接口。

（6）电源接口。是给主板供电的接口，计算机属于弱电产品，也就是说部件的工作电压比较低，一般在±12V 以内，并且是直流电。

3. CPU

中央处理器（Central Processing Unit，CPU）是计算机的核心部件，其工作速度的快慢直接影响到该计算机的处理速度，主要包括运算器（AU）和控制器（CU）两大部件。

（1）运算器（Arithmetic Unit）：由算术逻辑单元（Arithmetic and Logic Unit，ALU）、累加器、状态寄存器和通用寄存器等组成，主要功能是对二进制数据进行加、减、乘、除等算术运算和与、或、非等逻辑运算。

（2）控制器（Control Unit）：是计算机的指挥中心，控制计算机各部分协调工作。它的基本功能就是从内存中取指令和执行指令，即控制器按指令地址从内存中取出该指令进行译码，然后根据该指令功能向有关部件发出控制信号，并执行该指令，协调程序的输入、数据的输入和运算，并输出结果。

随着大规模超大规模集成电路技术的发展，芯片集成密度越来越高，微机上的中央处理器所有组成部分都集成在一小块半导体上，又称微处理器（MPU）。1971 年 Intel 公司推出的 4004 芯片是世界上第一块微处理器，后来又推出了 8008、8080、8086/8088、80286、80386、80486、Pentium、Pentium Ⅱ、Pentium Ⅲ、Pentium Ⅳ，以及现在的 Core（酷睿）系列。图 2-10 所示是 Core i7 处理器的正反面效果图。

图 2-10 Intel i7 CPU

随着智能手机与平板电脑等便携式设备的迅速普及，需要一种低能耗、发热低、性能高的处理器。很多的手机厂商在市场上纷纷崛起，而消费者在购机时除了关注手机的品牌、外观等问题以外，也很关注手机搭载的处理器。目前，全球最顶尖的三大移动处理器分别是苹果、华为、高通。

衡量 CPU 的主要性能指标有：

（1）主频：即 CPU 内核工作的时钟频率。主频越高，CPU 的运算速度就越快。但主频不等于处理器一秒钟执行的指令条数，因为一条指令的执行可能需要多个时钟周期。单位一般用 GHz 表示。

（2）运算速度：通常所说的计算机运算速度（平均运算速度）即单字长定点指令平均执行速度 MIPS（Million Instructions Per Second，每秒处理的百万级机器语言指令数），这是衡量 CPU 速度的一个指标。

（3）字长：一般说来，计算机在同一时间内处理的一组二进制数称为一个计算机的"字"，而这组二进制数的位数就是"字长"。在其他指标相同时，字长越大计算机处理数据的速度就越快。早期的微机字长一般是 8 位和 16 位，386 及更高的处理器大多是 32 位。目前市面上计算机的处理器大部分已达到 64 位。

对于 CPU，主频越高，字节越长，CPU 运算速度就越快。

4. 内存

内存是计算机中的重要部件之一，它是与 CPU 进行沟通的桥梁，如图 2-11 所示。计算机中所有程序的运行都是在内存中进行的，因此内存的性能对计算机的影响非常大。内存也被称为内存储器和主存储器，作用是暂时存放 CPU 中的运算数据以及与硬盘等外部存储器交换的数据。只要计算机在运行中，CPU 就会把需要运算的数据调到内存中进行运算，当运算完成后 CPU 再将结果传送出来，内存的稳定运行决定了计算机的稳定状态。

图 2-11　内存

内存是由内存芯片、电路板、金手指等部分组成的。内存一般采用半导体存储单元，包括随机存储器（RAM）、只读存储器（ROM）和高速缓冲存储器（Cache）。SDRAM（同步动态随机存取存储器）将 CPU 与 RAM 使用一个相同的时钟锁，以相同的速度同步工作，每一个时钟脉冲的上升沿便开始传递数据，速度比 EDO 内存提高 50%。DDR（Double Data Rate）是 SDRAM 的更新换代产品，它允许在时钟脉冲的上升沿和下降沿传输数据，这样不需要提高时钟的频率就能加倍提高 SDRAM 的速度。

（1）随机存储器（RAM）。RAM 表示既可以从中读取数据也可以写入数据。当机器电源关闭时，存于其中的数据就会丢失。我们通常购买或升级的内存条就是用作计算机的内存，内存条（SIMM）就是将 RAM 集成块集中在一起的一小块电路板，它插在计算机中的内存插槽上，以减少 RAM 集成块占用的空间。目前市场上常见的内存条有 2GB/条、4GB/条、8GB/条等。

（2）只读存储器（ROM）。在制造 ROM 的时候，信息（数据或程序）就被厂家存入并永久保存。这些信息只能读出，一般不能写入，即使机器停电，这些数据也不会丢失。ROM 一般用于存放计算机的基本程序和数据，如 BIOS ROM。其物理外形一般是双列直插式（DIP）的集成块。

（3）高速缓冲存储器（Cache）。我们平常看到的一级缓存（L1 Cache）、二级缓存（L2 Cache）、三级缓存（L3 Cache）位于 CPU 与内存之间，是一个读写速度比内存更快的存储器。当 CPU 向内存中写入或从内存中读出数据时，这个数据也被存储进高速缓冲存储器中。当 CPU 再次需要这些数据时，CPU 就从高速缓冲存储器中读取数据，而不是访问较慢的内存，当然，如果需要的数据在 Cache 中没有，CPU 会再去读取内存中的数据。

RAM 的主要特点是：

（1）存储单元的内容可按需随意取出或存入。

（2）数据易失性：断电后 RAM 中的数据或指令会丢失。

（3）RAM 的访问速度远远快于硬盘。

现代随机存取存储器依赖电容存储数据，由于电容有漏电的情形，数据会渐渐随时间流失，因此需要刷新电路定期给电容充电。任何程序和数据必须调入 RAM 才能被计算机执行。

ROM 的主要特点是：

（1）ROM 中的程序或数据一次写入，可以反复读取。

（2）停电后，ROM 中的数据不会丢失。

开机自检程序 BIOS 就是固化在 ROM 中。ROM 分为 PROM（可编程只读存储器）、EPROM（可编程可擦除只读存储器）和 EEPROM（电子可擦除可编程只读存储器）。

5. 微型计算机的主要性能指标

衡量计算机系统性能的指标主要有字长、内存容量、存取周期、主频、运算速度等。

2.2.2 外围设备

外围设备

外围设备主要包括外部存储器、输入设备、输出设备、网络设备、多媒体设备。

1. 外部存储器

（1）硬盘。硬盘是计算机主要的存储媒介，由一个或多个铝制或玻璃制的碟片组成，如图 2-12 所示。碟片外覆盖有铁磁性材料。硬盘有固态硬盘（SSD 盘，新式硬盘内有 sata 固态、m.2 固态、pci-e 固态，而 m.2 固态又有 nvme 的 m.2 和 sata 的 m.2）、机械硬盘（HDD 盘，传统硬盘有 3.5 寸和 2.5 寸两种，分 5400 转和 7200 转）、混合硬盘（HHD，基于传统机械硬盘的新型硬盘）。SSD 采用闪存颗粒来存储，HDD 采用磁性碟片来存储，混合硬盘是把磁性硬盘和闪存集成到一起的一种硬盘。绝大多数硬盘都是固定硬盘，被永久性地密封固定在硬盘驱动器中。

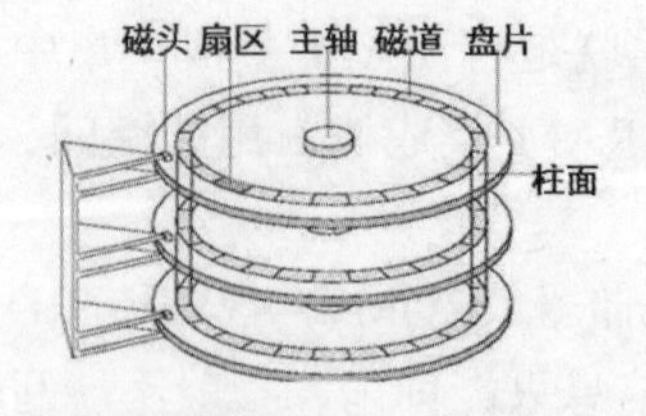

磁盘容量=磁头数*磁道（柱面）数*扇区数*512字节（每个扇区的字节数）

图 2-12 硬盘内部结构图

硬盘的内部结构主要包括：

1）主轴：主轴的转动速度即盘片的转速，目前微机采用 5400 转/分和 7200 转/分两种。

2）马达：驱动磁头臂沿半径方向摆动。

3）永磁铁：产生磁场。

4）磁盘：存储数据或程序。

5）磁头：对磁盘进行数据或程序的读写。

硬盘的物理结构包括：

1）磁头：无论是双盘面还是单盘面，由于每个盘面都只有自己独一无二的磁头，因此盘面数等于总的磁头数。

2）磁道：磁盘旋转时磁头保持在一个位置上，则每个磁头都会在磁盘表面划出一个圆形轨迹，这些圆形轨迹就叫作磁道。磁盘盘片上的圆形轨道数即磁道密度。

3）扇区：磁盘上的每个磁道被等分为若干个弧段，这些弧段便是磁盘的扇区，每个扇区可以存放512字节的信息，磁盘驱动器在向磁盘读取和写入数据时要以扇区为单位。

4）柱面：硬盘通常由重叠的一组盘片构成，每个盘面都被划分为数目相等的磁道，并从外缘的“0”开始编号，具有相同编号的磁道形成一个圆柱，称之为磁盘的柱面。磁盘的柱面数与一个盘单面上的磁道数是相等的。

因此，我们只要知道了硬盘的磁头数、柱面数、扇区数，即可确定硬盘的容量，硬盘的容量=磁头数*磁道数（柱面数）*扇区数*512B。

（2）光盘。光盘是以光作为存储的载体存储数据的一种盘片，分为不可擦写光盘（如CD-ROM、DVD-ROM等）、可擦写光盘（如CD-RW、DVD-RAM等）。光盘是利用激光原理进行读写的设备，是迅速发展的一种辅助存储器，可以存放各种文字、声音、图形、图像和动画等多媒体数字信息。蓝光光碟（Blu-ray Disc，BD）是DVD之后的下一代光盘格式，用以存储高品质的影音，存储容量大，单层容量达25GB。

光盘的结构包括基板、记录层、反射层、保护层和印刷层。

1）基板。基板是无色透明的聚碳酸酯（PC）板，在整个光盘中它不仅是沟槽等的载体，更是整个光盘的物理外壳。CD光盘的基板厚度为1.2mm，直径为120mm，中间有孔，呈圆形，它是光盘的外形体现。光盘比较光滑的一面（激光头面向的一面）就是基板。

2）记录层。这是烧录时刻录信号的地方，其主要工作原理是在基板上涂抹上专用的有机染料，以供激光记录信息。由于烧录前后的反射率不同，经由激光读取不同长度的信号时，通过反射率的变化形成0与1信号，借以读取信息。一次性记录的CD-R光盘主要采用酞菁有机染料，当此光盘在进行烧录时，激光就会对基板上涂的有机染料进行烧录，直接烧录成一个接一个的“坑”，这样有“坑”和没有“坑”的状态就形成了“0”和“1”的信号，这一个接一个的“坑”是不能恢复的，也就是说当烧成“坑”之后将永久性地保持现状，这也就意味着此光盘不能重复擦写。这一连串的“0”“1”信息就组成了二进制代码，从而表示特定的数据。对于可重复擦写的CD-RW而言，所涂抹的就不是有机染料，而是某种碳性物质，当激光在烧录时，就不是烧成一个接一个的“坑”，而是改变碳性物质的极性，通过改变碳性物质的极性来形成特定的“0”“1”代码序列。这种碳性物质的极性是可以重复改变的，这也就表示此光盘可以重复擦写。

3）反射层。这是光盘的第三层，它是反射光驱激光光束的区域，借助反射的激光光束读取光盘片中的资料，其材料为纯度为99.99%的金属银。如同我们经常用到的镜子一样，此层就代表镜子的银反射层，光线到达此层就会反射回去。一般来说，我们的光盘可以当作镜子用就是因为有这一层的缘故。

4）保护层。它被用来保护光盘中的反射层及染料层，以防止信号被破坏。材料为光固化丙烯酸类物质。市场上常见的 DVD 系列还需要在以上的工艺上加入胶合部分。

5）印刷层。是印刷盘片的客户标识、容量等相关信息的地方，它不仅可以标明信息，还可以起到一定的保护作用。

CD-R、CD-RW 光盘按表面涂层的不同可以分为以下几种：

1）绿盘。由 Taiyo Yuden 公司研发，原材料为 Cyanine（青色素），保存年限为 75 年，这是最早开发的标准，兼容性最为出色，制造商有 Taiyo Yuden、TDK、Ricoh（理光）、Mitsubishi（三菱）。

2）蓝盘。由 Verbatim 公司研发，原材料为 Azo（偶氮），在银质反射层的反光下可以看到水蓝色的盘面，存储时间为 100 年，制造商有 Verbatim 和 Mitsubishi。

3）金盘。由 Mitsui Toatsu 公司研发，原材料为 Phthalocyanine（酞菁），抗光性强，存储时间为 100 年，制造商有 Mitsui Toatsu 和 Kodak（柯达）。

4）紫盘。它采用特殊材料制成，只有类似紫玻璃的一种颜色。CD-RW 以相变式技术来生产结晶和非结晶状态，分别表示 0 和 1，并可以多次写入，也称为可复写光盘。

（3）软盘。软盘是个人计算机（PC）中最早使用的可移动存储介质，如图 2-13 所示。软盘的读写是通过软盘驱动器完成的。常用的软盘有 3.5 英寸 1.44MB 和 5.25 英寸 1.2MB。以 3.5 英寸 1.44MB 的磁盘片为例，其容量的计算公式为：80（磁道）*18（扇区）*512B（扇区的大小）*2（双面）= 1440*1024B = 1440KB = 1.44MB。

（4）磁带。

1）磁带存储器。以磁带为存储介质，由磁带机及其控制器组成，是计算机的一种辅助存储器，如图 2-14 所示。磁带机由磁带传动机构和磁头等组成，能驱动磁带相对磁头运动，用磁头进行电磁转换，在磁带上顺序地记录或读出数据。磁带存储器是计算机外部设备之一。磁带控制器是中央处理器用于磁带机上存取数据的控制电路装置。磁带存储器以顺序方式存取数据，存储数据的磁带可脱机保存和互换读出。

图 2-13 软盘

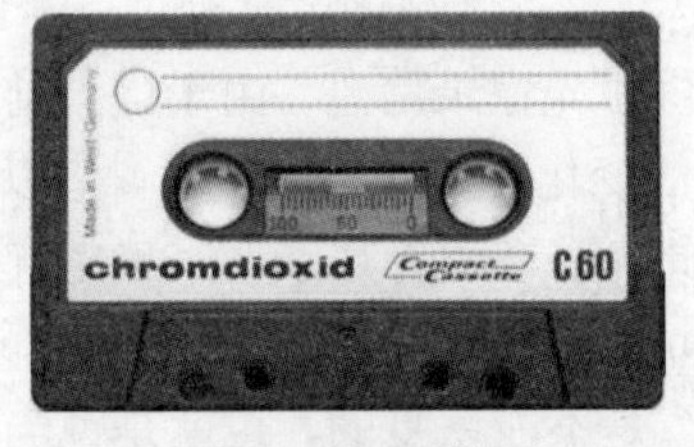

图 2-14 磁带

2）记录方式。按某种规律将一串二进制数字信息变换成磁层中相应的磁化元状态，用读写控制电路实现这种转换。在磁表面存储器中，由于写入电流的幅度、相位、频率变化不同，从而形成了不同的记录方式。常用记录方式可分为不归零制（NRZ）、调相制（PM）和调频制（FM）三类。

在磁带存储器中，利用一种称为磁头的装置来形成和判别磁层中的不同磁化状态。磁头实际上是由软磁材料作铁芯绕有读写线圈的电磁铁。

3）写操作。当写线圈中通过一定方向的脉冲电流时，铁芯内就产生一定方向的磁通，由于铁芯是高导磁率材料，而铁芯空隙处为非磁性材料，故在铁芯空隙处集中很强的磁场。在这个磁场的作用下，载磁体就被磁化成相应极性的磁化位或磁化元（表示“1”）。若在写线圈里通入相反方向的脉冲电流，就可得到相反极性的磁化元（表示“0”）。上述过程称为写入。显然，一个磁化元就是一个存储元，一个磁化元中存储一位二进制信息。当载磁体相对于磁头运动时，就可以连续写入一连串的二进制信息。

4）读操作。当磁头经过载磁体的磁化元时，由于磁头铁芯是良好的导磁材料，因此磁化元的磁力线很容易通过磁头而形成闭合磁通回路。不同极性的磁化元在铁芯里的方向是不同的。当磁头对载磁体作相对运动时，由于磁头铁芯中磁通的变化，使读出线圈中感应出相应的电动势 e。负号表示感应电动势的方向与磁通的变化方向相反。不同的磁化状态所产生的感应电动势方向不同。这样，不同方向的感应电动势经读出放大器放大鉴别就可判知读出的信息是 1 还是 0。

（5）移动硬盘。顾名思义是以硬盘为存储介质，用于计算机之间交换大容量数据，强调便携性的存储产品，如图 2-15 所示。移动硬盘多采用 USB、IEEE1394 等传输速度较快的接口，可以较高的速度与系统进行数据传输。因为采用硬盘为存储介质，所以移动硬盘的数据读写模式与标准 IDE 硬盘是相同的。移动硬盘的读取速度为 50～100MB/s，写入速度为 30～80MB/s。

图 2-15　移动硬盘

移动硬盘的特点有：

1）容量大：常见移动硬盘的容量有 500GB、640GB、750GB、1TB、2TB、4TB、6TB、8TB。

2）体积小：移动硬盘（盒）的尺寸分为 1.8 寸、2.5 寸和 3.5 寸 3 种。2.5 寸移动硬盘可用于笔记本电脑，2.5 寸移动硬盘体积小、重量轻，便于携带，不需要外置电源。

3）速度快：移动硬盘大多采用 USB、IEEE1394 接口，能提供较高的数据传输速度。USB1.1 传输速度为 12Mb/s，USB2.0、IEEE1394 传输速度为 60MB/s，USB3.0 接口传输速率达到 625MB/s。

4）使用方便：主流的 PC 基本都配备了 USB 功能，主板通常可以提供 2～8 个 USB 口，一些显示器也会提供 USB 转接器，USB 接口已成为个人计算机中的必备接口。USB 设备具有“即插即用”特性，使用起来灵活方便。

（6）U 盘。U 盘的全称为 USB 闪存盘，英文名为 USB Flash Disk。它是一种使用 USB 接口的无需物理驱动器的微型高容量移动存储产品，通过 USB 接口与计算机连接，实现即插即用，如图 2-16 所示。

图 2-16　U 盘

U 盘的优点有小巧便于携带、存储容量大、价格低、性能可靠。一般 U 盘的容量有 2GB、

4GB、8GB、16GB、32GB、64GB、128GB、256GB、512GB、1TB 等。U 盘中无任何机械式装置，抗震性能极强。U 盘还具有防潮防磁、耐高低温等特性，安全可靠性高。

（7）SD 卡和 TF 卡。

SD 卡是一种基于半导体快闪记忆器的新一代记忆设备，如图 2-17 所示。由于它体积小、数据传输速度快、可热插拔等优良的特性，被广泛地用于便携式装置上，如数码相机、个人数码助理和多媒体播放器等。

图 2-17 SD 卡

MMC（Multi-Media Card，多媒体卡）由 Siemens 和 SanDisk 于 1997 年推出。它的封装技术较为先进，7 针引脚，体积小、重量轻，非常符合移动存储的需要。MMC 支持 1bit 模式，20MHz 时钟，采用总线结构。

SD 卡由松下电器、东芝和 SanDisk 联合推出，它的数据传送和物理规范由 MMC 发展而来，大小和 MMC 卡差不多，尺寸为 32mm×24mm×2.1mm。长宽和 MMC 卡一样，比 MMC 卡厚 0.7mm，以容纳更大容量的存储单元。SD 卡与 MMC 卡保持向上兼容，MMC 卡可以被新的 SD 设备存取，兼容性则取决于应用软件，但 SD 卡不可以被 MMC 设备存取。

Micro SD 卡是一种极细小的快闪存储器卡，其格式源自 SanDisk 创造，原本这种记忆卡称为 T-Flash，后来改称为 Trans Flash（TF 卡），而重新被命名为 Micro SD 的原因是被 SD 协会（SDA）采用。另一些被 SDA 采用的记忆卡包括 Mini SD 和 SD 卡，主要应用于移动电话，但因它的体积微小和储存容量的不断提高，常用于 GPS 设备、便携式音乐播放器和快闪存储器中。

2. 输入设备

输入设备可以将文字、数字、声音、图像等输入到计算机中，用于加工和处理。输入设备是人与计算机进行信息交换的主要设备，常见的输入设备有键盘、鼠标、扫描仪、触摸屏、手写输入板、游戏杆、话筒、数码相机等。下面介绍键盘、鼠标、扫描仪与手写板这几种输入设备。

（1）键盘。键盘是微型计算机上最基本的输入设备，可以通过它向计算机中输入程序和数据。标准键盘共有 104 个键，分为 5 个区，即打字键区、功能键区、编辑键区、数字编辑键区和状态指示区，如图 2-18 所示。部分按键名称与对应功能如表 2-1 所示。

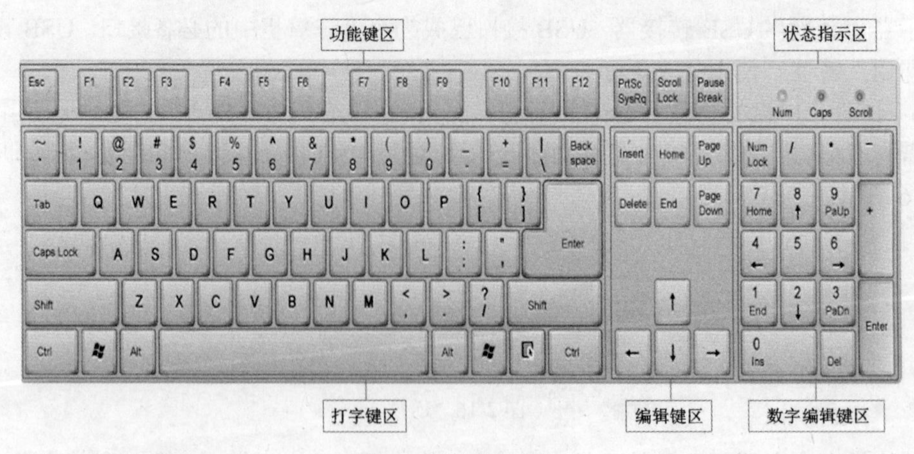

图 2-18 键盘键位图

表 2-1　按键功能

键名	功能	键名	功能
Esc	退出键	Enter	回车键
Tab	制表键	F1～F12	功能键
Caps Lock	大/小写锁定键	Print Screen	屏幕硬拷贝键
Shift	上挡键	Del	删除键
Ctrl	控制键	Backspace	退格键
Alt	可选键	Insert	插入/改写键
PageUP/PageDown	上页 / 下页	Home	行首键
Num Lock	数字锁定键	End	行尾键

（2）鼠标。鼠标是计算机的一种主要输入设备，也是计算机显示系统纵横坐标定位的指示器，因形似老鼠而得名，如图 2-19 所示。鼠标的使用是为了使计算机的操作更加简单快捷，它可以对当前屏幕上的游标进行定位，并通过按键和滚轮装置对游标所经过位置的屏幕元素进行操作，比键盘更加方便快捷。常见的鼠标有：

1）机械鼠标：又名滚轮鼠标，主要由滚球、辊柱和光栅信号传感器组成。鼠标通过 PS/2 口或串口与主机相连。接口中一般使用 4 根线，分别是电源线、地线、时钟线和数据线。

2）光电鼠标：光电鼠标亦称光学鼠标，通过发光二极管和光电二极管来检测鼠标对于一个表面的相对运动，激光二极管可以使之达到更好的分辨率和精度，如图 2-20 所示。

图 2-19　机械鼠标

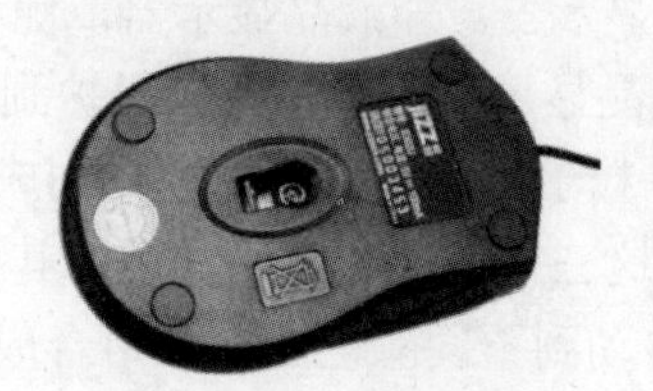

图 2-20　光电鼠标

3）无线鼠标：利用 DRF 技术把鼠标在 X 或 Y 轴上的移动、按键按下或抬起的信息转换成无线信号并发送给主机。

（3）扫描仪与手写板。扫描仪是利用光电技术和数字处理技术，以扫描方式将图形或图像信息转换为计算机可以显示、编辑、存储和输出的数字信号的装置，如图 2-21 所示。照片、文本页面、图纸、美术图画、照相底片，甚至是纺织品、标牌面板、印制板样品等三维对象都可作为扫描对象，广泛应用于标牌面板和印制板制作、印刷行业等。

手写绘图输入设备对计算机来说也是一种输入设备，最常见的是手写板（也称手写仪），其作用和键盘类似，如图 2-22 所示。当然，基本上只局限于输入文字或者绘画，也带有一些鼠标的功能。手写板一般是使用一支专门的笔或者手指在特定的区域内书写文字，它通过各种方法将笔或者手指走过的轨迹记录下来，然后识别为文字。对于不喜欢使用键盘或者不习惯使用中文输入法的人来说这非常有用，因为手写板不需要学习输入法。手写板还可以用于精确制图，例如可用于电路设计、CAD 设计、图形设计、自由绘画、文本和数据的输入等。手写板有的集成在键盘上，有的是单独使用，单独使用的手写板一般使用 USB 口或串口。

图 2-21 扫描仪

图 2-22 手写板

3. 输出设备

计算机通过接口可以连接各种不同类型的输出设备，这里主要介绍两类常用的输出设备：显示器和打印机。

（1）显示器。显示器通常也被称为监视器，它是一种将电子文件通过特定的传输设备显示到屏幕上再反射到人眼中的显示工具。

根据制造材料的不同，可分为阴极射线管显示器（CRT）、等离子显示器 PDP、液晶显示器 LCD 和 LED 等。

1）CRT 显示器。它是一种使用阴极射线管的显示器，如图 2-23 所示。阴极射线管主要由五部分组成：电子枪、偏转线圈、荫罩、荧光粉层和玻璃外壳。CRT 纯平显示器具有可视角度大、无坏点、色彩还原度高、色度均匀、可调节的多分辨率模式、响应时间短等 LCD 显示器难以超越的优点。

2）LCD 显示器。即液晶显示器，优点是机身薄、占地小、辐射小，给人以一种健康产品的形象。但液晶显示屏不一定可以保护到眼睛，这需要看各人使用计算机的习惯。在显示器内部有很多液晶粒子，它们有规律地排列成一定的形状，并且每一面的颜色都不同，分为红色、绿色、蓝色，这三原色能还原成任意的其他颜色，当显示器收到计算机的显示数据时会控制每个液晶粒子转动到不同颜色的面来组合成不同的颜色和图像。也因为这样，液晶显示屏的缺点是色彩不够鲜艳、可视角度低。

3）LED 显示器。LED 是发光二极管的英文 light emitting diode 的缩写，它是一种通过控制半导体发光二极管的显示方式来显示文字、图形、图像、动画、视频等各种信息的显示屏幕，如图 2-24 所示。

图 2-23 CRT 显示器

图 2-24 LED 显示器

（2）打印机。打印机用于将计算机的处理结果打印在相关介质上，衡量其好坏的指标有

3 项：打印分辨率、打印速度和噪声。打印机的种类很多，按打印元件对纸是否有击打动作分为击打式打印机和非击打式打印机，按打印字符结构分为全形字打印机和点阵字符打印机，按一行字在纸上形成的方式分为串式打印机和行式打印机，按工作方式分为针式打印机、喷墨打印机、激光打印机，如图 2-25 所示。

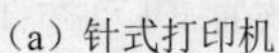
（a）针式打印机

（b）喷墨打印机

（c）激光打印机

图 2-25　针式、喷墨、激光打印机

三类打印机的特点如表 2-2 所示。

表 2-2　三类打印机的特点

针式打印机	喷墨打印机	激光打印机
分辨率低	分辨率高	分辨率高
打印速度慢	打印速度慢	打印速度快
噪声大、成本低	噪声小、对纸张要求高	噪声小
常用于票据打印	常用于照片打印	常用于办公文档打印

4. 网络设备

（1）网卡。网络接口控制器（Network Interface Controller，NIC）又称网络适配器（Network Adapter）、网卡（Network Interface Card）、局域网接收器（LAN Adapter），被设计用来允许计算机在计算机网络上进行通信，如图 2-26 所示。每一个网卡都有一个被称为 MAC 地址（物理网卡地址）的独一无二的 48 位串行号，它被写在卡上的一块 ROM 中。这是因为电气电子工程师协会（IEEE）负责为网络接口控制器销售商分配唯一的 MAC 地址。大部分新的计算机都在主板上集成了网络接口。这些主板或是在主板芯片中集成了以太网的功能，或是使用一块通过 PCI（或者更新的 PCI-Express 总线）连接到主板的网卡上。除非需要多接口或者使用其他种类的网络，否则不再需要一块独立的网卡。甚至更新的主板可能含有内置的以太网接口。

图 2-26　网卡

（2）集线器。集线器的英文名为 Hub，主要功能是对接收到的信号进行再生整形放大，以扩大网络的传输距离，同时把所有节点集中在以它为中心的网络上。图 2-27 所示为 24 口集线器。集线器属于纯硬件网络底层设备，基本上不具有类似于交换机的“智能记忆”能力和“学习”能力，也不具备交换机所具有的 MAC 地址表，所以集线器发送数据时都是没有针对性的，而是采用广播方式发送。也就是说当集线器要向某节点发送数据时，不是直接把数据发送到目的节点，而是把数据包发送到与集线器相连的所有节点。集线器是一个多端口的转发器，当以集线器为中心设备时，网络中某条线路产生了故障并不影响其他线路的工作，所以集线器在局域网中得到了广泛应用。

图 2-27 集线器

（3）路由器。路由器（Router）又称网关（Gateway），用于连接多个逻辑上分开的网络，所谓逻辑网络是代表一个单独的网络或一个子网。当数据从一个子网传输到另一个子网时，可通过路由器的路由功能来完成。因此，路由器具有判断网络地址和选择 IP 路径的功能，它能在多网络互联环境中建立灵活的连接，可用完全不同的数据分组和介质访问方法连接各种子网，路由器只接收源站或其他路由器的信息，属于网络层的一种互联设备，如图 2-28 所示。

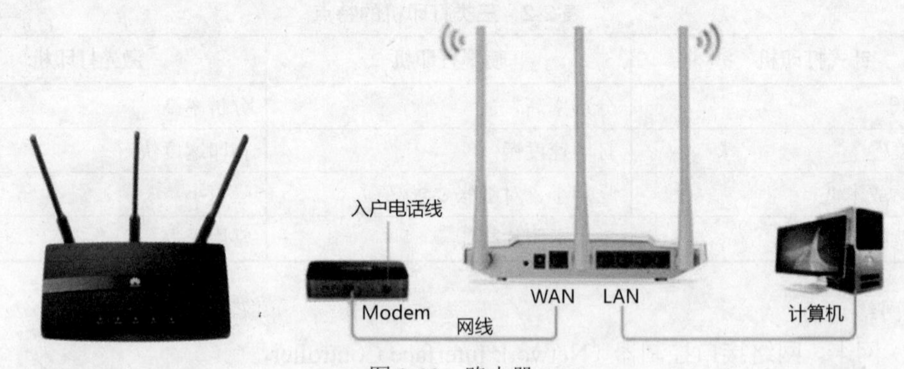

图 2-28 路由器

无线路由器是用于用户上网、带有无线覆盖功能的路由器，它可以看作一个转发器，将网络服务商连接到家中的宽带网络信号，通过天线转发给附近的无线网络设备（笔记本电脑、支持 Wi-Fi 的手机、平板，以及所有带有 Wi-Fi 功能的设备）。市场上流行的无线路由器一般只能支持 15～20 个设备同时在线使用。一般无线路由器的信号范围为半径 50 米，现在已经有部分无线路由器的信号范围达到了半径 300 米。

5. 多媒体设备

（1）声卡。声卡也叫音频卡，是多媒体技术中最基本的组成部分，是实现声波与数字信号间相互转换的一种硬件，如图 2-29 所示。声卡的基本功能是把来自话筒、磁带、光盘的原始声音信号加以转换，输出到耳机、扬声器、扩音机、录音机等声响设备，或通过音乐设备数字接口（MIDI）使乐器发出美妙的声音。

（2）音箱。音箱指可将音频信号变换为声音的一种设备，如图 2-30 所示。通俗地讲就是通过音箱主机箱体或低音炮箱体内自带的功率放大器对音频信号进行放大处理后由音箱本身回放出声音，使其声音变大。音箱是整个音响系统的终端，作用是把音频电能转换成相应的声能，并把它辐射到空间中去。音箱是音响系统极其重要的组成部分，担负着把电信号转变成声音信号供人的耳朵直接聆听的任务。

（3）麦克风。麦克风，由 Microphone 这个英文单词音译而来，也称话筒、微音器，是将声音信号转换为电信号的能量转换器件，如图 2-31 所示。麦克风由最初通过电阻转换发展为电感电容式转换，当前广泛使用的是电容麦克风和驻极体麦克风。

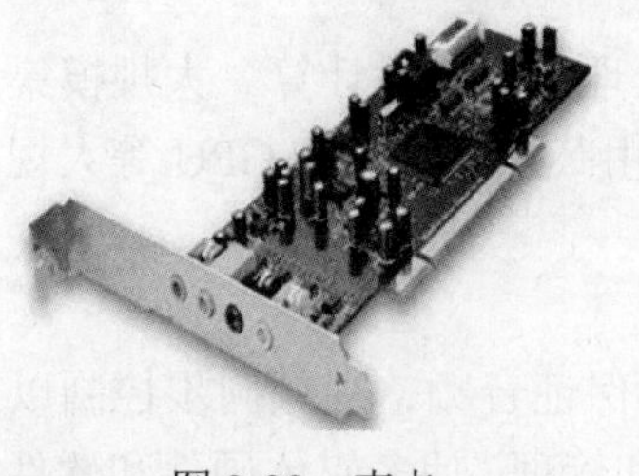

图 2-29　声卡

图 2-30　音箱

图 2-31　麦克风

麦克风的工作原理是将声音的振动传到振膜上，推动里边的磁铁形成变化的电流，变化的电流再被送到后面的声音处理电路进行放大处理。

2.3　多媒体系统

多媒体系统

2.3.1　多媒体相关概念

1. 媒体

通常是指信息传输或变换时的中间介质，例如电视、报纸、计算机等是新闻传播的媒体。

2. 多媒体

多媒体是集成计算机软硬件系统和多种信息形式为一个有机整体，使人们能够以更自然的人机交互方式来处理和使用信息，实现多维化的信息表示的信息载体，如数字、文字、图形、图像、声音、视频等媒介。

3. 多媒体技术

多媒体技术就是计算机交互式综合处理多媒体信息—文本、图形、图像、音频、动画和超媒体，使多种信息建立逻辑连接，集成为一个系统并具有交互性。

4. 多媒体计算机

多媒体计算机是指具备多媒体处理功能的计算机，通常配置为：普通 PC+声卡、视频采集卡、音箱等。

2.3.2　多媒体关键技术

多媒体关键技术主要有数据压缩技术、大容量数据存储技术、大规模集成电路制造技术、实时多任务操作系统。

1. 数据压缩技术

数字化的图像、声音、视频等多媒体数据量非常庞大，给多媒体信息的存储、传输和处理带来了极大的压力。多媒体数据压缩和编码技术是多媒体技术中的核心技术。先进的压缩编码算法对数字化的视频和音频信息进行压缩，既能节省存储空间，又能提高通信介质的传输效率，同时也使计算机实时处理和播放视频及音频信息成为可能。

2. 大容量数据存储技术

数字化的多媒体信息虽然经过了压缩处理，但仍需要相当大的存储空间，在大容量只读光盘存储器 CD-ROM 问世后才真正解决了多媒体信息存储空间问题。

3. 大规模集成电路制造技术

图像的绘制处理，音/视频信息的压缩、解压缩和播放处理需要大量计算。大规模集成电路制造技术的发展使具有强大数据压缩运算功能的多媒体专用芯片问世，如 GPU 等大规模集成电路是多媒体硬件系统体系结构的关键技术。

4. 实时多任务操作系统

实时多任务操作系统负责多媒体环境下多任务的调度，保证音频、视频同步控制以及多媒体信息处理的实时性，提供对多媒体信息的各种基本操作和管理，使多媒体硬件和软件协调地工作。

2.3.3 多媒体数据类型

一般来说，多媒体数据可分为文本、图形、图像、音频、动画、视频等类型。

1. 文本

文本是计算机系统中以编码方式表示的文字和符号，包含字母、数字和符号等。多媒体系统除具备一般的文本处理功能外，还可应用人工智能技术对文本进行识别、理解、翻译、发音等处理。常见的文本文件扩展名有.TXT、.DOC、.DOCX、.WPS 等。

2. 图形

图形用一组指令来描述图形的内容，如描述构成该图的各种图元位置维数、形状等。图形可任意缩放，不会失真，适用于描述轮廓不很复杂，色彩不很丰富的对象，如几何图形、工程图纸、3D 造型等。常见的图形文件扩展名有.EPS、.WMF、.CMX、.SVG 等。

3. 图像

图像是以数字化形式存储的画面。每个图像由二维空间中的许多个点（像素）构成，每一个像素进行不同的排列和染色以构成图像。放大图像的效果是增大单个像素，使线条和形状显得参差不齐而产生锯齿，因此图像放大后容易失真。在保存图像时需要记录每一个像素的位置和颜色值，占用一个特定的位置，因此也称为位图图像。位图占用的存储空间与分辨率和色彩的表示位数有关，分辨率与色彩位数越高，占用的存储空间就越大。常见的图像文件格式有 GIF、JPG、PNG、BMP、TIF 等。

4. 音频

音频是人类能够听到的所有声音。数字音频是通过采样和量化，由模拟量表示的音频信号转换而成的由许多二进制数 1 和 0 组成的数字音频信号。播放数字音频信号时，将这些数据转换为模拟信号再送到喇叭播出，相对于一般磁带、广播、电视中的模拟音频，数字音频具有存储方便、存储成本低、存储和传输过程中没有声音的失真、编辑和处理方便等特点。常见的音频文件格式有 MP3、WAV、WMA、MIDI、RA 等。

5. 动画

动画是采用计算机动画制作软件创作并生成的一系列连续画面通过播放形成的一种动态图像。动画之所以具有动感的视觉效果，是因为人眼具有一种“视觉暂留”的生理特点。人们在观察过物体之后，物体的映像将会在视网膜上保留一段短暂的时间，因此一系列略微有差异的图像在快速播放时就给人以一种物体在做连续运动的感觉。常见的动画文件格式有 SWF、GIF 等。

6. 视频

视频也是一种动态图像。与动画不同的是，视频信号是来自于摄像机、录像机、影碟机、电视接收机等设备输出的连续图像信号。常见的视频文件格式有 MP4、FLV、AVI、MPG、MOV、RM 等。

2.3.4　多媒体的关键特性

1. 交互性

多媒体的交互性是指用户可以与计算机的多种信息媒体进行交互操作从而为用户提供更加有效的控制和使用信息的手段。传统信息交流媒体只能单向地、被动地传播信息，而多媒体技术则可以实现人对信息的主动选择和控制。

2. 实时性

当用户给出操作命令时，相应的多媒体信息就能够得到实时控制，也就是声音、动态图像（视频）随时间变化。

3. 集成性

集成性是指以计算机为中心综合处理多种信息媒体，包括信息媒体的集成和处理这些媒体的设备的集成。集成性也就是能够对信息进行多通道统一获取、存储、组织与合成。

4. 多样性

多样性是指信息维度的多样性。人类接收信息的维度包括视觉、听觉、触觉、嗅觉、味觉，前三个维度的信息接收量占总信息量的 95%以上，多媒体技术是以计算机为中心，综合处理和控制多媒体信息，并按人的要求以多种媒体形式表现出来，同时作用于人的多种感官。

5. 非线性

多媒体技术的非线性特点将改变人们传统的循序性读写模式。以往人们的读写方式大都采用章、节、页的框架，循序渐进地获取知识，而多媒体技术将借助超文本链接（Hyper Text Link）的方法把内容以一种更灵活、更具变化的方式呈现给读者。

第3章　软件技术基础

硬件和软件是一个完整的计算机系统互相依存的两大部分。硬件为软件提供运行环境，是计算机系统的物质基础，而软件是用户与硬件之间的接口，用户通过软件与计算机进行交流。本章主要介绍结构化程序设计与面向对象程序设计方法、软件工程基础、数据结构与算法、数据库相关知识，使读者了解软件有关的一些概念和算法。

3.1　程序设计基础

程序设计基础

3.1.1　程序设计的方法与风格

1. 源程序文档化

（1）符号命名：符号命名应具有一定的实际含义，便于对程序功能的理解。

（2）程序注释：在源程序中添加注释可帮助理解程序，分为序言性注释和功能性注释。

（3）视觉组织：程序中添加空格、空行和缩进等，在视觉上对程序进行结构化。

2. 语句结构化

（1）在一行内只写一条语句，程序编写应优先考虑清晰性。

（2）除非对效率有特殊要求，语句结构清晰第一，效率第二。

程序语句首先要保证程序正确，然后才要求速度；避免使用临时变量而使程序的可读性下降；避免不必要的转移，尽可能使用库函数；尽量减少使用“否定”条件语句，避免采用复杂的条件语句；要模块化，使模块的功能尽可能单一化。

3. 输入和输出

（1）对所有输入数据进行合法性检验。

（2）输入格式要尽量简单，应允许使用自由格式和默认值。

（3）输入批量数据时，做好结束标记。

（4）交互方式输入时，在屏幕上要显示提示信息。

（5）当程序设计对输入格式有严格要求时，应保持输入格式与输入语句的一致性。

3.1.2　结构化程序设计

1. 结构化程序设计的原则

结构化程序设计方法引入了工程思想和结构化思想，使大型软件的开发和编程得到了极大改善。结构化程序设计方法的主要原则为：自顶向下、逐步求精、模块化和限制使用 goto 语句。

（1）自顶向下：先考虑整体，再考虑细节；先考虑全局目标，再考虑局部目标。

（2）逐步求精：对复杂问题应设计一些子目标作为过渡，逐步细化。

（3）模块化：把程序要解决的总目标分解为分目标，再进一步分解为具体的小目标，把每个小目标称为一个模块。

（4）限制使用 goto 语句：在程序开发过程中要限制使用 goto 语句。

2. 结构化程序的基本结构

结构化程序的基本结构有 3 种类型：顺序结构、选择结构和循环结构。

（1）顺序结构：是最基本、最普通的结构，按照程序中语句行的先后顺序逐条执行。

（2）选择结构：又称为分支结构，包括简单选择结构和多分支选择结构。

（3）循环结构：根据给定的条件判断是否要重复执行某一相同或类似的程序段。循环结构对应两类循环语句：先判断后执行的循环体称为当型循环结构；先执行循环体后判断的称为直到型循环结构。

3.1.3　面向对象程序设计

面向对象方法涵盖对象及对象属性与方法、类、继承、多态性等基本要素。

1. 面向对象方法的本质

面向对象方法的本质就是主张从客观世界固有的事物出发来构造系统，提倡用人类在现实生活中常用的思维方法来认识、理解和描述客观事物，强调最终建立的系统能够映射问题域。

2. 面向对象的基本概念

（1）对象。通常把对象的操作称为方法或服务。属性即对象所包含的信息，它在设计对象时确定，一般只能通过执行对象的操作来改变。属性值指的是纯粹的数据值，而不能指对象。

操作描述了对象执行的功能，若通过信息传递则还可以被其他对象使用。对象具有以下特征：

1）标识唯一性：对象可由其内在本质来区分。

2）分类性：可以将具有相同属性和操作的对象抽象为类。

3）多态性：同一操作可以是不同对象的行为。

4）封装性：从外面看不到对象的内部，只能看到对象的外部特性。

5）模块独立性：一个对象相当于一个模块。

（2）类和实例。类是具有共同属性、共同方法的对象的集合。它描述了属于该对象类型的所有对象的性质，而一个对象是其对应类的一个实例。

类是关于对象性质的描述，它同对象一样，包括一组数据属性和在数据上的一组合法操作。

（3）消息。消息是实例之间传递的信息，它是请求对象执行某一处理或回答某一要求的信息，它统一了数据流和控制流。

消息由三部分组成：接收消息的对象名称、消息标识符（消息名）和零个或多个参数。

（4）继承。广义地说，继承是指能够直接获得已有的性质和特征，而不必重复定义它们。

继承分为单继承和多重继承。单继承是指一个类只允许有一个父类，即类等级为树形结构。多重继承是指一个类允许有多个父类。

（5）多态性。对象根据所接收的消息而做出动作，同样的消息被不同的对象接收时可导致完全不同的行动，该现象称为多态性。

3.2 软件与程序

程序是为实现特定目标或解决特定问题而用计算机语言编写的命令序列的集合。

软件就是程序加文档的集合体。软件并不只是包括可以在计算机（这里的计算机是指广义的计算机）上运行的计算机程序，与这些计算机程序相关的文档一般也被认为是软件的一部分。

软件的特点如下：

（1）无形且没有物理形态，只能通过运行状况来了解功能、特性和质量。

（2）渗透了大量的脑力劳动，人的逻辑思维、智能活动和技术水平是软件产品的关键。

（3）不会像硬件一样老化磨损，但存在缺陷维护和技术更新。

（4）开发和运行必须依赖特定的计算机系统环境，对硬件有依赖性，为了减少依赖，开发中提出了软件的可移植性。

（5）具有可复用性，软件开发出来很容易被复制，从而形成多个副本。

3.2.1 软件分类

软件可分为应用软件和系统软件，如图 3-1 所示。

1. 系统软件

系统软件是计算机系统的基本软件，主要负责管理、控制、维护、开发计算机的软硬件资源，提供给用户一个便利的操作界面和提供编制应用软件的资源环境，是使用计算机必不可少的软件。系统软件主要包括操作系统、数据库管理系统、语言处理程序、诊断程序等。

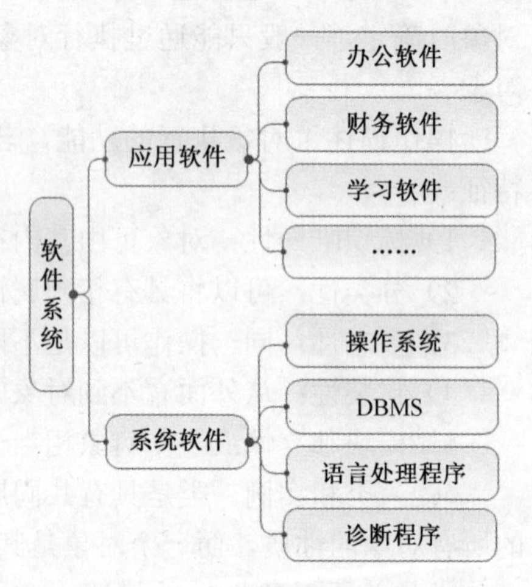

图 3-1 软件分类

（1）操作系统。操作系统（Operating System，OS）对计算机的全部软硬件资源进行控制和管理，是软件系统的核心。

计算机操作系统：中标麒麟（国产）、Windows 系列、Linux、UNIX、MAC OS。

手机操作系统：Harmony OS（华为鸿蒙）、Android、iOS。

（2）数据库管理系统（Database Management System，DBMS）是一种操纵和管理数据库的大型软件，用于建立、使用和维护数据库。它对数据库进行统一的管理和控制，以保证数据库的安全性和完整性。用户通过 DBMS 访问数据库中的数据，数据库管理员也通过 DBMS 进行数据库的维护工作。它可使多个应用程序和用户用不同的方法在同一时刻或不同时刻去建立、修改和询问数据库。大部分 DBMS 提供数据定义语言（Data Definition Language，DDL）和数据操纵语言（Data Manipulation Language，DML），供用户定义数据库的模式结构和权限约束，实现对数据的追加、删除等操作。

常见的数据库管理系统有 Oracle、MySQL、Access、MS SQL Server 等。

（3）语言处理程序。语言处理程序是将用程序设计语言编写的源程序转换成机器语言的形式，以便计算机能够运行，这一转换是由翻译程序来完成的。翻译程序除了要完成语言间的转换外，还要进行语法、语义等方面的检查，翻译程序统称为语言处理程序，共有 3 种：解释程序、编译程序和汇编程序，如图 3-2 所示。

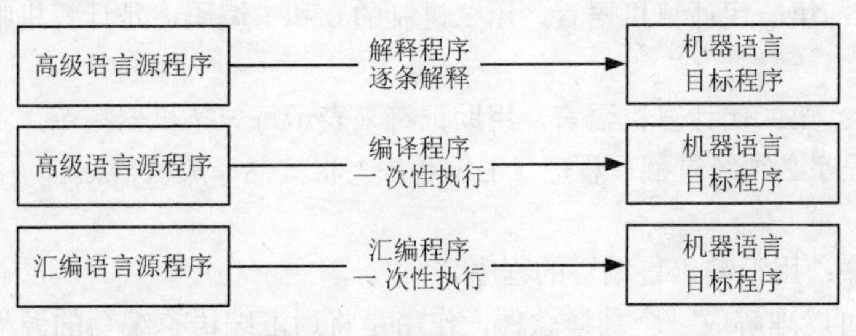

图 3-2　三类语言处理程序

在运行用户程序时，解释程序逐条解释高级语言源程序，逐条执行。因此，解释程序并不生成中间代码，而是直接产生目标程序（机器语言）。

编译程序也称为编译器，是指把用高级程序设计语言书写的源程序翻译成等价的机器语言格式。它以高级程序设计语言书写的源程序作为输入，而以汇编语言或机器语言表示的目标程序作为输出，一次性全部编译完成，并生成目标程序后再执行。

汇编程序是把汇编语言书写的程序翻译成与之等价的机器语言程序。汇编程序输入的是用汇编语言书写的源程序，输出的是用机器语言表示的目标程序。汇编语言编写程序不如高级程序设计语言简便、直观，但是汇编出的目标程序占用内存较少、运行效率较高，且能直接引用计算机的各种设备资源。它通常用于编写系统的核心部分程序，或编写需要耗费大量运行时间和实时性要求较高的程序段。

（4）诊断程序。诊断程序是一种计算机软件，功能是诊断计算机各部件能否正常工作，有的既可用于对硬件故障的检测，又可用于对程序错误的定位。微型机加电以后，一般都首先运行 ROM 中的一段自检程序，以检查计算机系统的各硬件设备是否正常，这段自检程序就是最简单的诊断程序。

2. 应用软件

应用软件是和系统软件相对的，是用户可以使用的各种程序设计语言，以及用各种程序设计语言编制的应用程序的集合，分为应用软件包和用户程序。应用软件包是利用计算机解决某类问题而设计的程序的集合，供多用户使用。

应用软件是为满足用户不同领域、不同问题的应用需求而提供的那部分软件。它可以拓宽计算机系统的应用领域，充分发挥硬件的各项功能。主要有办公软件（Microsoft Office、WPS Office）、辅助设计软件（AutoCAD）、图像处理软件（Photoshop、ACDSee）、文件压缩软件（WinRAR）、杀毒软件（360 系列、金山系列）等。在计算机的使用过程中，应用软件可以有效提高工作中解决实际问题的效率。

3.2.2　计算机语言

计算机语言指用于人与计算机之间通信的语言，它是人与计算机之间传递信息的媒介。计算机系统的最大特征是指令通过一种语言传达给机器。为了使电子计算机进行各种工作，就需要有一套用以编写计算机程序的数字、字符和语法规则，由这些字符和语法规则组成计算机的各种指令（或各种语句），这些就是计算机语言。

（1）计算机语言分代。计算机语言的发展经历了从机器语言、汇编语言到高级语言的历程。

1）机器语言：第一代计算机语言，用二进制的 0 和 1 编码，是计算机唯一能直接识别的语言。

2）汇编语言：第二代计算机语言，用助记符来表示每一条机器指令，不能被计算机直接识别和执行，源程序必须经过翻译程序（汇编程序）将其翻译成机器语言（目标程序）后方可执行。

汇编语言程序：用汇编语言编写的程序。

汇编程序：可以理解成一个翻译软件，作用是将用汇编语言编写的源程序翻译成计算机所能理解的机器语言程序（目标程序）。

3）高级语言：第三代计算机语言，不能被计算机直接识别和执行，源程序必须经过编译或解释程序翻译成目标程序后才能执行。

高级语言程序翻译成计算机所能理解的目标程序有两种方法：编译和解释。C 语言采用编译方式，Java 语言采用解释方式。

（2）常用计算机语言。

1）面向过程程序设计语言：C 语言。C 语言是一门面向过程、抽象化的通用程序设计语言，广泛应用于底层开发。C 语言能以简易的方式编译、处理低级存储器，它是仅产生少量的机器语言以及不需要任何运行环境支持便能运行的高效率程序设计语言，保持着跨平台的特性，以一个标准规格写出的 C 语言程序可以在包括一些类似嵌入式处理器以及超级计算机等作业平台的许多计算机平台上进行编译。

2）面向对象程序设计语言：C++、C#。C++语言是一种面向对象的强类型语言，由 AT&T 的 Bell 实验室于 1980 年推出。C++语言是 C 语言的一个向上兼容的扩充，而不是一种新语言。C++是一种支持多范型的程序设计语言，它既支持面向对象的程序设计，也支持面向过程的程序设计。C++支持基本的面向对象概念：对象、类、方法、消息、子类和继承。

C#是一种安全的、稳定的、简单的、优雅的，由 C 和 C++衍生出来的面向对象的编程语言。它在继承 C 和 C++强大功能的同时去掉了一些它们的复杂特性。C++以高运行效率、强大的操作能力、创新的语言特性和便捷的面向组件编程的支持成为.NET 开发的首选语言。

3）网络编程语言：HTML、PHP、JSP。HTML 的中文名称是超文本标记语言（Hyper Text Markup Language），是标准通用标记语言下的一个应用。HTML 不是一种编程语言，而是一种标记语言，是网页制作所必备的基本语言。超文本标记语言的结构包括“头”部分（Head）和“主体”部分（Body），其中“头”部分提供关于网页的信息，“主体”部分提供网页的具体内容。

PHP（Hypertext Preprocessor，超文本预处理器）是一种通用开源脚本语言，语法吸收了 C 语言、Java 和 Perl 的特点，利于学习，使用广泛，主要适用于 Web 开发领域。与其他的编程语言相比，PHP 是将程序嵌入到 HTML 文档中去执行，执行效率比完全生成 HTML 标记的 CGI 要高许多；PHP 还可以执行编译后的代码，编译可以达到加密和优化代码运行，使代码运行更快。

JSP 全名为 Java Server Pages，中文名叫 Java 服务器页面，是由 Sun Microsystems 公司倡导、许多公司参与一起建立的一种动态网页技术标准。JSP 是在传统的网页 HTML 文件（*.htm、*.html）中插入 Java 程序段（Scriptlet）和 JSP 标记（tag）从而形成 JSP 文件，后缀为.jsp。用 JSP 开发的 Web 应用是跨平台的，既能在 Linux 下运行，也能在其他操作系统上运行。

4）人工智能语言：Python。Python 由荷兰数学和计算机科学研究学会的吉多·范罗苏姆于 20 世纪 90 年代初设计，具有简单、速度快、免费、开源、可扩展性、可嵌入性等特点，它拥有一个强大的标准库，提供了系统管理、网络通信、文本处理、数据库接口、图形系统、XML 处理等额外的功能。Python 的第三方模块覆盖科学计算、Web 开发、数据库接口、图形系统多个领域，并且大多成熟而稳定，很多高校将其作为人工智能方面的教学语言。

3.3　软件工程基础

软件工程基础

3.3.1　软件工程基本概念

1. 软件的定义、特点和分类

（1）软件定义。计算机软件是在计算机系统中与硬件相互依存的另一部分，它是程序、数据及其相关文档的完整集合。程序是软件开发人员根据用户需求开发、用程序设计语言描述、适合计算机执行的指令序列；数据是使程序能正常操纵信息的数据结构；文档是与程序开发、维护和使用有关的图文资料。简单地说，软件=程序+数据+文档。可见，软件由机器可执行的程序和数据及机器不可执行的有关文档两部分组成。

（2）软件特点。软件是逻辑产品，具有在使用过程中不会出现磨损和老化，但要进行维护，软件的开发、运行对计算机系统具有依赖性，复杂性和成本高，涉及诸多社会因素等特点。

（3）软件分类。根据应用目标的不同，软件可分为系统软件（和支撑软件）、应用软件。系统软件是计算机管理自身资源，提高计算机使用效率并为用户提供各种服务的软件，如 Windows、UNIX、Linux。应用软件是为解决特定领域的应用而开发的软件，如 Word、Photoshop、学校教务管理系统。支撑软件是协助用户开发软件的工具性软件，如故障检查与诊断程序。

2. 软件工程

在 1968 年举办的首次软件工程学术会议上，提出“软件工程”来界定软件开发所需的相关知识，并建议“软件开发应该是类似工程的活动”。

软件工程是指采用工程的概念、原理、技术和方法指导软件的开发与维护，从而达到提高软件质量、降低成本的目的。

软件工程包括 3 个要素：方法、工具和过程。

（1）软件工程方法。是完成软件工程项目的技术手段，它包括项目计划、需求分析、系统结构设计、详细设计、编码实现、测试和维护等方法。软件工程方法分为结构化方法和面向对象方法两类。

（2）软件工程工具。是为软件的开发、管理和文档生成提供自动或半自动支持的软件支撑环境，如计算机辅助软件工程 CASE 等。

（3）软件工程过程。是将软件工程的方法和工具综合起来，支持软件开发的各个环节。

软件工程的目标是在给定成本和进度的前提下，开发出满足用户需求的软件产品，并且这些软件产品具有适用性、可修改性、可靠性、可理解性、可维护性、可重用性、可移植性、可追踪性、可互操作性等特点。追求这些目标有助于提高软件产品的质量和开发效率，减少维护困难。

3. 软件工程的原则

美国 TRW 公司的 B.W.Boechm 在 1983 年总结了 TRW 公司历时 12 年控制软件的经验，提出软件工程的 7 条基本原则，作为保证软件产品质量和开发效率的最小集合。具体包括：

（1）按软件生存周期分阶段制订计划并认真实施。

（2）逐阶段进行评审确认。

（3）实行严格的产品控制。

（4）采用现代的程序设计技术设计与开发软件。

（5）明确责任。

（6）开发小组的人员应该少而精。

（7）不断改进软件开发工程。

3.3.2 软件过程

1. 软件工程过程

软件工程过程是将用户需求转化为软件所需的软件工程活动的总集。这个过程一般包括以下几方面的内容：可行性分析、需求分析、设计、编码与实现、测试、运行与维护，还可能包括短长期的修复和升级以满足用户增长的需求。

软件工程过程遵循 PDCA 抽象活动，包含以下 4 种基本活动：

（1）P（Plan）：软件规格说明，规定软件的功能及其运行约束。

（2）D（Do）：软件开发，产生满足规格说明的软件。

（3）C（Check）：软件确认，确认软件能够完成用户提出的要求。

（4）A（Action）：软件演进，为满足用户需求的变更，软件必须在使用过程中演进。

2. 软件生命周期

软件有一个孕育、诞生、成长、成熟和衰亡的生存过程。软件生命周期又称为软件生存周期或系统开发生命周期，是软件的产生直到报废的生命周期，周期内有问题定义、可行性分析、总体描述、系统设计、编码、调试和测试、验收与运行、维护升级到废弃等阶段。

软件生命周期的主要阶段包括软件定义、软件开发、软件维护。

3. 软件过程模型

模型是对现实世界的简化。软件过程模型是从一个特定角度提出的对软件过程的简化描述，是对软件开发实际过程的抽象，它包括构成软件过程的各种活动、软件工件和参与角色等。对一个软件的开发无论其规模大小，都需要选择一个合适的软件过程模型，这种选择基于项目和应用的性质、采用的方法、需要的控制，以及要交付的产品的特点。

软件开发生命周期模型主要有瀑布模型、增量模型、原型模型、螺旋模型、喷泉模型。

3.3.3　软件需求分析

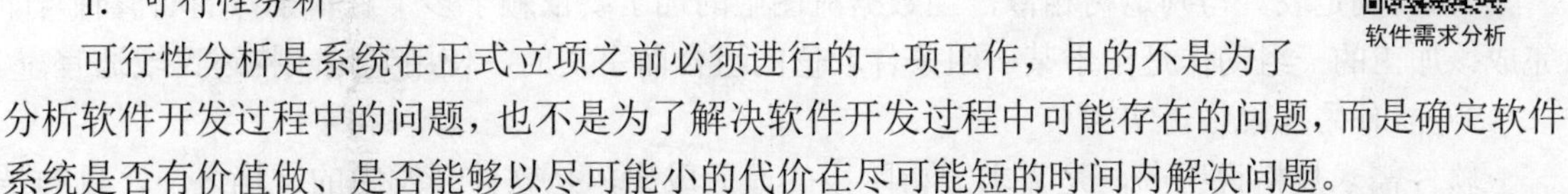
软件需求分析

1. 可行性分析

可行性分析是系统在正式立项之前必须进行的一项工作，目的不是为了分析软件开发过程中的问题，也不是为了解决软件开发过程中可能存在的问题，而是确定软件系统是否有价值做、是否能够以尽可能小的代价在尽可能短的时间内解决问题。

具体而言，在可行性分析阶段，要确定软件的开发目标与总的要求，做可行性分析的时候一般需要考虑技术是否可行、经济效益是否可行、用户操作是否可行、法律与社会是否可行等。

2. 软件需求分析

在可行性分析的基础上，通过对问题及环境的理解、分析将用户需求精确化、完全化，最终形成需求规格说明书，描述系统信息、功能和行为。

软件需求是指用户对目标软件系统在功能、性能、可靠性、安全性、开发费用、开发周期以及可使用的资源等方面的期望，其中功能要求是最基本的。需求分析通常分为问题分析、需求描述、需求评审 3 个主要阶段。

软件需求分析方法主要有结构化分析方法和面向对象分析方法。

3. 面向数据流的结构化分析方法

结构化分析方法主要包括面向数据流的结构化分析方法、面向数据结构的 Jackson 方法和面向数据结构的结构化数据系统开发方法。

结构化分析方法的实质是着眼于数据流，自顶向下，对系统的功能进行逐层分解，建立系统的处理流程，以数据流图 DFD 和数据字典 DD 为主要工具，建立系统的逻辑模型。

4. 结构化分析的常用工具

（1）数据流图。数据流图（Data Flow Diagram，DFD）是用于描述目标系统逻辑模型的图形工具，表示数据在系统内的变化，它直接支持系统功能建模。

数据流图中有以下几种主要元素：

1）→：数据流。数据流是数据在系统内传播的路径，因此由一组成分固定的数据组成。如订票单由旅客姓名、年龄、身份证号、日期、目的地等数据项组成。由于数据流是流动中的数据，所以必须有流向，除了与数据存储之间的数据流不用命名外，数据流应该用名词或名词短语命名。

2）□：数据源（或终点）。代表系统之外的实体，可以是人、物或其他软件系统。

3）○：对数据的加工（处理）。加工是对数据进行处理的单元，它接收一定的数据输入，对其进行处理并产生输出。

4）〓：数据存储。表示信息的静态存储，可以代表文件、文件的一部分、数据库的元素等。

（2）数据字典。数据字典（Data Dictionary，DD）是结构化分析的核心，是对数据流图中包含的所有元素定义的集合，是对数据的数据项、数据结构、数据流、数据存储、处理逻辑、外部实体等进行定义和描述，目的是对数据流图中的各个元素做出详细的说明。数据字典的条目有数据流、数据项、数据存储和加工。

（3）判定树。当数据流图中的加工依赖于多个逻辑时，可以使用判定树来描述。从问题定义的文字描述中分清哪些是判定的条件，哪些是判定的结论，根据描述材料中的连接词找出判定条件之间的从属关系、并列关系、选择关系，根据它们构造判定树。

（4）判定表。与判定树相似，当数据流图中的加工要依赖于多个逻辑条件的取值时，即完成该加工的一组动作是由于某一组条件取值的组合而引发的，使用判定表描述比较适宜。

5. 软件需求规格说明书

软件需求规格说明书，是需求分析阶段的最后成果，是软件开发中的文档之一，目的是使用户和软件开发者双方对该软件的初始规定有一个共同的理解，可以作为软件开发工作的基础和依据，也是确认测试验收的依据。它包括概述、数据描述、功能描述、性能描述、参考文献等方面的内容。

软件需求规格说明书应具有正确性、无歧义性、完整性、可验证性、一致性、可理解性、可修改性和可追踪性等特性，其中最重要的是正确性。

3.3.4 软件设计方法

软件设计方法

软件设计的任务是开发阶段最重要的步骤，从软件需求规格说明书出发，根据需求分析阶段确定的功能设计软件系统的整体结构、划分功能模块、确定每个模块的实现算法，形成软件的具体设计方案。

从工程管理角度软件设计可分为概要设计和详细设计。

概要设计就是设计软件的结构，包括组成模块、模块的层次结构、模块的调用关系、每个模块的功能等。还要设计该项目应用系统的总体数据结构和数据库结构，即应用系统要存储什么数据，这些数据是怎样的结构，它们之间有什么关系。概要设计阶段通常得到软件结构图。

详细设计阶段就是为每个模块完成的功能进行具体的描述，要把功能描述转变为精确的、结构化的过程描述。

常用的设计工具有：

（1）图形工具：程序流图、N-S 图、PAD 图、HIPO 图。

（2）表格工具：判定表。

（3）语言工具：PDL（伪代码）。

1. 软件设计的基本原理

软件设计的基本原理是抽象、模块化、信息隐蔽、模块独立性。

（1）抽象。抽象的层次从概要设计到详细设计逐渐降低。在软件概要设计中模块化分层也是由抽象到具体逐步分析和构造出来的。

（2）模块化。模块是指把一个待开发的软件分解成若干个小的简单的部分。模块化是指解决一个复杂问题时自顶向下逐层把软件系统划分成若干模块的过程。

（3）信息隐蔽。在一个模块内包含的信息（过程或数据）对于不需要这些信息的其他模块是不能访问的。

（4）模块独立性。模块独立性可以从两个方面度量：①内聚性：偶然内聚、逻辑内聚、时间内聚、过程内聚、通信内聚、顺序内聚、功能内聚；②耦合性：内容耦合、公共耦合、外部耦合、控制耦合、标记耦合、数据耦合、非直接耦合。

在程序结构中各模块的内聚性越强，则耦合性越弱。软件应具有高内聚、低耦合的特征。

2. 结构化设计方法

结构化设计（Structured Design，SD）方法，是将系统设计成由相对独立、单一功能的模块组成的结构。用SD方法设计的程序系统，由于模块之间是相对独立的，所以每个模块可以独立地被理解、编程、测试、排错和修改，这就使复杂的研制工作得以简化。此外，模块的相对独立性也能有效地防止错误在模块之间扩散蔓延，因而提高了系统的可靠性。

SD方法使用结构图描述，它描述了程序的模块结构，并反映了块间联系和块内联系等特性。结构图中用方框表示模块，从一个模块指向另一个模块的箭头表示前一模块中含有对后一模块的调用；用带注释的箭头表示模块调用过程中来回传递的信息；用带实心圆的箭头表示传递的是控制信息，带空心圆的箭头表示传递的是数据。

结构图的基本形式包括顺序形式、选择（分支）形式、重复（循环）形式。

3. 面向对象设计方法

面向对象方法（Object-Oriented Method）是一种把面向对象的思想应用于软件开发过程中，指导开发活动的系统方法，简称OO，是建立在“对象”概念基础上的方法学。

对象是由数据和允许的操作组成的封装体，与客观实体有直接对应关系，一个对象类定义了具有相似性质的一组对象。而继承性是对具有层次关系的类的属性和操作进行共享的一种方式。

所谓面向对象就是基于对象概念，以对象为中心，以类和继承为构造机制，来认识、理解、刻画客观世界和设计、构建相应的软件系统。

4. 详细设计常用工具

程序设计语言仅仅使用顺序、选择（分支）和重复（循环）3种基本控制结构就足以表达出各种其他形式结构的程序设计方法。遵循程序结构化的设计原则，按结构化程序设计方法设计出的程序易于理解、使用和维护；可以提高编程工作的效率，降低软件的开发成本。

（1）流程图。程序流程图又称程序框图，由一些特定意义的图形、流程线及简要的文字说明构成，它能清晰明确地表示程序的运行过程。程序框图的设计是在处理流程图的基础上，通过对输入输出数据和处理过程的详细分析，将计算机的主要运行步骤和内容标识出来。程序框图是进行程序设计的最基本依据，因此它的质量直接关系到程序设计的质量。

（2）N-S图。N-S图也被称为盒图或CHAPIN图。在流程图中完全去掉流程线，全部算法写在一个矩形阵内，在框内还可以包含其他框的流程图形式。即由一些基本的框组成一个大的框，这种流程图就称为N-S结构流程图（以两个人的名字的头一个字母组成）。

（3）PAD图。PAD是Problem Analysis Diagram（问题分析图）的缩写，是日本日立公司于1973年提出的一种主要用于描述软件详细设计的图形表示工具。与方框图一样，PAD图也只能描述结构化程序允许使用的几种基本结构。它用二维树形结构的图表示程序的控制流，以PAD图为基础，遵循机械的走树（Tree Walk）规则就能方便地编写出程序，用这种图转换为程序代码比较容易。

（4）PDL（伪代码）。PDL语言是一种设计性语言，它是由美国人在1975年提出的。PDL是Program Design Language（设计性程序语言）的缩写，用于书写软件设计规约。它是软件设计中广泛使用的语言之一。

用PDL书写的文档是不可执行的，主要供开发人员使用。

PDL 描述的总体结构和一般的程序很相似，包括数据说明部分和过程部分，也可以带有注释等成分。但它是一种非形式的语言，对于控制结构的描述是确定的，而控制结构内部的描述语法不确定，可以根据不同的应用领域和不同的设计层次灵活选用描述方式，也可以用自然语言。

3.3.5 软件测试

软件测试

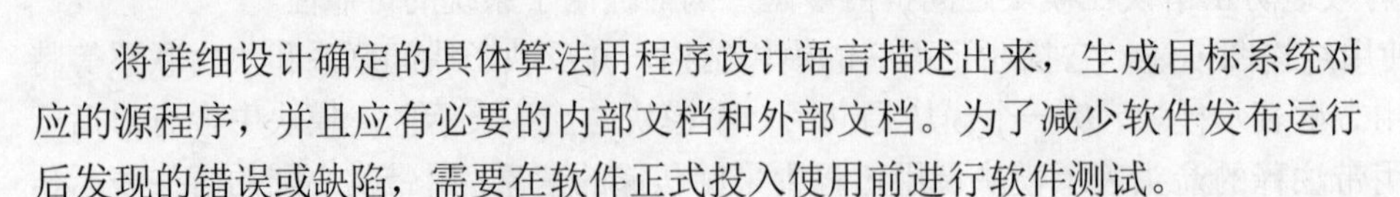

将详细设计确定的具体算法用程序设计语言描述出来，生成目标系统对应的源程序，并且应有必要的内部文档和外部文档。为了减少软件发布运行后发现的错误或缺陷，需要在软件正式投入使用前进行软件测试。

1. 软件测试的目的和准则

软件测试的目的是在设想程序有错误的前提下，设法发现程序中的错误和缺陷，而不是为了证明程序是正确的。

（1）测试是为了发现程序中的错误而执行程序的过程。

（2）好的测试用例极可能发现迄今为止尚未发现的错误。

（3）成功的测试是发现了至今为止尚未发现的错误的测试。

通常不可能做到穷尽测试，因此精心设计测试用例是保证达到测试目的所必需的。设计和使用测试用例的基本准则是：

（1）测试应该尽早进行，最好在需求阶段就开始介入，因为最严重的错误不外乎是系统不能满足用户的需求。

（2）程序员应该避免检查自己的程序，软件测试应该由第三方来负责。

（3）设计测试用例时应考虑到合法的输入和不合法的输入以及各种边界条件，特殊情况下还要制造极端状态和意外状态（如网络异常中断、电源断电等）。

（4）应该充分注意测试中的群集现象。

（5）对错误结果要有一个确认过程。一般由 A 测试出来的错误，一定要由 B 来确认。严重的错误可以召开评审会议进行讨论和分析，对测试结果要进行严格的确认，是否真的存在这个问题以及严重程度等。

（6）制定严格的测试计划。一定要制定测试计划，并且要有指导性。测试时间安排尽量宽松，不要希望在极短的时间内完成一个高水平的测试。

（7）妥善保存测试计划、测试用例、出错统计和最终分析报告，为维护提供方便。

2. 软件测试的方法

软件测试有很多种方法，根据软件是否需要被执行可分为静态测试和动态测试。

（1）静态测试。静态测试是指不实际运行程序，主要通过人工阅读文档和程序，从中发现错误，这种技术也称为评审。实践证明静态测试是一种很有效的技术，包括需求复查、概要设计（总体设计）复查、详细设计复查、程序代码复查和走查等。

（2）动态测试。动态测试就是通常所说的上机测试，这种方法是使程序有控制地运行，并从不同角度观察程序运行的行为，以发现其中的错误。

测试的关键是如何设计测试用例。测试用例是为测试设计的数据，由测试人员输入的数据和预期的输出结果两部分组成。测试方法不同，所使用的测试用例也不同。常用的测试方法有黑盒测试和白盒测试。

（1）黑盒测试。黑盒测试是指测试人员将程序看成一个黑盒，而不考虑程序内部的结构和处理过程，其测试用例都是完全根据规格说明书的功能说明来设计的。如果想用黑盒测试发现程序中的所有错误，则必须用输入数据的所有可能值来检查程序是否都能产生正确的结果。

黑盒测试的测试用例设计方法主要有等价类划分、边界值分析、错误推测法和因果图。

（2）白盒测试。白盒测试是指测试人员把程序看成装在一个透明的白盒里面，必须了解程序的内部结构，根据程序的内部逻辑结构来设计测试用例。

白盒测试的主要方法有逻辑覆盖法和基本路径测试法。运用最为广泛的是基本路径测试法。基本路径测试法是在程序控制流图的基础上，通过分析控制构造的环路复杂性导出基本可执行路径集合，从而设计测试用例的方法。逻辑覆盖包括语句覆盖、判定覆盖、条件覆盖、判定/条件覆盖、条件组合覆盖和路径覆盖。

3. 软件测试的实施

软件开发过程的分析、设计、编程等阶段都可能产生各种各样的错误，针对每一阶段可能产生的错误采用特定的测试技术，所以测试过程通常可以分为 4 个步骤：单元测试、集成测试、确认测试和系统测试。

（1）单元测试：是对软件设计的最小单位——模块进行正确性检验测试，目的是根据该模块的功能说明检验模块是否存在错误。单元测试主要可以发现详细设计和编程时犯下的错误，如某个变量未赋值、数组的上下界不正确等。

（2）集成测试：是测试和组装软件的过程，目的是根据模块结构图将各个模块连接起来进行测试，以便发现与接口有关的问题。

集成测试包括软件单元接口测试、全局数据结构测试、边界条件测试和非法输入测试等。

组装模块时有两种方法：一种叫非增量式测试法，即先分别测试好每个模块，再把所有的模块按要求组装成所需程序；另一种叫增量式测试法，即把下一个要测试的模块和已经测试好的模块结合起来一起测试，测试完后再把下一个被调模块结合进来测试。

（3）确认测试：是验证软件的功能、性能和其他特性是否满足需求规格说明书中确定的各种需求。确认测试分为 α 测试和 β 测试两种。

（4）系统测试：是将硬件、软件和操作人员等组合在一起，检验它是否有不符合需求规格说明书的地方，这一步可以发现设计和分析阶段的错误。

测试中如发现错误，需要回到编程、设计、分析等阶段作相应的修改，修改后程序需要再次进行测试，即回归测试。

4. 程序的调试

调试也称排错，任务是进一步诊断和改正程序中潜在的错误。调试活动主要在开发阶段进行，由两部分组成：确定程序中可疑错误的确切性质、原因和位置；对程序（设计、编码）进行修改，排除这个错误。

程序调试的基本步骤：①错误定位；②修改设计和代码，以排除错误；③进行回归测试，防止引进新的错误。

主要的调试方法有强行排错法、回溯法和原因排除法。

3.3.6 软件维护

软件维护是指在软件运行维护阶段对软件产品进行的修改。软件维护活动所花费的工作量占整个生存期工作量的 70%以上，需要不断对软件进行修改，以改正新发现的错误、适应新的环境和用户新的要求，这些修改需要花费很多精力和时间，而且有时会引入新的错误。

软件维护分为改正性维护、适应性维护、完善性维护和预防性维护 4 种类型。

3.4 数据结构与算法

3.4.1 数据结构概述

1. 数据结构的基本概念

数据（Data），是描述客观事物的数值、字符以及能输入到机器且能被处理的各种符号的集合。数据就是计算机化的信息，已由纯粹的数值概念发展到图像、字符、声音等各种符号。

数据元素（Data Element），是组成数据的基本单位，是数据集合的个体。一个数据元素可以由一个或多个数据项组成，数据项（Data Item）是有独立含义的最小单位，此时的数据元素通常称为记录（Record）。

数据对象（Data Object），是性质相同的数据元素的集合，是数据的一个子集。例如，整数数据对象的集合是 N={0,±1,±2,⋯}，英文大写字母字符数据对象的集合是 C={A,B,C,⋯,Z}。

数据类型（Data Type），是和数据结构密切相关的一个概念，在高级程序语言编写的程序中，每个变量、常量或表达式都有一个它所属的确定的数据类型。类型明显或隐含地规定了在程序执行期间变量或表达式所有可能的取值范围，以及在这些值上允许进行的操作。

数据结构（Data Structure），就是对数据的描述，即数据的组织形式，指相互之间存在一种或多种特定关系的数据元素的集合。作为计算机的一门学科，数据结构主要研究以下 3 个方面的内容：

（1）数据的逻辑结构：即数据集合中各数据元素之间所固有的逻辑关系，它可以用一个数据元素的集合和定义在此集合中的若干关系来表示。

（2）数据的存储结构：即对数据元素进行处理时各数据元素在计算机中的存储关系（或存放形式），也称为数据的物理结构。

（3）数据的运算：即各种数据结构中数据之间的运算。

当今计算机最主要的应用领域是信息处理，从某种意义上讲，信息处理就是数据处理。而研究数据结构的主要目的就是提高数据处理的效率，主要包括两个方面：一是提高数据处理的速度，二是节省在数据处理过程中所占用的计算机存储空间。

2. 数据结构的图形表示

表示数据结构的图形有两个元素：

（1）方框：其中标有元素值的方框表示数据元素，称为数据节点。

（2）箭头线：是表示数据元素之间前后件关系的有向线段。

用箭头连接两个数据节点时，由前件节点指向后件节点。

3. 线性结构和非线性结构

一个非空的数据结构，若满足下面两个条件，则称为线性结构：

（1）只有一个数据节点没有前件。

（2）每一个数据节点最多只有一个前件，且最多只有一个后件。

不是线性结构的非空数据结构统称为非线性结构。

线性结构也称为线性表，常见的线性表有栈、队列、链表。

数据结构都定义有一些操作，如插入、删除等。一个数据结构在删除了所有节点后，其节点集成为空集，这时我们称其为空数据结构。当空数据结构中插入数据节点后，就成为非空数据结构。

3.4.2　线性表

线性表

1. 线性表的概念

线性表是最简单、最常用的一种数据结构。线性表的逻辑结构是 n 个数据元素的有限序列（$a_1,a_2,\cdots,a_n$）。用顺序存储结构存储的线性表称为顺序表，用链式存储结构存储的线性表称为链表。线性表的特点是：在数据元素的非空有限集中，存在唯一的一个被称作“第一个”的元素；存在唯一的一个被称作“最后一个”的数据元素；除第一个之外，集合中的每个数据元素均只有一个前件；除最后一个之外，集合中的每个数据元素均只有一个后件。

2. 顺序表的存储结构及运算

（1）顺序表的存储结构。顺序表的存储结构指的是用一组地址连续的存储单元一次存储线性表的数据元素。

假设顺序表的每个元素需要占用 l 个存储单元，并以所占的第一个单元的存储地址作为数据元素的存储位置，则顺序表中的第 i+1 个数据元素的存储位置 $LOC(a_{i+1})$ 和第 i 个数据元素的存储位置 $LOC(a_i)$ 之间满足下列关系：$LOC(a_{i+1})=LOC(a_i)+l$。

一般来说，线性表的第 i 个数据元素 a_i 的存储位置为：

$$LOC(a_i)=LOC(a_1)+(i-1)\times l$$

式中，$LOC(a_1)$ 为第一个数据元素 a_1 的存储位置，通常称为线性表的起始位置或基地址。由此，只要确定顺序表的起始位置，顺序表中的任一数据元素都可随机存取，所以顺序表支持随机存取。

（2）顺序表的基本运算。顺序表的常用运算分成 4 类，每类包含若干种运算。本书仅讨论插入和删除运算。

1）线性表的插入运算：是指在表的第 i 个位置上插入一个新节点 b，使长度为 n 的线性表 $(a_1,\ \cdots,\ a_{i-1},\ a_i,\ a_{i+1},\ \cdots,\ a_n)$ 变成长度为 n+1 的线性表 $(a_1,\ \cdots,\ a_{i-1},\ b,\ a_i,\ \cdots,\ a_n)$。

2）线性表的删除运算：是指在表的第 i 个位置上删除一个节点 a_i，使长度为 n 的线性表 $(a_1,\ \cdots,\ a_{i-1},\ a_i,\ a_{i+1},\ \cdots,\ a_n)$ 变成长度为 n-1 的线性表 $(a_1,\ \cdots,\ a_{i-1},\ a_{i+1},\ \cdots,\ a_n)$。

在顺序表中插入或删除一个数据元素，平均约移动表中一半的元素。若表长为 n，则上述两种运算的算法复杂度均为 O(n)。

3. 线性链表

（1）线性链表的基本概念。线性链表是通过一组任意的存储单元来存储线性表中的数据元素的，那么怎样表示出数据元素之间的线性关系呢？为建立起数据元素之间的线性关系，对每个数据元素 a_i，除了存放数据元素自身的信息 a_i 之外，还需要和 a_i 一起存放其后件 a_{i+1} 所在的存储单元的地址，这两部分信息组成一个“节点”，节点的结构如图 3-3 所示，每个元素都如此。存放数据元素信息的存储单元称为数据域，存放其后件地址的存储单元称为指针域。因

此 n 个元素的线性表通过每个节点的指针域拉成了一个“链”，称之为链表。因为每个节点中只有一个指向后件的指针，所以称其为线性链表。

作为线性表的一种存储结构，我们关心的是节点间的逻辑结构，而对每个节点的实际地址并不关心，所以通常单链表用图 3-4 所示的形式表示。我们在单链表的第一个节点之前附设一个节点，称之为头节点，它指向表中的第一个节点。头节点的数据域可以不存储任何信息，也可以存储如线性表的长度等的附加信息。头节点的指针域存储指向第一个节点的指针（即第一个元素节点的存储位置）。

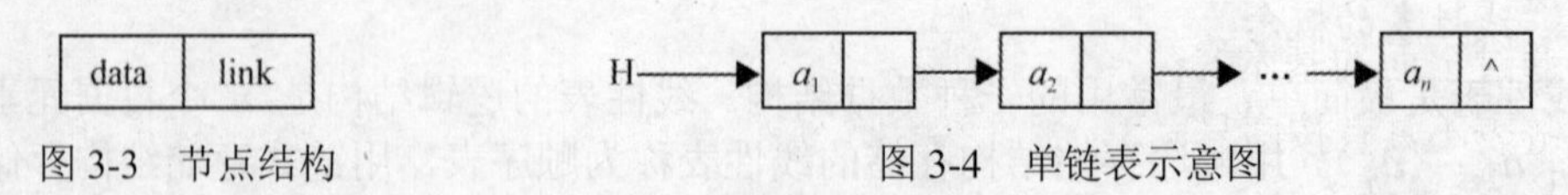

图 3-3　节点结构　　　　图 3-4　单链表示意图

在单链表中，取得第 i 个数据元素必须从头指针出发寻找，因此单链表是非随机存取的存储结构。

（2）线性链表的基本运算。

1）建立线性链表的方法。

①在链表的头部插入节点建立单链表：线性链表与顺序表不同，它是一种动态管理的存储结构，链表中的每个节点占用的存储空间不是预先分配的，而是运行时系统根据需求自动生成的，因此建立单链表从空表开始，每读入一个数据元素就申请一个节点，然后插在链表的头部，因为是在链表的头部插入，读入数据的顺序和线性表中的逻辑顺序是相反的。

②在链表的尾部插入节点建立单链表：头部插入建立单链表很简单，但读入的数据元素的顺序与生成的链表中元素的顺序是相反的，若希望次序一致，则采用尾部插入的方法。因为每次将新节点插入到链表的尾部，所以需要加入一个指针 r 用来始终指向链表中的尾节点，以便能够将新节点插入到链表的尾部。

头节点的加入完全是为了运算的方便，它的数据域无定义，指针域中存放的是第一个数据节点的地址，空表时为空。

2）插入运算：包括后插节点和前插节点。

①后插节点：设 p 指向单链表中的某节点，s 指向待插入的值为 x 的新节点，将 s 节点插入到 p 节点的后面，插入示意图如图 3-5 所示。

②前插节点：设 p 指向链表中的某节点，s 指向待插入的值为 x 的新节点，将 s 节点插入到 p 节点的前面，插入示意图如图 3-6 所示。前插与后插不同的是：首先要找到 p 节点的前件节点 q，然后在 q 节点之后插入 s 节点。

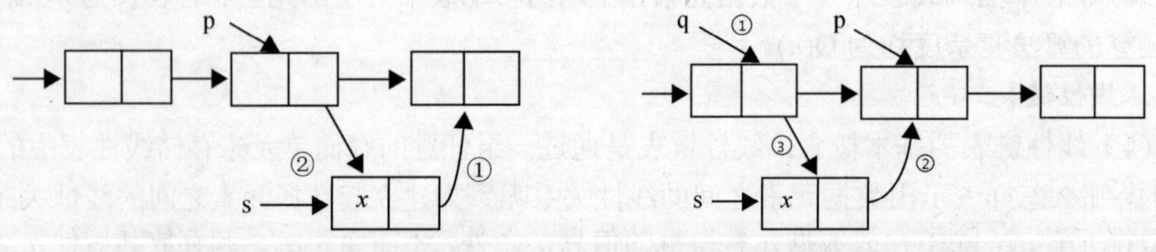

图 3-5　在 p 节点之后插入 s 节点　　　　图 3-6　在 p 节点之前插入 s 节点

3）删除运算：假设 p 指向单链表中的某节点，删除 p 节点，操作示意图如图 3-7 所示。

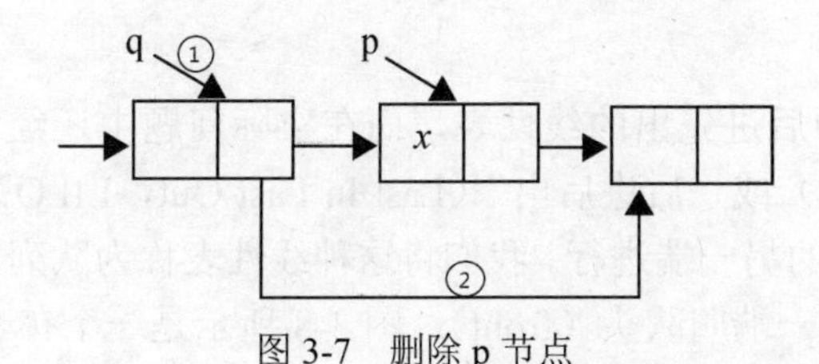

图 3-7　删除 p 节点

通过示意图可见，要实现对节点 p 的删除，首先要找到 p 节点的前件节点 q，然后完成指针的操作。

通过上面的基本操作得知，在线性链表上插入、删除一个节点，必须知道其前件节点；线性链表不具有按序号随机访问的特点，只能从头指针开始一个个地顺序进行。

4. 循环链表

循环链表的特点是表中最后一个节点的指针域指向头节点，整个链表形成一个环。因此，从表中任一节点出发均可找到表中的其他节点。

3.4.3　栈和队列

栈和队列

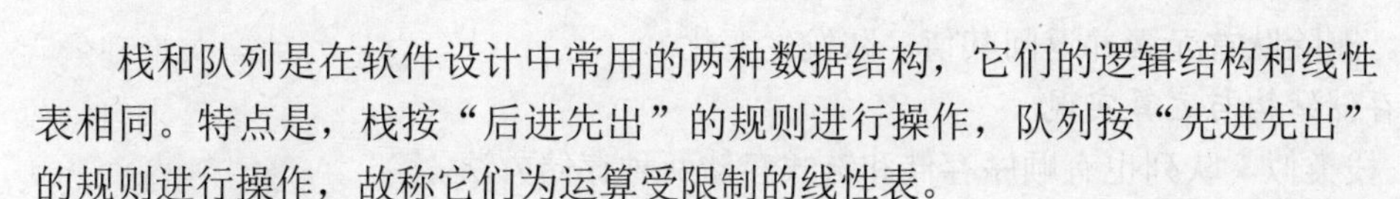

栈和队列是在软件设计中常用的两种数据结构，它们的逻辑结构和线性表相同。特点是，栈按“后进先出”的规则进行操作，队列按“先进先出”的规则进行操作，故称它们为运算受限制的线性表。

1. 栈的概念

栈是限制在一端进行插入和删除的线性表。在栈中，一端是开口的，称为栈顶，允许插入、删除；另一端是封闭的，称为栈底。当栈中没有元素时称为空栈。在进行插入和删除操作时，栈顶元素总是最后插入的，也是最先被删除的；栈底元素总是最先插入的，也是最后被删除的。所以，栈又被称为是“先进后出”（First In Last Out，FILO）或“后进先出”（Last In First Out，LIFO）的线性表。

由于栈是运算受限的线性表，因此线性表的存储结构对栈也是适用的，只是操作不同而已。利用顺序存储方式实现的栈称为顺序栈，用链式存储结构实现的栈称为链栈。通常链栈用线性链表表示，因此其节点结构与线性链表的结构相同。

2. 栈的顺序存储及基本运算

在日常生活中，有很多后进先出的例子。在程序设计中，常常需要栈这样的数据结构，得以按与保存数据相反的顺序来使用这些数据。栈的基本运算有 3 种：压栈、弹栈和读栈顶，压栈也称入栈，弹栈也称出栈或退栈。

在栈的顺序存储空间 S(1:m)中，S(bottom)为栈底元素，S(top)为栈顶元素。top=0 表示栈空，top=bottom 表示栈满。

（1）压栈运算。就是在栈的顶部插入一个新的元素。操作方式：先将栈顶指针加 1，再将新元素插入到栈顶指针指向的位置。

（2）弹栈运算。就是将栈顶元素取出并赋给一个指定的变量。操作方式：先将栈顶元素赋给一个指定的变量，再将栈顶指针减 1。

（3）读栈顶运算。就是将栈顶元素赋给一个指定的变量。操作方式：只将栈顶元素赋给一个指定的变量，栈顶指针不改变。

3. 队列的基本概念

前面所讲的栈是一种后进先出的线性表，而在实际问题中还经常使用一种“先进先出”（First In First Out，FIFO）或“后进后出”（Last In Last Out，LILO）的线性表，即插入在表的一端进行，而删除在表的另一端进行。我们将这种线性表称为队列，把允许插入的一端叫队尾（rear），把允许删除的一端叫队头（front）。图 3-8 所示是一个有 5 个元素的队列。入队的顺序依次为 a_1、a_2、a_3、a_4、a_5，出队时的顺序将依然是 a_1、a_2、a_3、a_4、a_5。

出队 ← a_1 a_2 a_3 a_4 a_5 ← 入队

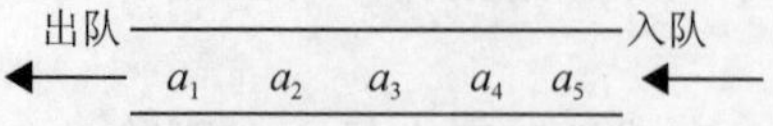

图 3-8 队列示意图

显然，队列也是一种运算受限制的线性表，所以又叫先进先出表。

4. 队列的基本运算

在日常生活中队列的例子很多，如排队买东西，排头的买完后走掉，新来的排在队尾。在队列上进行的基本运算（操作）如下：

（1）入队。对已存在的队列，插入一个元素到队尾，队发生变化。

（2）出队。删除队首元素并返回其值，队发生变化。

5. 队列的存储结构与运算实现

与线性表、栈类似，队列也有顺序存储和链式存储两种存储方法。

（1）顺序队列。顺序存储的队列称为顺序队列。因为队列的队头和队尾都是活动的，因此除了队列的数据区外还有队头（front）和队尾（rear）两个指针。设队头指针指向队头元素前面的一个位置，队尾指针指向队尾元素（这样的设置是为了某些运算的方便，并不是唯一的方法）。置空队则为队头指针等于队尾指针，等于-1。入队操作时，队尾指针加 1，指向新位置后，元素入队。出队操作时，队头指针加 1，表明队头元素出队。队中元素的个数 m=rear-front，假设分配给队列的存储空间最多只能存储 MAXSIZE 个元素，队满时 m=MAXSIZE，队空时 m=0。

（2）循环队列。所谓循环队列，就是将队列存储空间的最后一个位置绕到第一个位置，形成逻辑上的环状空间，供队列循环使用。在循环队列中，用队尾指针 rear 指向队列中的队尾元素，用队头指针 front 指向队头元素的前一个位置。循环队列的主要操作是入队运算和退队运算。每进行一次入队运算，队尾指针就进一。每进行一次退队运算，队头指针就进一。当 rear 或 front 等于队列的长度加 1 时，就把 rear 或 front 值置为 1。所以在循环队列中，队头指针可以大于队尾指针，也可以小于队尾指针。

（3）链队。链式存储的队称为链队，这里不做详细介绍。

3.4.4 树与二叉树

树与二叉树

1. 树的基本概念

树是一种简单的非线性结构。在树结构中，数据元素之间具有明显的层次结构。树的图形表示如图 3-9（a）所示。用一条直线连接的上下两个节点中，上节点称为前件，下节点称为后件，且前件称为后件的父节点，后件称为前件的子节点。在一棵非空的树中，唯一的没有前件的节点称为根节点（树根），所有没有后件的节点都称为叶子节点（树叶），除了根节点外，所有节点都只有唯一的前件。图3-9（b）、（c）、（d）所示的结构都不是树结构。

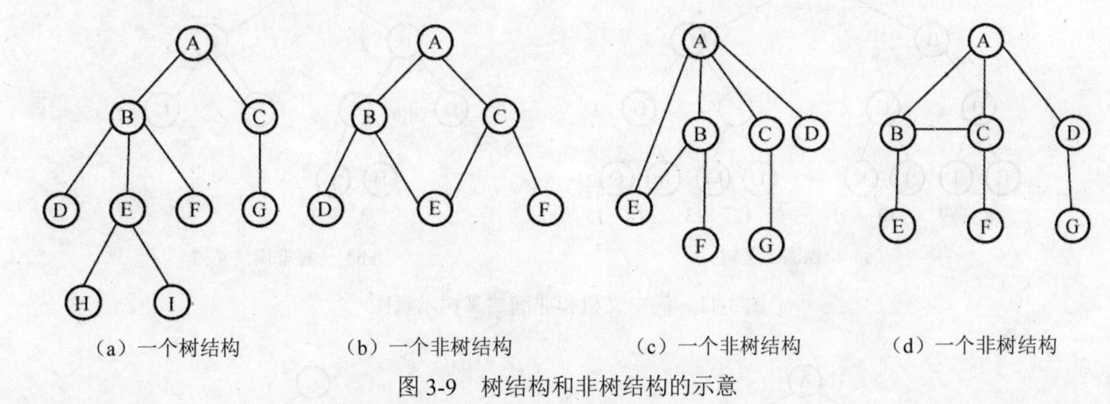

图3-9 树结构和非树结构的示意

在树中，一个节点所拥有的后件节点数称为该节点的度。所有叶子节点的度都为0。

树中节点可以分层：根节点为第1层，根节点的后件构成第2层，第2层节点的后件构成第3层，依次类推。树的最大层数称为树的深度（高度）。如图3-9（a）所示的树，深度是4。

在树中，从某个节点开始及往下连接的所有节点组成一棵子树。例如，在图3-9（a）中，节点B、D、E、F、H、I组成一棵子树，节点B是此子树的根节点。

2. 二叉树的概念

一棵树，若每个节点的度都是0、1或2，并且节点的子节点有左子节点和右子节点之分，则此树称为二叉树。二叉树中一个节点，以其左子节点为根节点的子树称为左子树，以其右子节点为根节点的子树称为右子树。二叉树的左子树和右子树就是其根节点的左子树和右子树。

二叉树是有序的，即若将其左、右子树颠倒，就成为另一棵不同的二叉树。即使只有一棵子树，也要区分其是左子树还是右子树。二叉树具有5种基本形态，如图3-10所示。

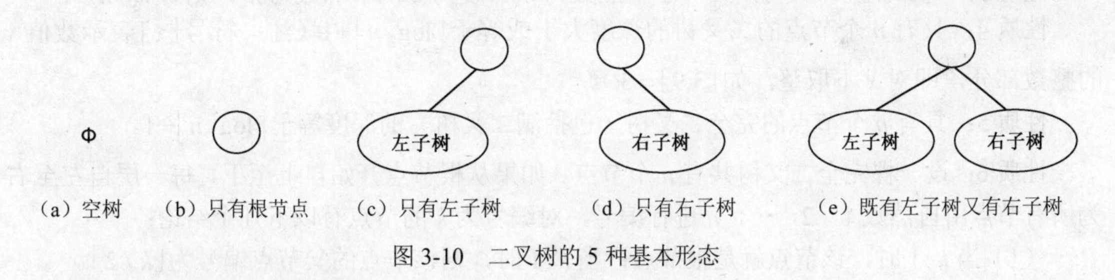

图3-10 二叉树的5种基本形态

3. 满二叉树和完全二叉树

（1）满二叉树。一棵深度为 k（>1）的二叉树，若其从1到 k–1层的所有节点都有两个子节点，则称其为满二叉树。满二叉树的所有叶子节点都在最后一层。图3-11中，（a）是一棵满二叉树，（b）不是满二叉树。

（2）完全二叉树。将一棵满二叉树最后一层的叶子节点从右边往左去掉0个或多个所得到的二叉树称为完全二叉树。图3-12（a）是一棵完全二叉树，图3-12（b）和图3-11（b）都不是完全二叉树。完全二叉树的特点是叶子节点只能出现在最下层和次下层，且最下层的叶子节点集中在树的左部。显然，一棵满二叉树必定是一棵完全二叉树，而完全二叉树未必是满二叉树。

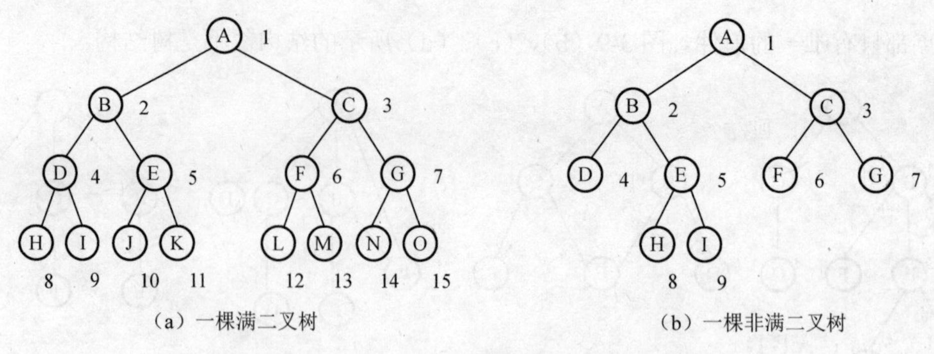

（a）一棵满二叉树　　（b）一棵非满二叉树

图 3-11　满二叉树和非满二叉树示意图

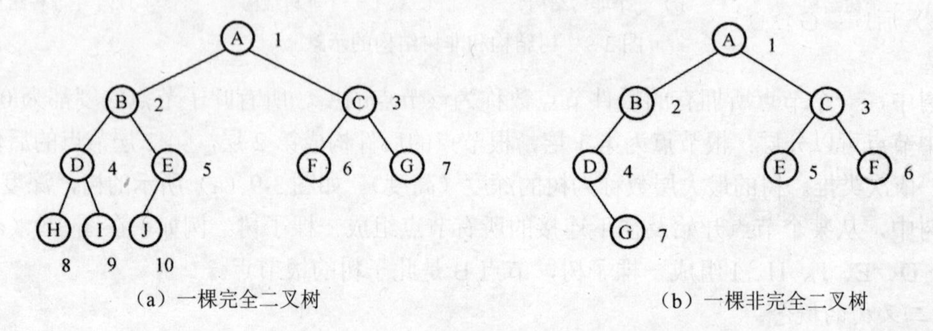

（a）一棵完全二叉树　　（b）一棵非完全二叉树

图 3-12　完全二叉树和非完全二叉树示意图

二叉树的几个重要性质

4. 二叉树的几个重要性质

性质 1：一棵非空二叉树的第 i 层上最多有 2^{i-1}（$i \geqslant 1$）个节点。

性质 2：一棵深度为 k 的二叉树中，最多有 2^k-1 个节点。

性质 3：一棵非空二叉树，设叶子节点数为 n_0，度为 2 的节点数为 n_2，则有 $n_0=n_2+1$。

性质 4：具有 n 个节点的二叉树的深度大于或等于 $\lfloor \log_2 n \rfloor+1$（注：符号 $\lfloor x \rfloor$ 表示数值 x 的整数部分，即对 x 下取整，如 $\lfloor 3.9 \rfloor=3$）。

性质 5：具有 n 个节点的完全二叉树（包括满二叉树）的深度等于 $\lfloor \log_2 n \rfloor+1$。

性质 6：设一棵完全二叉树共有 n 个节点。如果从根节点开始自上至下，每一层自左至右为所有节点用自然数 1，2，…，n 进行编号，对编号为 k 的节点有以下几个结论：

（1）当 $k=1$ 时，该节点就是根节点；当 $k>1$ 时，则该节点的父节点编号为 $\lfloor k/2 \rfloor$。

（2）当 $2k \leqslant n$ 时，该节点必有编号 $2k$ 的左子节点；否则，它就是叶子节点。

（3）当 $2k+1 \leqslant n$ 时，该节点必有编号 $2k+1$ 的右子节点；否则，它没有右子节点。

读者可以自行计算一棵深度为 k 的满二叉树和完全二叉树的各层节点数和节点总数，并考察图 3-10（a）所示的完全二叉树中编号分别为 4、5、6、7 的节点 D、E、F、G 的子节点的编号情况。

二叉树的遍历

5. 二叉树的遍历

二叉树的遍历，是指按照某种顺序访问二叉树中的所有节点，使每个节点被访问一次且仅被访问一次。一般按照先左后右的顺序访问。

如果限定先左后右，并设 D、L、R 分别表示访问根节点、遍历根节点的左子树、遍历根节点的右子树，则二叉树的遍历有 DLR（根左右）、LDR（左根右）和 LRD（左右根）3 种方式。

若为空二叉树，则遍历结束；对于非空二叉树，遍历过程如下：

（1）先序遍历（DLR）：访问根节点、根节点的左子树、根节点的右子树。

（2）中序遍历（LDR）：访问根节点的左子树、根节点、根节点的右子树。

（3）后序遍历（LRD）：访问根节点的左子树、根节点的右子树、根节点。

对于图 3-10（b）所示的二叉树，按以上 3 种方式遍历所得节点序列分别为：

（1）先序：A B D G C E F（为帮助理解，可写成：A (B (D□G)□) (C E F)）。

（2）中序：D G B A E C F（为帮助理解，可写成：((□D G) B□) A (E C F)）。

（3）后序：G D B E F C A（为帮助理解，可写成：((□G D)□B) (E F C) A）。

读者可以思考一下：若给出中序和前序（或后序）两种遍历结果，如何画出对应的二叉树，再得出后序（或前序）遍历结果（提示：首先根据前序或后序遍历结果确定根节点，然后在中序遍历结果中划出左子树和右子树的节点）。

3.4.5　查找与排序

查找是指在给定的数据结构中查找某个指定的元素。

排序就是将一个无序的数据序列整理成一个有序的数据序列。这里所谓的“有序”，是指元素按值非递减方式排列，即从小到大排列，但允许相邻元素的值相等。

1. 顺序查找

顺序查找又称线性查找，是最基本的查找方法。该查找方法是从线性表的第一个元素开始，逐个将线性表中的元素值与指定的元素值进行比较，若找到相等的元素，则查找成功，并给出数据元素在表中的位置；若找遍整个表，仍未找到与指定的元素值相同的元素，则查找失败，给出失败信息。

顺序查找一个有 n 个元素的线性表，需要比较的平均次数是 $\lceil n/2 \rceil$（注：符号 $\lceil x \rceil$ 表示大于或等于数值 x 的最小整数）。

顺序查找，缺点是当 n 很大时，平均查找长度较大，效率低；优点是对表中数据元素的存储没有要求。另外，对于无序的线性表或线性链表，只能进行顺序查找。

2. 二分查找

二分查找，又叫折半查找，是一种较为高效的查找方法。待查找的数据结构必须是顺序存储的有序线性表。

在一个有序线性表中，二分查找元素 X 的过程如下：

（1）取位于线性表中间的元素与 X 的值进行比较。

（2）若相等，则查找成功，结束查找。

（3）若 X 的值较小，则在中间元素的左边半区用二分法继续查找。

（4）若 X 的值较大，则在中间元素的右边半区用二分法继续查找。

（5）不断重复上述查找过程，直到查找成功，或所查找的区域没有数据元素 X 时查找失败。

二分查找一个有 n 个元素的有序线性表，需要比较的次数不超过 $\lceil \log_2 n \rceil$。

例如，在有 13 个元素的有序线性表（7，14，18，21，23，29，31，35，38，42，46，49，52）中，查找元素 14，依次查找比较的元素分别是 31、18、14，经过 3 次比较后结束，查找成功；若查找元素 22，则依次查找比较的元素分别是 31、18、23、21，经过 4 次比较后结束，查找失败。

3. 交换类排序

交换类排序法是通过元素的两两比较和交换进行排序的方法。

（1）冒泡排序法。对尚未排序的各元素从头到尾依次比较相邻的两个元素是否逆序（与欲排顺序相反），若逆序就交换这两个元素，经过第一轮比较排序后便可把最大（或最小）的元素排好，然后再用同样的方法把剩下的元素逐个进行比较，就得到了你所要的顺序。此法对 n 个元素的排序，最坏的情况需要 $n(n-1)/2$ 次比较。

（2）快速排序法。是冒泡排序法的改进。在快速排序中，任取一个记录，以它为基准用交换的方法将所有的记录分成两部分，关键码值比它小的在一部分，关键码值比它大的在另一部分，再分别对两个部分实施上述过程，一直重复到排序完成。此法对 n 个元素的排序，在最坏情况下比较次数是 $n(n-1)/2$。

4. 插入类排序

插入类排序，是将无序序列中的各个元素依次插入到一个有序的线性表中，插入后表仍然保持有序。

（1）简单插入排序法。在线性表中，只包含第 1 个元素的子表，作为初始有序表。从线性表的第 2 个元素开始，将剩余元素逐个插入到前面的有序子表中。此法对 n 个元素的排序，最坏的情况需要 $n(n-1)/2$ 次比较。

（2）希尔排序法（缩小增量法）。是将整个无序列分割成若干小的子序列分别进行插入排序的方法。此法对 n 个元素的排序，最坏的情况需要 $O(n^{1.5})$ 次比较。

5. 选择类排序

（1）简单选择排序法。首先找出值最小的元素，然后把这个元素与表中第一个位置上的元素对调。这样，就使值最小的元素取得了它应占据的位置。接着，再在剩下的元素中找值最小的元素，并把它与第二个位置上的元素对调，使值第二小的元素取得它应占据的位置。依此类推，一直到所有的元素都处在它应占据的位置上，便得到了按值非递减次序排序的有序表。此法对 n 个元素的排序，在最坏情况下，比较次数是 $n(n-1)/2$。

（2）堆排序法。就是通过堆这种数据结构来实现排序。此法对 n 个元素的排序，最坏的情况需要 $O(n\log n)$ 次比较。

3.5 数据库基础

数据库基础

3.5.1 数据库系统的基本概念

1. 信息（Information）与数据（Data）

信息是客观世界在人们头脑中的反映，是客观事物的表征，是可以传播和加以利用的一种知识。而数据是信息的载体，是对客观存在的实体的一种记载和描述。

2. 数据库（Database，DB）

数据库是以一定的组织形式存放在计算机存储介质上的相互关联的数据的集合，或者说是长期保存在计算机外存上的、有结构的、可共享的数据集合。其主要特点是具有最小的冗余度、具有数据独立性、实现数据共享、安全可靠、保密性能好。

数据库技术的根本目标是解决数据共享问题。

3. 数据库管理系统（Database Management System，DBMS）

数据库管理系统是位于用户和操作系统之间的一个数据管理软件。它能对数据库进行有效的管理，包括存储管理、安全性管理、完整性管理等；同时，它也为用户提供了一个软件环境，使其能够方便快速地创建、维护、检索、存取和处理数据库中的信息。其主要功能有数据定义功能，数据操纵功能，数据控制功能，数据库的运行管理、建立与维护。

4. 数据库管理员（Database Administrator，DBA）

数据库管理员是对数据库的规划、设计、维护、监视等进行管理的人员。其主要工作有数据库设计、数据库维护、改善系统性能、提高系统效率。

5. 数据库系统（Database System，DBS）

数据库系统是由数据库（数据）、数据库管理系统（软件）、数据库管理员和用户（人员）、系统平台（软件和硬件）构成的人机系统。其核心是数据库管理系统。数据库系统并不是单指数据库和数据库管理系统，而是指带有数据库的整个计算机系统。

硬件平台包括计算机和网络，软件平台包括操作系统、数据库系统开发工具和接口软件。

6. 数据库技术的发展

随着计算机硬件和软件的发展，数据管理技术经历了人工管理、文件系统和数据库系统 3 个发展阶段。

7. 典型的新型数据库系统

典型的新型数据库系统有分布式数据库系统、面向对象数据库系统、多媒体数据库系统、数据仓库、工程数据库、空间数据库系统。

8. 数据库系统的基本特点

数据库系统具有以下特征：数据结构化、数据独立性、数据共享性、数据完整性、数据冗余度小、数据的长久保存和易移植性。

9. 数据库系统的内部体系结构

简单地说，数据库系统的内部体系结构具有三级模式和二级映射。

（1）外模式。外模式（External Schema）是用户与数据库系统的接口。外模式也叫子模式（Subschema）或用户模式，是用户能够看见和使用的局部数据的逻辑结构和特征的数据视图。一个数据库可以有多个外模式，并且不同的数据库应用系统给出的数据库视图也可能不同。例如，在某些关系型数据库应用系统中，一个有关人事信息的关系型数据库的外模式可被设计成实际使用的表格形式。

（2）模式。模式（Schema）是概念模式（也称逻辑模式）的简称，是对数据库中全体数据的整体逻辑结构和特性的描述，是所有用户的公共视图。例如，关系数据库的概念模式就是二维表。

（3）内模式。内模式（Internal Schema）也称存储模式（Storage Schema），是全部数据在数据库系统内部的表示或底层描述，即数据的物理结构和存储方法的描述。

数据按外模式的描述提供给用户，按内模式的描述存储在磁盘中。而概念模式提供了一种约束其他两级的相对稳定的中间层，它使得这两级的任何一级的改变都不受另一级的牵制。

（4）外模式/概念模式映像。外模式/概念模式映像存在于外部级和概念级之间，用于定义外模式和概念模式间的对应性，即外部记录类型与概念记录类型的对应性，有时也称为“外模式/模式映像”。

（5）概念模式/内模式映像。概念模式/内模式映像存在于概念级和内部级之间，用于定义概念模式和内模式间的对应性，有时也称为模式/内模式映像。这两级的数据结构可能不一致，即记录类型、字段类型的组成可能不一样，因此需要这个映像说明概念记录和内部记录间的对应性。

（6）用户。用户是指使用数据库的应用程序或联机终端用户。编写应用程序的语言仍然是 COBOL、FORTRAN、C 等高级程序设计语言。在数据库技术中，称这些语言为“宿主语言”，或简称为“主语言”。

（7）用户界面。用户界面是用户和数据库系统的一条分界线，在分界线下面，用户是不可知的。用户界面定在外部级上，用户对于外模式是可知的。

10. 常用数据库管理软件

常用的大中型关系型数据库管理软件有 IBM DB2、Oracle、SQL Server、SyBase、Informix 等，常用的小型数据库有 Access、Paradox、FoxPro 等。

3.5.2 数据模型

数据模型

模型是对现实世界特征的模拟与抽象，而数据模型（Data Model）是模型的一种，它是对现实世界数据特征的抽象。在数据库中，用数据模型这个工具来抽象、表示和处理现实世界中的数据和信息。

按不同应用层次数据模型可分为 3 类：概念数据模型、逻辑数据模型和物理数据模型。

1. 信息世界中的基本概念

（1）实体（Entity）：现实世界中可以相互区分的事物称为实体（或对象），实体可以是人、物等任何实际的东西，也可以是概念性的东西，如学校、班级、城市等。

（2）属性（Attribute）：实体所具有的某一种特征称为属性，一个实体可通过若干种属性来描述。例如，“学生”实体具有“学号”“姓名”“性别”“出生日期”等属性。

（3）主码（Key）：能唯一标识实体的一个属性或多个属性的集合，如“学号”可作为“学生”实体的主码。

（4）域（Domain）：属性的取值范围称为该属性的域，如“性别”的域是“男”“女”。

（5）实体型（Entity Type）：用实体名及属性名的集合抽象和描述同类实体。值得注意的是，有些表达中没有区分实体与实体型这两个概念。

（6）实体集（Entity Set）：同型实体的集合。

（7）联系（Relation）：多个实体之间的相互关联。实体之间可能有多种关系，例如，“学生”与“课程”之间可有“选课”（或“学”）关系，“教师”与“课程”之间可有“讲课”（或“教”）关系等。这种实体与实体间的关系抽象为联系。

实体集之间的联系一般可分 3 种类型：一对一、一对多、多对多。

2. 实体联系 E-R 方法

概念模型的表示方法有很多，其中最著名的是 P.P.S.Chen 于 1976 年提出的实体—联系方法（Entity-Relation Approach，E-R 方法）。该方法用 E-R 图来描述现实世界的概念模型，E-R 方法也称 E-R 模型，图 3-13 所示为一个有关教师、课程和学生的 E-R 图。E-R 模型中所采用的概念主要有 3 个：实体、联系、属性，在 E-R 图中表示方法如下：

（1）实体：用矩形框表示，框内填写实体名。

（2）属性：用椭圆框表示，框内填写属性名，并用无向边将它连接到对应的实体。

（3）联系：用菱形框表示，框内填写联系名，并用无向边将它连接到对应的实体，同时在边上注明联系的类型（1:1、1:*n*、*m*:*n*）。

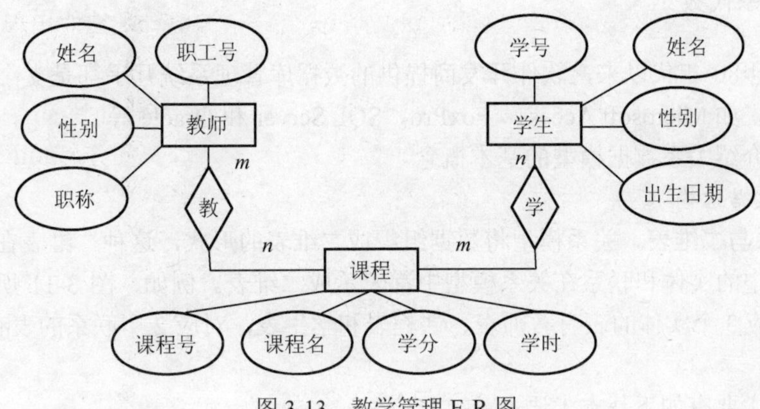

图 3-13　教学管理 E-R 图

3. 常用数据模型

数据模型是数据库中数据存储的方式，是数据库系统的核心和基础。数据库最重要的数据模型有以下 3 种：

（1）层次模型：用树形结构来表示实体及实体间的联系，如早期的 IMS 系统。

（2）网形模型：用网形结构来表示实体及实体间的联系，如 DBTG 系统。

（3）关系模型：用一组二维表来表示实体及实体间的联系，如 Microsoft Access 等。

3.5.3　结构化查询语言

结构化查询语言（Structured Query Language，SQL）是高级的非过程化编程语言，是沟通数据库服务器和客户端的重要工具，允许用户在高层数据结构上工作。它不要求用户指定对数据的存放方法，也不需要用户了解具体的数据存放方式，所以具有完全不同底层结构的不同数据库系统可以使用相同的 SQL 语言作为数据输入与管理的接口。它以记录集合作为操作对象，所有 SQL 语句接收集合作为输入，返回集合作为输出，这种集合特性允许一条 SQL 语句的输出作为另一条 SQL 语句的输入，所以 SQL 语句可以嵌套，这使它具有极大的灵活性和强大的功能，在多数情况下，在其他语言中需要一大段程序实现的功能只需要一个 SQL 语句就可以达到目的，这也意味着用 SQL 语言可以写出非常复杂的语句。

SQL 语言结构简洁，功能强大，容易学习，如今无论是像 Oracle、SyBase、DB2、Informix、SQL Server 这些大型的数据库管理系统，还是像 FoxPro、PowerBuilder 这些 PC 上常用的数据库开发系统，都支持 SQL 语言作为查询语言。

SQL 语言包含以下 3 种程序设计语言：

（1）数据定义语言（Data Definition Language，DDL）：用来建立数据库、数据对象和定义其列。例如 CREATE、DROP、ALTER 等语句。

（2）数据操纵语言（Data Manipulation Language，DML）：用来插入、修改、删除、查询，可以修改数据库中的数据。例如 INSERT（插入）、UPDATE（修改）、DELETE（删除）、SELECT（查询）等语句。

（3）数据控制语言（Data Control Language，DCL）：用来控制数据库组件的存取许可、存取权限等。例如 GRANT、REVOKE、COMMIT、ROLLBACK 等语句。

3.5.4 关系代数

关系代数

自 20 世纪 80 年代以来，软件开发商提供的数据库管理系统几乎都是支持关系模型的，如 Microsoft Access、FoxPro、SQL Server 和 Oracle 等。

下面简单介绍关系数据模型的基本概念。

1. 关系数据结构

（1）关系与二维表。关系模型将数据组织成二维表的形式，这种二维表在数学上称为关系。E-R 方法中的实体和联系在关系模型中都表示成二维表。例如，图 3-11 所示的教学管理 E-R 图中，对应 3 个实体的表有教师表、课程表和学生表，对应 2 个联系的表有学生成绩表、教学安排表。

关系模型主要有如下基本术语：

1）关系：一个关系（包括实体、联系）对应一个二维表。

2）关系模式：指对关系的描述，一般形式为：关系名(属性 1,属性 2,…,属性 *n*)。例如，实体“学生”：学生表(学号,姓名,性别,出生日期)，联系“学”：学生成绩(学号,课程号,成绩)。

3）记录：二维表中的一行称为一条记录，记录也称为元组。

4）属性：二维表中的一列称为一个属性，属性也称为字段。每一个属性都有一个名称，称为属性名。例如，“教师”的属性名有职工号、姓名、性别、职称。

5）关键字：二维表中的某个属性（组），它可以唯一地确定一条记录。例如，学生表中的“学号”是一个关键字；学生成绩表中，属性组(学号,课程号)可组成关键字。

6）主键：一个二维表中可能有多个关键字，但实际应用中只能选择一个，被选择的关键字称为主键。

7）值域：指属性的取值范围。例如，“性别”的值域为{男,女}。

（2）二维表的特点和要求。关系模型比较容易理解，一个关系可以看作一个二维表，但日常管理中的许多较复杂的表格不能直接用一个关系存储在数据库中。二维表有如下特点和要求：

1）不允许存在相同的字段。

2）每一个字段值（数据项）都是不可再分的数据单元，即不允许表中有表。

3）应有关键字，且二维表中不应有关键字值相同的记录。这样，根据关键字可以将一个记录区别于另一个记录。

4）不应有完全相同的记录。这也是关键字的要求，记录重复会造成混乱。

5）记录的先后次序无关紧要。

6）字段的先后次序无关紧要。一般地，构成关键字的字段在前，便于操作。

通常，关系与关系之间通过关键字发生联系。因此，以二维表的形式存储的关系型数据库之间也是依靠关键字发生联系的。

（3）基本表、查询表和视图。在数据库系统中，对数据的查询、输出等可能有多种不同的形式和要求，这就涉及基本表、查询表和视图等概念。

1）基本表：是关系模型中实际存在的二维表。

2）查询表：是查询结果表或查询中生成的临时表。数据可来源于多个基本表。

3）视图：是由基本表、查询表或其他视图导出的图表。例如二维表、报表等。

2. 集合运算

传统的集合运算有并（∪）、差（－）、交（∩）和笛卡儿积（×）。

专门的关系运算有选择（σ）、投影（π）、连接（&）和除（÷）。注意，一般只需要掌握前 3 种。

在集合运算中还涉及两类辅助运算符，如下：

1）比较运算符：>（大于）、⩾（大于等于）、<（小于）、⩽（小于等于）、=（等于）、≠（不等于）。

2）逻辑运算符：¬（非）、∧（与）、∨（或）。

并、差、笛卡儿积、投影、选择是关系代数的 5 种基本运算，其他运算（交、连接、除）可以通过基本运算导出。

假设有 n 元关系 R 和 n 元关系 S，它们相应的属性值取自同一个域，t 为元组变量，则 R 与 S 的并、交、差运算仍然是 n 元关系，可分别定义如下：

（1）并运算（Union）。关系 R 与 S 的并由属于 R 或属于 S 的元组组成，记为 R∪S。

（2）差运算（Difference）。关系 R 与 S 的差由属于关系 R 而不属于关系 S 的元组组成，记为 R－S。

（3）交运算（Intersection）。关系 R 与 S 的交由属于 R 并且属于 S 的元组组成，记为 R∩S。

（4）笛卡儿积（Cartesian product）。设有 m 元关系 R 和 n 元关系 S，则 R 与 S 的广义笛卡儿积记为 R×S，它是一个 $m*n$ 个元组的集合（$m+n$ 个属性），其中每个元组的前 m 个分量是 R 的一个元组，后 n 个分量是 S 的一个元组。R×S 是所有具备这种条件的元组组成的集合。

3. 关系运算

（1）选择运算（Selection）。选择运算是在指定的关系中选取所有满足给定条件的元组，构成一个新的关系，而这个新的关系是原关系的一个子集。

（2）投影运算（Projection）。投影运算是在给定关系的某些域上进行的运算。通过投影运算可以从一个关系中选出所需要的属性成分，并且按要求排列成一个新的关系，而新关系的各个属性值来自原关系中相应的属性值。

（3）连接运算（Join）。连接运算是对两个关系进行的运算，其意义是从两个关系的笛卡儿积中选出满足给定属性间一定条件的元组。

（4）自然连接运算（Natural Join）。设关系 R 和关系 S 具有公共的属性，则关系 R 和关系 S 的自然连接的结果是从它们的笛卡儿积 R×S 中选出公共属性值相等的元组。

3.5.5 数据库设计与管理

数据库设计通常具有两个含义：一是指数据库系统的设计，即 DBMS 系统的设计；二是指数据库应用系统的设计。这里数据库设计指数据库应用系统的设计，即根据具体的应用要求和选定的数据库管理系统来进行数据库设计。

数据库应用系统是以数据库为核心和基础的，数据库设计包括需求分析、概念结构设计、逻辑结构设计、物理结构设计、数据库的建立和测试、数据库运行和维护这 6 个阶段。

（1）数据库设计的需求分析。

需求分析的工作是数据库设计的基础，它由用户和数据库设计人员共同完成。数据库设计人员通过调查研究，了解用户的业务流程，与用户取得对需求的一致认识，获得用户对所要建立数据库的信息要求和处理要求的全面描述，从而以需求规格说明书的形式表达出来。

（2）数据库概念设计。

概念设计是在需求分析的基础上进行的，这一阶段通过对收集的信息、数据进行分析、整理确定实体、属性及它们之间的联系，画出 E-R 图，然后形成描述每个用户局部信息的结构，即定义局部视图。在各个用户的局部视图定义之后，数据库设计者通过对它们的分析和比较最终形成一个用户易于理解的全局信息结构，即全局视图。

全局视图是对现实世界的一次抽象与模拟，它独立于数据库的逻辑结构以及计算机系统和 DBMS。

（3）数据库逻辑设计。

逻辑设计将概念设计所定义的全局视图按照一定的规则转换成特定的 DBMS 所能处理的概念模式，将局部视图转换成外部模式。这一阶段还需要处理完整性、一致性、安全性等问题。

（4）数据库物理设计。

物理设计是对逻辑设计中所确定的数据模式选取一个最适合的物理存储结构。要解决数据在介质上如何存放、数据采用什么方法来进行存取和存取路径的选择等问题。物理结构的设计直接影响系统的处理效率和系统的开销。

（5）数据库的建立和测试。

数据库的建立和测试阶段将建立实际的数据库结构，装入数据，完成应用程序的编码和应用程序的装入，完成整个数据库系统的测试，检查整个系统是否达到设计要求，发现和排除可能产生的各种错误，最终产生测试报告和可运行的数据库系统。

（6）数据库的运行和维护。

数据库的运行和维护阶段将排除数据库系统中残存的隐含错误，并根据用户的要求和系统配置的变化不断地改进系统性能，必要时进行数据库的再组织和重构，延长数据库系统的使用时间。

数据库管理包括：

（1）数据库的建立。包括数据模式的建立和数据加载。

（2）数据库的调整。一般由 DBA 完成。

（3）数据库的重组。数据库运行一段时间后，由于数据的大量插入、修改和删除，造成数据存储分散，从而导致性能下降。通过数据库的重组，重新调整存储空间，使数据具有更好的连续性。

（4）数据库的故障恢复。保证数据不受非法盗用、破坏，保证数据的正确性。

（5）数据安全性控制与完整性控制。一旦数据被破坏，就要及时恢复。

（6）数据库监控。DBA 需要随时观察数据库的动态变化，并监控数据库的性能变化，必要时必须对数据库进行调整。

3.5.6　数据库新技术

1. 多媒体数据库

多媒体数据库是数据库技术与多媒体技术相结合的产物。多媒体数据库不是对现有的数据库进行界面上的包装，而是从多媒体数据与信息本身的特性出发，考虑将其引入到数据库中之后而带来的有关问题。

2. 分布式数据库

分布式数据库是用计算机网络将物理上分散的多个数据库单元连接起来组成的一个逻辑上统一的数据库。每个被连接起来的数据库单元称为站点或节点。分布式数据库由一个统一的数据库管理系统来进行管理，称为分布式数据库管理系统。

3. 数据仓库

数据仓库（Data Warehouse，可简写为 DW 或 DWH），是为企业所有级别的决策制定过程提供支持的所有类型数据的战略集合。

4. 数据挖掘技术

数据挖掘（Data Mining），又译为资料探勘、数据采矿，是数据库知识发现（Knowledge Discovery in Database，KDD）中的一个步骤。数据挖掘一般是指从大量的数据中自动搜索隐藏于其中的有着特殊关系性（属于 Association Rule Learning）的信息的过程。数据挖掘通常与计算机科学有关，并通过统计、在线分析处理、情报检索、机器学习、专家系统（依靠过去的经验法则）和模式识别等诸多方法来实现上述目标。

第4章　网络与信息安全

21 世纪的显著特征是网络化、信息化和数字化，它是以网络为核心的信息时代。网络对社会生活已经产生了不可估量的影响，已成为信息社会的命脉和发展知识与经济的重要基础。本章主要介绍计算机网络和网络安全方面的基础知识。

计算机网络概述

4.1　计算机网络概述

计算机网络是指在网络操作系统、网络管理软件和网络通信协议的管理和协调下，通过通信线路将多台具有独立功能的计算机及其位于不同地理位置的外部设备连接起来，实现资源共享和信息传输的计算机系统。计算机网络的主要功能是实现计算机的资源共享、网络通信和集中管理，数据通信是计算机网络最基本的功能。

4.1.1　计算机网络的发展

计算机网络的形成与发展如同计算机本身一样经历了由简单到复杂、由低级到高级的过程，大致可以分为以下 4 个阶段：

（1）第一阶段：面向终端的计算机网络。计算机网络最初是以单台计算机为中心的远程联机系统。所谓联机系统就是一台中央主计算机连接大量地理位置分散的终端，用户通过终端命令以交互方式使用计算机，用户端不具备数据存储和处理能力。这样的联机系统称为第一代计算机网络。

（2）第二阶段：多机互联网络。20 世纪 60 年代中期出现若干个计算机互联的系统，开创了计算机网络的通信时代，并呈现出多处理中心的特点。这个阶段的多台主计算机有自主处理的能力，它们之间不存在主从关系。这些分散而又互联的多台计算机一起为用户提供服务。

（3）第三阶段：开放式标准化网络。第二代计算机网络之后，计算机网络得到了迅猛的发展，各大公司都纷纷推出了自己的网络产品和网络体系结构，这些各自研发的计算机网络能正常运行并提供服务，用户只有采用同一公司的网络产品才能组网，不同体系结构的计算机网络之间难以互联，这种自成体系的系统称为封闭系统。为了实现计算机网络之间更好的互联，实现更大的信息交换与共享，人们迫切希望建立一系列国际标准来提高计算机网络间的兼容性，必须开发新一代计算机网络，这就是后来推出的开放式、标准化的计算机网络。

国际标准化组织（International Standards Organization，ISO）于 1984 年正式颁布了一个称为“开放系统互连参考模型”的国际标准 ISO 7498，简称 OSI 参考模型或 OSI/RM，OSI 提出了一个各种计算机能够在世界范围内互联成网的标准框架。

（4）第四阶段：国际互联网与信息高速公路。20 世纪 90 年代，计算机技术与通信技术的迅猛发展促进了计算机网络技术的进一步发展。特别是 1993 年美国宣布建立国际信息基础设施并提出建设信息高速公路后，各国纷纷制定和建立本国的信息基础设施，并大力建设信息高速公路，从而把计算机网络推到了一个新的发展高度。这个阶段局域网技术发展成熟，出现了光纤及高速网络技术、多媒体网络、智能网络，整个网络就像一个对用户透明的非常大的计算机系统，发展了以 Internet 为代表的互联网，互联、高速、智能、应用广泛是这个阶段最主要的特点。

4.1.2　计算机网络的功能

一般来说，计算机网络的基本功能体现在以下 3 个方面：

（1）资源共享。资源共享是计算机网络组建最根本也是最主要的目的，它包括软件共享、硬件共享和数据共享。软件共享是指用户可以共享网络中的软件资源。硬件共享是指可在网络范围内提供对处理资源、存储资源、输入输出资源等硬件资源的共享，特别是对一些高级和昂贵的设备的共享，如巨型计算机、绘图仪、高分辨率的激光打印机等。数据共享是对网络范围内的数据共享，可以供每一个上网者浏览、咨询、下载等。通过资源共享可以避免重复投资和劳动，提高资源的利用率。

（2）信息传输。在计算机网络中，各计算机之间可以快速可靠地传输各种信息。比如，在网络控制范围内进行数据的采集、数据的加工处理等工作，信息传输是实现资源共享的前提和基础。

（3）负载均衡及分布式处理。单机系统的处理能力是有限的，网络中各计算机的忙闲程度也不均匀。因此可以在同一网络系统中让多台计算机协同操作和并行处理，这就是在网络中实现负载均衡及分布式处理。简单地说就是将大的任务分散给网络中的各台计算机或是一些比较空闲的计算机一起协作完成，或者是当网络中的某台计算机或某个子系统负荷太重时将任务分散给网络中其他的空闲计算机或空闲子系统进行处理。通过负载均衡及分布式处理可以提高整个系统的处理能力。例如，在计算机网络的支持下，银行系统实现异地通存通兑，加快了资金的流转速度。

4.1.3　计算机网络的组成

计算机网络的组成可以从不同的角度进行划分，从系统组成来分包含软件部分和硬件部分；从功能上分可分为资源子网和通信子网。资源子网负责全网的数据处理，向网络用户提供各种网络资源和网络服务，主要由主机系统、终端、终端控制器、连网外设、各种网络软件与数据资源组成。通信子网负责网络中的数据传输、路由与分组转发等通信处理，主要由路由器、通信线路组成。资源子网和通信子网的分布情况可以用图 4-1 来描述。

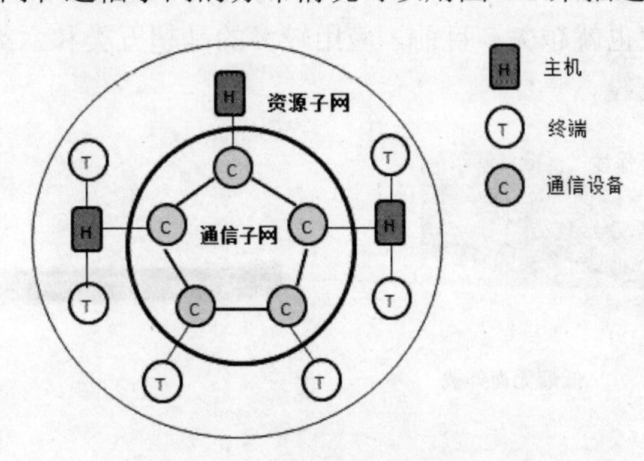

图 4-1　资源子网和通信子网

计算机网络从组成要素上分包括两台及以上的计算机、通信设备和通信介质、网络软件。

1. 计算机

网络中的计算机由客户机和服务器组成。客户机是发送请求、索求服务的计算机，它可以是各种型号、各类操作系统下的智能设备。服务器为后台处理机，是为网络提供资源并对这些资源进行管理的计算机，它是提供服务的一方。服务器有文件服务器、通信服务器、数据库服务器等，其中文件服务器是最基本的服务器。服务器在性能、存储容量等方面都有较高的要求。

2. 通信设备和通信介质

通信设备主要有路由器、交换机、集线器、网桥、中继器、网关等。

（1）路由器。路由器是一个多端口网络设备，它能够连接不同的网络或网段。路由器可以将数据打包后选择合适的路径通过一个个网络传送到目的地，这个过程称为路由。

（2）交换机。交换机是一种用于电信号转发的网络设备，它可以为接入交换机的任意两个网络节点提供独享的电信号通路。交换机有多个端口，每个端口都具有桥接功能，可以连接一个局域网或一台高性能服务器或工作站。交换机也被称为多端口网桥。

（3）集线器。英文名称是 HUB，即中心的意思。它是一个多端口的转发器，能将多条以太网双绞线或光纤集合连接在同一段物理介质下，并把所有节点集中在以它为中心的节点上。集线器同中继器一样能对接收到的信号进行再生、整形、放大，以扩大网络的传输距离。

通信介质主要有光纤、双绞线、微波等。

（1）光纤。光纤是一种由玻璃或塑料制成的纤维，利用光的折射原理，可作为光传导工具。多数光纤在使用前必须由几层保护结构包覆，包覆后的缆线即被称为光缆。所以光纤是光缆的核心部分，光纤再加上一些构件及其附属保护层的保护就构成了光缆。光缆通信的二进制数据用光信号的有无来表示，在纤芯内传输。光纤是一种传输性能较高的传输介质，不受电磁干扰，不受噪声的影响，传输信息量大，数据传送率高，损耗低，保密性好，适用于几个建筑物间的点到点连接，但费用较昂贵。光纤如图 4-2 所示。

（2）双绞线。双绞线是由 8 根相互绝缘的铜芯线绞合在一起形成的。这 8 根铜线分为 4 对，每两根为一对，并按照规定的密度相互缠绕；同时，这 4 对线之间也按照一定的规律相互缠绕。

按照电缆是否有屏蔽层划分，双绞线可分为屏蔽双绞线和非屏蔽双绞线。屏蔽双绞线可以屏蔽外界的电磁干扰，但价格昂贵、实施难度大、设备要求严格，所以极少使用，室内常用非屏蔽双绞线。按照双绞线电气性能的不同，又分为五类、超五类、六类和七类双绞线。电缆级别越高，可提供的带宽也就越大。目前，应用较多的是超五类和六类非屏蔽双绞线。图 4-3 所示为超五类非屏蔽双绞线。

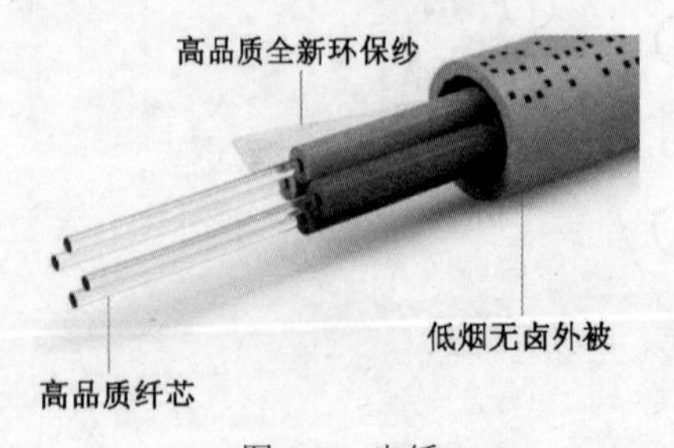

图 4-2 光纤

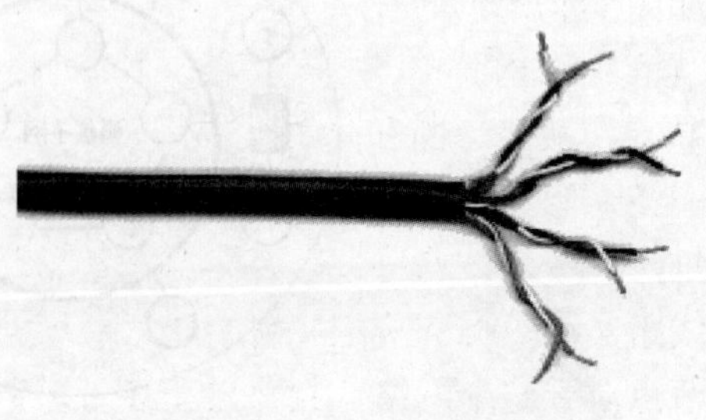

图 4-3 超五类非屏蔽双绞线

（3）微波。微波是电磁波，与同轴电缆通信、光纤通信等现代通信网传输方式不同，微波通信是直接使用微波作为介质进行通信，不需要固体介质，当两点间直线距离内无障碍时就可以使用微波传送。微波通信具有可用频带宽、通信容量大、传输损伤小、抗干扰能力强等特点。微波可用于点对点、一点对多点或广播通信等通信方式，常用于移动办公一族；也适用于那些由于工作需要而不得不经常移动位置的公司或企业，如石油勘探、测绘等行业。

3. 网络软件

网络软件包括网络操作系统和网络协议。

具有网络功能的操作系统称为网络操作系统（Network Operating System，NOS），对整个网络系统进行管理和控制。其主要任务是屏蔽本地资源与网络资源的差异性，为用户提供各种网络基本服务和安全性服务，并实现网络共享系统资源的管理。网络操作系统一般分为端到端对等模式和客户机/服务器模式两大类，应用最为广泛的网络操作系统有Windows Sever、UNIX系统、Linux系统等。

网络协议是建立在通信双方的两个实体之间的一组管理数据交换的规则。常见的网络协议有NetBEUI（Net Bios Enhanced User Interface）协议、IPX/SPX协议、TCP/IP协议。不同的网络需要使用不同的协议，其中TCP/IP协议的应用最为广泛，无论是局域网还是Internet，几乎都要用到TCP/IP协议。

4.1.4 计算机网络的分类

根据计算机网络分类方式的不同可以分成多种不同的计算机网络。分类标准有很多，可以根据网络拓扑结构、网络覆盖范围、传输介质、网络的使用范围、数据的交换技术、通信速率、管理模式等多个方面进行分类。

1. 按计算机网络的拓扑结构分类

计算机网络的拓扑结构是计算机网络中的通信线路和节点相互连接的几何排列方法。节点是指计算机网络中的主机或通信设备。拓扑结构影响着整个网络的设计、功能、可靠性和通信费用等许多方面，是决定网络性能优劣的重要因素之一，在进行组网前通常先规划设计网络的拓扑结构。常见的计算机网络拓扑结构有总线型拓扑、星型拓扑、环型拓扑、树型拓扑和网型拓扑。

（1）总线型网络。总线型拓扑的网络在早期组网中用得较多，是采用一条高速的物理通路作为公共的通道，这种通道常采用同轴电缆。网络上的各个节点通过相应的硬件接口直接与总线相连，任意两个节点的通信都要经过这条总线，它采用的是先听后发、边听边发、冲突停止、随机延迟后重发的数据发送方式，因此各节点间自主发送信号容易产生冲突。总线型拓扑结构如图4-4所示。

优点：结构简单、安装方便、价格低廉。

缺点：故障诊断和隔离比较困难。

（2）星型网络。星型拓扑是当今最常用的拓扑结构。在星型拓扑的网络中，所有远程节点通过一条单独的通信线路连接到中心节点（如交换机或集线器）。网络中的节点都是通过各自的线路实现数据的传送，彼此互不干扰，节点间要进行通信必须经过中心节点的转接，可见中心节点对于整个网络来说非常重要。由于网络中的远程节点都从中心节点辐射出来呈星型，因此将这种拓扑结构称为星型拓扑结构，如图4-5所示。现在的大部分网络都采用星型拓扑结构或者是由星型拓扑结构延伸出来的树状拓扑结构。

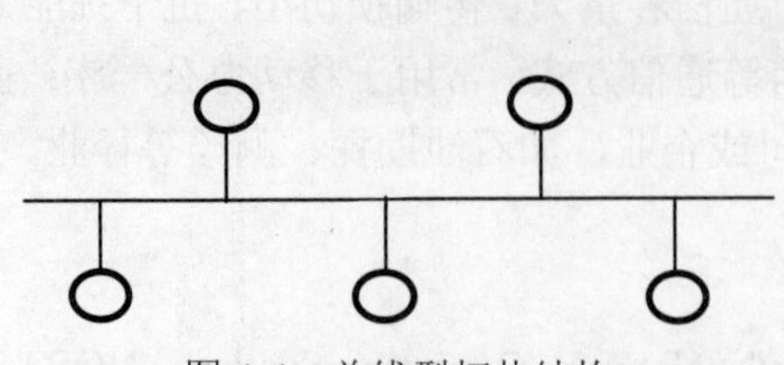
图 4-4 总线型拓扑结构

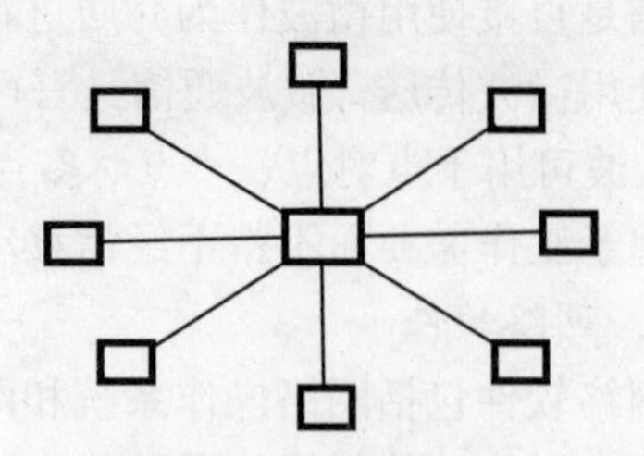
图 4-5 星型拓扑结构

优点：网络的稳定性好，单点故障不影响全网；结构简单，易于扩展；节点维护管理容易；故障隔离和检测容易，延迟时间较短。

缺点：成本较高，资源利用率低；网络性能过于依赖中心节点。

虽然星型拓扑网络有一定的缺点，但其灵活方便、可靠性高、稳定性好，赢得了绝大多数网络设计者的青睐，成为目前最受欢迎、使用最多的网络拓扑结构。

（3）环型网络。环型拓扑中各节点的计算机由一条通信线路连接成一个闭合环路。信息按固定的方向从一个节点传输到下一个节点，从而形成闭合环流。环型拓扑结构如图 4-6 所示。

环型网上每个节点都是通过转发器来发送和接收信息的，每个节点都有一个唯一的地址。信息进行了分组，每组都包含了源地址和目的地址，当信息到达某个转发器后，该节点将对目的地址和本节点地址进行比较，相同则接受信息，否则转发至公共环上。由于多个节点共享一个环路，为防止信息发生冲突，在环上设了一个令牌，谁获得这个令牌谁就有权发送信息。

优点：简化路径选择控制，传输延迟固定，实时性强，可靠性高。

缺点：节点过多时，影响传输效率；环某处断开会导致整个系统的失效，节点的加入和撤出过程复杂。

环型拓扑更多地用于广域网，在一些大型或超大型计算机网络中，通常采用环型链路来保障主干链路的畅通，并借助路由设备实现网络的高可用性。为了提高网络系统的可靠性有些地方采用了双环，如 IEEE MAN（城域网）标准中使用的就是双环结构。

（4）树型网络。树型拓扑是星型拓扑的扩充，可以看成是由多个星型网络按层次排列构成。各种网络设备采用层级的方式进行连接，即核心交换机作为根，骨干交换机作为主干，工作组交换机作为枝，普通计算机作为叶，形成一个多层次的网络结构。从整个网络来看，所有网络节点呈一棵倒挂的树，如图 4-7 所示。树型拓扑非常适用于构建网络主干。

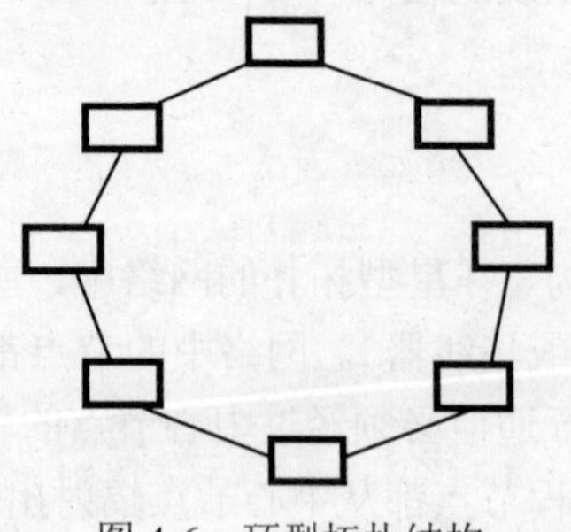
图 4-6 环型拓扑结构

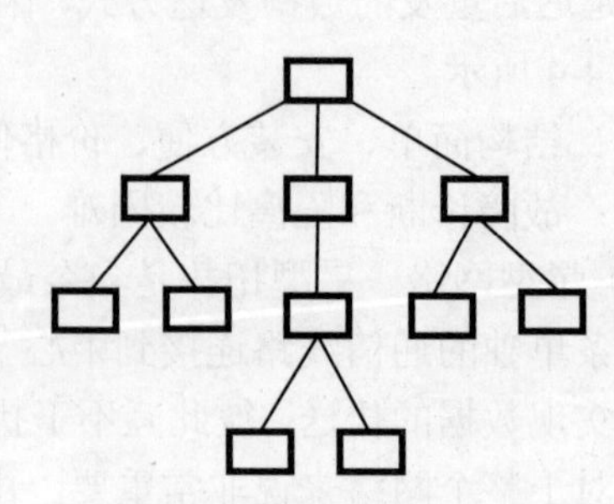
图 4-7 树型拓扑结构

优点：结构比较简单，成本低，扩充节点方便灵活。

缺点：对根交换机的依赖性大，根交换机故障会导致整个网络出现故障。

（5）网状型网络。在网状拓扑结构中，任何一个节点都能通过线缆与其他每个节点进行连接，所有的节点之间互连互通像一张网，节点间有冗余连接。网状型网络既没有一个自然的中心，也没有固定的信息流向，因此也称为分布式网络。网状型拓扑结构如图 4-8 所示，主要应用于网络的核心部分或关键部位。

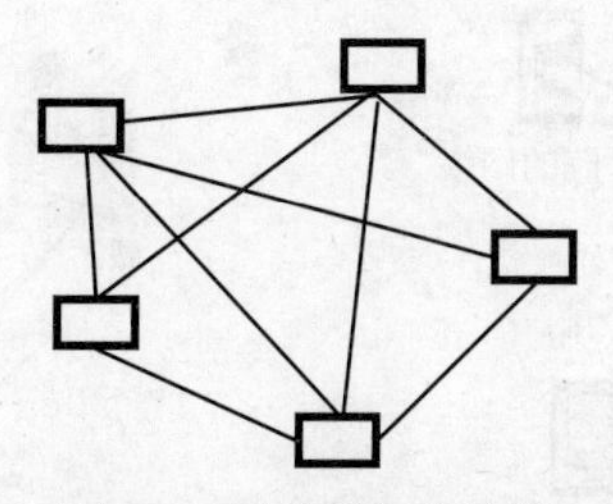

图 4-8　网状型拓扑结构

优点：具有较高的可靠性，某一线路或节点有故障时不会影响整个网络的工作。

缺点：结构复杂，需要路由选择和流控制功能，网络控制软件复杂，硬件成本较高，不易管理和维护。

2. 按计算机网络的覆盖范围分类

按覆盖范围分可分为局域网、城域网、广域网。

（1）局域网（Local Area Network，LAN）。局域网是指将近距离的计算机连接而成的网络，分布范围常在几米至几十公里之间，通常是分布在一栋或几栋大楼内部的网络。小到一间办公室、一个部门，大到一个校园、一个单位、一个社区，它们之间可以通过局域网来实现数据通信、文件传输和资源共享。局域网分布范围小，内部计算机之间数据传输速率高，数据经过的网络连接设备少，且受到外界干扰的程度小，所以误码率低、可靠性强。图 4-9 所示是一个非常简单的局域网。

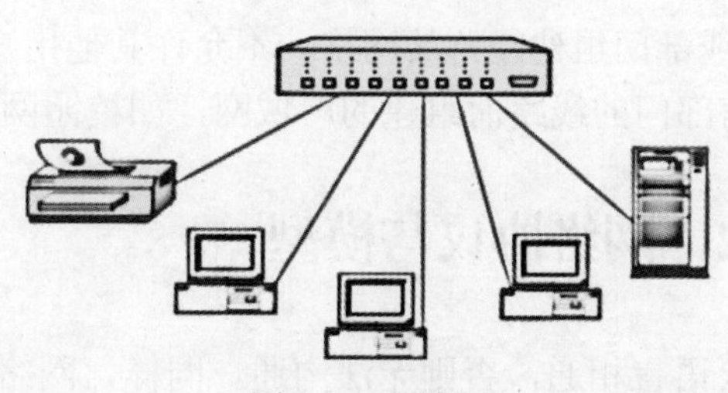

图 4-9　局域网

（2）城域网（Metropolitan Area Network，MAN）。城域网是指对分布在一个城市内部的计算机进行网络的互联，不再局限于一个部门或一个单位，而是整个的一座城市。图 4-10 所示为城域网的分布结构。城域网是局域网的扩展和延伸，通常是用光纤作为主干，将位于同一城市内的所有主要局域网连接在一起，从而实现信息传递和资源共享。

（3）广域网（Wide Area Network，WAN）。广域网是指将处于一个相对广泛区域内的计算机及其他设备通过公共设施相互连接，从而实现信息交换和资源共享。它的范围从数百公里到数千公里甚至上万公里，跨越城市，跨越省份，甚至跨越国度。图 4-11 所示为广域网的分布结构。它利用公共通信设施（如电信局的专用通信线路或通信卫星）可以将数以万计的相距遥远的局域网连接起来。我国国内的网络可以看成是一个广域网，Internet（因特网）是世界上最大的广域网。

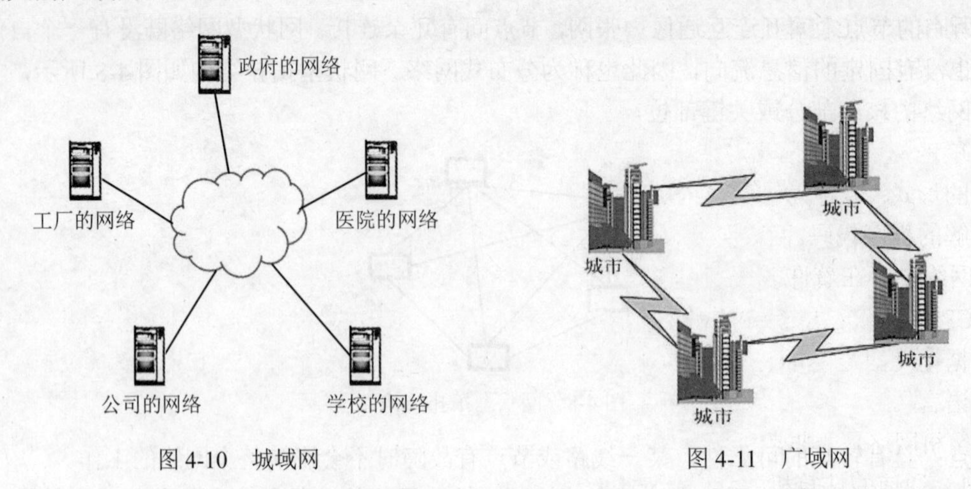

图 4-10　城域网　　　　图 4-11　广域网

3. 按计算机网络的传输介质分类

传输介质是计算机网络中通信双方传输数据的通道。常用的传输介质有双绞线、同轴电缆、光纤、无线介质等。按计算机网络的传输介质分可分为有线通信网和无线通信网。

（1）有线通信网：采用双绞线、同轴电缆、光纤等物理介质传输数据。

（2）无线通信网：采用红外线、卫星、微波等无线电波传输数据。

4. 按计算机网络的使用范围分类

按使用范围分可分为公用网和专用网。

（1）公用网：由网络服务提供商经营、组建、管理和控制，网络内的传输和转接装置可供任何部门和个人使用。公用网常用于广域网的构建，支持用户的远程通信，如我国的电信网、广电网、联通网等。

（2）专用网：由用户或部门组建经营的网络，不允许其他用户或部门使用；专用网常为局域网或者是通过租借电信部门的线路而组建的广域网，如校园网、企业内部网等。

4.2 网络协议与模型

网络协议与模型

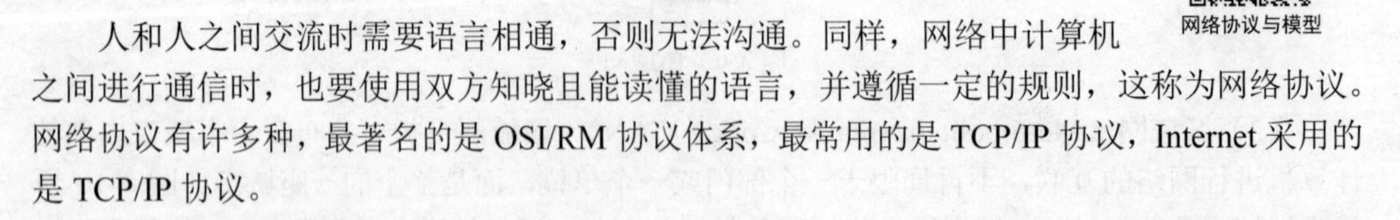

人和人之间交流时需要语言相通，否则无法沟通。同样，网络中计算机之间进行通信时，也要使用双方知晓且能读懂的语言，并遵循一定的规则，这称为网络协议。网络协议有许多种，最著名的是 OSI/RM 协议体系，最常用的是 TCP/IP 协议，Internet 采用的是 TCP/IP 协议。

4.2.1 计算机网络协议

现实生活中我们打电话是一种通信形式，通常要遵循这样的规则：一方拨另一方的电话并呼叫，接通后双方开始通话，双方要使用约定的语言进行有效的沟通与交流，这样的规则其实就是协议。计算机网络中的数据交换必须遵守事先约定好的规则，这些规则明确规定了所交换的数据的格式以及有关的同步问题等。为进行网络中的数据交换而建立的规则、标准或约定就是网络协议（Network Protocol）。网络协议的3个要素是语义、语法、时序。

（1）语义。语义是解释控制信息每个部分的意义。它规定了需要发出何种控制信息，完成何种动作，做出何种响应。

（2）语法。语法数据与控制信息的结构或格式，如更低层次表现为编码格式和信号水平。

（3）时序。时序规定了某个通信事件及其由它触发的一系列后续事件的执行顺序。

简单地说就是，语义表示要做什么，语法表示要怎么做，时序表示做的顺序。协议有两种不同的形式：一种为了便于人们阅读，常采用人们能理解的文字来描述；另一种使用计算机能够理解的程序代码。两种不同形式的协议都必须能够对网络上的信息交换过程做出精确的解释。在网络中存在着许多协议，这些协议使得网络上的各种设备能够相互交换信息。常见的协议有TCP/IP协议、IPX/SPX协议、NetBEUI协议等。诸多的网络协议中具体选择哪一种协议则要根据情况而定。Internet上的计算机与设备使用的是TCP/IP协议，它已成为Internet上的"通用语言"。

计算机网络是个非常复杂的系统，网络中的任意两台计算机要进行通信必须满足以下条件：

（1）通信的计算机之间有传输数据的通路。

（2）双方通信的通路是"激活"状态，即在这条通路上能正确地发送和接收数据。

（3）网络要能够正确识别接收数据的计算机。

（4）发起通信的计算机必须查明对方计算机是否开机并与网络连接。

（5）通信双方的计算机文件是否兼容，不兼容的一方应能进行格式转换。

（6）数据传送错误、重复、丢失时应当有相应的安全保障措施使对方能收到正确的文件。

这些只是计算机网络中双方通信的部分必要条件，保证正确通信的充分条件还有很多。可见要保证网络中两个计算机节点正确通信双方必须高度协调工作，而这种"协调"是相当复杂的。每个节点必须遵守一整套合理而严谨的结构和管理体系。20世纪90年代以前，同学、朋友之间异地沟通的主要方式之一是写信，图4-12中反映了信件的投递过程。

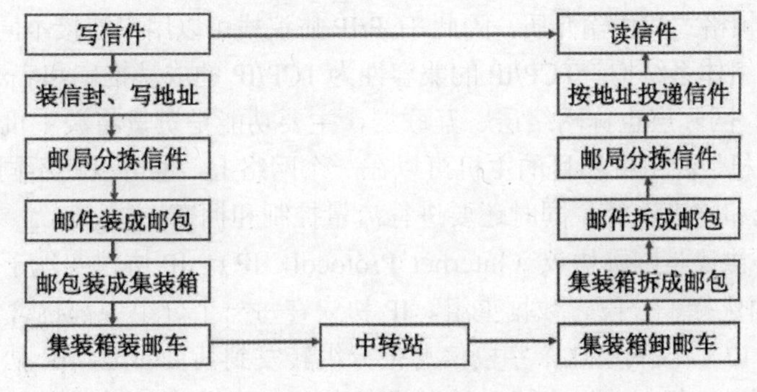

图4-12　信件的投递过程

信件接收人的操作过程基本上是一个逆过程，通过图4-12我们可以看出，采用分层的方法可以使事件处理的过程更加清晰，它的优越性在于每一层相对独立，对等层完成相应功能，下一层为上一层提供服务。

国际标准化组织于1977年成立了专门的机构来研究这个问题。该机构提出了著名的开放系统互连参考模型（Open Systems Interconnection Reference Model，OSI/RM），于1983年形成正式文件，即著名的ISO 7498国际标准。开放系统互连参考模型OSI/RM试图使各种计算机在世界范围内能够互连互通，参考模型的提出为日后计算机网络的设计提供了一个标准框架，让所有人都遵循这个标准。只要遵循这个标准，一个系统就可以和位于世界上任何地方、遵循这个标准的其他任何系统进行通信。这一点和前面所提及的邮局系统非常相似。各种网络体系研制经验表明，对于非常复杂的计算机网络协议，结构应该分层次，ISO/OSI 模型和 TCP/IP 模型采用的都是分层的设计理念。

4.2.2 TCP/IP 模型

TCP/IP 协议最早用在了 ARPANET 网中，是美国军方指定使用的协议。TCP/IP 模型最初是由 Kahn 在 1974 年定义的，后来 Clark 等人对其设计思想进行了研讨。TCP/IP 协议是目前最成熟、应用最广泛的通信协议。TCP/IP 模型从下往上分为四层，依次为网络接口层、网际层、传输层、应用层。该模型的层次及各层上所使用的典型协议如图 4-13 所示。

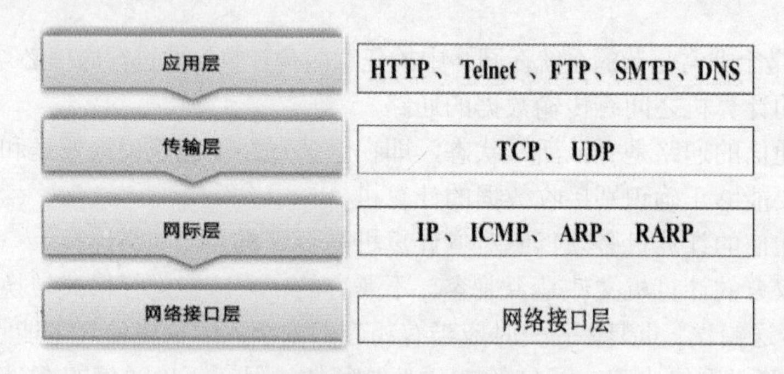

图 4-13 TCP/IP 模型

TCP/IP 模型各层的功能和主要的协议如下：

（1）网络接口层。网络接口层也称物理和数据链路层，主要负责与物理线路连接，将 IP 数据报发送到网络传输介质上，并从网络传输介质上接收 IP 数据报。TCP/IP 协议栈的设计独立于网络访问方法、帧格式和传输介质，因此 TCP/IP 协议栈可以用来连接不同类型的网络，并独立于任何特定的网络体系结构。TCP/IP 的兼容性为 TCP/IP 的成功推广和广泛应用奠定了基础。

（2）网际层。网际层也称网络层、互联层，主要功能是负责将源主机的报文分组（也称包）发送到目的主机，源主机和目的主机可以在一个网络上，也可以在不同的网络上，因此网际层需要进行寻址和路由选择，同时还要进行流量控制和拥塞控制。

网际层的核心协议是网际协议（Internet Protocol，IP）。IP 协议实现了网际层最主要的功能：IP 寻址、路由选择、分段、数据重组。IP 协议在每一个分组中都包含一个目的主机的 IP 地址的字段信息，IP 协议利用这个字段信息把分组转发到其目的地。IP 协议不仅可以运行在各种主机上，也可以运行在分组交换和转发设备上。IP 协议是无连接的协议，意味着任何数据开始传送之前不需要先建议一条穿过网络到达目的地的通路或路由，而是每个分组都可以采用不同的路由转发至同一个目的地。此外，IP 协议既不能保证传输的可靠性，也不能保证分组按正确的顺序到达目的地，甚至不能保证分组能够到达目的地。

网际层还有其他的一些协议，如地址解析协议（Address Resolution Protocol，ARP）、逆向地址解析协议（Reverse Address Resolution Protocol，RARP）、网际控制消息协议（Internet Control

Message Protocol，ICMP）。ARP 协议用于获得同一物理网络中的硬件主机地址，即将 IP 地址解析为主机的物理地址，完成 IP 地址到 MAC 地址的映射以便于物理设备按该地址接收数据。网络互连通过 IP 协议来实现，实际通行时则是通过 MAC 地址来实现的。而 RARP 协议用于将物理地址解析成 IP 地址。ICMP 协议主要负责发送消息并报告有关数据包的传送错误。为了有效转发 IP 数据报和提高交付成功的机会，允许主机或路由器报告差错情况和提供异常的报告。

（3）传输层。主要是提供进程间端到端的通信，即在源节点和目的节点的两个进程实体之间提供可靠的端到端的数据传输。TCP/IP 模型的传输层与 OSI 参考模型的传输层功能是相似的。主要的协议有传输控制协议（Transport Control Protocol，TCP）和用户数据报协议（User Datagram Protocol，UDP），TCP 协议是 TCP/IP 协议簇的核心。

TCP 是一种可靠的面向连接的协议，保证来自不同网络的两个节点间的应用程序间有可靠的通信连接，让一台计算机发出的字节无差错地发往网络上的其他设备。该方式适合于一次传输大批数据的情况，并适用于要求得到响应的应用程序。在发送端，TCP 发送进程把输入的字节流分成报文段并传给网络层。在接收端，TCP 接收进程把收到的报文再组装成输出流。如果底层网络具有可靠的功能，传输层就可以选择比较简单的 UDP 协议。UDP 提供了无连接通信，是不可靠的。报文可能会出现重复、顺序改变，甚至丢失等现象。UDP 协议适合一次传输少量数据或者客户/服务器模式的请求或应答查询等情况。

（4）应用层。不同的网络应用的应用进程之间有不同的通信规则，因此需要不同的应用层协议来协助应用进程使用网络提供的通信服务。每个应用层协议都是为了解决某一类应用问题，同时需要网络中不同主机中的应用进程之间协同完成。应用层包含了所有的高层协议，随着技术的推进，也不断地有新的协议加入。常见的协议有 FTP、Telnet、SMTP、DNS、HTTP 等，这几种协议都能在不同的主机类型上广泛使用，其中 FTP、SMTP、HTTP 依赖于 TCP 协议，DNS 可以使用 TCP 协议也可以使用 UDP 协议。

1）FTP：文件传输协议，用于网络中两台计算机之间传送文件，是 TCP/IP 网络和 Internet 上最早使用的协议之一，用户可以访问远程计算机上的文件，操作有关文件，如复制等。

2）Telnet：远程登录协议，用于本地用户登录到远程主机以访问其中的资源，本地计算机通常作为远程主机的虚拟终端。

3）SMTP：简单邮件传输协议，也称电子邮件传输协议，用于互联网上邮件的传送。

4）DNS：域名系统，是一个名字服务协议，提供网络设备或主机的名字到 IP 地址间的转换，允许对名字资源进行分散管理。

5）HTTP：超文本传输协议，实现从万维网服务器传输超文本到本地浏览器。

TCP/IP 网络模型之所以能广泛应用，是因为它适应了世界范围内数据通信的需要。TCP/IP 的主要特点归纳起来有 3 个方面：①开放的协议标准，独立于特定的计算机硬件和操作系统，独立于特定的网络传输硬件，局域网、广域网都可以使用；②统一的地址分配方案，网络中的所有设备和主机都有唯一地址；③标准化的高层协议，可以提供多种可靠的用户服务。

4.3　IP　地　址

IP 地址

为了保证用户在连网的计算机上操作时能够高效且方便地从千千万万台计算机中选出自己所需的对象，需要给网上的每台计算机及其他设备都规定一个唯一的地址，这种地址叫作“IP 地址”。这种唯一的地址就像是我们的家庭住址一样，如果要写信就要知道对方的地址，那样信件才能被送到。信件的投递需要遵循一定的规则，同样网络中计算机间的通信也需要遵循一定的协议。

4.3.1 因特网的概念

因特网（Internet）又名互联网、国际网络、国际互联网，它是指当前全球最大的、开放的由众多网络相互连接而成的特定互联网。因特网采用 TCP/IP 协议簇作为通信规则，其前身是美国的 ARPANET。

1969 年，美国国防部高级研究计划局为了防止前苏联的核攻击研发了一个分布式网络系统，即 ARPANET。当时的 ARPANET 只有 4 个节点。这 4 台计算机分别在加州大学洛杉矶分校（UCLA）、斯坦福研究所（SRI）、加州大学圣芭芭拉分校（UC Santa Barbara）和犹他大学（University of Utah）。ARPANET 确保任何情况下，至少有一台以上计算机能够正常工作。这个时候的 ARPANET 只是单一的分组交换网。20 世纪 70 年代中期，ARPANET 开始研究多种网络互联的技术，这项研究导致了互连网络的出现，这就成为了现今互联网的雏形。20 世纪 80 年代初期，ARPA 和美国国防部通信局研制出 TCP/IP 协议并成功投入使用，所有使用了 TCP/IP 的计算机都能利用互联网相互通信，这个时间被人们认为是互联网诞生的时间。

从 1993 年开始，美国政府资助的 NSFNET 逐渐被若干个商用的互联网主干网替代，政府不再负责互联网的运营而是由 ISP（Internet Service Provider）运营。如中国电信、中国移动和中国联通等都是我国的 ISP。ISP 可以从互联网管理机构申请到很多的 IP 地址，同时拥有自建或租赁的通信线路及路由器等，任何机构或个人只要缴费给 ISP 就可以接入到互联网进行我们所说的“上网”。这个时候的互联网已不是为单个组织所拥有，而是由互联网管理机构及很多大大小小的 ISP 所共同拥有、共同管理。同时 ISP 也是分层级管理的，有主干 ISP、地区 ISP 和本地 ISP，因此形成了多层次 ISP 结构的互联网，如图 4-14 所示。

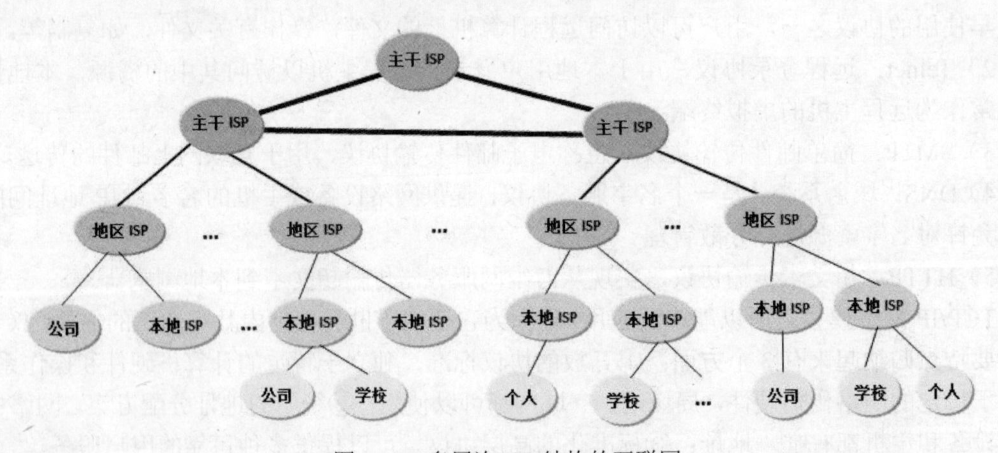

图 4-14 多层次 ISP 结构的互联网

1994 年 4 月 20 日，我国在国务院的明确支持下，连接着数百台主机的中关村地区教育与科研示范网络工程成功实现了与国际互联网的全功能连接。这一天是中国被国际承认为开始有网际网络的时间。与此同时，以清华大学为网络中心的中国教育与科研网也于 1994 年 6 月正式联通国际互联网。1996 年中国最大的 Internet 子互联网 ChinaNet 正式开通运营。于是我国国内掀起了学习、使用、研究互联网的浪潮，越来越多的用户走进了 Internet。

1992 年美国提出信息高速公路计划之后，世界各地掀起信息高速公路建设的热潮，我国也迅速做出反应。1993 年底，中国正式启动了国民经济信息化的起步工程——“三金工程”，三金工程即金桥、金卡、金关。“金桥工程”是建立国家共用经济信息网；“金关工程”是国家外贸企业的信息系统实现联网，实行无纸贸易的外贸信息管理工程；“金卡工程”是以推广使用“信息卡”和“现金卡”为目标的货币电子化工程。同时我国很快建成了国际承认的对国内具有互联网络功能、对外有独立国际信息出口的四大主干网。

（1）中国公众互联网——ChinaNet。

由邮电部门经营和管理的中国公众互联网是国际计算机互联网的一部分，是中国互联网的骨干网。通过 ChinaNet 用户可以方便地接入全球 Internet，享用 ChinaNet 及全球 Internet 上的丰富资源和各种服务。

（2）中国教育科研网——CerNet。

是由国家投资建设，教育部负责管理，清华大学等高等学校承担建设和管理运行的全国性教育与学术网络。它主要面向教育和科研单位，是全国最大的公益性互联网络。

（3）中国科技网——CstNet。

随着网络技术的迅猛发展，中国科学院网络系统的一部分与其他一些网络演化为中国科技网。1994 年中国科技网 CstNet 首次实现和 Internet 直接连接，同时建立了我国最高域名服务器。其目标是将中国科学院在全国各地的分院的局域网互联，以及连接中国科学院以外的中国科技单位。它是一个为科研、教育和政府部门服务的公益性网络，主要为科技界、政府部门、高新技术企业提供科技数据库、成果信息服务、超级计算机服务等。

（4）中国金桥信息网——ChinaGbn。

也称作国家公用经济信息通信网，是中国国民经济信息化的基础设施，是建立“金桥工程”的业务网。中国金桥信息网实行“天地一体”的网络结构，即卫星和地面光纤网互联互通，互为备用，可覆盖全国各省、市和自治区。金桥信息网支持各种信息应用系统和服务系统，为推动我国电子信息产业的发展创造了必要的条件。

4.3.2　Internet 服务

Internet 提供的服务有很多，随着技术的进一步发展会越来越多，这些服务一般都基于 TCP/IP 协议。Internet 服务分为基本服务和扩展服务两种。

1. 基本服务

（1）WWW 服务。WWW（World Wide Web，世界范围的网络）也称万维网，由欧洲粒子物理研究中心（CERN）研制，是一个通过互联网访问的由许多互相链接的超文本组成的系统。该系统分为 Web客户端（即浏览器）和 Web 服务器程序，浏览器与 Web 服务器之间的通信使用超文本传送通信协议（HTTP），超文本开发语言为 HTML，Internet 上的资源通过 URL 定位。WWW 通过超文本向用户提供全方位的多媒体信息，从而为全世界的 Internet 用户提供了一种获取信息、共享资源的全新途径。WWW 提供了一个友好的界面，大大方便了人们浏览信息，是非常广泛的一种服务。

（2）电子邮件服务。电子邮件服务也称 E-mail 服务，是一种通过网络传送信件、单据、资料等电子信息的通信方式，属于非交互式服务，是根据传统的邮政服务模型建立起来的。只要知道对方的 E-mail 地址，就可以通过网络传输转换为 ASCII 码的信息，用户可以方便地接收和转发信件，还可以同时向多个用户传送信件。用户通过电子邮件可以发送和接收文字、图像和语音等多种形式的信息。使用电子邮件服务的前提是拥有自己的电子信箱，即 E-mail 地址，实际上就是在邮件服务器中申请建立一个用于存储邮件的磁盘空间。

（3）文件传输服务。文件传输服务所使用的协议是 FTP（File Transfer Protocol）协议。FTP 解决了远程传输文件的问题，只要两台计算机都加入互联网并且都支持 FTP 协议，它们之间就可以进行文件传送。FTP 是一种实时的联机服务。用户只要登录到目的服务器上就可以在服务器目录中寻找所需文件，也可以进行与文件查询、文件传输相关的操作。FTP 服务几乎可以传送任何类型的文件，如文本文件、图像文件、声音文件等。一般 FTP 服务器都支持匿名（Anonymous）登录，用户在登录到这些服务器时无须注册用户名和口令。当远程服务器提供匿名 FTP 服务时，会预先指定某些目录及文件向公众开放，允许匿名用户存取，而系统中的其他目录则处于隐匿状态。作为一种安全措施，大多数匿名 FTP 服务器都只允许用户下载文件，而不允许用户上传文件。

（4）远程登录服务。远程登录服务即 Telnet 服务，是使用 Telnet 命令把用户自己的计算机变成网络上另一主机的远程终端，从而可以使用该主机系统允许外部使用的任何资源。远程登录服务用于在网络环境下实现资源共享，采用 Telnet 协议，通常可以使用多台计算机共同完成一个较大的任务。

2. 扩展服务

扩展服务方式是指在 TCP/IP 协议基本功能的支持下，由某些专用的应用软件或用户提供的接口方式实现，常见的扩展服务有以下几种：

（1）电子公告板。电子公告板即 BBS（Bulletin Board System），就是广大网民口中常提及的“论坛”，它是 Internet 最常见的服务方式之一。

（2）新闻群组。新闻群组的英文名称是 UseNet 或 NewsGroup，也称为电子讨论组，其集中了对某一主题有共同兴趣的人发表的文章。新闻群组实质上就是 Internet 上称之为新闻组服务器的计算机组合，用户连接到新闻组服务器上就可以阅读其他人的消息并可以参与讨论，在这里用户可以与遍及全球的其他用户交流对某些问题的看法，分享有益的信息。

（3）电子杂志。电子杂志，又称网络杂志，内容极其丰富，拥有平面与互联网两者的特点，融入了文字、图像、声音、视频等元素，各元素动态结合呈现给读者，电子杂志出版速度远快于印刷本。

（4）索引服务。索引服务是一种利用关键字查找信息的服务方式。用户提供关键字后，系统可提供有关文件的主机 IP 地址、文件目录和文件名。

（5）目录服务。为了方便对互联网上主机的各种杂乱的资源进行访问并得到相关的服务，需要遵循一定的访问机制，于是就有了目录服务。目录服务器的主要功能是提供资源与地址的对应关系。

4.3.3 IP 地址和域名地址

1. IP 地址

接入互联网的计算机要实现彼此通信就需要对其进行唯一性的标识，这种标识在 TCP/IP 协议里是用网间地址（IP 地址）来实现的。IP 协议又称互联网协议或网际协议，是支持网间互联的数据报协议，提供了网间连接的完善功能，包括 IP 数据报规定、互联网络范围内的 IP 地址格式等。

IP 地址采用了分层的结构进行组织。在 IPv4 中，一个 IP 地址由 32 个二进制比特数字即 4 个字节组成，通常被分为 4 段，每段 8 位，用点分十进制表示为 XXX.XXX.XXX.XXX，每段的取值范围是 0～255，最多容纳的机器数是 255×255×255×255，约 42 亿台。

例如，百度首页的 IP 地址为：

010011100　01001011　11011001　01101101

119　.　75　.　217　.　109

每个 32 位的 IP 地址被分为网络号和主机号两个部分，如图 4-15 所示。网络号用于确定计算机所在的物理网络的地址，主机号用于标识该计算机在本网络中的位置。

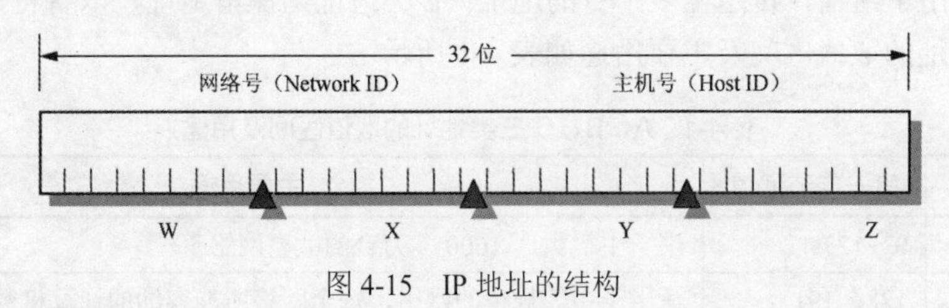

图 4-15　IP 地址的结构

为了便于寻址和层次化构造网络，IP 地址按网络规模和用途不同，分为 A、B、C、D、E 五类。其中 A、B、C 类 IP 地址是基本地址，主要用于商业用途；D、E 类 IP 地址主要用于网络测试。

（1）A 类地址。A 类地址的网络号由第一组 8 位二进制数表示，网络中的主机标识占 3 组 8 位二进制数。A 类地址的特点是网络标识的第一位二进制数取值必须为“0”，通常分配给拥有大量主机的网络，如主干网。A 类地址区间为 1.×.×.×～127.×.×.×，如图 4-16 所示。

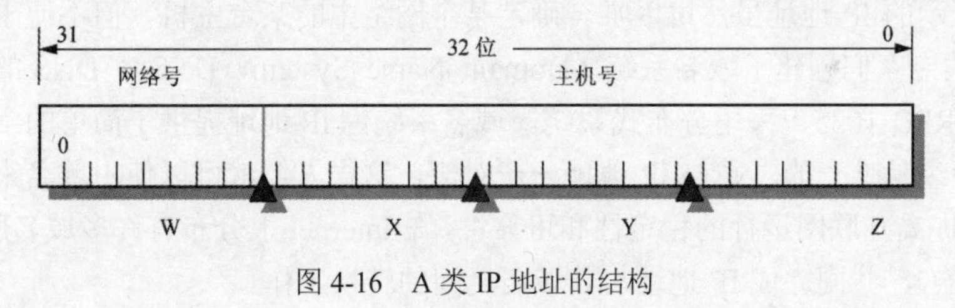

图 4-16　A 类 IP 地址的结构

（2）B 类地址。B 类地址的网络号由前两组 8 位二进制数表示，网络中的主机标识占两组 8 位二进制数。B 类地址的特点是网络标识的前两位二进制数取值必须为“10”，适用于节点比较多的网络或具有中等规模数量主机的网络，如区域网。B 类地址区间为 128.×.×.×～191.×.×.×，如图 4-17 所示。

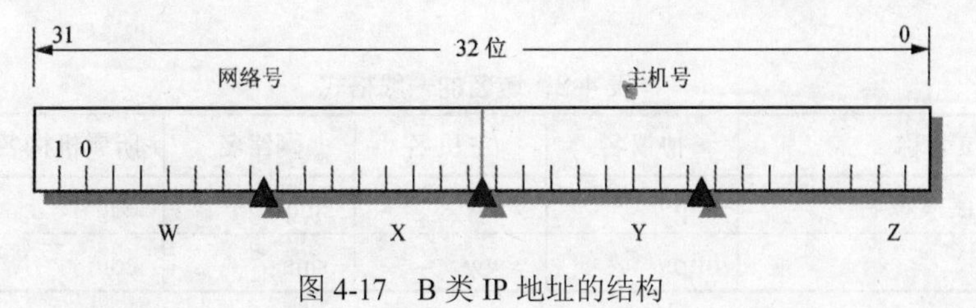

图 4-17　B 类 IP 地址的结构

（3）C 类地址。C 类地址的网络号由前三组 8 位二进制数表示，网络中主机标识占一组 8 位二进制数。C 类地址的特点是网络标识的前三位二进制数取值必须为“110”，适用于小型局域网，如校园网。C 类地址区间为 192.×.×.×～223.×.×.×，如图 4-18 所示。

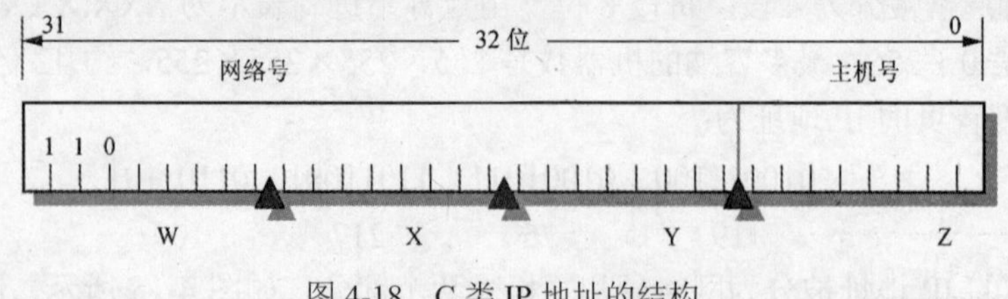

图 4-18　C 类 IP 地址的结构

D 类地址用于组播，传送至多个目的地址；E 类地址为保留地址，以备将来使用。

前三类地址的取值区间及主要用途如表 4-1 所示。

表 4-1　A、B、C 三类地址的取值区间及用途

IP 地址类型	第一字节取值	主要用途
A 类	0～127	用于主机数达 1600 多万台的大型网络
B 类	128～191	适用于中等规模的网络，每个网络所能容纳的计算机数为 6 万多台
C 类	192～223	适用于小规模的局域网，每个网络最多只能包含 254 台计算机

在设置或使用 IP 地址时需要注意：①127.0.0.1 是保留地址，是 Localhost 对应的 IP 地址（即计算机的本地 IP）；②主机号全为“0”的表示网络号，全为“1”的表示当前网络的广播地址。

2. 域名地址

用数字表示的 IP 地址虽然可以唯一确定某个网络中的某台主机，但不便于记忆。为此，TCP/IP 协议的专家们创建了域名系统（Domain Name System，DNS）。DNS 的互联网标准是 RFC 1034 和 RFC 1035，采用分布式系统。域名系统为 IP 地址提供了简单的字符表示法，每一个域名也必须是唯一的，并与 IP 地址一一对应，这样人们就可以使用域名来方便地进行相互访问。为了提高互联网运行的稳定性和可靠性，在 Internet 上分布有许多域名服务器程序（简称 DNS 服务器），共同完成 IP 地址与其域名之间的转换工作。

互联网采用了层次树状结构的命名方法，就如全球邮政系统和电话系统那样，任何一个连接在互联网上的主机或路由器都有唯一的层次结构的名字，即域名。域是可以被管理和划分的，域可以划分为子域，子域又可以划分为子域的子域，于是自上而下分就有了顶级域、二级域、三级域等，最后一级是主机名，子域名之间用圆点“.”隔开。域名的一般格式如表 4-2 所示。

表 4-2　域名的一般格式

单位名称	协议名	主机名	网络名	所属机构名	顶级域名
湖南人文科技学院域名	http://	www	.huhst	.edu	.cn
新浪中国域名	http://	www	.sina	.com	.cn

原有的顶级域名有国家顶级域名、通用顶级域名和基础结构顶级域名。互联网名称与数字地址分配机构 ICANN 于 2011 年在新加坡会议上正式批准新顶级域名，任何公司和机构都有权向 ICANN 申请新的顶级域名，新的顶级域名后缀中有显著的企业标志。第 52 届互联网名称和数字地址分配机构（ICANN）大会上，由中国机构负责管理和维护的国际顶级中文域名“.网址”凭借全球注册量突破 20 万成为全球第一大中文新顶级域名。常见的顶级域名代码及含义如表 4-3 所示。

表 4-3　机构代码及含义

国家顶级域名代码	国家或地区名称	通用顶级域名代码	机构名称
cn	中国	com	商业机构
jp	日本	edu	教育机构
hk	中国香港	gov	政府机构
uk	英国	int	国际机构
ca	加拿大	mil	军事机构
de	德国	net	网络服务机构

在国家顶级域名下注册的二级域名均由国家自行确定，在我国把二级域名划分为“类别域名”和“行政区域名”两大类。其中类别域名共 7 个，分别是科研（ac）、工商金融（com）、教育（edu）、政府（gov）、国防（mil）、网络服务（net）、非营利组织（org）。行政区域名共 34 个，用于我国各省、自治区、直辖市，如 bj（北京市）、hn（湖南）。主机名由用户自己命名，机构名在申请注册时确定。我国的域名注册由中国互联网络信息中心（CNNIC）统一管理。整个互联网域名系统层次结构像一棵倒立的树，如图 4-19 所示。

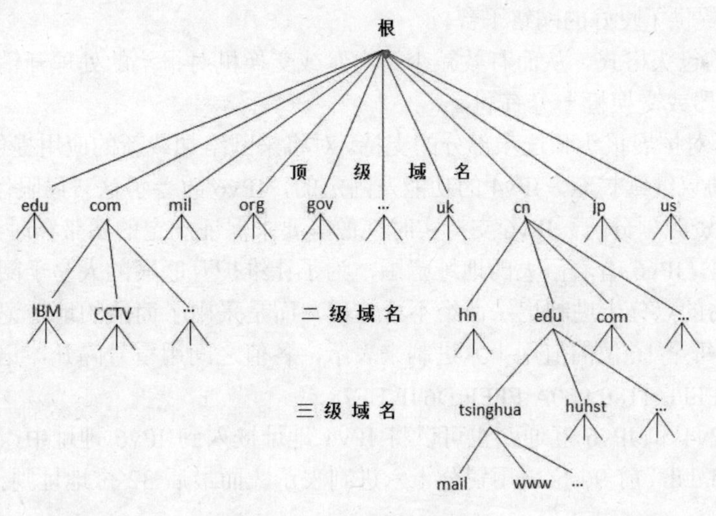

图 4-19　互联网的域名系统

4.3.4　IPv6

IP 协议是互联网中的核心协议，IPv4 于 20 世纪 70 年代设计，互联网经过几十年的发展，到2011年IPv4协议下IP地址已经耗尽，ISP不能再申请到新的IP地址块了，2015年也停止了向新用户分配IP地址。移动互联网、智能设备、车联网、智慧城市等新一代信息技术产业的发展使IP地址的需求量大大增加，而IP地址的枯竭严重影响了世界各国互联网的进一步发展。为了彻底解决IPv4存在IP地址资源严重不足的问题，必须采用具有海量地址空间的新版本的IP。

IPv6是互联网工程任务组（Internet Engineering Task Force，IETF）设计的用于替代现行版本IP协议IPv4的下一代IP协议。IPv6的地址格式采用128位二进制来表示，IPv6所拥有的地址容量约是IPv4的8×10^{28}倍。它不但解决了网络地址资源数量的问题，同时也为计算机以外的设备连入互联网在数量限制上扫清了障碍，更好地满足了5G、工业互联网、云网融合、算力网络等应用需求。

相对于IPv4，IPv6主要提供了以下新特性：

（1）更多的地址空间。由32位扩充到128位，地址空间增大了2^{96}倍，彻底解决IPv4地址不足的问题；支持分层地址结构，从而更易于寻址。

（2）安全结构。IPv6网络中用户可以对网络层的数据进行加密并对IP报文进行校验，IPv6中的加密与鉴别选项提供了分组的保密性与完整性，极大地增强了网络的安全性。

（3）支持即插即用（自动配置）。大容量的地址空间能够真正地实现地址自动配置，使IPv6终端能够快速连接到网络上，无须人工配置，不需要使用DHCP。

（4）服务质量功能。IPv6包的包头包含了实现QoS的字段，通过这些字段可以实现有区别的和可定制的服务。

（5）性能提升。报文分段处理、层次化的地址结构、包头的链接等方面使IPv6更适用于高效的应用程序。

（6）增强的组播支持以及对流的控制。这使得网络上的多媒体应用有了长足发展的机会，为服务质量控制提供了良好的网络平台。

（7）简化的包头格式。从而有效减少路由器或交换机对报头的处理开销，这对涉及硬件报头处理的路由器或交换机十分有利。

（8）加强了对扩展报头和选项部分的支持。对将来网络加载新的应用提供了充分的支持。

（9）允许协议继续扩充。IPv4的功能是固定的，IPv6改善了这一局限性。

（10）支持资源预分配。IPv6支持实时视像等要求保证一定的宽带和时延的应用。

相对于IPv4，IPv6有着巨大的地址范围，为了让维护互联网的人易于阅读和操纵这些地址，IPv4所采用的点分十进制记法已经不再方便，而是采用了简洁的地址记法——冒分十六进制记法。它把每个16位的值用十六进制来表示，各值之间用冒号隔开，记法形式如下：

57E6:8C65:FFFE:1180:960A:FFFF:D64F:EF28

为了实现IPv4和IPv6互通，也可以将IPv4地址嵌入到IPv6地址中，地址常表示为：X:X:X:X:X:X:d.d.d.d，前96位采用冒分十六进制表示，而最后32位地址则使用IPv4的点分十进制表示。

由于现有的整个互联网规模非常庞大，不能一步到位地突然全部改用IPv6，而是通过平稳过渡的一些技术使网络从原有的模式转换成IPv6。向IPv6过渡则要求IPv6系统能向后兼容，过渡到IPv6常用两种策略：双协议栈技术和隧道技术。普及IPv6，一方面需要通信运营商更换相应设备；另一方面需要互联网内容服务商升级现有的应用软件和相关设备，以适配新协议需求。

我国也一直在积极进行 IPv6 网络部署的相关试验和核心技术的研发，并取得了明显成效。2004 年建成的第二代中国教育和科研计算机网，是中国下一代互联网示范工程——CNGI-CERNET2 最大的核心网和唯一的全国性学术网，是我国第一个 IPv6 国家主干网。清华大学已建成国内国际互联交换中心 CNGI-6IX，几年前就分别以 1G、2.5G、10G 的速率连接了 CNGI-CERNET2，目前已有几百所高校开通了 IPv6，中国教育网已逐渐发展成为全国规模最大的 IPv6 主干网。2022 年，全国有 14 所高校入选 IPv6 技术创新和融合应用试点项目。

目前，中国电信已建成端到端畅通的 IPv6“高速公路”，云网端到端 IPv6 改造已基本全面完成。截至 2022 年 6 月底，中国移动的移动网络 IPv6 地址分配数量达到 7.72 亿，固定宽带 IPv6 地址分配数量达到 1.69 亿。中国联通也不断深化网络基础设施 IPv6 改造，新建千兆光网、5G 网络同步部署 IPv6。截至 2022 年 8 月 8 日，我国 IPv6 互联网活跃用户数已达 6.93 亿，移动网络 IPv6 流量占比突破 40%。

4.3.5　Windows 10 网络配置

1. *局域网方式的网络配置*

局域网方式连接的网络的特点是网络速度快、误码率低。在进行配置之前，要知道网络服务器的 IP 地址和分配给客户机的 IP 地址，配置方法如下：

（1）安装网卡驱动程序。现在使用的计算机及附属设备一般都支持“即插即用”功能，所以安装了即插即用的网卡后，第一次启动计算机时系统会出现“发现新硬件并安装驱动程序”的提示信息，用户只需要按提示安装所需的驱动程序即可。

（2）安装通信协议。

1）单击“开始”按钮，在弹出的菜单中选择“设置”选项，打开如图 4-20 所示的“Windows 设置”界面。

2）单击“网络和 Internet”，选择窗口左侧的“以太网”选项，打开如图 4-21 所示的“设置”界面。

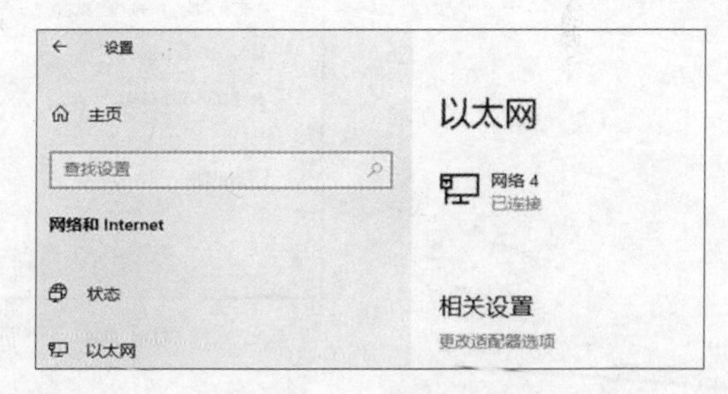

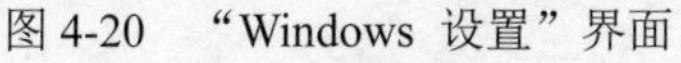

图 4-20　“Windows 设置”界面　　　图 4-21　“设置”界面

3）单击“设置”界面右侧的“更改适配器选项”，打开如图 4-22 所示的“网络连接”界面。

4）在“网络连接”界面中有无线网图标、以太网图标、虚拟连接图标等。右击“以太网”图标，选择“属性”选项，打开如图 4-23 所示的“以太网 属性”对话框。在其中选中“Internet 协议版本 4（TCP/IPv4）”或“Internet 协议版本 6（TCP/IPv6）”选项，然后单击“属性”按钮，弹出如图 4-24 所示的对话框。此处以 IPv4 的设置为例在对话框中设置 TCP/IP 协议的 IP 地址、子网掩码、网关地址，如 192.168.1.2、255.255.255.0 和 192.168.1.1。并设置“首选 DNS 服务器”和“备用 DNS 服务器”地址，如 218.76.138.67、59.51.78.210。其中备用 DNS 服务器的地址为可选性。

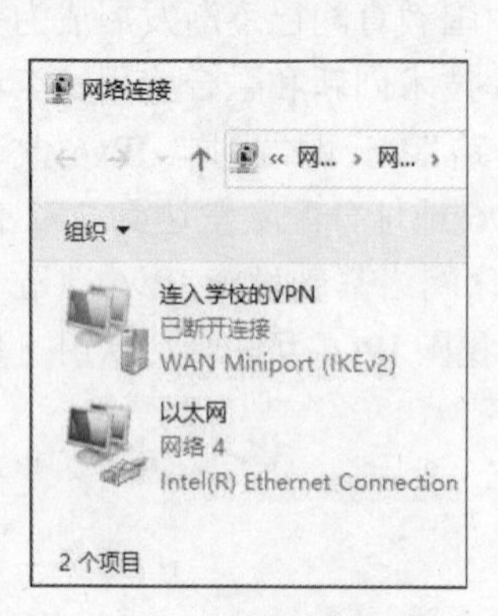

图 4-22 “网络连接”界面

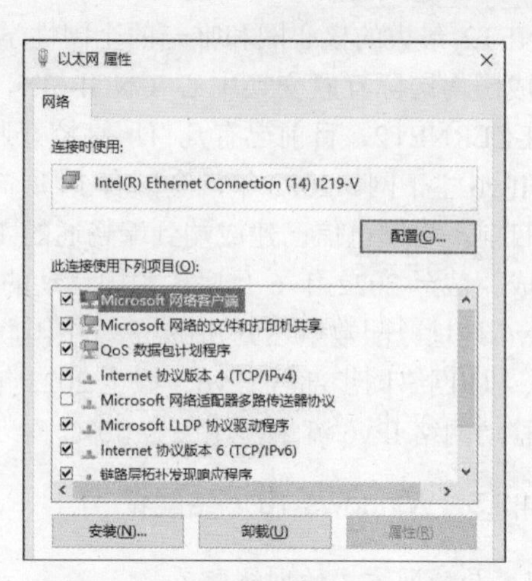

图 4-23 “以太网 属性”对话框

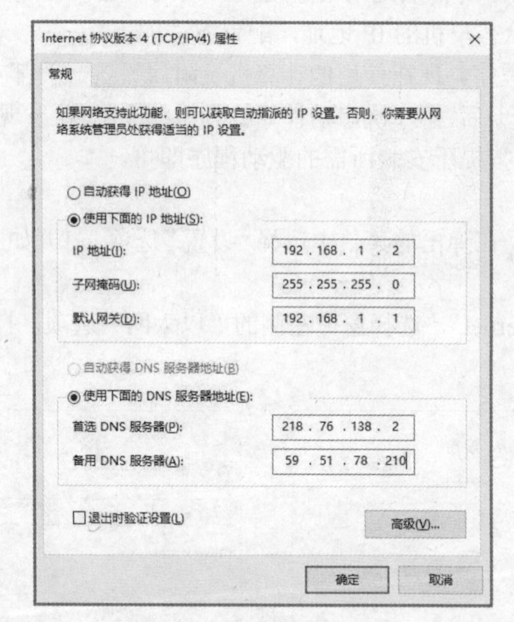

图 4-24 “属性”对话框

5）单击“确定”按钮就完成了网络参数的配置。

2. 创建 VPN 连接

VPN（Virtual Private Network，虚拟专用网络）是通过一个公有网络创建一个临时的、安全的、模拟的点对点连接，也称为“网络中的网络”，在企业或单位网络中有广泛应用。VPN 网关通过对数据包的加密和数据包目标地址的转换实现远程访问。无论何时何地，只要能够接入网络，就能够方便地接入单位与公司的内部网络。终端计算机通过 VPN 连接远程服务器的设置方法如下：

（1）在“开始”菜单中选择“设置”命令打开如图 4-25 所示的“Windows 设置”界面。

（2）在其中单击“网络和 Internet”，进入如图 4-26 所示的“设置”界面。

图 4-25 “Windows 设置”界面

图 4-26 “设置”界面

（3）选择左侧的 VPN 选项，单击界面右边的“添加 VPN 连接”，进入如图 4-27 所示的“添加 VPN 连接”界面。

（4）在其中填写相关内容：“VPN 提供商”选择“Windows 内置”；“连接名称”任意填写（自己定义连接名称）；“服务器名称或地址”填写要连接到的服务器的实际地址；“登录信息的类型”选择“用户名密码”；“用户名”和“密码”填写公司或单位分配的 VPN 用户名和密码。

（5）在建立好的 VPN 下单击“连接”按钮即可连接到对应的服务器，如图 4-28 所示。

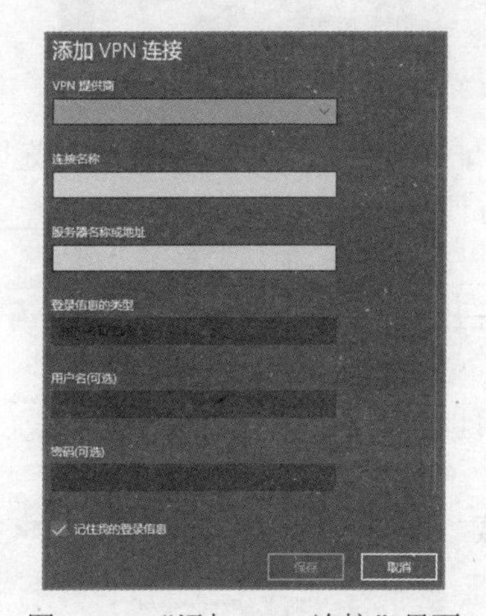

图 4-27 “添加 VPN 连接”界面

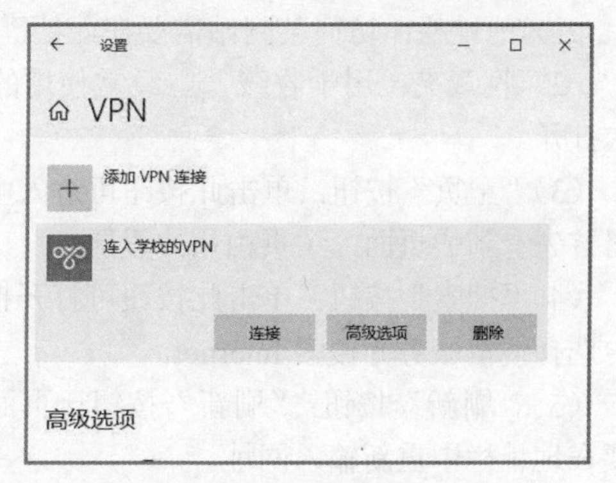

图 4-28 连接 VPN 的界面

4.4 网络应用

Internet 已经渗透到我们生活的方方面面，无论是工作还是学习，比如网络与社交媒体、信息检索、电子商务、网络教学、网络娱乐、网络医疗、云计算、云存储、云桌面等，本节简单介绍几种典型的 Internet 应用。

4.4.1 浏览器使用

Internet 由许许多多遍布全球且互相链接的文档组成，这些文档称为 Web 页，即网页。网页中通常包含了文字、图形、图像、音频、视频等信息，同时还包含指向其他网页的链接，这样的网页就称为超文本。网页存在于 Web 服务器上，它的访问与阅读需要通过 Web 客户端来实现，客户端程序通常用浏览器。

网页浏览器有 Microsoft Edge、Chrome、Internet Explorer（IE）、遨游、火狐、360 浏览器等。其中 IE 于 2022 年 6 月 16 日正式退役，其功能将由 Microsoft Edge 浏览器接棒。Microsoft Edge 是由微软开发的基于 Chromium 开源项目及其他开源软件的网页浏览器，目前它不仅兼容性强，而且稳定流畅，已经覆盖了桌面平台和移动平台。本节以 Microsoft Edge 为例（以下简称 Edge，Windows 10 自带的浏览器）介绍浏览器的使用。图 4-29 所示为 Microsoft Edge 启动后的界面，下面介绍 Microsoft Edge 常用的以及特色的一些功能。

图 4-29　Microsoft Edge 界面

（1）地址栏：访问某网站需要在此处键入域名地址或 IP 地址，回车后就能浏览其主页。

（2）收藏夹：用于收藏一些经常使用的网站以方便下一次打开。

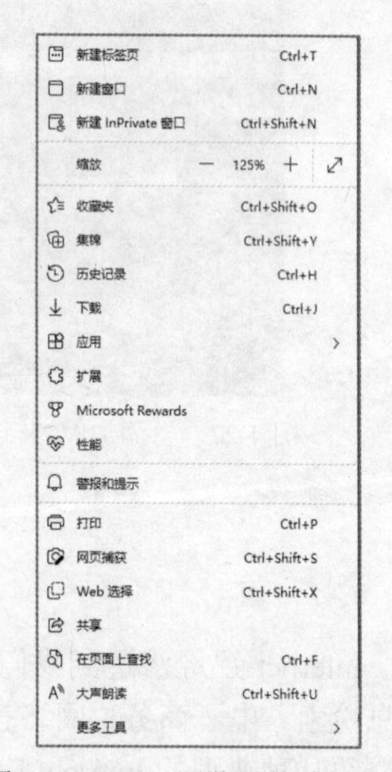

图 4-30　Edge 浏览器的功能菜单

（3）“主页”按钮：单击此按钮可进入主页，是打开浏览器首先看到的页面，主页由用户设置。

（4）“搜索”按钮：单击此按钮可打开搜索栏，可以在其中选择搜索服务并搜索 Internet。

（5）“刷新”按钮：“刷新”按钮让页面重新加载，不需要在地址栏中重新输入网址。

（6）“设置及其他”：单击浏览器右上角的···图标即可打开菜单，其中有历史记录、扩展、大声朗读、打印、共享、Web 选择、网页捕获、设置等功能，如图 4-30 所示。

（7）扩展：单击菜单中的“扩展”进入到扩展页面。可以在这里查看到各种浏览器插件，单击“获取”即可进行插件的安装。

（8）集锦：用于直接在浏览器中保存内容，如网页、文本、图片、视频等，以供日后使用，也可以添加注释。

（9）设置：单击菜单中的“设置”进入如图 4-31 所示的界面，可进行个人信息的管理、浏览器的主页设置、搜索引擎的管理等。

（10）大声朗读：该功能是特别实用的一个功能，可以朗读 PDF 文档，也可以是网页内容。搭配阅读模式（在网址前面输入“read:”可强制转化为阅读模式）功能更加强大，效果如

图 4-32 所示，页面的上面有控制播放的按钮，右上角的“语音选项”可以选择朗读的速度和语种。

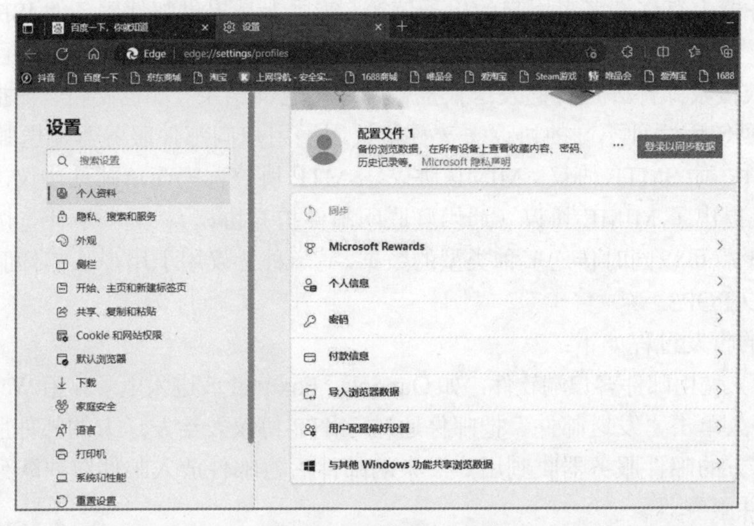

图 4-31　“设置”界面

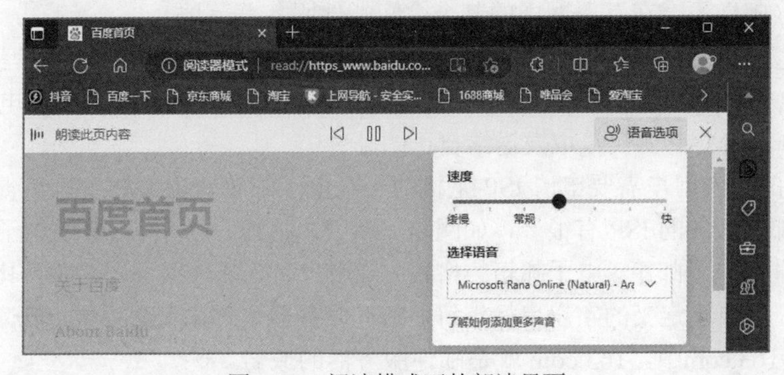

图 4-32　阅读模式下的朗读界面

（11）Microsoft Edge 边栏：Microsoft Edge 边栏让用户在浏览的窗口侧边访问 Microsoft Edge 的功能。该边栏包括发现、搜索、Outlook、Office、游戏和工具等功能，如单位转换器、翻译工具和 Internet 速度测试。

4.4.2　电子邮件

电子邮件也称 E-mail，它是用户之间通过计算机网络收发信息的服务，是 Internet 上使用最多、最受欢迎的一种应用。电子邮件已成为网络用户之间快速、简便、低成本、高可靠的现代通信方式。与传统的信件方式相比有很大的优势。

（1）发送速度快：通常在数秒钟内即可将邮件发送到全球任意位置的收件人邮箱中。

（2）信息多样化：可以发送软件、数据、动画、音频、视频等多媒体信息。

（3）收发方便：用户可以在任意时间、任意地点收发 E-mail，不受时间和地点的限制。

（4）成本低廉：除宽带使用费外，不需要其他开支。

（5）交流对象广：同一个信件可以通过网络极快地发送给网上指定的一个或多个成员。

（6）安全性高：电子邮件是安全可靠的高速信件递送方式。

处理电子邮件的计算机称为邮件服务器，邮件服务器分为发送邮件服务器和接收邮件服务器。邮件服务器中有许许多多用户的电子信箱，实质上是提供邮件服务的ISP在邮件服务器的硬盘上为用户开辟的一个个存储空间。邮件服务器24小时不间断地工作，且具有很大的容量，除了发送或接收邮件外还要向发送人报告邮件传送的结果（如已交付、被拒绝、丢失等）。邮件服务器需要使用两种不同的协议。一种协议用于用户向邮件服务器发送邮件或邮件服务器之间发送邮件，如SMTP协议、MIME协议。SMTP协议称为简单邮件协议，针对其功能的不足1993年又提出了MIME协议（通用互联网邮件扩充协议），是一个补充协议，通过这个协议在互联网上就可以同时传送多种类型的数据。另一种协议用于用户从邮件服务器中读取邮件，如邮局协议POP3。

电子邮件的收发过程如下：

（1）发件人调用邮件客户端软件，如Outlook、Foxmail或进入电子邮箱Web页编辑邮件。

（2）发件人单击“发送邮件”把邮件通过SMTP协议发给发送方的邮件服务器。

（3）发送方的邮件服务器收到用户发来的邮件后将邮件放入邮件缓冲队列中，等待发送到接收方的邮件服务器。

（4）发送方的邮件服务器与接收方的邮件服务器建立TCP连接后，把缓冲队列中的邮件依次发送出去（邮件不会在互联网中的某个中间邮件服务器落地）。

（5）接收方的邮件服务器收到邮件后，把邮件放入收件人的用户邮箱中，等待收件人读取。

（6）收件人打算收信时，调用客户端软件，如Outlook、Foxmail或进入电子邮箱的Web页，通过POP3或IMAP协议读取发送给自己的邮件。

Internet上的个人用户需要申请ISP主机的一个电子邮箱，由ISP主机负责电子邮件的接收。目前提供邮件服务的ISP有很多，如网易、新浪、搜狐、QQ等。收发电子邮件需要通信双方的邮件地址即电子邮箱。电子邮箱的格式为：用户名@邮件服务器名称。其中用户名由用户申请时设置，是自己定义的字符串标识符，邮件服务器名称由ISP提供，@读作at。如电子邮箱ld_lf001@163.com中，163.com就是邮件服务器的域名。

对于Internet用户来说使用电子邮箱通常需要进行电子邮箱注册、查看信件、写信或回复信件。

登录邮箱后单击“收信”后的界面如图4-33所示，可以阅读邮件内容。

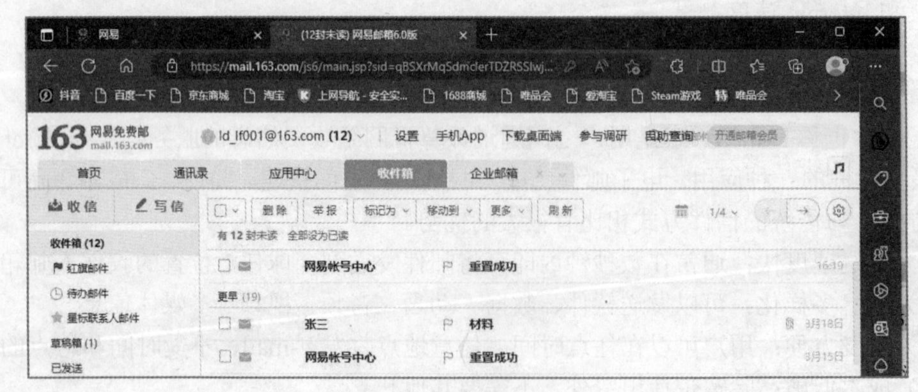

图4-33　收件箱界面

新建或回复邮件（含邮件正文与附件）界面如图 4-34 所示。

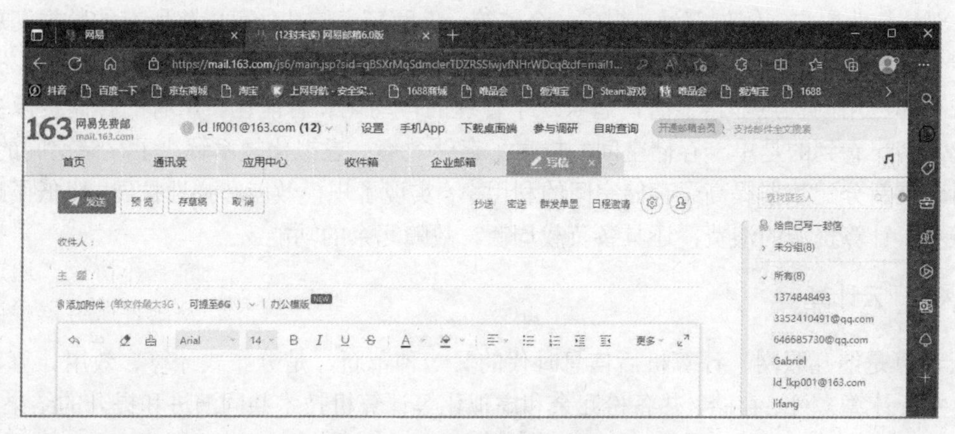

图 4-34　新建或回复邮件界面

4.4.3　文件传输

FTP 协议是互联网上使用最广泛的文件传送协议，用于控制文件的双向传输。FPT 也是一个应用程序，它提供交互式的访问。用户可以通过它把自己的 PC 与世界各地所有运行 FTP 协议的服务器相连，访问服务器上的大量程序和信息。FTP 的主要作用就是让用户连接上一个远程计算机（这些计算机上运行着 FTP 服务器程序），查看远程计算机上有哪些文件，然后把文件从远程计算机上复制到本地计算机上，或者把本地计算机的文件送到远程计算机上。我们下载软件或文档就是使用的 FTP 文件传输功能。

（1）FTP 的目标。

1）促进文件的共享（计算机程序或数据）。

2）鼓励间接或者隐式地使用远程计算机。

3）向用户屏蔽不同主机中各种文件存储系统的细节。

4）可靠和高效地传输数据。

（2）FTP 的缺点。

1）密码和文件内容都使用明文传输，可能产生不希望发生的窃听。

2）因为必须开放一个随机的端口以建立连接，当防火墙存在时，客户端很难过滤处于主动模式下的 FTP 流量。这个问题通过使用被动模式的 FTP 得到了很好的解决。

4.4.4　云存储

云存储是一种在线存储模式，是互联网云技术的产物，是灵活按需分配的新一代存储服务。它通过集群应用、网络技术、分布式文件系统等功能将网络中各种不同类型的存储设备通过应用软件集合起来协同工作，共同对外提供数据存储和业务访问。云存储的数据通常存放在由第三方托管的多台虚拟服务器上，由托管公司运营和管理大型的数据中心，需要数据存储托管的人则通过向其购买或租赁存储空间的方式来满足数据存储的需求。数据中心营运商根据客户的需求，在后端准备存储虚拟化的资源，并将其以存储资源池（Storage Pool）的方式提供，客户便可自行使用此存储资源池来存放文件或对象。

云存储的应用领域非常广泛，公安、交通、民用行业等多行业宽范围的存储数据都能够共享。部分行业用户，例如石油、煤矿、金矿等，借助云存储功能可以将所有的数据汇总在一起进行分析处理。通过云存储，越来越多的 IT 行业技术与理念已引入到安防应用。

云存储应用的优点非常显著，它实现了管理的自动化和智能化。所有的存储资源被整合到一起，客户看到的是单一存储空间，提高了存储效率；虚拟化技术解决了存储空间的浪费，通过自动重新分配数据提高了存储空间的利用率；实现了规模效应和弹性扩展，降低了运营成本，避免了计算资源的浪费；还具备负载均衡、故障冗余的功能。

4.4.5 云计算

云计算是继互联网、计算机后信息时代的又一种革新，是分布式计算、效用计算、负载均衡、并行计算、网络存储、热备份冗余和虚拟化等计算机技术共同演进和提升的结果。云计算也称为网络计算，是一种以互联网为中心的计算方式。它可以将软硬件资源和信息以共享的方式提供给不同的计算机终端设备使用。通过服务商部署在网络上的快捷且安全的云计算服务，每一个用户都可以在不同的位置和不同的时间通过互联网来访问和调用庞大的计算资源。

云计算具有很强的灵活性、可扩展性、安全性、便捷性和高性价比等优秀的特性。云计算服务商以自助服务的方式来提供计算、存储和网络资源，使用者只需要在终端点击鼠标便可在短时间内调配海量的计算资源。云计算服务允许企业按自身业务需求来订购资源，并且随时根据需求的变化立即扩展或者缩减这些资源，减小了容量规划的压力。云计算服务大多数都能提供用于提升整体安全的策略和技术，有助于保护用户的数据安全，使应用免受潜在的安全威胁。企业也可以使用云计算服务在不同的站点进行备份处理，以较低的费用来保障数据的可靠性。

云计算的类型和部署策略有几种不同的类型，可以适应不同用户的特定需求。每一种类型的云服务和部署方法都提供了不同级别的控制力度、灵活性和管理功能。云计算主要分为 3 种类型：基础设施即服务（IaaS）、平台即服务（PaaS）、软件即服务（SaaS）。每一种类型都代表了云计算技术中相当独特的部分。

云计算使得发送邮件、编辑文档、看电影电视、玩游戏、听音乐、存储图片和其他文件等应用已经实现。网络搜索引擎是云计算的典型应用，通过搜索引擎可以搜索任何自己想要的海量资源，这是通过云端共享数据资源实现的。云计算的典型应用还有“金融云”“教育云”“医疗云”“交通云”等。

4.4.6 云桌面

云桌面又称桌面虚拟化、云电脑，是替代传统电脑的一种新模式。相当于建立了云上工作平台的入口，所有应用资源集中在云端再发派至虚拟桌面。用户只需一个账号就可以随时随地通过各种设备登录自己的电脑。因此，用户无须再购买电脑主机，只需要接入终端，而主机所包含的 CPU、内存、硬盘等组件全部在后端的服务器中虚拟出来，可快速地实现交付使用，当用户不再需要计算资源时，基础设施会回收并销毁以回收计算资源。

云桌面是云计算在前端的一种体现，是一种以服务器为中心的计算模式，是 CEPH 分布式存储、KVM 虚拟化和 IT 基础设施相结合的产物。通过深度整合计算虚拟化、存储虚拟化、网络虚拟化，使用虚拟操作系统基础架构（VOI）、虚拟桌面基础架构（VDI）和智能桌面虚拟化（IDV）三种技术来实现。

云桌面使用成本更低、更安全、更高效，管理更方便。

（1）数据安全。云桌面的数据在云端集中保存管理，本地并无数据，用户数据在云端采用隔离存储，不易受到各种病毒的攻击，更好地实现了系统安全性。同时还可以通过设置不同的本地终端控制策略来禁止 USB 等设备的访问，可有效防范数据的非法窃取和传播。

（2）易于管理。云桌面采用云端集中部署的方式，灵活配置、统一监管、统一调度，云桌面升级快速、接入简单。应用软件也可灵活定制、统一发布，省去了用户自行安装和维护的过程，降低了成本。

（3）资源池化。为了根据消费者的需求动态分配或再分配各种物理的和虚拟的资源，通过多租户形式共享给多个消费者，云端计算资源需要被池化。

（4）高效弹性。消费者能方便、快捷地按需获取或释放计算资源。对于消费者来说，云端的计算资源是无限的，可以随时申请并获取任何数量的计算资源。云端建设采取的是可伸缩性策略，可以根据用户数量规模来增加或缩减计算资源。

4.4.7　移动通信

移动通信是指通信双方或至少一方是处于移动中进行信息交换的通信方式，包括固定点与移动体（车辆、船舶、飞机）之间、移动体之间、移动的人之间的通信。移动通信系统与用户之间的信号传输方式是无线传输，根据应用范围有多种形式，主要包括陆地公众蜂窝移动通信系统、集群移动通信系统、无绳电话系统、无线寻呼系统、无线局域网和卫星移动通信系统。移动通信的工作模式可根据呼叫状态和频率的使用方法分为单向通信和双向通信，常用的是双向通信模式。

移动通信以 20 世纪 80 年代第一代通信技术的提出为标志，经过几十年的迅猛发展，如今已发展到了第 5 代通信技术。

1G 时代为模拟时代，移动通信系统是模拟通信系统。我国采用的标准是 TACS，多址接入采用频分多址（FDMA）的方式。1G 时代只能进行语音的传输，具有较大的区域限制性。

2G 时代为数字时代，产生于 1995 年，我国采用的标准是 GSM，多址接入采用时分多址（TDMA）的方式，该时代手机能上网。

3G 时代为移动互联网时代，产生于 2000 年，我国采用的标准是 TACS，多址接入采用码分多址（CDMA）的方式。3G 时代能随时随地地无线上网，短信、彩信、视频通话、移动电视等功能出现，开启了全球漫游。

4G 时代仍为移动互联网时代，产生于 2009 年，我国主导定制的 TD-LTE-Advanced 是我国具有自主知识产权的新一代移动通信技术，多址接入采用正交频分多址（OFDMA）的方式。4G 时代增加了游戏服务和云计算等多种移动宽带数字业务，通信灵活，速度更快。

5G 时代为万物互联时代，产生于 2013 年，我国于 2019 年投入民用。我国采用的标准为 3GPP 5G NR——首个国际 5G 标准，多址接入采用新型多址技术，如华为的稀疏码多址接入技术（SCMA）的方式。虚拟现实、云计算、无人驾驶等已出现，突破了人与人的通信，实现了万物互联。

卫星定位是移动通信的一个典型应用，是使用卫星对物体进行准确定位的技术。北斗卫星导航系统BDS是我国自行研制的全球卫星导航系统，也是继GPS、GLONASS之后的第三个成熟的卫星导航系统。北斗卫星导航系统可以在全球范围内全天候全天时为各类用户提供高精度高可靠定位、导航、授时服务。

4.4.8 自媒体与社交媒体

自媒体是指普通大众通过网络等途径向外发布他们本身的事实和新闻的传播方式，是普通大众经由数字科技与全球知识体系相连之后，一种提供与分享他们本身的事实和新闻的途径。自媒体具有私人化、平民化、普泛化、自主化的特性，是以现代化、电子化的手段向不特定的大多数或者特定的单个人传递规范性及非规范性信息的新媒体。微信、抖音、快手、西瓜视频等平台为自媒体的发布提供了便利。

社交媒体是指互联网上基于用户关系的内容生产与交换的平台，是基于Web技术发展起来的互通互动联络平台。在社交媒体中用户之间可以发表观点、相互讨论、分享意见等，常见的社交媒体包括社交网站、微博、微信、Facebook、Twitter、QQ、探探、陌陌博客、论坛、播客等。其中社交类APP成为使用最为频繁的媒介产品，熟人社交类APP成为新媒体产品第一梯队。社交媒体具有即时传播性强、传播内容多、使用场景多样等特点。

人工智能技术实现了人与网络、网络与人的双向连接，大数据、AI智能等技术可以自动抓取用户的需求，这也使得现今社交媒体的用户基数呈现爆发式增长，用户对社交媒体平台的依赖性也越来越强。而且社交媒体发展越来越细化，内容与功能呈现多元化发展趋势。

4.5 网络安全

信息与网络安全面临的威胁来自很多方面，并且随着时间的变化而变化，这些威胁可以宏观地分为人为威胁（无意失误和恶意攻击）、非人为威胁（自然灾害、设备老化、断电、电磁泄漏、意外事故等）以及不明或综合因素（安全漏洞、后门、复杂事件）。这里主要讨论人为的恶意攻击和有目的的破坏。

4.5.1 黑客与黑客技术

1．黑客

“黑客”指的是喜欢挑战难度、破解各种系统密码、寻找各类服务器漏洞的电脑高手，尤其是程序设计人员。对这些人的正确英文叫法是cracker，有人翻译成“骇客”。从20世纪80年代初开始，每年都有黑客攻击网络的记录，攻击范围包括军事网、商业网、政府网及其他网站。黑客对计算机网络的安全已构成严重威胁。

互联网上存在很多不同类型的计算机及运行各种系统的服务器，它们的网络结构不同，是TCP/IP协议把这些计算机连接在了一起。IP的工作是把数据包从一个地方传递到另一个地方，TCP的工作是对数据包进行管理与校验，保证数据包的正确性。黑客正是利用TCP/IP协议，在网络上传送包含有非法目的的数据，对网络上的计算机进行攻击。黑客们常利用漏洞扫描器扫描网络上存在的漏洞，然后实施攻击。

2. 黑客常用的攻击方法

（1）木马攻击。特洛伊木马，英文叫作 trojan house，是一种基于远程控制的黑客工具，它具有隐蔽性和非授权性等特点。所谓隐蔽性是指木马的设计者为了防止木马被发现，会采用多种手段隐藏木马，这样服务器即使发现感染了木马，也不能确定其具体位置。所谓非授权是指一旦控制端与服务端连接，控制端将享有服务端的大部分操作权限，包括修改文件、修改注册表、控制鼠标和键盘等。

（2）邮件攻击。邮件攻击又叫 E-mail 炸弹，指一切破坏电子邮箱的办法，如果电子邮箱一下被成千上万封电子邮件所占据，电子邮件的总容量就有可能超过电子邮箱的总容量，造成邮箱崩溃。

（3）端口攻击。网络系统主要采用 UNIX 操作系统，一般提供 WWW、mail、FTP、BBS 等日常网络服务。每一台网络主机上可以提供几种服务，UNIX 系统将网络服务划分为许多不同的端口，每一个端口提供一种不同的服务，一个服务会有一个程序时刻监视端口活动，并且给予相应的应答，而且端口的定义已成为标准。例如，WWW 服务的端口是 80，FTP 服务的端口是 21。如果用户不小心运行了木马程序，其计算机的某个端口就会开放，黑客就可以通过端口侵入计算机，并自由地下载和上传目标机器上的任意文件，执行一些特殊的操作。

（4）密码破译。密码破译是入侵者使用得最早也是最原始的方法，它不仅可以获得对主机的操作权，而且可以通过破解密码制造漏洞。首先要取得系统的用户名，获得用户名之后，就可以进行密码的猜测和破解并尝试登录。密码的猜测和破解有多种方法，常用的有根据密码和用户名之间的相似程度进行猜测、用穷举法进行密码破解等。

（5）Java 炸弹。通过 HTML 语言让用户的浏览器耗尽系统资源，比如使计算机不停地打开新的窗口，直到计算机资源耗尽而死机。

3. 网络安全防御

不同的网络攻击应采取不同的防御方法，主要应从网络安全技术的加强和采取必要防范措施两个方面考虑。网络安全技术包括入侵检测、访问控制、网络加密技术、网络地址转换技术、身份认证技术等。

（1）入侵检测。从目标信息系统和网络资源中采集信息，分析来自网络内部和外部的信号，实时地对攻击作出反应。其主要特征是使用主机传感器监控系统的信息，实时监视可疑的连接，检查系统日志，监视非法访问，并且判断入侵事件，迅速作出反应。

（2）访问控制。访问控制主要有两种类型：网络访问控制和系统访问控制。网络访问控制限制外部对主机网络服务的访问和系统内部用户对外部的访问，通常由防火墙实现。系统访问控制为不同用户赋予不同的主机资源访问权限，操作系统提供一定的功能实现系统访问控制。

（3）网络加密技术。网络加密技术就是为了安全对信息进行编码和解码，是保护网内的数据、文件、口令和控制信息，保护网上传输数据的一种有效方法，它能够防止重要信息在网络上被拦截和窃取。常用的网络加密方法有链路加密、端点加密和节点加密 3 种。链路加密的目的是保护网络节点之间的链路信息安全；端点加密的目的是对源端用户到目的用户的数据提供加密保护；节点加密的目的是对源节点到目的节点之间的传输链路提供加密保护。

（4）网络地址转换技术。网络地址转换器也称地址共享器或地址映射器，目的是解决 IP

地址的不足。当内部主机向外部主机连接时，使用同一个 IP 地址。这样外部网络看不到内部网络，从而起到保密作用。

（5）身份认证技术。身份认证技术主要采取数字签名技术，一般用不对称加密技术，通过对整个明文进行变换得到值，作为核实签名，接收者使用发送者的公开密钥对签名进行解密运算，如结果为明文，则签名有效，证明对方身份是真实的。

网络安全防范主要通过防火墙、系统补丁、IP 地址确认和数据加密等技术来实现。

4.5.2 病毒和病毒技术

1. 计算机病毒及其特征

计算机病毒就是能够通过某种途径潜伏在计算机存储介质（或程序）里，当达到某种条件时即被激活的、具有对计算机资源进行破坏作用的一组程序或指令集合。计算机病毒程序一般具有以下 5 个方面的特征：

（1）一段可执行程序。计算机病毒是一种可存储可执行的“非法”程序，和其他合法程序一样，它可以直接或间接地运行，可以隐蔽在可执行程序或数据文件中而不易被人们察觉和发现。

（2）传染性。计算机病毒程序具有很强的自我复制能力。病毒程序运行时进行自我复制，并不断感染其他程序，在计算机系统内外扩散。因此，只要机器一旦感染病毒，这种病毒就会像瘟疫一样迅速传播开来。

计算机病毒的传染主要通过硬盘、网络和 U 盘等进行传染。

（3）潜伏性。计算机病毒的潜伏性是指计算机病毒进入系统并开始破坏数据的过程不易为用户所察觉，而且这种破坏活动又是用户难以预料的。计算机病毒一般依附于某种介质，可以在几周或几个月内进行传播和再生而不被人发现。当病毒被发现时，系统实际上往往已经被感染，数据已经被破坏，系统资源也已经被损坏。

（4）激发性。计算机病毒一般都有一个激发条件触发其传染，如在一定条件下激活一个病毒的传染机制使之进行传染，或者在一定的条件下激活计算机病毒的表现部分或破坏部分或同时激发其表现部分和破坏部分。

（5）破坏性。计算机病毒的破坏性是指对正常程序和数据进行增、删、改、移，以致造成局部功能的残缺或者系统的瘫痪、崩溃。该功能是由病毒的破坏模块实现的。计算机病毒的目的就是破坏计算机系统，使系统资源受到损伤，数据遭到破坏，计算机运行受到干扰，严重时造成计算机的全面摧毁。

2. 计算机病毒的分类

（1）按照计算机病毒依附的 OS 分类：基于 DOS、Windows、UNIX、OS/2 系统的病毒形式。

（2）按照计算机病毒的传播媒介分类有通过存储介质传播的病毒和通过网络传播的病毒。

（3）按照计算机病毒的寄生方式和传播途径分类有引导型病毒、文件型病毒、混合型病毒。

另外还有一种叫宏病毒，它的传播极快，制作、变种方便，破坏性极大。

3. 计算机病毒的表现形式

由于技术上的防病毒方法尚无法达到完美的境界，难免有新病毒会突破防护系统的保护而传染到计算机中。因此，及时发现异常情况，不使病毒传染到整个磁盘和计算机，应对病毒发作的症状予以注意。

计算机病毒的表现症状是由计算机病毒的设计者决定的，可能的症状有：

（1）键盘、打印、显示有异常现象。如键盘没有反应，屏幕显示异常图形、文字等信息。

（2）系统启动异常，引导过程明显变慢。

（3）机器运行速度突然变慢。

（4）计算机系统出现异常死机或死机频繁。

（5）无故丢失文件、数据。

（6）文件大小、属性、日期被无故更改。

（7）系统不识别磁盘或硬盘，不能开机。

（8）扬声器发出尖叫声、蜂鸣声、乐曲声。

（9）个别目录变成一堆乱码。

（10）计算机系统的存储容量异常减少或有不明常驻程序。

发生上述现象，应意识到系统可能感染了计算机病毒，但也不能把每一个异常现象或非期望后果都归于计算机病毒，因为可能还有别的原因，例如程序设计错误造成的异常现象。要真正确定系统是否感染了计算机病毒，必须通过适当的检测手段来确认。

4. 计算机病毒的检测与清除

当用户在使用计算机的过程中，发现计算机工作不正常，甚至直接出现了病毒发作的现象时不要慌张，首先应该马上关闭计算机电源，以免病毒对计算机造成更多的破坏，然后用无毒盘启动计算机，使用病毒消除软件对系统进行病毒的清除。一般用户不宜用手工的方法消除病毒。因为用户的一个误操作可能会使操作系统或文件损坏，其结果可能更惨。

病毒消除软件一般包含两部分：一部分是病毒检测程序，可以查找出病毒；另一部分是病毒消除程序。在病毒检测时，最主要的是保证判断准确。如果在病毒检测时发生误判，则会使下一步的消除工作对系统造成破坏作用，如产生文件不能运行、系统不能启动、软盘或硬盘不能识别等严重后果。

目前常用的杀毒软件有金山毒霸、360 杀毒软件等。

5. 计算机病毒的预防

对于已经感染了病毒的计算机，首先应当将没有感染任何病毒的系统盘插入光驱或软驱进行启动，然后再采取消除病毒的措施。

不过，正像医疗一样，应重在预防，因为系统一旦染上病毒，如同病人的肌体一样，已经受到不同程度的损害。

具体来说应该做到以下几点：

（1）及时给操作系统打上漏洞补丁。

（2）对外来的 U 盘或光盘，应先使用杀毒软件检测确认无毒后再使用。

（3）系统软盘和重要数据盘要贴好写保护口，防止被感染。

（4）在硬盘无毒的情况下，尽量不要使用软盘启动系统。

（5）对于重要系统信息和重要数据要经常进行备份，以使系统遭到破坏后能及时得到恢复。系统信息主要指主引导记录、引导记录、CMOS 等。重要数据是指日常工作中自己创作、收集而来的数据文件，如手工输入的文章、费了很大劲才得到的股票数据等。

（6）经常使用查毒软件对计算机进行预防性检查。

（7）计算机用户要遵守网络软件的使用规定，不能在网络上随意使用外来的软件。

（8）留意各种媒体有关病毒的最新动态，注意反病毒商的病毒预报。及时了解计算机病毒的发作时间，如 CIH 病毒的发作时间为 4 月 26 日，可以通过修改系统日期跳过这一天而避免其发作。

（9）安装正版杀毒软件并及时升级。

（10）条件允许时安装防病毒保护卡。

尽管采取了各种防范措施，有时仍不免感染病毒。因此，前述的检测和消除病毒仍是用户维护系统正常运转所必需的工作。检测和消除病毒通常可以使用两种方法：一种是使用通常的工具软件，另一种是使用杀毒软件。目的都是判断病毒是否存在以及确定病毒的类型，并合理地消除病毒。

4.5.3 网络攻击的类型

（1）密码暴力破解攻击。密码暴力破解攻击的目的是破解用户的密码，从而进入服务器获取系统资源或进行系统破坏。例如，黑客可以利用一台高性能的计算机，配合一个数据字典库，通过排列组合算法尝试各种密码，最终找到能够进入系统的密码，登录系统获取资源或进行信息篡改。

（2）拒绝服务攻击。拒绝服务攻击的基本原理是利用合理的服务请求来占用过多的服务资源，从而使网络阻塞或者服务器死机，导致服务器无法为正常用户提供服务。常见的有拒绝服务攻击（DoS）和分布式拒绝服务攻击（DDos）。黑客一般利用伪装的源地址或者控制其他多台计算机向目标服务器发起大量连续的连接请求，由于服务器无法在短时间内接受这么多请求，造成系统资源耗尽、服务挂起，严重时造成服务器瘫痪。

（3）应用程序漏洞攻击。这种攻击是由服务器或应用软件漏洞引起的，黑客首先利用网络扫描攻击扫描目标主机的漏洞，然后根据扫描的漏洞有针对性地实施攻击。常见的有 SQL 注入漏洞、shell 注入漏洞、网页权限漏洞、“挂马”攻击等。

4.5.4 网络信息安全策略

现代化信息技术高速发展，信息系统都是基于计算机、网络、信息技术的基础上运行和实现的，容易受到病毒、黑客等因素的干扰。因此在实际的运行过程中，要采取一定的防范措施，才能保障网络信息管理系统健康安全地发展。主要的网络信息安全策略有以下 3 点：

（1）提高防火墙技术。

防火墙技术是为了增强网络信息安全保障的一种特殊的防御手段，其实现有多种方式，配置有效的防火墙应该大体分为以下 3 种：

1）软件防火墙。一般计算机上都会有防火墙软件，它需要已经安装好的系统软件作支撑，这些防火墙就是俗称的“个人防火墙”，只有在计算机上完成防火墙软件配置，防火墙才能正式发挥它的作用。

2）硬件防火墙。是基于硬件平台使用的防火墙。目前，市场上使用的硬件防火墙都是基于 PC 架构实现的。其实，普通的 PC 机和它们没有太大的区别。硬件防火墙最常用的系统有 UNIX、Linux 和 Free BSD。

3）芯片级防火墙。是基于专门的硬件平台进行工作的，在使用过程中是没有任何操作系统的。芯片级防火墙具有专门的 ASIC 芯片，这就使得它们比其他种类的防火墙具有处理速度更快、处理能力更强、使用性能更高等优势。

（2）对有效数据进行加密。

所谓数据加密，是对有用信息进行加密和传输，防止有用信息被盗用或破坏。对有效数据进行加密是解决这种问题最有效的方法。一般对有效数据的加密均可在通信的三个层次来实现，依次是链路加密、节点加密和端到端加密。

（3）反病毒技术。

面对病毒的日益侵害，除了传统的设置防火墙和对有效数据进行加密外，人们还尝试着开发了一系列的反病毒技术。随着信息技术的不断发展，反病毒技术也在不断发展，迅速更新，由最初的第一代病毒技术已逐渐发展到了第五代。

第 5 章　操作系统及应用

Windows 10 是由微软公司于 2015 年 7 月 29 日正式发布的跨平台操作系统，支持的设备有台式机、笔记本、手机、平板等，是目前运用较为广泛的操作系统。与 Windows 7 相比，Windows 10 在易用性、兼容性和安全性方面有了极大的提升，除了针对云服务、智能移动设备、自然人机交互等新技术进行融合外，还对固态硬盘、生物识别、高分辨率屏幕等硬件进行了优化完善与支持。本章主要内容包括操作系统概述、Windows 10 的基本操作、文件管理、系统设置和实用工具等。

5.1　操作系统概述

5.1.1　操作系统的概念

操作系统（Operating System，OS）是管理计算机软硬件资源的系统软件，是用户和计算机之间的一个接口，用户通过操作系统的用户界面输入指令，操作系统对命令进行解释，驱动硬件设备，最后实现用户需求。

5.1.2　操作系统的功能

操作系统具有处理器管理、存储管理、设备管理和文件管理等功能。

（1）处理器管理：多个程序同时执行时，如何把 CPU 的时间合理地分配给各个程序是处理器管理的问题，主要包括 CPU 调度策略、进程与线程管理、死锁预防与避免等问题。

（2）存储管理：主要解决程序在内存中的分配问题，并且通过虚拟技术来扩大主存空间。

（3）设备管理：计算机系统配置了多种 I/O 设备，设备管理的功能是根据一定的分配原则把设备分配给请求 I/O 的作业，并且为用户使用各种 I/O 设备提供简单方便的命令。

（4）文件管理：文件管理又称文件系统，计算机中的各种程序和数据均是计算机的软件资源，它们都以文件的形式存放在外存中，文件管理的基本功能是实现对文件的存取和检索。

5.1.3　操作系统的分类

根据操作系统使用环境的不同分为批处理系统、分时系统、实时系统；根据支持用户数目的不同分为单用户操作系统、多用户操作系统；根据硬件结构的不同分为网络操作系统、分布式操作系统；根据操作系统应用领域的不同分为嵌入式操作系统和桌面操作系统。

1. 批处理操作系统（MVX、DOS/VSE）

批处理操作系统是一种用户将多个作业交给系统操作员，系统操作员将这些作业组成一批作业后输入到计算机中，在系统中形成一个自动转接的连续的作业流，然后启动操作系统由系统自动、依次执行每个作业，最后由操作员将作业结果交给操作系统。其特点是多道和成批处理。

2. 分时操作系统（Windows、UNIX、Mac OS）

分时操作系统是指让一台计算机采用时间片轮转的方式同时为几个、几十个甚至几百个用户服务的一种操作系统。分时操作系统将系统处理时间与内存空间按一定的时间间隔，轮流地切换给与计算机相连接的多终端用户程序使用。由于时间间隔很短，每个用户感觉就像他独占计算机一样。其特点是可有效增加了资源的使用率。

3. 实时操作系统（iEMX、RT Linux）

实时操作系统是指在严格规定的时间内使计算机能及时响应外部事件的请求并完成处理，控制所有实时设备和实时任务协调一致工作的操作系统。其主要特点是资源的分配和调度首先要考虑实时性，然后才是效率。

4. 网络操作系统（Netware、Windows NT、OS/2 warp）

网络操作系统通常运行在服务器上，它是基于计算机网络，在各种计算机操作系统上按网络体系结构协议标准开发的软件，包括网络管理、通信、安全、资源共享和各种网络应用。其目标是相互通信及资源共享，主要特点是与网络硬件相结合来完成网络的通信任务。

5. 分布式操作系统（Amoeba）

分布式操作系统是一种以计算机网络为基础，将物理上分布的具有自治功能的数据处理系统或计算机系统互联起来的操作系统。分布式系统中各台计算机无主次之分，系统中若干台计算机可以并行运行同一个程序。分布式操作系统用于管理分布式系统资源。

5.1.4 主流操作系统

随着信息技术的深入发展，计算机以不同的概念和形式出现在用户面前，比如智能手机、平板电脑及新型的可穿戴电子设备等。计算机形态的多样化引导操作系统朝着多元化的方向发展。下面来认识一下目前国内市场上常用的操作系统。

1. 中标麒麟（NeoKylin）

中标麒麟桌面操作系统是国家重大专项的核心组成部分，是民用、军用“核高基”桌面操作系统项目的重要研究成果，该系统成功通过了多个国家权威部门的测评，为实现操作系统领域“自主可控”的战略目标做出了重大贡献。在国产操作系统领域市场占有率稳居第一。

2. 鸿蒙系统（Harmony OS）

鸿蒙系统是华为公司在 2019 年 8 月 9 日正式发布的操作系统，是一款基于微内核的面向全场景的分布式操作系统。鸿蒙系统主要应用于物联网，可适配手机、平板、计算机、电视、智能汽车、可穿戴设备等，是一款“面向未来”的操作系统。

3. Windows 操作系统

虽然近年涌现了很多其他类型的操作系统，但微软公司的 Windows 操作系统作为个人计算机操作系统的开创者仍然在市场上占据着绝对地位。Windows 10 是目前个人计算机上安装较多的操作系统。

4. Linux 操作系统

Linux 是一种可自由发布的、多用户、多任务的优秀开源操作系统。其稳定性高、可扩展性强，在金融、电信、能源等关键性部门都得到了广泛应用。

5. Mac OS 系统

Mac OS 是一套运行于苹果 Macintosh 系列计算机上的操作系统，其用户界面能够使用多点触控操作，用户通过滑动、轻按、挤压、旋转来与系统进行交互。

6. 安卓（Android）操作系统

Android 是基于 Linux 内核的操作系统，是 Google 公司开发的手机、平板操作系统。Android 系统只包括一个操作系统内核，各厂家基于这个内核可以开发自己的 Android 操作界面。

5.2 Windows 10 的基本操作

5.2.1 桌面组成

Windows 10 桌面是整个操作系统的入口，是打开计算机并登录到系统后看到的主屏幕区域，与日常生活中的书桌有类似的功能。Windows 10 的桌面由桌面背景、桌面图标、“开始”按钮和任务栏等元素组成，如图 5-1 所示。

1. 桌面背景

桌面背景是用户看到的主要工作区域，是指这个工作区上的图片和颜色，好的桌面背景可以让用户的工作更轻松和愉悦，甚至可以减轻眼睛的负担。

2. 桌面图标

桌面图标可以自由放置，是系统或用户挑选出来的最常用的对象，它们是一些指向程序或文件夹的快捷方式，包括系统图标、应用程序快捷图标、文件或文件夹图标等。这些对象放置在桌面上是为了快速打开。

3. “开始”按钮

“开始”按钮在整个屏幕的左下角。单击此按钮打开“开始”菜单，如图 5-2 所示。“开始”菜单中集中了大部分系统已安装程序和功能的菜单，并对其进行了合理的组织和分类。通过“开始”菜单可以开始大部分的工作。

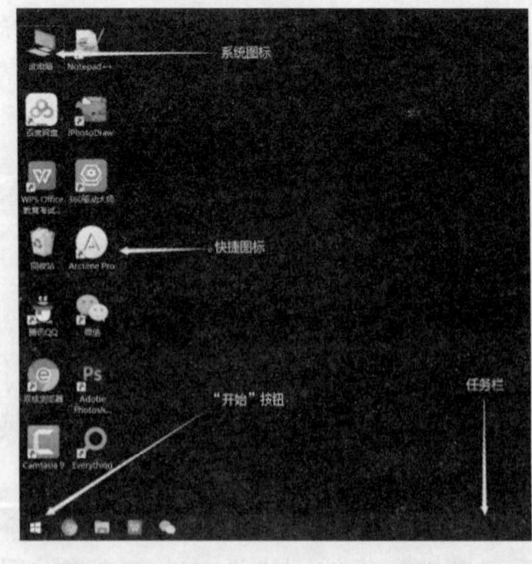

图 5-1 Windows 10 桌面

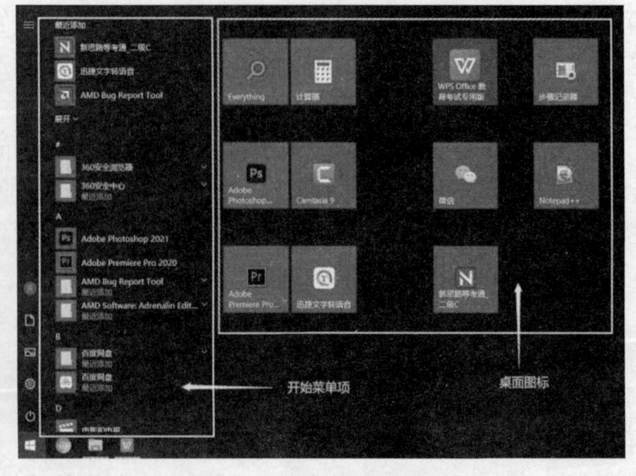

图 5-2 “开始”菜单及屏幕

4. 任务栏

任务栏是桌面最下面的一个长条，其上可以锁定应用程序，也会将当前运行的窗口以一个按钮的形式显示。任务栏锁定的应用程序图标将始终显示在任务栏的左边，单击任务栏锁定图标可以直接打开应用程序，相比其他启动方式更直观和便捷。

任务栏最右边是指示器（消息或通知）区域，其中的小图标是对后台活动程序的状态提示。指示器区域最右侧是“显示桌面”按钮，用于一次最小化所有已打开的窗口，快速回到桌面。

5.2.2 鼠标和键盘的操作

1. 鼠标的操作

常用的鼠标有 3 个按钮，左边的按钮称为左键，右边的按钮称为右键，中间的按钮很多情况下是一个滚轮，滚轮主要用来滚动翻页。最基本的鼠标操作方式有指向、单击、双击、拖动和右击。

（1）指向：指移动鼠标，将鼠标指针移到操作对象上。

（2）单击：指快速按下并释放鼠标左键。单击一般用于选定一个操作对象。

（3）双击：指连续两次快速按下并释放鼠标左键。双击一般用于打开窗口，启动应用程序。

（4）拖动：指按下鼠标左键，移动鼠标到指定位置后再释放按键的操作。拖动一般用于选择多个操作对象、复制或移动对象等，也可以用来拖动窗口。

（5）右击：指快速按下并释放鼠标右键。右击常用于打开一个与操作相关的快捷菜单。

2. 键盘的操作

在 Windows 10 中，可以使用组合键来快速完成一些常用的操作，常用的组合键如表 5-1 所示。

表 5-1　Windows 10 的常用组合键

类别	组合键	作用
常用操作	Win+E	打开“我的电脑”窗口
	Win+I	打开设置中心
	Win+P	打开“投影”的快捷操作
	Win+L	锁住计算机或切换用户
	Win+R	打开“运行”对话框
	Win+Shift+S	打开截图工具
文件及文件夹操作	Ctrl+Z	撤消
	Ctrl+F	查找
	Ctrl+D	删除，放入回收站
	Win+Delete	删除，放入回收站
	Shift+Delete	无须添加到回收站，直接永久删除
	Alt+F4	退出程序
输入法切换	Ctrl+Shift	切换输入法，同 Win+Space

续表

类别	组合键	作用
输入法切换	Shift	中英文切换
桌面及应用操作	Win+Ctrl+D	添加虚拟桌面
	Win+Ctrl+F4	关闭当前虚拟桌面
	Win+Ctrl+右键	切换虚拟桌面
	Win+D	显示桌面，第二次键击恢复桌面
	Win+Tab	打开“任务视图”
	Win+Q	打开应用搜索面板
	Win+T	在任务栏上切换应用
	Win+数字	打开数字对应的任务栏应用
	Alt+Tab	切换应用
窗口操作	Win+M	最小化所有窗口
	Win+上键	最大化窗口
	Win+左键	将窗口最大化到屏幕的左侧
	Win+右键	将窗口最大化到屏幕的右侧
	Win+下键	还原或最小化窗口

5.2.3 窗口操作

窗口是程序和用户之间的接口，用户通过窗口来使用应用程序和浏览计算机中的资源。窗口类型一般有应用程序窗口和资源管理器窗口两种。用户可以同时打开多个窗口，但任何时刻用户只能对一个窗口进行操作，正在进行操作的窗口称为当前窗口，其余已打开的窗口称为非当前窗口。

Windows 10 最基本的窗口操作有以下几种：

（1）打开窗口。

将鼠标指针移到要打开窗口的对象图标上，双击鼠标左键即可打开此窗口，也可右键单击图标，在弹出的快捷菜单中选择“打开”命令。

（2）移动窗口。

用鼠标指针拖动窗口标题栏，可把窗口移动到桌面的任意位置。

（3）改变窗口的大小。

将鼠标指针移到窗口的边框或边角上，鼠标指针变为双箭头，拖动鼠标即可改变窗口的大小。

（4）最大化/最小化/还原窗口。

最大化是将窗口充满整个屏幕，最小化是将窗口缩小为一个任务栏按钮，还原是将窗口还原为最大化之前的状态。当窗口最大化后，“最大化”按钮变为“还原”按钮。

（5）切换窗口。

对同时打开的多个窗口，通过切换来改变当前窗口或激活窗口。最简单的方法是鼠标移动到对应的应用程序的任务栏按钮，将弹出该任务小窗口，如图 5-3 所示，然后单击该小窗口即可完成该任务的切换。还可通过组合键 Alt+Tab 在所有打开的窗口中循环框选，如图 5-4 所示，然后在被框选的小窗口上松开组合键即可完成该任务的切换。

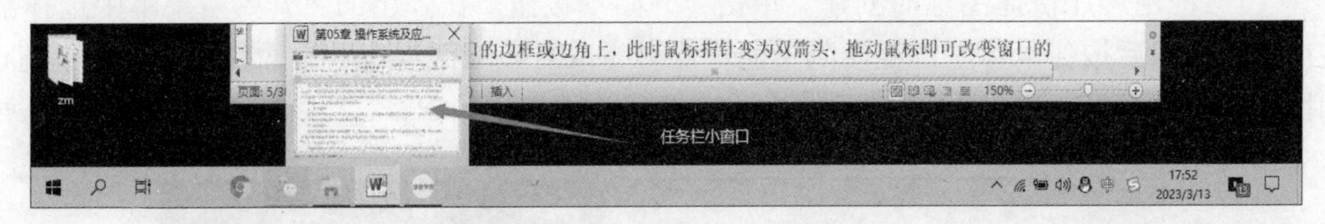

图 5-3　“任务栏小窗口”切换效果

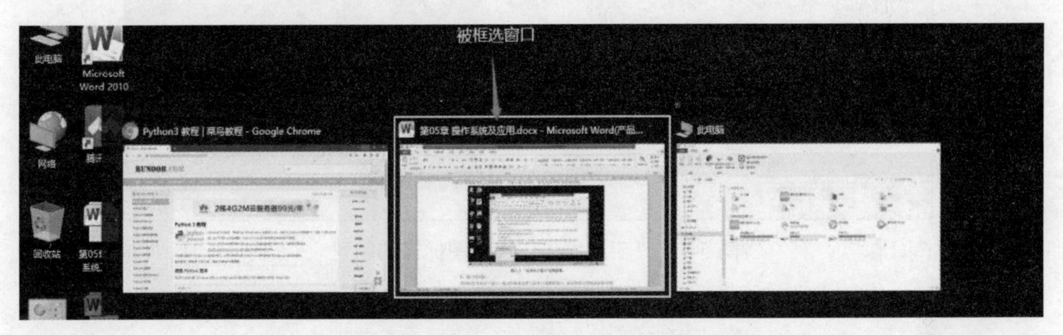

图 5-4　组合键“多任务窗口”循环切换效果

（6）多窗口布局管理。

在 Windows 10 中，当运行的程序窗口过多时，为了便于多个窗口的切换操作，需要进行多窗口布局管理。管理操作主要有分屏窗口和层叠并排窗口。

1）拖动分屏窗口。将鼠标移动到窗口标题栏的空白处，按住鼠标左键不放，然后将窗口拖动至屏幕左侧或右侧，当屏幕出现一个半透明的 1/2 屏预览框时松开鼠标，该窗口占据预览框，系统则自动实现 1/2 分屏。若将窗口拖动至屏幕左上角、左下角、右上角和右下角的 4 个区域时，当在角区域出现半透明的预览框时松开鼠标，系统能自动实现 1/4 分屏。

2）层叠并排窗口。如果应用任务超过 4 个，则可以对多个未最小化的窗口进行排列操作。右击任务栏的空白处，弹出有“层叠窗口”“堆叠显示窗口”“并排显示窗口”3 种排列方式的菜单，若选择“层叠窗口”，则将窗口按照打开的先后顺序依次排列在桌面上，并且每个窗口的标题栏都可见。

“并排显示窗口”是把窗口一个接一个水平排列，“堆叠显示窗口”是把窗口一个接一个垂直排列，并且使它们尽可能地充满整个屏幕，不存在重叠或覆盖现象。

（7）关闭窗口。

当某个应用程序执行完或暂时不需要时，可将此应用程序窗口关闭，方法是单击窗口右上角的“关闭”按钮、双击窗口左上角的控制菜单图标、选择下拉菜单中的“关闭”命令。

5.2.4　桌面操作

1. 快捷图标创建

快捷方式图标是指向具体文件或文件夹的一个“链接”图标，双击该图标，系统会顺着指向的链接地址找到相应的对象并打开。快捷方式并不是这些对象本身，删除快捷方式并不会删除它指向的对象，只是去掉了一个指向这个对象的链接而已。创建快捷图标的主要对象是应用程序、文件和文件夹。

（1）应用程序快捷图标的创建。单击“开始”按钮，在弹出的“开始”菜单中选择某应用程序，然后按住鼠标左键拖动到桌面，即可完成对该应用程序的桌面快捷图标的创建，如图 5-5 所示。

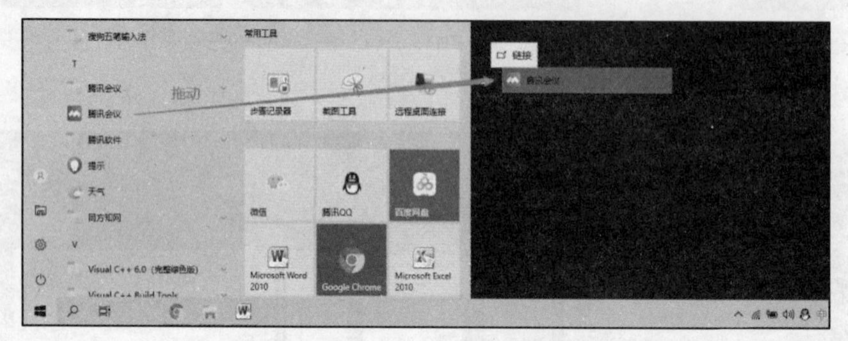

图 5-5 “应用程序”快捷图标拖动创建

也可以直接找到应用程序所在的文件夹，然后在程序图标上右击，在弹出的快捷菜单中选择“发送到”→“桌面快捷方式”选项来完成该应用程序桌面快捷图标的创建。

（2）文件或文件夹桌面快捷图标的创建。在“文件资源管理器”中找到文件或文件夹，然后按 Alt 键，将文件或文件夹拖放到桌面上即可创建该文件或文件夹的桌面快捷图标。也可通过右键单击文件或文件夹选择“发送到”来完成创建。

2. 图标排列布局

在使用 Windows 10 的过程中，经常会遇到桌面图标过多且摆放十分凌乱，给查找对象带来不便的情况，这时可以通过自动排列功能来完成桌面图标的自动布局，操作步骤如下：在桌面的空白处右击，在弹出的快捷菜单中选择“查看”，然后勾选“自动排列图标”选项，桌面图标将自动排序整齐，如图 5-6 所示。也可以在桌面的右键快捷菜单中选择“排序方式”，然后选择按照时间、大小、名称、类型等对桌面图标进行一次排序。

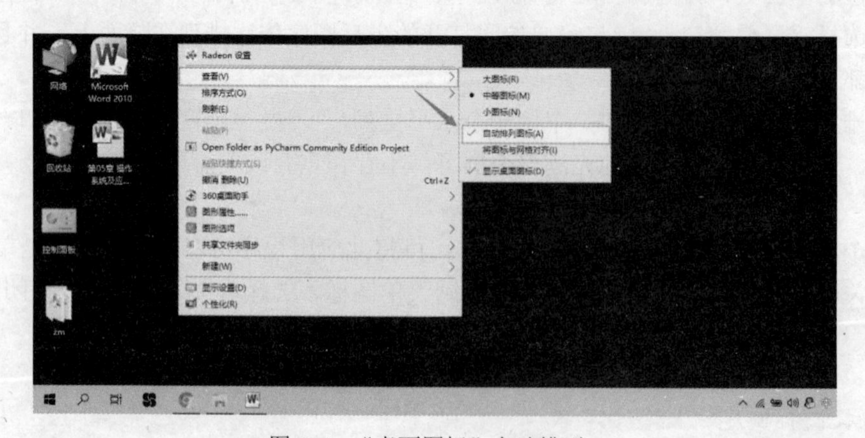

图 5-6 “桌面图标”自动排列

5.2.5　中文输入法的使用

Windows 10 中文版操作系统提供了多种内置中文输入法，如全拼、双拼、智能 ABC、微软拼音等。用户也可能下载并安装了自己熟悉的其他中文输入法，如搜狗五笔、搜狗拼音、万能五笔等。

用户在使用计算机进行文字输入时，会弹出一个由多个按钮组成的“输入法”用户界面，如图 5-7 所示。在这里，用户经常会需要进行输入法及其各功能按钮的切换操作。

（1）中/英文切换按钮：单击该按钮实现英文和中文输入状态的切换（快捷键是 Ctrl+Space）。

（2）全角/半角切换按钮：单击该按钮实现全角/半角切换（快捷键是 Shift+Space）。

（3）中/英文标点切换按钮：单击该按钮实现中英文标点切换（快捷键是 Ctrl+圆点）。

（4）软键盘按钮：单击该按钮实现打开或关闭系统中的软键盘。

特殊符号的输入操作：在软键盘按钮上右击，可弹出如图 5-8 所示的软键盘菜单，在其中选择“特殊符号”选项，将弹出“特殊符号”输入界面，如图 5-9 所示，在该界面中即可完成特殊符号的输入。

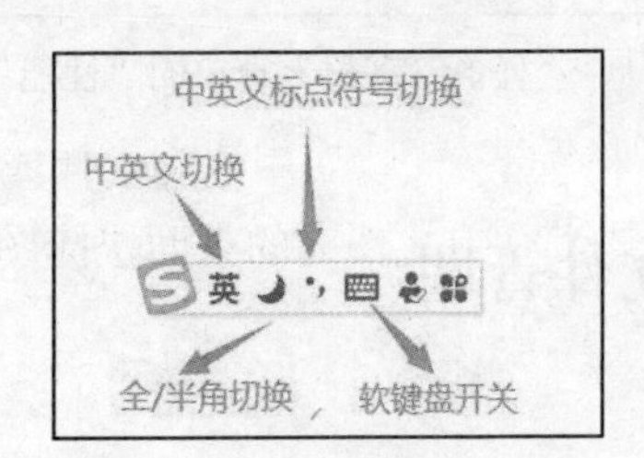

图 5-7　“输入法”用户界面

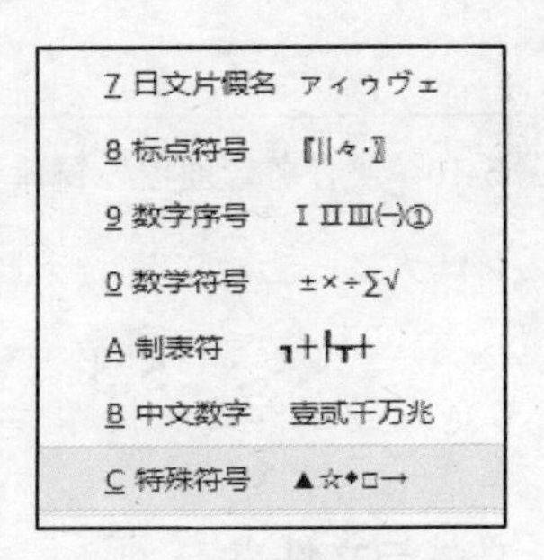

图 5-8　“软键盘”菜单

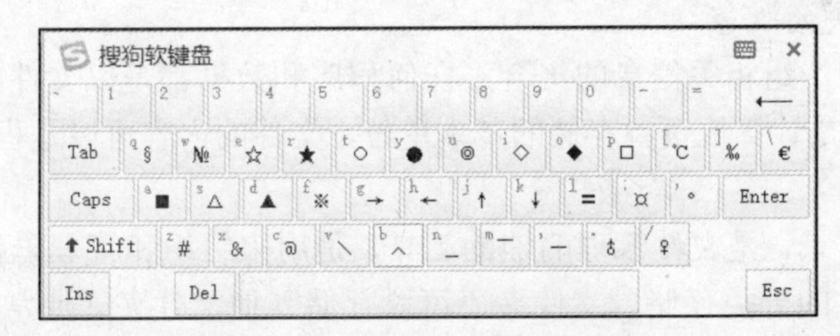

图 5-9　“特殊符号”输入界面

5.2.6　任务管理器

在使用 Windows 10 的过程中，经常会遇到某个应用程序死掉或者没有响应，而使用鼠标操作却无法关闭程序的情况，这时用户可以通过 Windows 10 自带的“任务管理器”软件对程序进行强制关闭，具体操作步骤如下：

（1）启动“任务管理器”。右击“任务栏”，在弹出的快捷菜单中选择“任务管理器”选项，即可打开“任务管理器”窗口，如图 5-10 所示。也可以使用组合键 Ctrl+Shift+Esc 启动打开。

（2）终止用户进程。在“任务管理器”窗口中，选择“进程”选项卡，单击要终止的进程，再单击“结束任务”按钮即可终止进程。注意，终止进程时一定要小心，结束的是应用程序进程时有可能丢失未保存的数据，结束的是系统服务进程时有可能造成系统的某些部分无法正常工作。

（3）查看任务实时使用情况。在“任务管理器”窗口中，选择“性能”选项卡，在这里用户可以查看 CPU、内存、磁盘、Wi-Fi 等的实时使用情况，如图 5-11 所示。

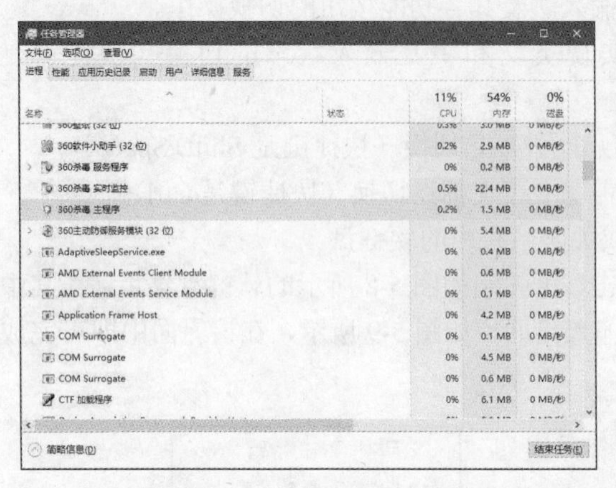

图 5-10 “任务管理器”窗口

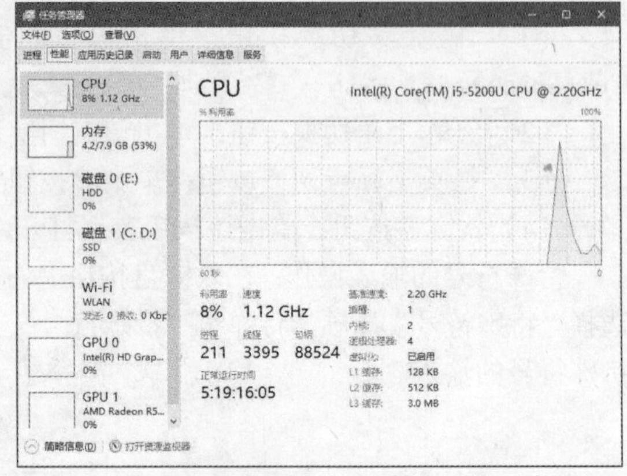

图 5-11 “任务管理器”窗口的“性能”选项卡

5.3 Windows 10 文件管理

5.3.1 文件与文件夹

1. 文件和文件夹的概念

文件是有名称的一组相关信息的集合，任何程序和数据都是以文件的形式存放在计算机的外存储器上。文件是计算机资源存储的基本单位，文件的内容可以是程序、文档、数据、图片、视频等。

文件夹也称为目录，是文件管理的辅助工具，是用来组织和管理磁盘文件的一种数据结构，主要用于对文件的分类存储。文件夹还可以存储其他文件夹（通常称为“子文件夹”）。文件夹可以创建任意数量的子文件夹，每个子文件夹中又可以容纳任意数量的文件和其他子文件夹。

2. 文件及文件夹的命名规则

任何一个文件或文件夹都有名字，文件系统实行“按名存取”。文件或文件夹可以使用长达 255 个字符的文件名或文件夹名，其中可以包含空格。具体命名规则如下：

（1）文件或文件夹名字最多可达 255 个字符。

（2）扩展名允许使用多个分隔符，如 Reports.Sales.Djg.Apri.Docx。

（3）文件名中除第一个字符外，其他位置均可使用空格符。

（4）命名时不区分大小写，如 MYFAX 和 myfax 是同一个文件名。

（5）文件或文件夹名可以使用汉字。

（6）不可使用的字符有？、*、\、/、:、"、|、<、>。

3. 常见的文件类型

文件是有类型的，是按照它所包含的信息的类型来分类的，通过扩展名来区分文件的类型。不同类型的文件扩展名不同，而文件夹是没有扩展名的。常见的文件类型有以下几种：

（1）程序文件：程序编制人员编制出的可执行文件，扩展名为.com 和.exe。

（2）支持文件：程序所需的辅助文件，不能直接执行或启动，扩展名为.ovl、.sys 和.dll。

（3）文本文件：由一些字处理软件生成的文件，内容是可以阅读的文本，如.txt 文件。

（4）图像文件：由图像处理程序生成的文件，内容为图片信息，如.bmp 文件和.gif 文件等。

（5）多媒体文件：包含数字形式的声频和视频信息，如.mid 文件和.avi 文件等。

（6）字体文件：存储在 Font 文件夹中，如.ttf 和.fon（位图字体文件）等。

扩展名为.bmp 的文件通过“画图”程序可以生成，扩展名为.docx 的文件通过文字处理软件 Word 可以生成，扩展名为.xlsx 的文件通过表格处理软件 Excel 可以生成，扩展名为.pptx 的文件通过幻灯片制作软件 PowerPoint 可以生成。

4. 文件资源管理器

“文件资源管理器”是 Windows 10 操作系统用来浏览文件和文件夹的管理应用程序。它提供了一个图形窗口界面，供用户更清楚、更直观地对存储在计算机中的文件和文件夹进行浏览和访问。打开“文件资源管理器”窗口（图 5-12）的操作是：单击“开始”按钮，然后在“开始”菜单的右侧区域选择“文件资源管理器”选项；或者使用 Win+E 组合键打开。

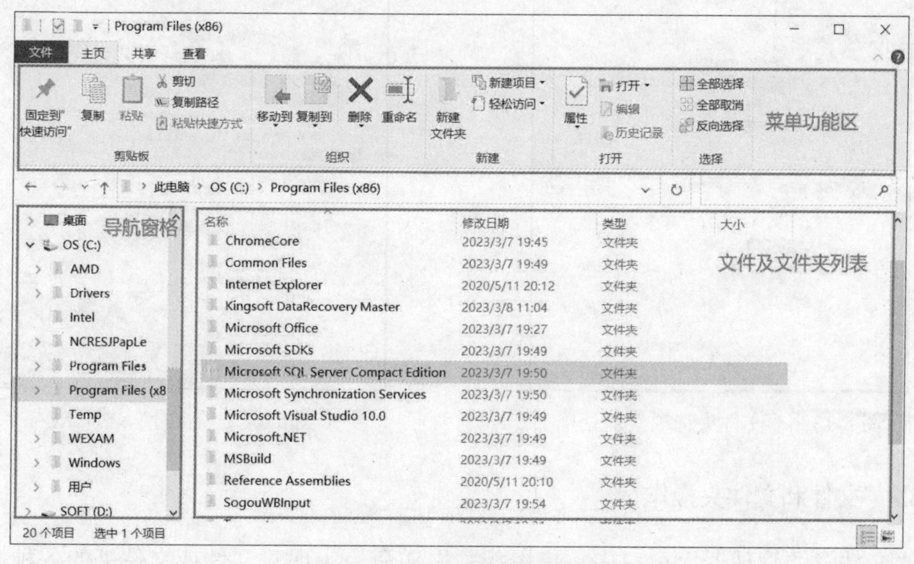

图 5-12　“文件资源管理器”窗口

（1）管理器功能区：位于窗口的顶部，提供了文件资源管理器的主要操作和设置选项。

（2）导航窗格：占据窗口的左侧区域，显示文档、图片库及存储设备中的文件夹列表，方便用户快速导航定位到文件及文件所属的驱动器或文件夹。

（3）文件列表：占据窗口的大部分区域，显示当前文件夹中的所有文件和文件夹。

除了上述界面元素外，“文件资源管理器”窗口还可能包含其他元素，如地址栏、状态栏、搜索栏等。这些元素的位置和功能可能因个人设置的不同而有所变化。

5. 文件或文件夹的路径

文件或文件夹是以树形的结构组织在计算机中的，其存放位置可以用路径来表示。路径的表示方法有两种：一种是采用绝对路径表示，即从逻辑盘符开始到文件所在的文件夹，其中父子目录之间用分隔符“\”分开，例如 C:\Program Files\Microsoft Office；另一种是采用相对路径表示，即当前目录开始到文件所在的文件夹，当前目录一般用“..”表示，例如..\ Microsoft Office\Office14。

6. “文件夹选项”设置

“文件夹选项”是 Windows 系统中非常重要的一个功能，在这里能对计算机内的文件及文件夹进行各种各样的设置。用户可以使用它实现隐藏属性的文件或文件夹的隐藏或显示、已知文件类型的扩展名的隐藏或显示的设置，具体操作步骤如下：

（1）打开“文件资源管理器”窗口，然后单击“查看”菜单。

（2）在功能区中单击“选项”图标，弹出“文件夹选项”对话框，如图 5-13 所示。

（3）选择“查看”选项卡，在其中进行相应的设置，如图 5-14 所示。

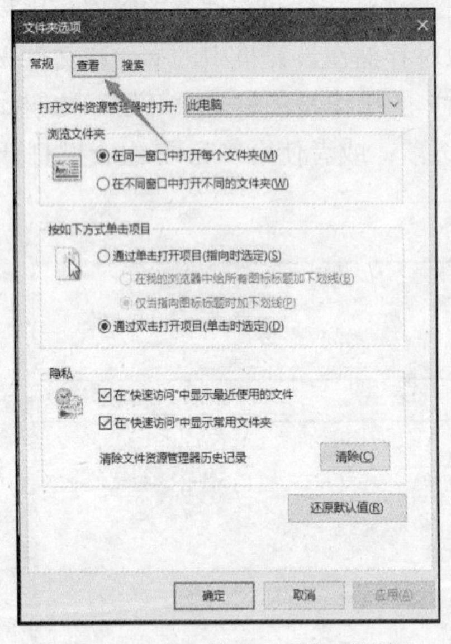

图 5-13 “文件夹选项”对话框

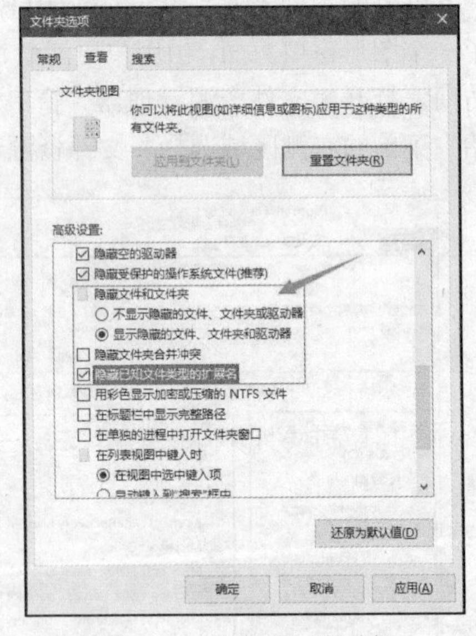

图 5-14 “查看”选项卡

5.3.2 文件和文件夹操作

在“文件资源管理器”窗口中，使用相关操作命令实现对文件或文件夹的各种操作，相关操作命令的获取一般有以下 3 种途径：

（1）单击“主页”菜单，选择功能区中的相关操作命令。

（2）右击操作对象，在弹出的快捷菜单中选择相关操作命令。

（3）使用相关操作命令的组合键。

1. 选取对象

在做任何操作之前，首先要选定对象，然后再根据需要完成相应的操作。

（1）单选：单击要选定的文件即可。

（2）连续多选：单击第一个要选定的文件，然后按住 Shift 键再单击最后一个要选择的文件；鼠标拖动形成虚框，选取在框内的所有对象。

（3）非连续多选：按住 Ctrl 键，用鼠标单击每个要选定的文件。

（4）全选：按 Ctrl+A 组合键或单击“组织”菜单中的“全选”命令。

（5）取消选定：对所选对象，只要重新选定其他对象或在空白处单击鼠标左键即可取消全部选定；若要取消部分选定，只要按住 Ctrl 键，再用鼠标单击每一个要取消的对象即可。

2. 新建文件或文件夹

新建的对象可以是文件或文件夹。新建的操作步骤如下：

（1）打开要新建对象的地址，可以是已有文件夹或磁盘根目录。

（2）使用“新建”命令新建文件或文件夹。

（3）输入文件或文件夹的名称。

3. 重命名

文件的重命名主要是对文件的主文件名进行更改，而对扩展名的更改要非常慎重，随意更改扩展名将可能导致文件不能被识别和使用，所以在用户更改扩展名时系统会给出警告。操作步骤如下：

（1）选取要重命名的对象。

（2）右击并选择“重命名”命令，对象名处于可编辑状态。

（3）编辑新的对象名称。

4. 复制和移动

复制操作是产生一个对象的副本，移动操作是改变对象的存储位置，它们的操作步骤如下：

（1）选取要复制或移动的对象。

（2）执行复制或剪切命令。

（3）打开目的地文件夹。

（4）执行粘贴操作。

5. 查看或修改文件或文件夹的属性

若要查看或修改文件或文件夹的属性，则需打开“文件属性”对话框。在这里，可以查看该文件的类型、打开方式、位置、大小、创建时间、修改时间及访问时间，也可以对属性进行修改，而“只读文件”属性表示不可以被修改和删除，“隐藏文件”属性表示可以被改变但不显示。查看或修改文件或文件夹属性的步骤如下：

（1）选中要查看或修改属性的对象。

（2）右击并选择“属性”命令，弹出“属性”对话框。

（3）在其中查看或修改属性。

6. 删除文件或文件夹

回收站是一个特殊的文件夹，用于存放被删除的对象。回收站中的对象可以随时恢复，但在回收站中再次删除的对象将被永久删除。因此，删除被分为逻辑删除和物理删除，在逻辑删除之后还可进行还原操作。

（1）逻辑删除：选中要逻辑删除的对象，右击并选择“删除”命令。

（2）物理删除：打开“回收站”文件夹并选中要物理删除的对象，右击并选择“删除”命令。

（3）还原：打开“回收站”文件夹并选中其中要还原的对象，右击并选择“还原”命令。

7. 文件或文件夹的搜索

由于现在的操作系统和软件越来越庞大，用户常常会忘记文件和文件夹的具体位置。利用 Windows 10 提供的搜索功能，不仅可根据名称和位置查找，还可以根据创建和修改日期、作者名称、文件内容等各种线索找出所需要的文件，还可以使用通配符进行模糊搜索。其中，通配符“*”代表任意多个字符，通配符“？”代表任意一个字符。

（1）使用通配符“*”查找文件。在搜索框中输入“t*a.txt”，表示搜索以字母 t 开头中间可以是任意多个字符结尾为字母 a 且类型为 txt 的文件，如图 5-15 所示。

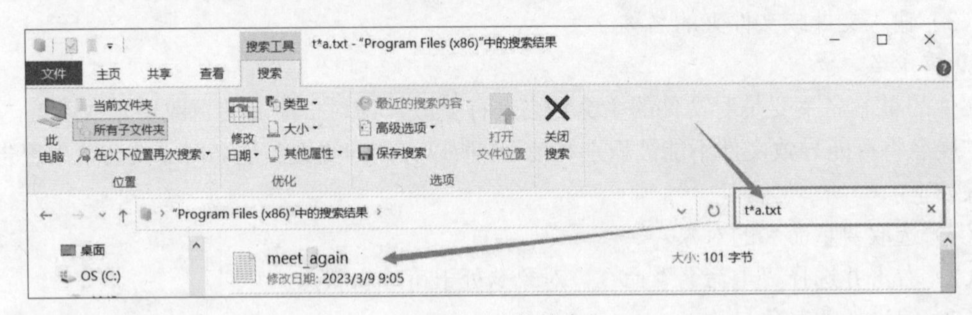

图 5-15 文件搜索

（2）使用通配符“？”查找文件。如图 5-16 所示，在搜索框中输入“t? a.txt”，表示搜索以字母 t 开头中间只能是一个任意字符结尾为字母 a 且类型为 txt 的文件。

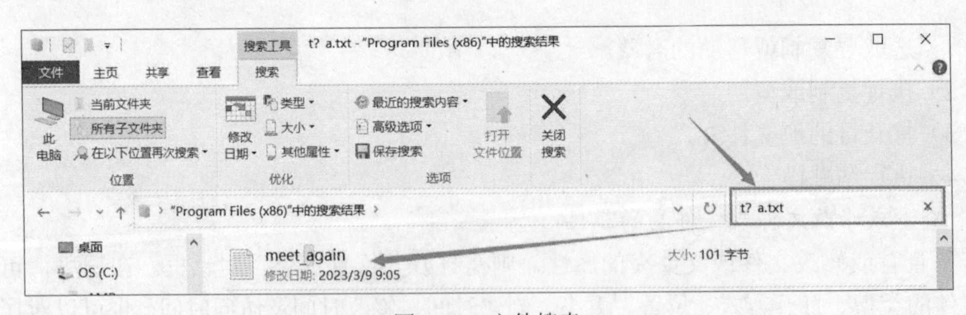

图 5-16 文件搜索

5.4 Windows 10 系统设置

5.4.1 显示设置

在 Windows 10 中，可以通过对显示器的属性设置来达到最佳的显示效果。主要设置包括显示器分辨率设置、显示大小设置和刷新频率设置等。具体操作如下：在桌面空白处右击并选择“显示设置”选项，打开“显示设置”界面，在其中可完成如下设置：

（1）显示器分辨率设置。单击左侧的“显示”，在右侧的“显示分辨率”列表中选择不同的显示器分辨率，最大值会因显示器的不同而有所不同，如图 5-17 所示。

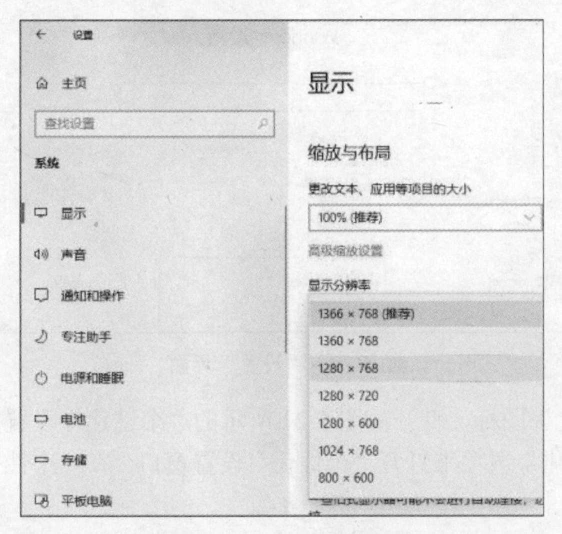

图 5-17　分辨率设置界面

（2）刷新频率设置。打开“高级显示设置”对话框，在其中可以设定屏幕的刷新频率，如图 5-18 所示。

（3）显示大小设置。单击左侧的“显示”，在右侧的“更改文本、应用等项目大小”列表中可以选择设置项目的显示大小，如图 5-19 所示。

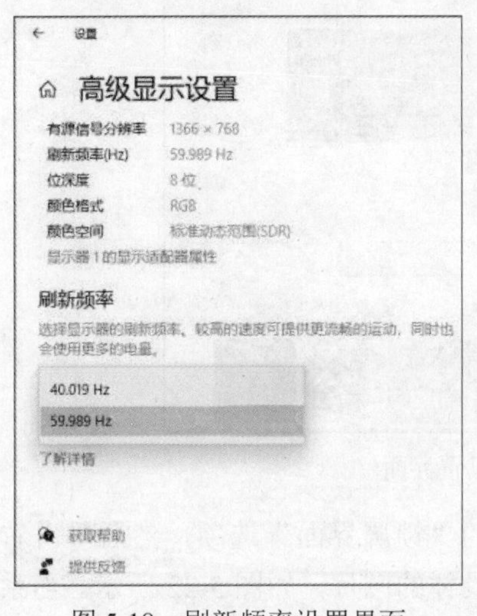

图 5-18　刷新频率设置界面

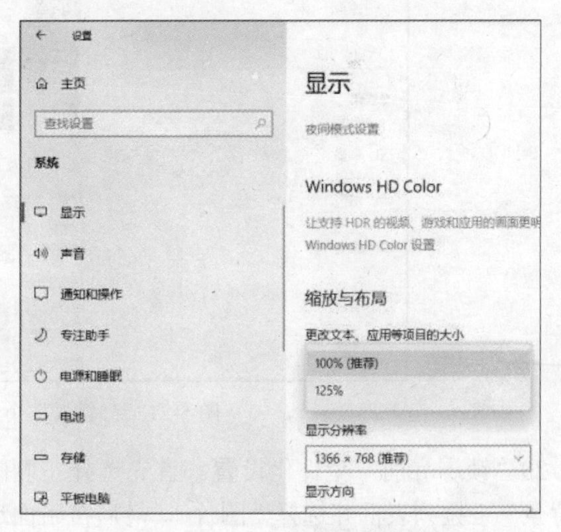

图 5-19　显示大小设置界面

5.4.2　个性化设置

用户可以根据自己的爱好通过更改计算机的视觉效果来实现个性化设置。主要的个性化设置有“背景”“颜色”“锁屏界面”和“主题”等。具体操作步骤如下：

（1）单击“开始”按钮，在弹出的“开始”菜单中选择“设置”选项，打开如图 5-20 所示的“设置”界面。

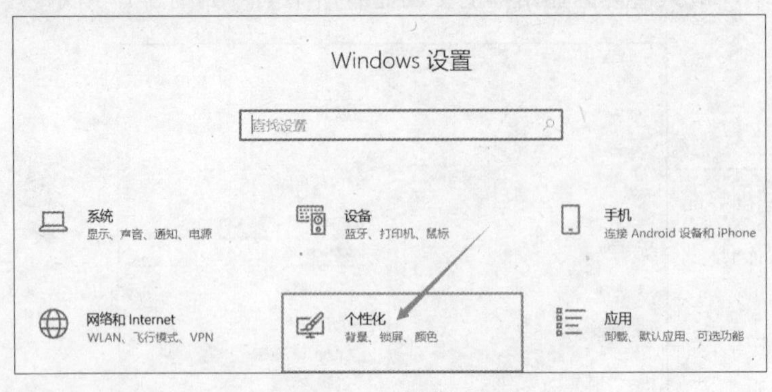

图 5-20 “设置”界面

（2）选择“个性化”图标，打开如图 5-21 所示的“个性化”设置窗口。也可以在桌面空白处右击并选择“个性化”选项来打开“个性化”设置窗口。在“个性化”设置窗口中完成相关的个性化设置。

1）“背景”个性化设置。首先选择左侧区域的“背景”选项，然后单击右边的“背景”下拉列表框并选择“图片”或“纯色背景”，最后在下面选择具体的图片或颜色，同时可以设置适合的契合度（契合度相当于图片的填充样式），如图 5-21 所示。

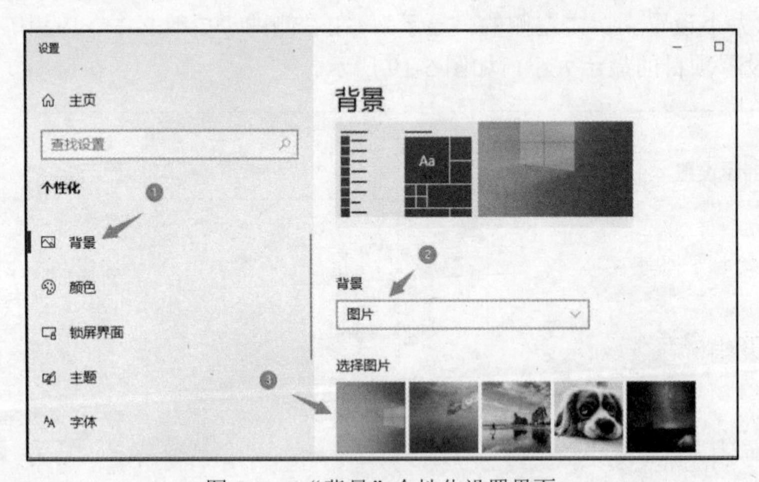

图 5-21 “背景”个性化设置界面

2）“锁屏界面”个性化设置。首先选择左侧区域的“锁屏界面”选项，然后单击右边的“背景”下拉列表框并选择“图片”，最后在下面选择具体的图片，如图 5-22 所示。当系统锁屏时，此图片将作为锁屏界面。

3）“主题”个性化设置。首先选择左侧区域的“主题”选项，然后在右边的“主题”列表区域中选择一种主题，这样该主题包含的“背景”“颜色”“鼠标”及“声音”等效果将运用到系统中，如图 5-23 所示。另外，这些项也可以在当前主题的基础上分别进行更改设置。

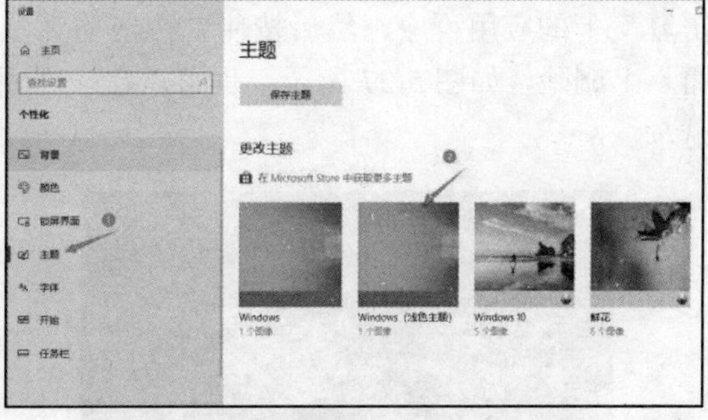

图 5-22　“锁屏界面”个性化设置界面　　　　图 5-23　“主题”个性化设置界面

在学习或工作中，用户通过个性化设置更改了计算机桌面，但在用了一段时间之后觉得不太顺手，还是觉得传统的桌面用起来更舒服，这时就可以返回到传统桌面。返回传统桌面的具体操作如下：选择左侧区域的“主题”选项，拖动鼠标到图 5-24 所示的操作界面，在这里单击“桌面图标设置”选项，将弹出如图 5-25 所示的“桌面图标设置”对话框，在其中选择需要在桌面上显示的图标，取消对“允许主题更改桌面图标”复选项的勾选，再单击“确定”按钮。

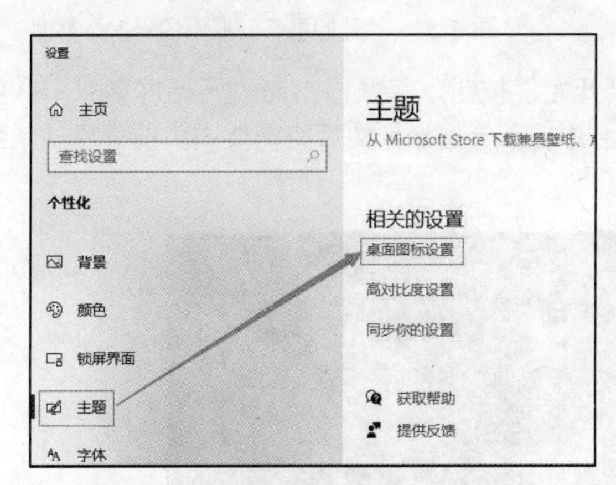

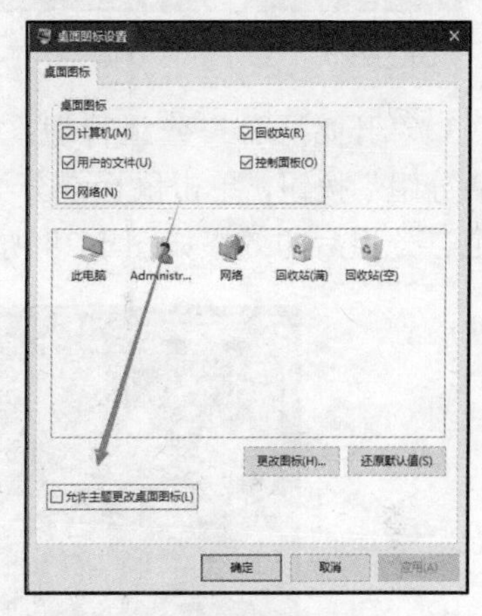

图 5-24　“桌面图标设置”操作界面　　　　图 5-25　“桌面图标设置”对话框

5.4.3　“开始屏幕”设置

在使用 Windows 10 的过程中，可能经常会遇到因为桌面内容太多，查找应用程序图标非常困难的情况。Windows 10 提供了“开始屏幕”功能，用户可以将经常使用的应用程序固定到“开始屏幕”上，并对“开始屏幕”中的应用程序进行分组管理。这样既方便了用户快速查找应用程序，也减少了桌面图标数量。具体操作步骤如下：

（1）“开始屏幕”固定。单击“开始”按钮，在弹出的“开始”菜单中选择要放到“开始屏幕”上的应用程序，然后按住鼠标拖动到右边的“开始屏幕”，该应用程序即固定到了“开始屏幕”上，如图 5-26 所示；也可以在应用程序上右击并选择“固定到‘开始’屏幕”选项。

（2）“开始屏幕”取消固定。单击“开始”按钮，在弹出的“开始”菜单中选择“开始屏幕”上的应用程序，然后按住鼠标拖动到左边的“开始菜单”，该应用程序将从“开始屏幕”上删除，如图 5-27 所示；也可以在应用程序上右击并选择“从‘开始’屏幕取消固定”选项。

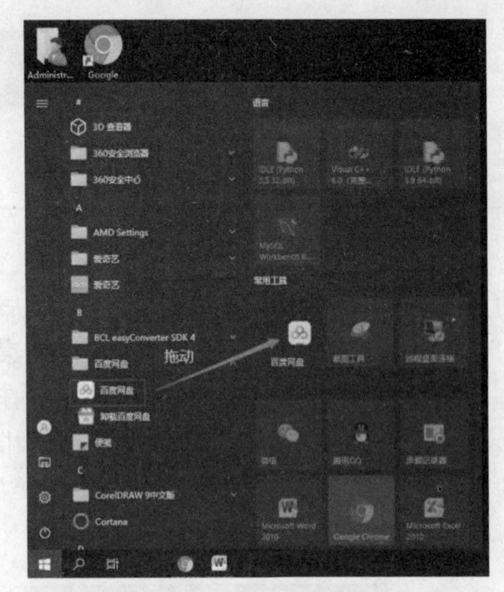

图 5-26 “开始屏幕”固定操作界面

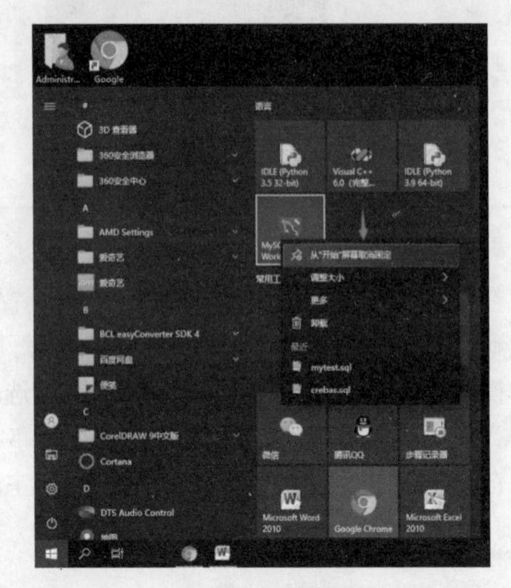

图 5-27 “开始屏幕”取消固定操作界面

（3）“开始屏幕”分组管理。单击“开始”按钮，将鼠标指向“开始屏幕”中右侧的“激活分组”按钮，单击鼠标在分类重命名中输入分组名，然后将需要归类的程序拖动到相应的组。分组后的效果如图 5-28 所示。

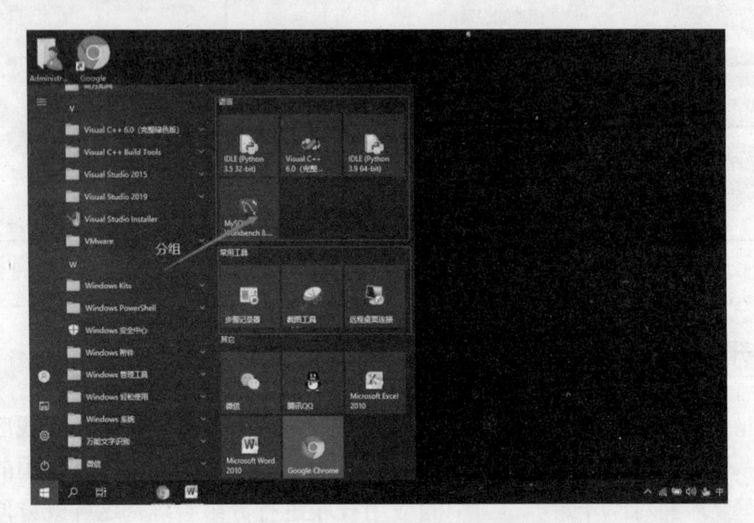

图 5-28 “开始屏幕”分组效果

5.4.4 字体安装

在对文档文字进行字体设置时，除了可以使用 Windows 10 操作系统字体库中的默认字体外，用户还可以根据需要通过下载并安装系统中没有的新字体来设置。

（1）字体下载。在网上搜索自己喜欢的字体并下载，图 5-29 所示为“字体”下载界面。

图 5-29　“字体”下载界面

（2）打开 Windows 10 的“字体库”文件夹。打开“此电脑”窗口，单击“本地磁盘 C: 盘”，进入 Windows 文件夹，再进入 Fonts 文件夹，将看到系统已有的所有字体文件，如图 5-30 所示。

图 5-30　Fonts（字体）文件夹

（3）将下载的字体文件复制到 Fonts 文件夹中就完成了新字体的安装。复制安装过程界面如图 5-31 所示。

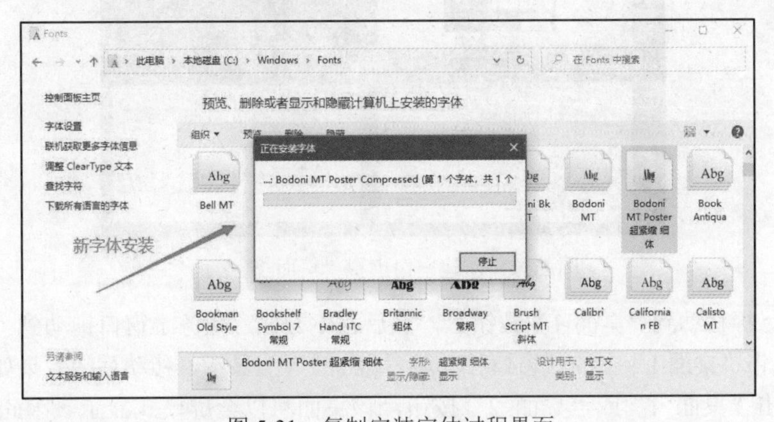

图 5-31　复制安装字体过程界面

5.4.5 虚拟桌面设置

由于工作需要开启了很多个程序窗口，致使窗口显示杂乱无章或窗口内容对比不便，但又没有多余的显示器时，用户可以通过 Windows 10 提供的虚拟桌面功能将桌面上的众多窗口设置整理到多个虚拟桌面上。

（1）在任务栏中单击“任务视图”按钮，进入“任务视图”界面，如图 5-32 所示，其中以小窗口的形式显示所有当前已打开的程序窗口。

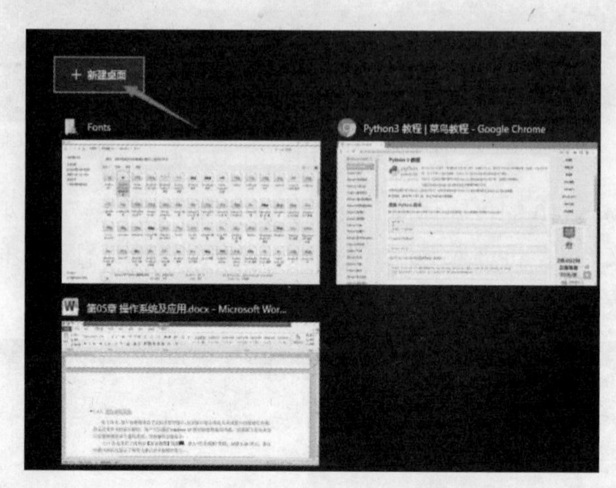

图 5-32 “任务视图”界面

（2）单击“新键桌面”按钮，将新建一个默认名为“桌面 2”的空白虚拟桌面，如图 5-33 所示。

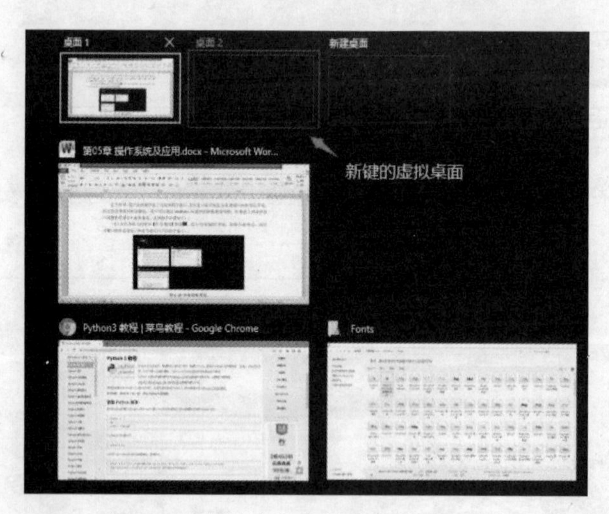

图 5-33 新建空白虚拟“桌面 2”界面

（3）将鼠标移动到“桌面 1”按钮上，然后将下方任意任务小窗口拖动到“桌面 2”按钮上，即可完成将“桌面 1”上的该窗口移动到“桌面 2”上显示，移动后的效果如图 5-34 所示。

（4）单击“桌面 1”或“桌面 2”按钮，该桌面将以全屏模式显示。因此，该操作可实现多个桌面的切换显示，方便内容的对比。

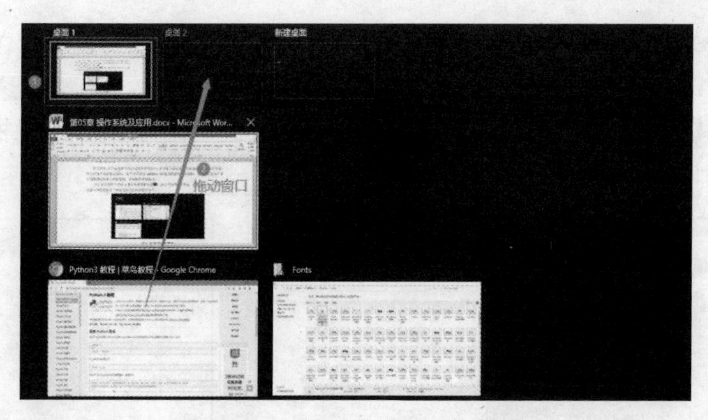

图 5-34　“窗口桌面移动”效果

5.5　Windows 10 实用工具介绍

5.5.1　计算器

计算器在日常工作和学习中都是比较常用的，Windows 10 提供了功能强大的计算器功能，用户可以根据应用需求选择不同的计算模式。

（1）标准型模式：用于基本数学计算。

（2）科学型模式：用于高级计算。

（3）程序员模式：用于进制转换与计算。

（4）日期计算模式：用于日期的处理。

（5）转换器模式：用于测量单位的转换。

现在以进制转换为例介绍具体操作步骤。

（1）单击“开始”按钮，选择“计算器”选项打开如图 5-35 所示的“计算器”窗口。

（2）单击“打开导航”按钮，打开“计算模式”选择列表，如图 5-36 所示。

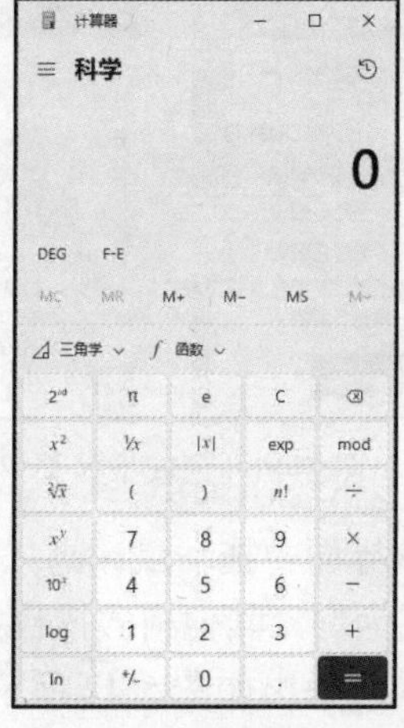

图 5-35　“计算器”窗口

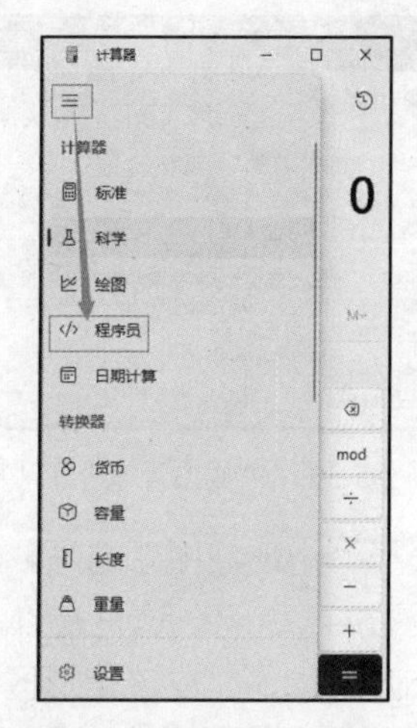

图 5-36　“计算模式”选择列表

（3）选择“程序员”模式，将打开如图 5-37 所示的“程序员”模式窗口。其中，HEX 表示十六进制，DEC 表示十进制，OCT 表示八进制，BIN 表示二进制。在这里选择 DEC，输入十进制 247，其他进制将等值转换显示出来，如图 5-38 所示。用户可以根据需求在该界面中完成各进制的计算操作。

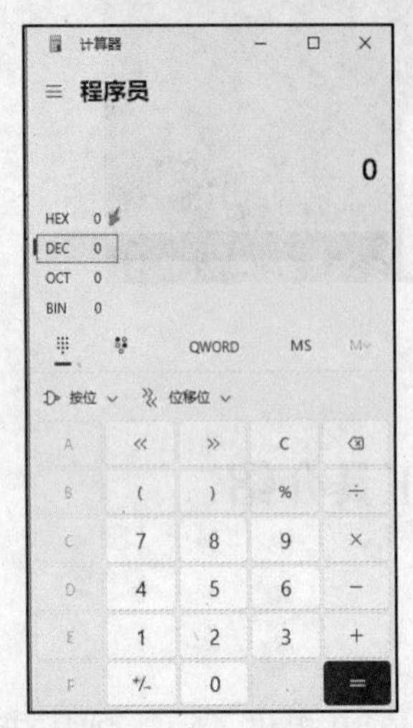

图 5-37 “程序员模式”窗口

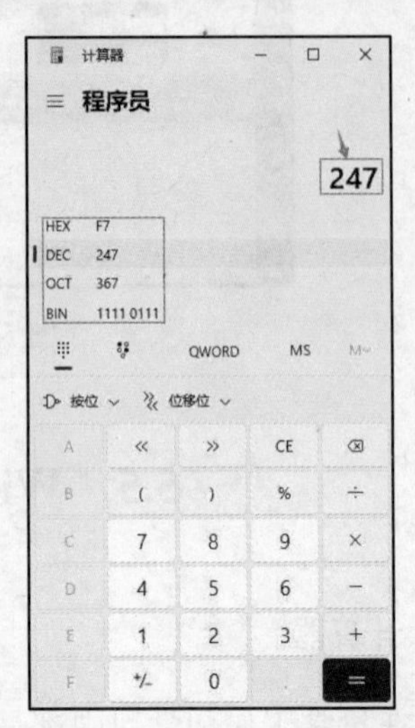

图 5-38 “进制转换”结果界面

5.5.2 截图工具

在使用计算机的过程，经常会需要对 Windows 系统的图形界面进行全部或局部截图，Windows 10 提供了一个非常方便且实用的截图工具。

（1）单击“开始”按钮，在弹出的菜单中选择“Windows 附件”→“截图工具”选项，打开如图 5-39 所示的“截图工具”窗口。

（2）在其中单击“模式”下拉按钮，将弹出如图 5-40 所示的模式下拉菜单，其中有任意格式截图、矩形截图、窗口截图和全屏幕截图 4 种模式。

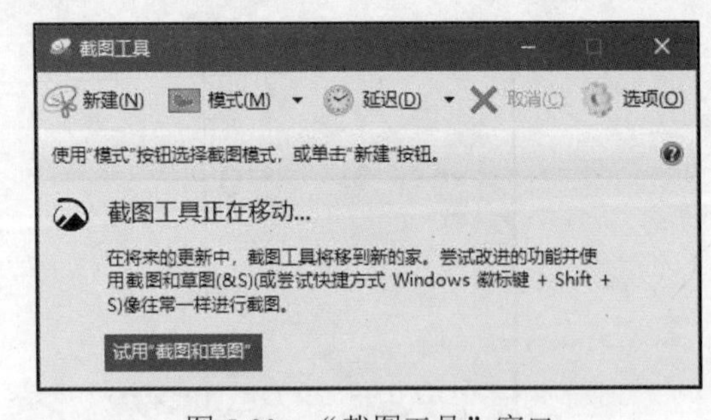

图 5-39 “截图工具”窗口

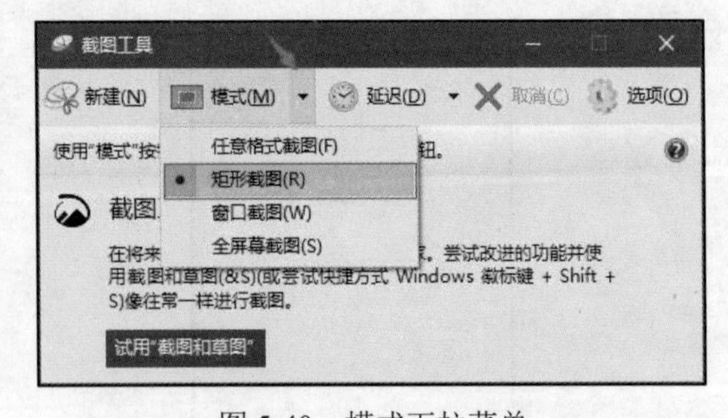

图 5-40 模式下拉菜单

（3）选择“矩形截图”选项，将出现截图界面，在该界面中拖动鼠标画任意矩形框选截图区域，如图 5-41 所示。这里是以“矩形截图”模式截图为例，其他模式操作类似。

（4）松开鼠标，完成该矩形区域的图形截图操作，同时弹出如图 5-42 所示的结果窗口。根据需要用户可以单击“保存”按钮把截取的图片保存到计算机中，也可以直接粘贴到其他应用程序中。另外，该“矩形截图”可直接使用组合快捷键“win+shift+S”完成剪贴板截图。

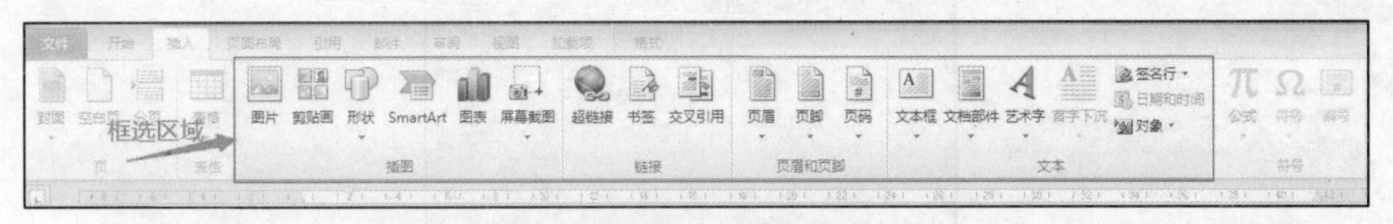

图 5-41　“矩形截图”操作界面

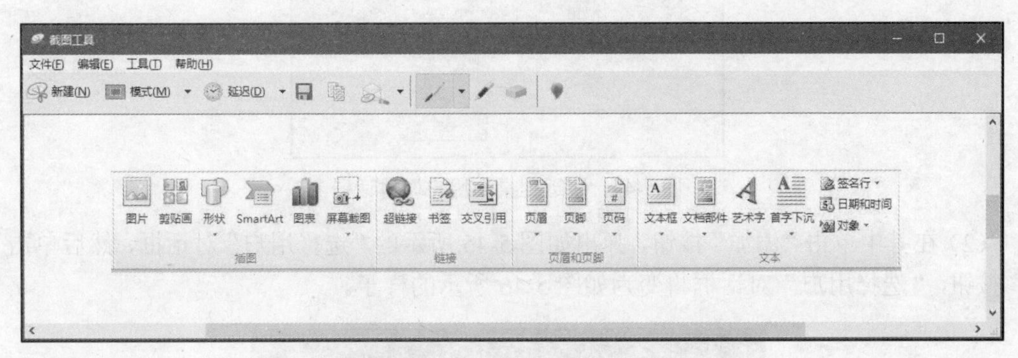

图 5-42　“矩形截图”结果窗口

5.5.3　远程桌面

若需要在异地访问自己计算机上的资源，则可以通过 Windows 10 内置的远程桌面功能实现。远程桌面功能默认是关闭的，因此需要进行一些设置才能使用它。

1. *启动远程桌面功能*

在要允许远程连接的计算机上单击“开始”按钮，在弹出的菜单中选择“设置”选项，打开“设置”窗口，在其中单击“系统”选项，然后选择“远程桌面”，再在右侧区域将“启动远程桌面”的开关打开，如图 5-43 所示。

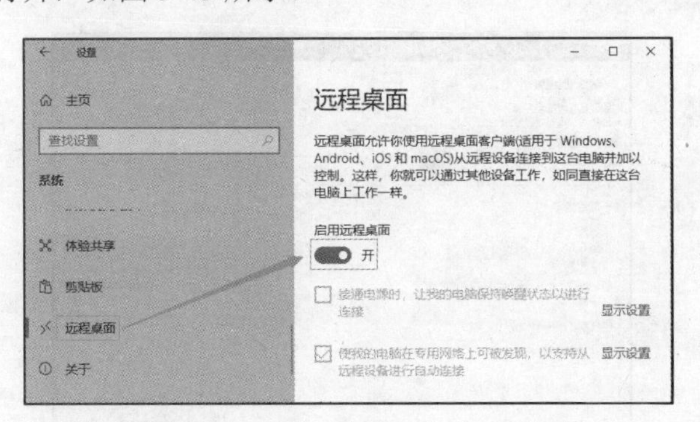

图 5-43　“启动远程桌面”设置界面

2. *添加远程桌面权限用户*

只有在允许的用户列表中的用户才能连接到该计算机。添加远程桌面权限用户的操作步骤如下：

（1）在“远程桌面”界面的右侧区域中向下拖动鼠标选择“选择可远程访问这台电脑的用户”，弹出如图 5-44 所示的“远程桌面用户”对话框。

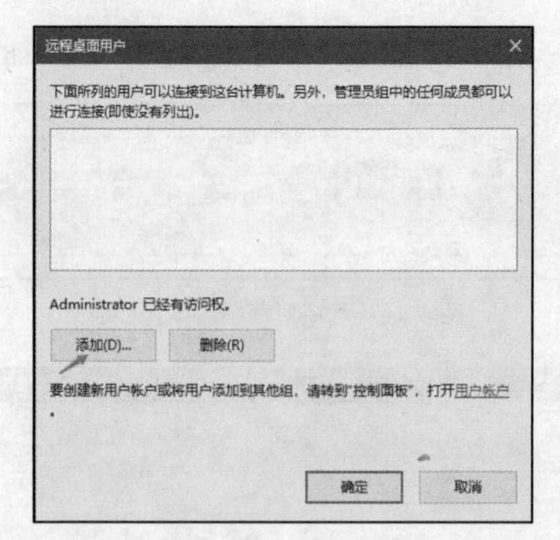

图 5-44 “远程桌面用户”对话框

（2）在其中单击“添加”按钮，弹出如图 5-45 所示的“选择用户”对话框，然后单击“高级”按钮，“选择用户”对话框将变为如图 5-46 所示的样子。

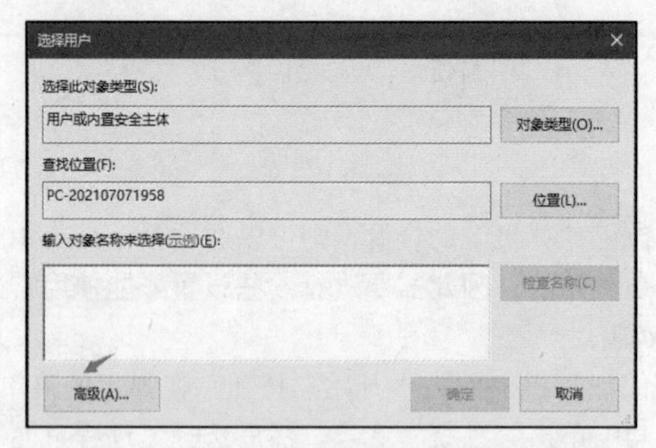

图 5-45 “选择用户”对话框

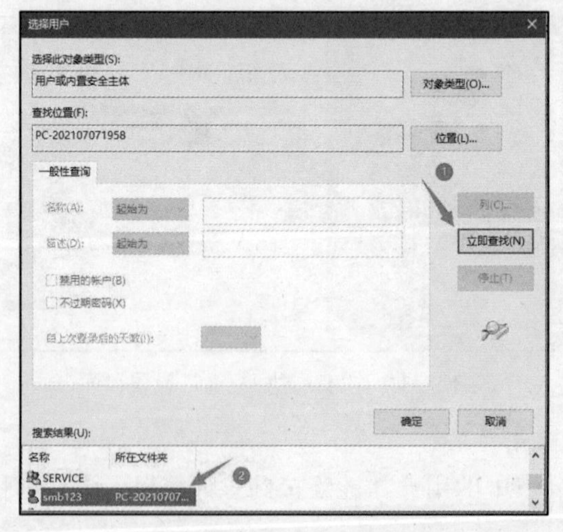

图 5-46 “选择用户”操作界面

（3）单击“立即查找”按钮，在列表中选择用于登录的用户，然后单击“确定”按钮即完成了所选用户的添加，添加成功的界面如图 5-47 所示。

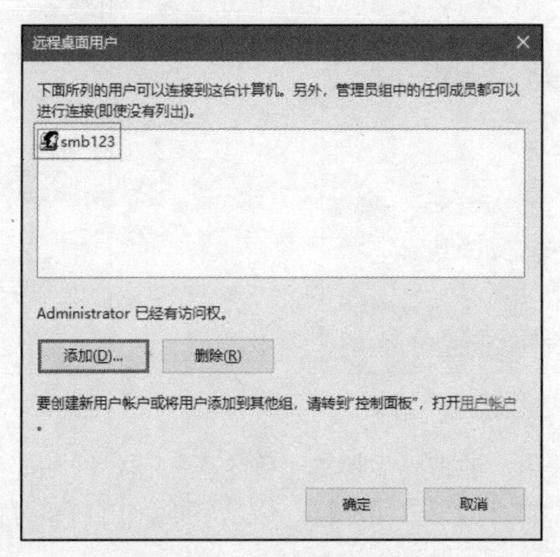

图 5-47　用户添加成功界面

3. 查看计算机的 IP 地址

打开“网络与 Internet 设置”对话框，选择“以太网”，右击正在使用的“适配器”，在弹出的快捷菜单中选择“属性”，然后单击“详细信息”按钮，即可在弹出的“网络连接详细信息”对话框中查看本机 IP 地址，如图 5-48 所示。

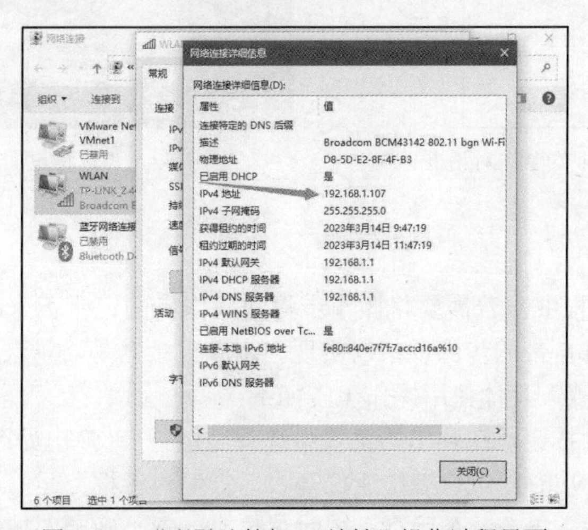

图 5-48　“查看计算机 IP 地址”操作过程界面

4. 远程计算机连接

（1）在另一台远程计算机上单击“开始”按钮，在弹出的“开始”菜单中选择“附件”→“远程桌面连接”选项，弹出如图 5-49 所示的“远程桌面连接”对话框，单击“显示选项”按钮，弹出如图 5-50 所示的详细信息对话框。

（2）在其中输入要远程访问的计算机 IP 地址或计算机名和用户名（例如这里输入 192.168.1.107 和 smb123），然后单击“连接”按钮，将弹出如图 5-51 所示的“Windows 安全”对话框。

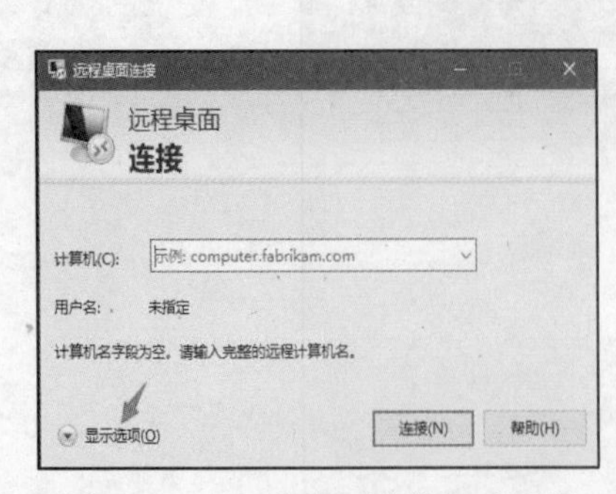

图 5-49 “远程桌面连接”对话框

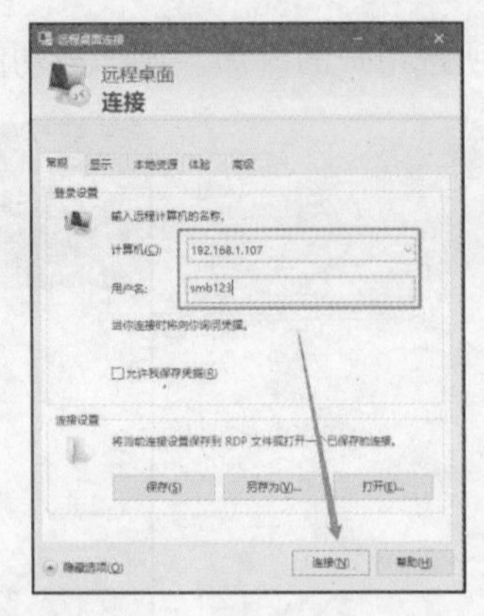

图 5-50 详细信息对话框

（3）在其中输入登录用户的密码后单击“确定”按钮，即可等待连接完成。连接成功后即可显示出如图 5-52 所示的“远程桌面连接”成功界面，用户即可在本地计算机上控制远程计算机了。

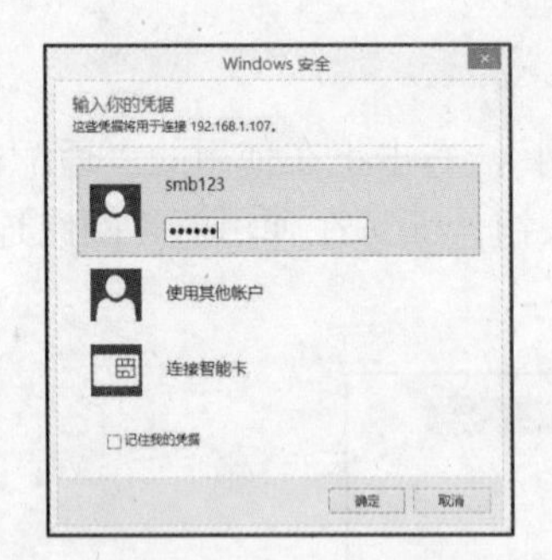

图 5-51 “Windows 安全”对话框

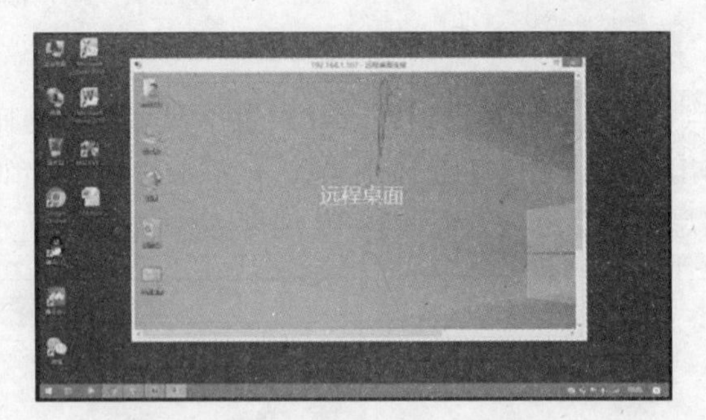

图 5-52 “远程桌面连接”成功界面

5.5.4 步骤记录器

在使用计算机的过程中，若需要将操作步骤和操作界面记录下来制作成一个图文教程，则可以使用 Windows 10 自带的步骤记录器实现。步骤记录器是一种录屏工具，它录制的不是视频，而是操作图文步骤，具体使用操作步骤如下：

（1）右击“开始”按钮，在弹出的菜单中选择“运行”，弹出如图 5-53 所示的“运行”对话框；也可以直接按 Win+R 组合键快速打开“运行”对话框。

（2）在对话框中输入 psr 命令后直接按回车键或单击“确定”按钮，即可打开如图 5-54 所示的“步骤记录器”工具窗口，在其中单击“开始记录”按钮即可开始对计算机的所有操作进行记录，该窗口可以任意移动。

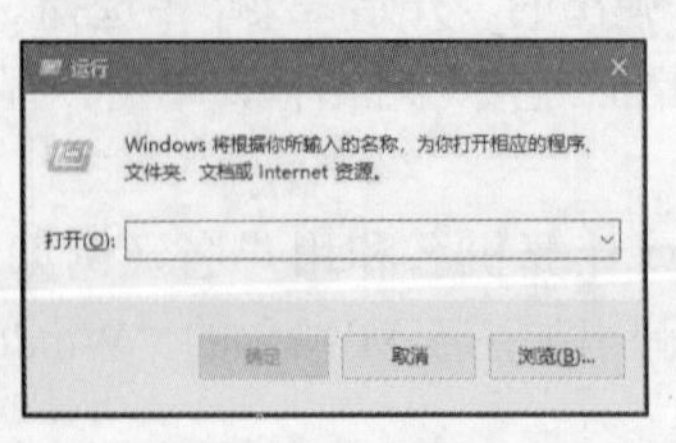

图 5-53 “运行”对话框

图 5-54 “步骤记录器”工具窗口

（3）例如在这里对文档进行一些操作后，单击“停止记录”按钮，“步骤记录器”工具窗口中将以图文的形式记录刚刚对文档操作过的所有步骤，其结果相当于计算机操作的一个图文教程，效果如图 5-55 所示。

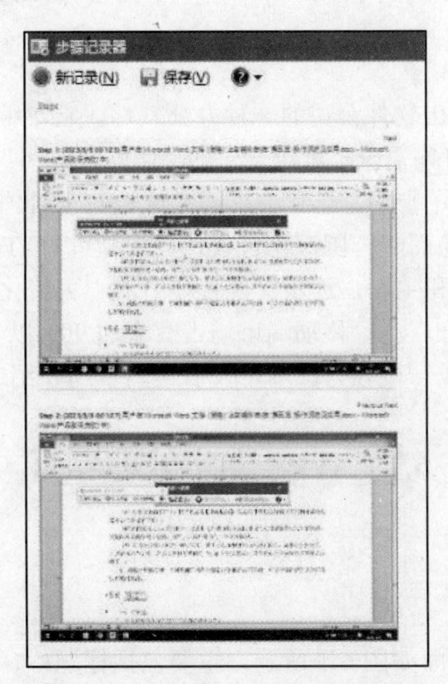

图 5-55　“步骤记录器”图文效果

（4）单击“保存”按钮可以对这个步骤记录文件进行保存，默认以.mht 为文件扩展名，保存后的文件可以打开进行编辑修改。

第 6 章　WPS 文字处理

WPS 文字处理系统是金山软件公司的一种办公软件。它集编辑与打印于一体，解决办公过程中的文字编辑、排版、打印需求。近年发生的“微软黑屏门”“棱镜门”“中兴华为”等安全事件为我国的 IT 产业敲响了警钟，建立由我国主导的 IT 产业生态变得尤为迫切。对此，我国信息技术应用创新行业乘势而起，国产化替代，旨在通过对 IT 软硬件各个环节的重构建立我国自主可控的 IT 产业标准和生态，逐步实现各环节的“去美化”。国产办公软件 WPS 在央企、国企等大型企业应用十分广泛，移动端市场占有率达 90%以上，完美替代了微软 Office，在所有软件国产化替代中形成一枝独秀。本章及后续两章均介绍 WPS 的有关知识。

6.1　WPS 文字处理界面

6.1.1　软件界面

启动 WPS 文字软件后界面如图 6-1 所示，主要包括标题栏、菜单栏、编辑区、状态栏几大部分。

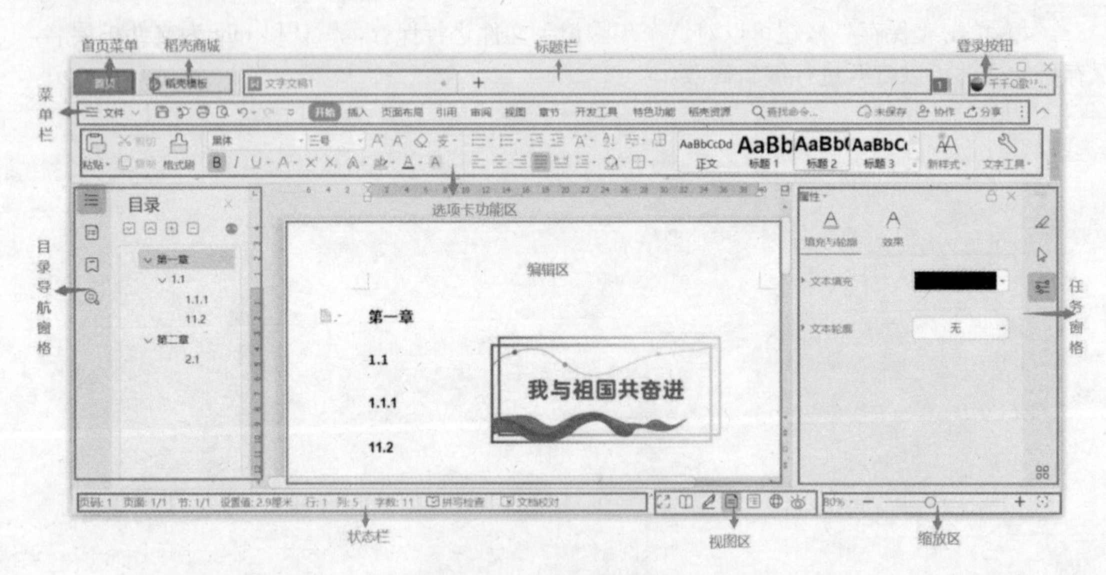

图 6-1　WPS 文字软件界面

界面首行包含有“首面”“稻壳商城”“文件名称”和“登录按钮”等，WPS 文字支持多个文档同时打开显示，每个文档的标题栏位于文档的最上方，用于显示正在编辑的文档的名称。

菜单栏中包含“文件”菜单、快速访问工具栏及其他菜单项。快速访问工具栏在“文件”

菜单右侧，用于放置一些常用的命令按钮，如“保存”“撤消”等，单击快速访问工具栏右侧的▾按钮可以根据个人需要自定义工具栏上显示的命令按钮。

“首页”按钮可以打开 WPS Office 的系统菜单。

“文件”按钮可以打开有关文件操作的菜单，包括“打开”“新建”“保存”“打印”“关闭”等常用命令；单击其右侧的 按钮可以打开下拉菜单，其中包含了 WPS 文字中绝大多数的操作命令。

选项卡和功能区位于标题栏的下方。在 WPS 文字中包括“开始”“插入”等多个选项卡。功能区整合了相关的命令按钮，位于选项卡中，通过单击选项卡来切换显示不同的命令按钮。每个选项卡下的命令按钮又分为几个组，例如单击“开始”选项卡，可以看到其中包括“剪贴板”组、“字体”组、“段落”组、“样式”组等。

编辑区是 WPS 文字窗口中间的空白区域，用户可以在这个区域内输入和编辑文档内容。

状态栏位于窗口的最下方，左侧用于显示文档的有关信息，例如当前页的页码、总页数、字数、拼写检查、文档校对等；右侧是“显示设置”“视图设置”“放大缩小设置”等，可根据需要更改文档的显示模式、调整页面显示比例。

6.1.2　视图模式

WPS 文字处理的视图模式主要有阅读版式视图、写作模式视图、页面视图、大纲视图、Web 版式视图、护眼模式视图等，视图模式的切换按钮在软件界面的右下方，用户可以根据需求进行切换，WPS 文字默认的视图模式为页面视图。

6.1.3　启动与退出

1. 启动 WPS 文字

方法有以下 3 种：

（1）在 Windows 桌面上单击“开始”→“所有程序”→WPS Office→WPS→“新建”→“文字”→“新建空白文档”。

（2）双击桌面上的 WPS 快捷方式图标。

（3）双击已经创建的 WPS 文字文档。

2. 退出 WPS 文字

方法有以下 3 种：

（1）单击 WPS 文字窗口右上角的“关闭”按钮。

（2）在 WPS 文字窗口中选择“文件”→“退出”命令。

（3）按 Alt+F4 组合键。

6.2　新建与保存文档

6.2.1　新建文档

WPS 文字软件新建文档的常用方法有以下 4 种：

（1）启动 WPS Office 后利用“首页”按钮中的“新建”→“文字”→“新建空白文档”。

（2）选择“文件”→“新建”命令，在窗口中根据需要可以创建不同类型的文档。

（3）单击快速访问工具栏中的“新建”按钮。

（4）WPS 文字提供了丰富的模板，用户可根据需求利用模板来创建不同类型的文档，操作为：单击“首页”或“文件”按钮下的“新建”命令，打开新建文档窗口，选择“文字”，在“推荐模板”页面中选择所需的模板，如图 6-2 所示。

图 6-2 应用模板新建文档

6.2.2 保存文档

用户输入的文档信息驻留在计算机内存中，如果希望将输入的内容保存到磁盘中，需要执行保存文档操作。

（1）在快速访问工具栏中单击“保存”按钮或者选择“文件”→“保存”命令，弹出“另存文件”对话框，如图 6-3 所示。选择文档的保存路径，也可以新建一个文件夹。

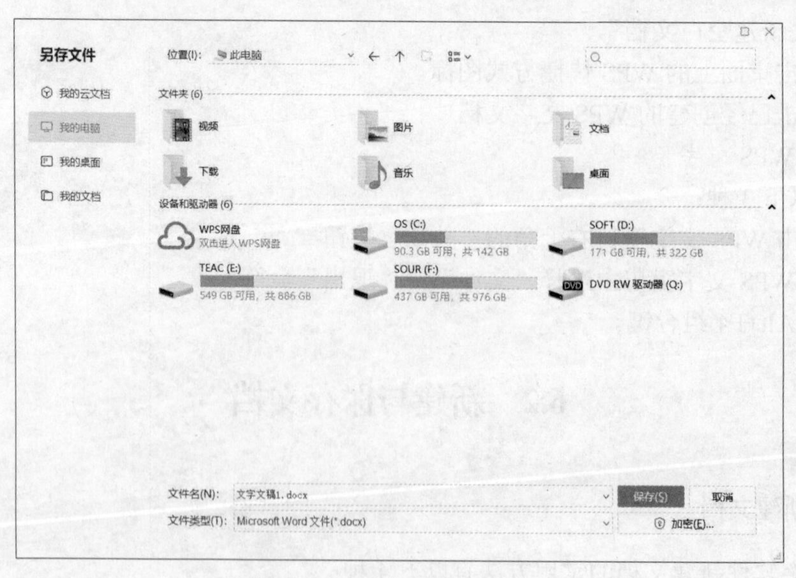

图 6-3 “另存文件”对话框

（2）在“文件名”文本框中输入或选择文档的保存名称。

（3）在“文件类型”下拉列表框中选择文件保存类型，默认文档类型扩展名为.WPS。

（4）单击“保存”按钮，文档保存完成。

如果文档已经保存过，可以直接单击快速访问工具栏中的“保存”按钮或选择“文件”→“保存”命令来保存文档。

6.2.3　打开文档

打开 WPS 文字文档主要有以下 3 种方式：

（1）利用资源管理器找到指定文档，双击文档图标。

（2）启动 WPS 后，选择“文件”→“打开”命令或者直接单击快速访问工具栏中的“打开”按钮，弹出“打开文件”对话框，在其中找到要打开的文档后选择并单击“打开”按钮，如图 6-4 所示。

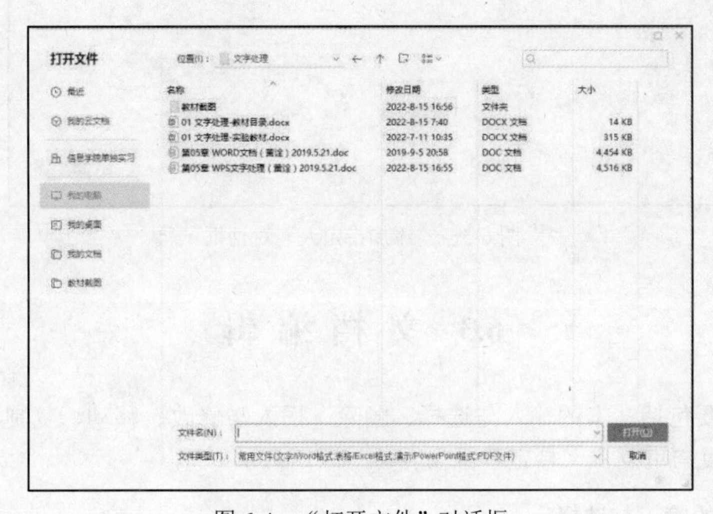

图 6-4　“打开文件”对话框

（3）利用最近使用的文档：选择“文件”→“打开”命令，可以查看到“最近使用”的文档，单击要打开的文档。

6.2.4　关闭文档

完成对文档的操作后即可关闭文档，主要有以下 3 种方式：

（1）选择“文件”→“退出”命令，关闭文档并退出 WPS 文字。

（2）单击窗口右上角的“关闭”按钮，关闭文档并退出 WPS 文字。

（3）使用 Alt+F4 组合键来关闭文档。

6.2.5　保护文档

在工作中如果有一些隐私性较强的文档，如合同、方案、报告等，为了保护文档不被随意访问和修改，可使用 WPS 文字中的“文档权限”功能对文档进行保护，将文档转为“私密模式”，用户可以指定访问和编辑者，从而提高文档的安全性。“文档权限”功能设置的方法为：

选择“审阅”→“文档权限”命令打开文档权限对话框；开启“私密文档保护”权限，在确认当前账号为文档拥有者本人账号后勾选“确认为本人账号”→“开启保护”，此时只有文档拥有者的账号才能对文档进行访问和编辑。

如需邀请指定人员共同参与文档的编辑，在完成文档“私密文档保护”设置后，在“文档权限”界面中单击“添加指定人”按钮，在“添加指定人”对话框中可通过微信、WPS 账号、生成邀请链接等方式邀请指定人员共同参与文档的访问和编辑，如图 6-5 所示。

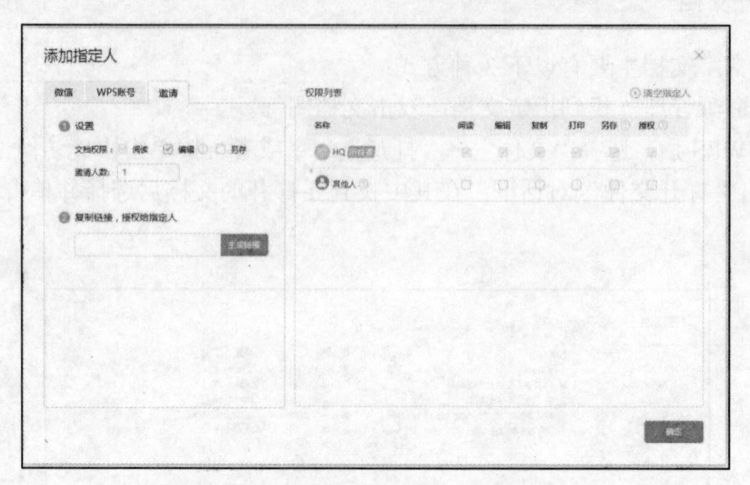

图 6-5 “添加指定人”对话框

6.3 文档编辑

文档编辑主要包括文本的输入与选择、删除、插入与修改、移动、复制与粘贴、查找与替换、撤消、恢复与重复、文档定位等内容。

6.3.1 文本的输入与选择

1. WPS 文字中文本的输入

创建文档后，确定插入点，选择需要的输入法后即可开始输入文本。

（1）确定插入点位置。在编辑窗口中，闪烁的光标竖线“|”即为插入点（当前输入位置）。可以使用键盘上的方向键（←、↑、→、↓）移动插入点，也可以使用鼠标单击确定插入点，或者在编辑区的空白位置双击鼠标确定插入点。

（2）文本的输入。文档输入时，输入的文字总是紧靠插入点左边，插入点随着文字的输入向后移动。当输入到一行末尾时会自动换行，当一个段落输入完成后按 Enter 键。

（3）软硬回车符的输入。在 WPS 文字中有软回车符和硬回车符两种换行标志，可通过单击“开始”选项卡中的“显示/隐藏编辑标记”按钮 来显示段落标记，两种换行标志的意义不同：软回车符的快捷键为 Shift+Enter，代码格式为^l（小写 L），仅表示换行，上下文文字仍在一个自然段中；硬回车符的快捷键为 Enter，代码格式为^p，表示分段，文字分别位于两个不同的自然段中。

（4）特殊字符或符号的输入。确定插入点位置，选择“插入”→“符号”命令，可直接在下拉列表中选择所需符号完成符号插入，如图 6-6 所示；如需更多符号，选择“其他符号”命令，弹出“符号”对话框，如图 6-7 所示，选择“符号”选项卡，在“字体”下拉列表中选择字符集，列表中显示当前字符集中的字符，选择所需的符号，单击“插入”按钮。

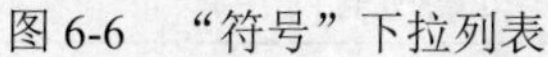

图 6-6　“符号”下拉列表

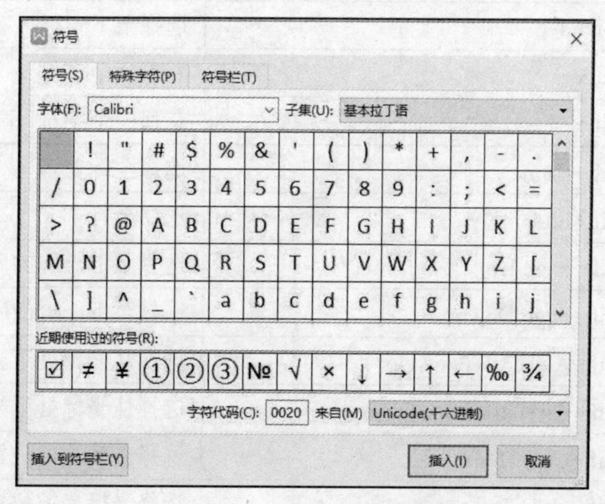

图 6-7　“符号”对话框

（5）在文档中插入日期和时间。确定插入点，选择“插入”→“日期”命令，弹出“日期和时间”对话框，选择日期和时间格式，单击“确定”按钮。

2. WPS 文字中文本的选择

（1）使用鼠标选择文本。

1）拖动鼠标选择文本。

①水平选择文本。将鼠标定位在要选择文本的开始处，按住鼠标左键拖动至结尾处。选择的文本可以是一个或多个字符，也可以是一行、多行或整个文档。

②垂直选择文本。按住 Alt 键，将鼠标从要选择文本的开始处拖动到结尾处。

2）使用文本选定区（页边空白区）选择文本。

①选择一行。将鼠标移至左侧文本选定区，当鼠标变成↗时单击可选择鼠标所在的行。

②选择多行。将鼠标移至要选择文本的第一行左侧文本选定区，当鼠标变成↗时按住鼠标左键拖动鼠标至所要选择文本的结尾行，放开鼠标左键，可以选择多行。

③选择一个段落。将鼠标移至段落左侧的文本选定区，当鼠标变成↗时双击选择整个段落。

④选择多个段落。鼠标在段落左侧的文本选定区内变成↗时双击鼠标左键并上下拖动可以选择多个段落，此时的选择是以段落为单位的。

⑤选择整个文档。将鼠标移到文档左侧的文本选定区，当鼠标指针变成↗时按住 Ctrl 键并单击鼠标左键，或者三击鼠标左键，可选择整个文档。

⑥利用其他方式选择文本。可以在文档中通过双击鼠标选择一个词；也可以在待选择文本区域的开始处单击鼠标左键，按住 Shift 键，然后在文本区域的结尾处单击鼠标左键来选择文本区域。

（2）使用键盘选择文本。利用键盘选择文本时，先将光标定位在要选择文本的开始处，按住 Shift 键不放，利用光标键选择文本，也可以用组合键选择文本，常用的组合键如表 6-1 所示。

表 6-1　选择文本常用的组合键

组合键	说明
Shift+↑	选择至上一行
Shift+↓	选择至下一行
Shift+→	右移一个字符
Shift+←	左移一个字符
Shift+Home	选择至行首
Shift+End	选择至行末
Shift+Page Up	选择至上一屏的所有内容
Shift+Page Down	选择至下一屏的所有内容
Shift+Alt+Ctrl+Page Up	选择从光标处至当前窗口开始处的所有内容
Shift+Alt+Ctrl+Page Down	选择从光标处至当前窗口末尾处的所有内容
Shift+Ctrl+Home	选择光标当前位置至文档开始处的所有内容
Shift+Ctrl+End	选择光标当前位置至文档末尾处的所有内容
Ctrl+A	选择整个文档

（3）利用“选择”命令组进行选择。单击“开始”选项卡中的“选择”按钮，在弹出的“选择”命令组的下拉菜单中可根据需求进行文本选择。

（4）取消选择文本。

选择文本后，若要取消，单击文档编辑区的任意位置即可。

3. 删除、插入与改写文本

（1）删除文本。

1）将光标定位在要删除文本的开始处，按 Delete 键删除光标右侧文本。

2）将光标定位在要删除文本的末尾，按 Backspace 键删除光标左侧文本。

3）选择要删除的文本，按 Delete 键或 Backspace 键删除所选择的文本。

4）选择要删除的文本，单击“开始”选项卡“剪贴板”组中的“剪切”命令。

5）选择要删除的文本，按组合键 Ctrl+X 删除所选文本。

（2）插入和改写文本。插入文本指将光标定位在文本中后，继续输入文本时，新文本从插入点出现，插入点之后的原文本自动后移，称为插入状态；改写文本则是输入新文本后，由新文本替换插入点之后的原文本，称为改写状态。通常，WPS 文字默认状态为插入状态。

（3）撤消与恢复。

1）撤消。在文档编辑过程中，如果出现了错误操作，可通过撤消功能回到错误操作之前的状态。WPS 文字的撤消功能可将最近的若干次操作记录在列表中，利用快速访问工具栏中的 ↶ 按钮用户可以按照从后到前的顺序撤消若干步操作。也可以使用组合键 Ctrl+Z 执行撤消操作。

2）恢复。恢复功能的作用是恢复被撤消的操作。单击快速访问工具栏中的 ↷ 按钮可以恢复最近的一次操作。也可以使用组合键 Ctrl+Y 执行恢复操作。

6.3.2　移动复制文本

（1）移动文本。

1）利用功能区命令或键盘：选择要移动的文本，单击“开始”选项卡“剪贴板”组中的“剪切”命令（或按组合键 Ctrl+X），将光标定位在目标位置上，单击“粘贴”命令（或按组合键 Ctrl+V），完成文本移动。

2）使用鼠标拖动：选择要移动的文本，将鼠标指针移动到文本上，按住鼠标左键将选择的文本拖动到目标位置，释放鼠标，完成文本移动。

（2）复制文本。

1）利用功能区命令或键盘：选择要复制的文本，单击“开始”选项卡“剪贴板”组中的“复制”命令（或按组合键 Ctrl+C），将光标移动到目标位置，单击“粘贴”命令（或按组合键 Ctrl+V），完成文本复制。

2）使用鼠标拖动：选择要复制的文本，按住 Ctrl 键，在文本上按住鼠标左键拖动到目标位置，释放鼠标和键盘，完成文本复制。

（3）选择性粘贴。单击“插入”选项卡“剪贴板”组中的“粘贴”下拉按钮，在弹出的下拉列表中选择“选择性粘贴”选项，弹出“选择性粘贴”对话框，如图 6-8 所示，在其中可以进行不同格式的文本粘贴。

（4）剪贴板任务窗格。单击“开始”选项卡“剪贴板”组右下角的 按钮，在编辑区左侧出现“剪贴板”任务窗格，如图 6-9 所示。

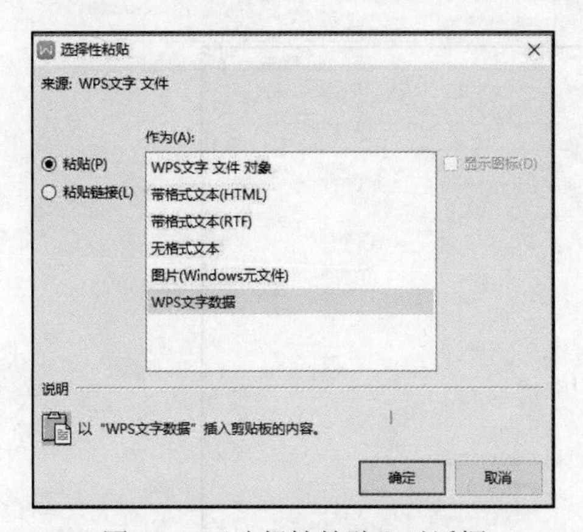

图 6-8　“选择性粘贴”对话框

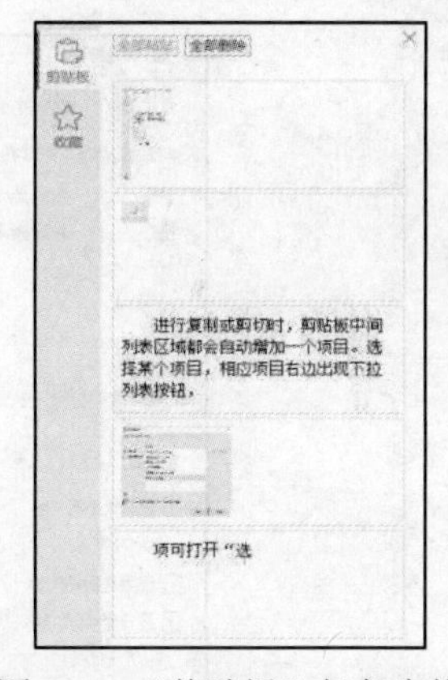

图 6-9　“剪贴板”任务窗格

每次进行复制或剪切时，剪贴板中间列表区域都会自动增加一个项目。选择某个项目，相应项目右边出现下拉列表按钮，单击后选择“粘贴”或“删除”命令可对选中的项目内容进行操作。

单击剪贴板上的“全部粘贴”按钮可以将剪贴板中的内容全部粘贴到文档中；单击“全部清空”按钮可以删除剪贴板中的全部内容。

6.3.3　查找替换文本

查找与替换操作是指对文档中的文本或文本的格式进行查找与修改。

（1）查找无格式文本。单击“开始”选项卡中的“查找替换”按钮可以打开“查找和替换”对话框，也可以使用组合键 Ctrl+F（查找）和 Ctrl+H（替换）实现，如图 6-10 所示。在“查找内容”文本框中输入需要查找的内容，单击“查找下一处”按钮，开始查找并定位在当前位置后第一个满足条件的文本处，查找到的内容灰底显示。继续单击“查找下一处”按钮可以继续查找，直至查找结束。

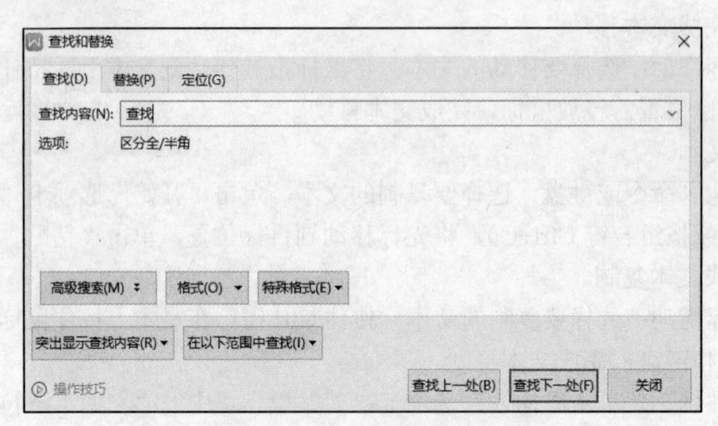

图 6-10 “查找和替换”对话框

（2）查找带格式文本。

1）在“查找和替换”对话框中单击“高级搜索”按钮展开对话框，如图 6-11 所示，此时可对搜索选项进行设置。

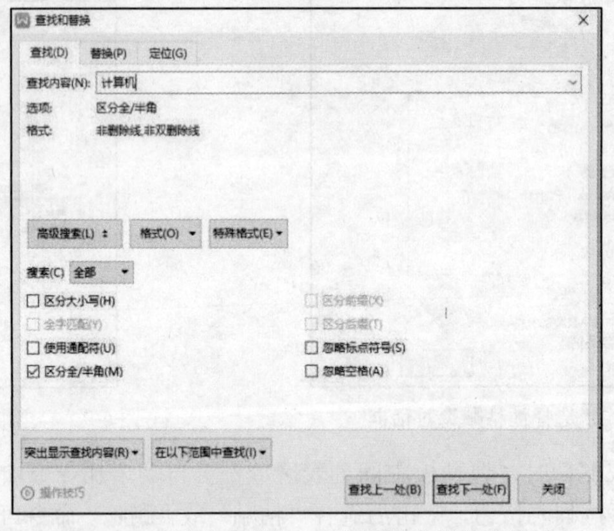

图 6-11 “查找和替换”对话框的高级搜索界面

2）单击“格式”按钮，对要查找的文本字体、段落等格式进行设置。

3）单击“特殊格式”按钮可以对特殊格式进行设置，根据特殊格式进行查找。

（3）替换文档内容。

1）单击“开始”选项卡中的“替换”命令或按组合键 Ctrl+H，弹出“查找和替换”对话框，如图 6-12 所示。

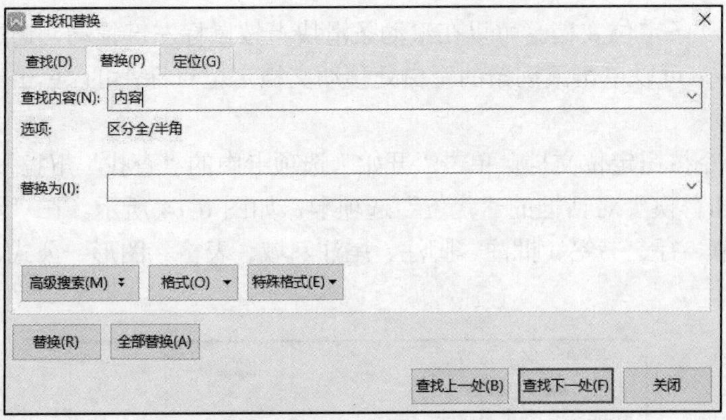

图 6-12　“查找和替换”对话框

2）在“查找内容”和“替换为”文本框中输入查找和替换的内容。

3）单击“查找下一处”按钮，开始查找并定位在当前位置后第一个满足条件的文本处，查找到的内容反相显示。

4）单击“替换”按钮，替换当前内容并定位在下一个满足条件的文本处。如此反复，可以查找并替换整个文档中满足条件的文本。

5）单击“全部替换”按钮可以将文档中指定范围内所有满足条件的文本替换成新的内容。

6）单击“格式”按钮或“特殊格式”按钮，可以设置查找或替换内容的文本格式，按指定格式查找，或将查找到的内容替换成新的内容及格式。

例如将文中所有的软回车符替换成硬回车符，操作步骤为：单击“开始”选项卡中的“替换”命令或按组合键 Ctrl+H，弹出“查找和替换”对话框；在“查换内容”文本框中输入“^l”；在“替换为”文本框中输入“^p”；单击“全部替换”按钮即可将全文中所有的软回车符换成硬回车符，如图 6-13 所示。

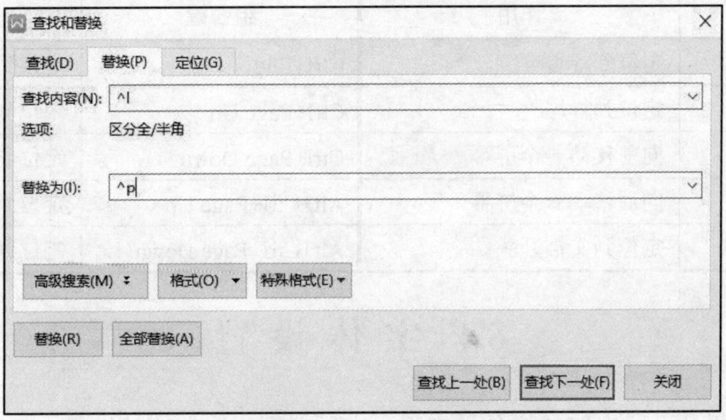

图 6-13　将软回车符替换为硬回车符

6.3.4　文档定位

如果文档内容很少，则可以很容易浏览整篇文档的内容；如果文档内容很多，定位文档就需要选择适当的方法来完成。

（1）使用滚动条定位文档。可以在滚动条滑块上按鼠标左键拖动，通过上下左右移动文档来定位目标位置；可以单击滚动条的空白处移动文档定位目标；可以单击滚动条上的控件来定位目标。

（2）使用命令按钮定位文档。单击“开始”选项卡中的“查找”下拉按钮，选择“定位”命令打开“查找和替换”对话框的“定位”选项卡，如图 6-14 所示。在“定位目标”列表框中可以选择页、节、行、书签、批注、脚注、尾注、域、表格、图形、公式、对象和标题等来定位文档。

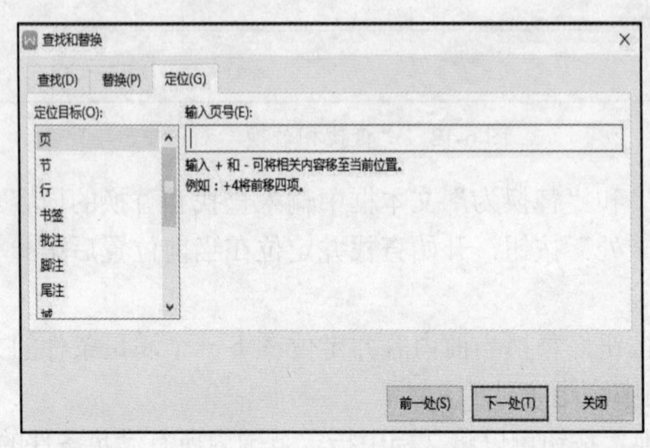

图 6-14 “定位”选项卡

（3）选择浏览对象定位文档。在纵向滚动条下部有一个“选择浏览对象”控件。单击该控件在屏幕的右下角会显示一个选择框，其中包含定位、查找及各种浏览选项，使用这项功能也可以很好地进行文档定位。

（4）使用键盘定位文档。常用的定位组合键如表 6-2 所示。

表 6-2 定位文档常用的组合键

组合键	作用	组合键	作用
Home	定位到行首	Ctrl+End	定位到文档结尾
End	定位到行尾	Ctrl+Page Up	定位到上一页开头
Page Up	向前移动一个屏幕	Ctrl+Page Down	定位到下一页开头
Page Down	向后移动一个屏幕	Alt+Ctrl+Page Up	定位到当前屏幕开头
Ctrl +Home	定位到文档开头	Alt+Ctrl+Page Down	定位到当前屏幕结尾

6.4 字体设置

字体设置主要是设置字符的字体、字形、字号、颜色、字符效果等，可通过功能区和“字体”对话框来进行设置。

6.4.1 使用功能区设置字符格式

选择需要设置的字符，然后使用功能区中的“字体”组进行设置。“字体”组中各命令按钮的功能如图 6-15 所示。

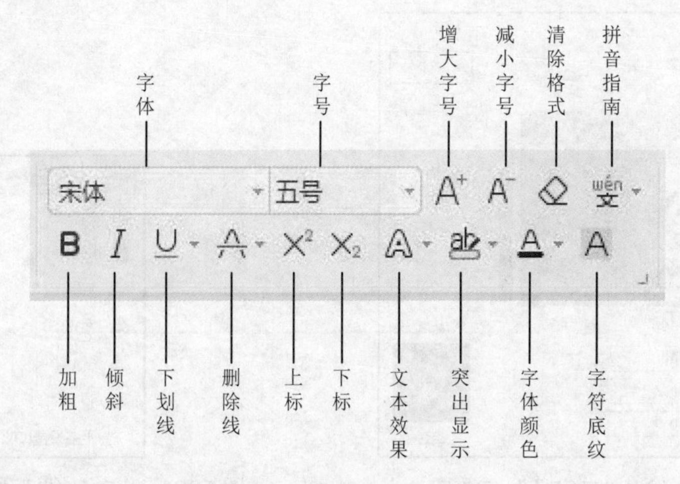

图 6-15　“字体”组中的命令

（1）字体。“字体”包括中文字体和英文字体。WPS 文字默认中文字体是宋体，英文字体是 Times New Roman。

（2）字形。字形包括常规、加粗、倾斜和加粗倾斜 4 种。

（3）字号。字号一般用“号”值或“磅”值来表示。字号越大，字符尺寸越小；磅值越大，字符尺寸越大。

（4）字体颜色。选择字符后，单击“字体颜色”命令按钮右侧的三角形，打开颜色下拉列表，如图 6-16 所示，在列表中可直接选择某种颜色。选择“其他字体颜色”选项可以打开“颜色”对话框，如图 6-17 所示，在“标准”选项卡中可以选择更多颜色。

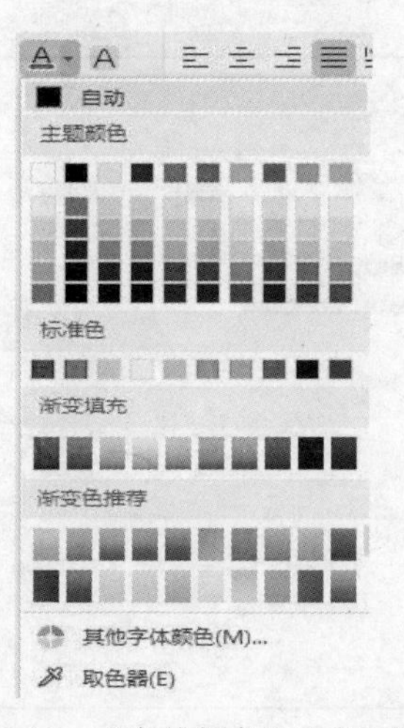

图 6-16　“字体颜色”下拉列表

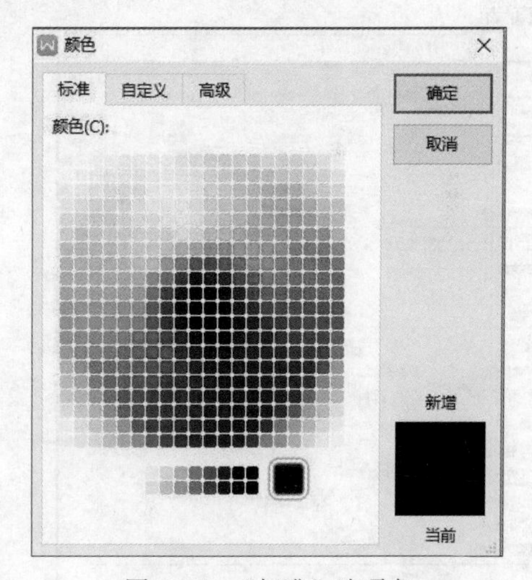

图 6-17　“标准”选项卡

单击“自定义”选项卡，如图 6-18 所示，可以在“颜色”下方选择所需颜色，也可以通过输入“颜色模式”中的“红”“绿”“蓝”三原色值来确定颜色，三原色的取值范围为 0～255。RGB(0,0,0)表示黑色，RGB(255,255,255)表示白色，RGB(255,0,0)表示纯红色。

（5）文本效果。单击“文本效果”命令按钮右侧的三角形，可以在下拉列表中为选择的字符设置艺术字、阴影效果、倒影效果、发光效果、三维格式效果等，如图 6-19 所示。

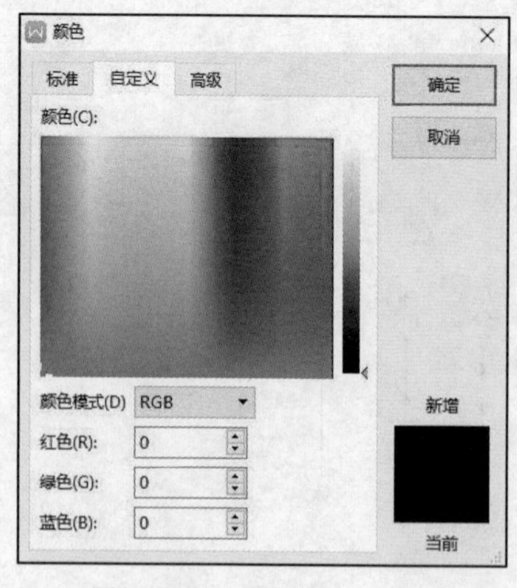

图 6-18 “自定义”选项卡

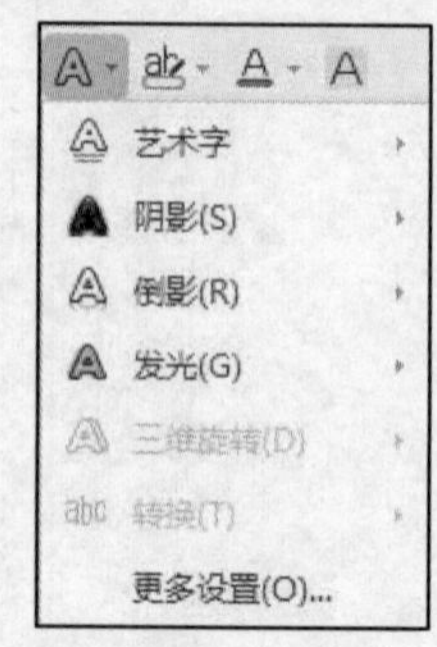

图 6-19 “文字效果”按钮的下拉列表

6.4.2 使用“字体”对话框设置字符格式

选择需要设置的字符，单击“开始”选项卡“字体”组右下角的 按钮；或者在选择的字符上右击，在弹出的快捷菜单中选择“字体”选项，弹出“字体”对话框，如图 6-20 所示。

在“字体”选项卡中可以进行中西文字体、字形、字号、字体颜色、下划线线型、下划线颜色、着重号以及其他字符效果的设置，在“预览”框内可以看到字符设置格式后的效果。

单击“字符间距”选项卡，如图 6-21 所示，可以设置所选字符的缩放比例、字符间距、字符位置等。

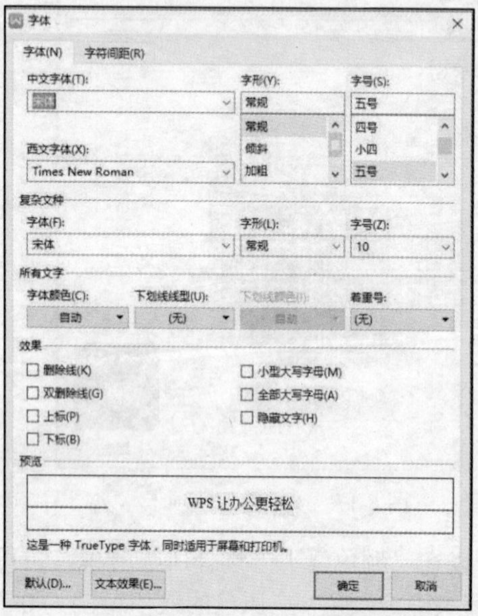

图 6-20 “字体”对话框

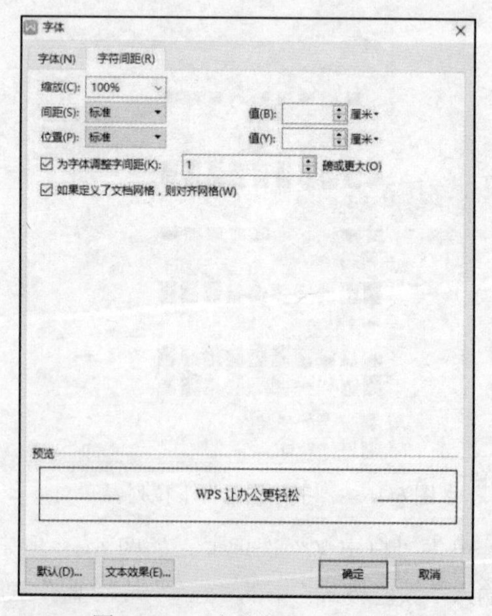

图 6-21 “字符间距”对话框

在对话框下部单击“文字效果”按钮，弹出“设置文本效果格式”对话框，如图 6-22 和图 6-23 所示，可以对字符的填充、轮廓、阴影、倒影、发光、三维格式等效果进行设置。

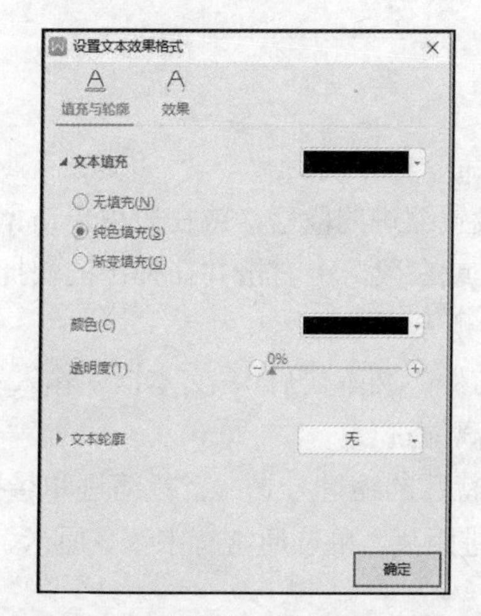

图 6-22　“设置文本效果格式”对话框的“填充与轮廓”选项卡

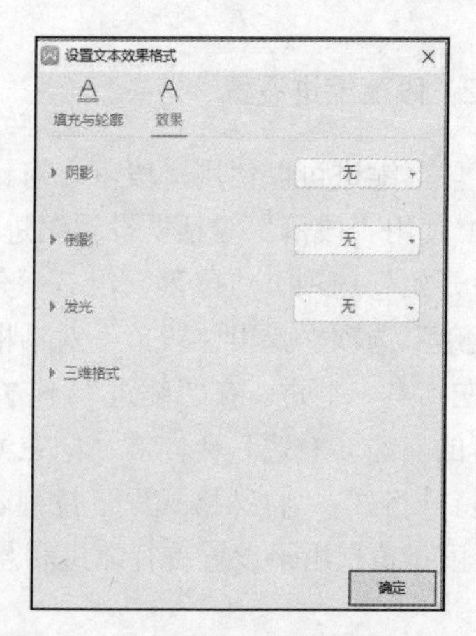

图 6-23　“设置文本效果格式”对话框的“效果”选项卡

6.5 段 落 设 置

段落格式的设置主要有段落的对齐方式、段落的缩进方式、段落间距和行距等。

6.5.1　段落的对齐方式设置

段落的对齐方式包括左对齐、右对齐、居中对齐、分散对齐和两端对齐。两端对齐为默认的对齐方式。可以使用功能区或“段落”对话框进行设置。

（1）使用功能区设置对齐方式。在段落中的任意位置单击鼠标或选中段落，然后单击“开始”选项卡“段落”组中相应的对齐方式命令按钮，如图 6-24 所示。

（2）使用“段落”对话框设置对齐方式。单击需要设置对齐方式的段落，然后单击“开始”选项卡“段落”组右下角的 按钮，弹出“段落”对话框，选择“缩进和间距”选项卡，如图 6-25 所示。在“对齐方式”下拉列表框中选择对齐方式。

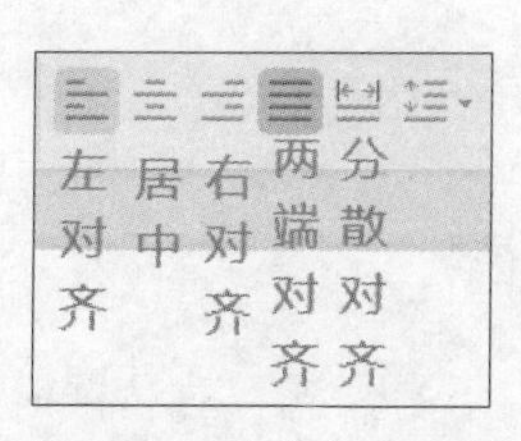

图 6-24　对齐方式命令

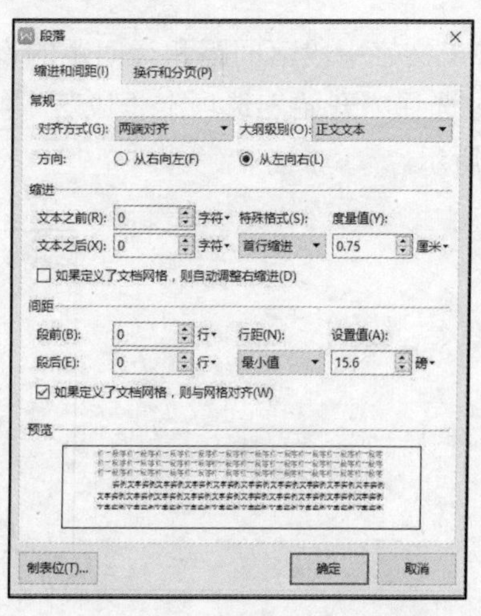

图 6-25　“段落”对话框

6.5.2 段落缩进设置

设置段落缩进可以使用“段落”对话框、功能区命令和标尺。

（1）使用“段落”对话框设置缩进。选中需要设置缩进的段落，或在段内单击鼠标，然后单击“开始”选项卡“段落”组右下角的 按钮，或在段落上右击并在弹出的快捷菜单中选择“段落”选项，弹出“段落”对话框，如图6-25所示。

1）左（右）缩进。在“缩进”下方的“文本之前”（“文本之后”）文本框中输入缩进值，所选段落的左边（右边）会向右（向左）按相应的距离缩进。

2）特殊格式。“特殊格式”下拉列表框中有两种特殊的缩进方式：首行缩进和悬挂缩进。后面的“度量值”用于设置首行缩进和悬挂缩进的缩进距离，单位通常有字符、厘米、英寸等几种。

首行缩进，就是段落的第一行向内缩进；悬挂缩进，就是除了段落的第一行，其余行都向内缩进。

设置缩进后，在对话框底部的预览区中可以看到设置后的效果。

（2）使用功能区设置缩进。选中需要设置的段落或在段内单击鼠标，然后单击“开始”选项卡“段落”组中的 按钮减少缩进量，单击 按钮增加缩进量。

（3）使用标尺设置缩进。标尺可以通过勾选“视图”选项卡“显示/隐藏”组中的“标尺”选项来显示，在标尺上可以看到4个滑块，如图6-26所示。使用鼠标拖动不同的缩进滑块可以对段落进行不同的缩进设置。

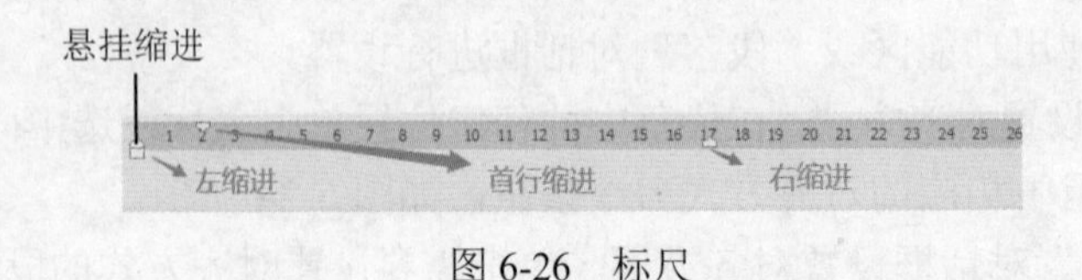

图6-26 标尺

6.5.3 段落间距和行距设置

在WPS文字中段落间距和行间距的设置可以通过“开始”选项卡的“段落”组实现，也可以通过选择“开始”选项卡“段落”组中的“行距”按钮下拉列表中的数值快速完成，如图6-27所示。

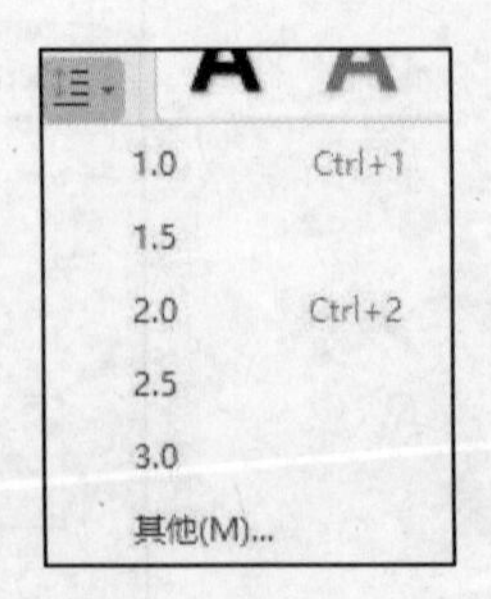

图6-27 “行距”选项

6.6　项目符号与编号

使用 WPS 文字提供的项目符号和编号功能可以为文档中的段落或列表添加项目符号和编号，表达内容之间的顺序或层次关系。WPS 文字中的项目编号是有序的，而项目符号是无序的。WPS 文字为长文档的编辑提供了多级编号，同时还支持用户自行定义项目符号和编号。

6.6.1　项目符号的设置

选中需要添加项目符号的文本，单击“开始”选项卡“段落”组中的“项目符号”按钮☰，WPS 会使用默认符号为文本添加项目符号；如需更改项目符号，可在其下拉列表“预设项目符号”中选择其他常用项目符号，也可利用“稻壳项目符号”进行更多的选择，如图 6-28 所示。

若选择“自定义项目符号”选项则会打开“项目符号和编号”对话框，可根据需要选择其他符号来定义项目符号，如图 6-29 所示。

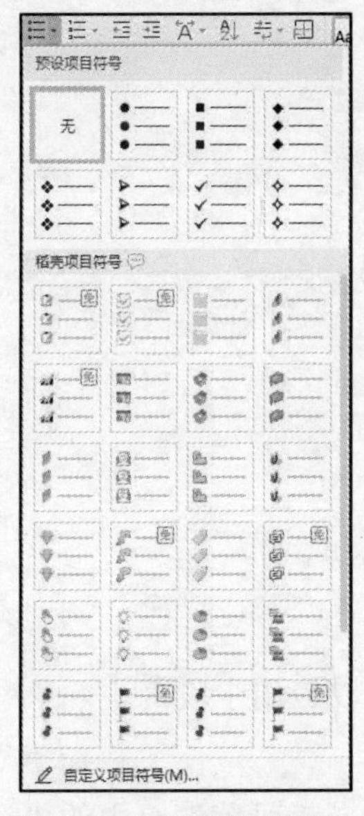

图 6-28　预设项目符号

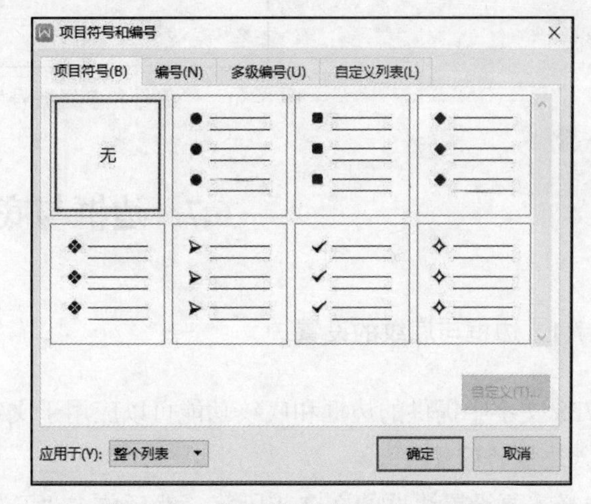

图 6-29　“项目符号和编号”对话框

若在选中的文本上右击，在弹出的快捷菜单中选择“项目符号和编号”选项，也可打开“项目符号和编号”对话框，进行项目符号设置。

6.6.2　项目编号的设置

在 WPS 文字中进行文本输入时，如果在行首输入类似“一”“1”“（1）”等符号时，而后输入一个以上空格或若干文字，按回车键后会自动编号。另外，WPS 文字也可以对已有的文本项目进行编号。

选中需要添加编号的文本，然后单击“开始”选项卡“段落”组中的“编号”按钮☰，打开“编号和多级编号”下拉列表，如图 6-30 所示。用户可在其中进行编号的选择设置；若选择“自定义编号”选项中则也会打开“项目符号和编号”对话框，可进行自定义编号。

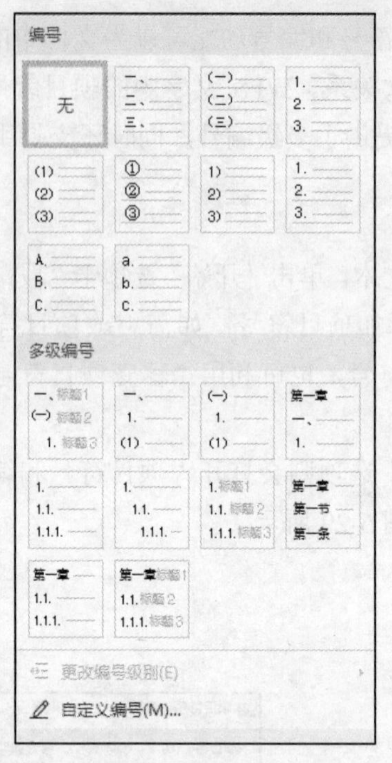

图 6-30 “编号和多级编号”下拉列表

6.7 边框与底纹

6.7.1 边框与底纹的设置

WPS 文字中提供的边框和底纹功能可以应用于文字，也可以应用于段落。

1. 边框的设置

选择需要设置边框的文字或段落，然后单击“开始”选项卡“段落”组中的“边框和底纹”按钮，或者在命令下拉列表中选择“边框和底纹”选项，弹出“边框和底纹”对话框，选择“边框”选项卡，如图 6-31（a）所示。在其中根据需求选择边框类型、线型、颜色、宽度；在“预览”下方单击边框按钮，设置边框应用位置；在“应用于”下拉列表框中可以选择所做设置应用于段落或文字，在“预览”框中可以查看设置效果。设置完成后单击“确定”按钮即可将设置的边框应用到相应的文本上。

2. 底纹的设置

在“边框和底纹”对话框中选择“底纹”选项卡，如图 6-31（b）所示。在其中可以设置底纹的填充颜色、填充图案的样式和颜色、应用范围。

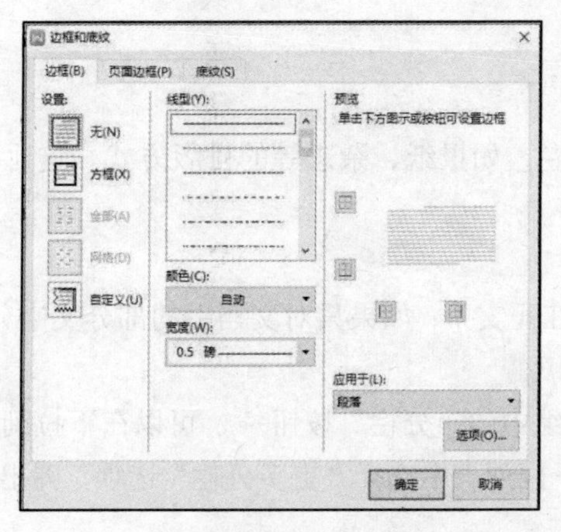

（a）“边框”选项卡

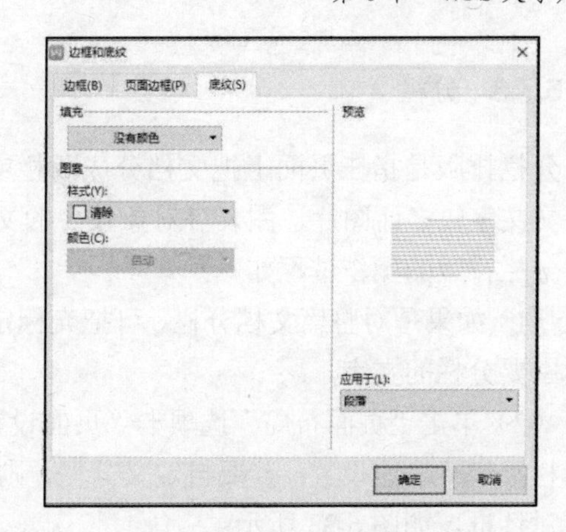

（b）“底纹”选项卡

图 6-31　“边框和底纹”对话框

3. 页面边框的设置

在“边框和底纹”对话框中选择“页面边框”选项卡，或者单击“页面布局”选项卡“页面背景”组中的“页面边框”按钮，进入“边框和底纹”对话框的“页面边框”选项卡，设置方法和设置边框基本相同，在“艺术型”选项中还可以选择艺术型图片作为页面边框，但艺术型边框的设置效果只能在页面视图中可以看到。

6.7.2　首字下沉

首字下沉就是将一段文字的首字放大数倍，以吸引读者的注意力。在报刊、杂志上经常会遇到这样的排版方式。设置首字下沉的方法为：将光标定位到需要首字下沉的段落中，单击“插入”选项卡“文本”组中的“首字下沉”按钮 首字下沉，弹出“首字下沉”对话框，如图 6-32 所示。在其中可根据需求对下沉的位置、字体、下沉行数及与正文的距离等参数进行设置。

图 6-32　“首字下沉”对话框

“位置”设置：有 3 种形式的下沉方式供选择：无、下沉和悬挂。

“选项”设置：设置首字的字体、下沉行数及首字与段落正文之间的距离。

设置完成后单击“确定”按钮。如果需要取消首字下沉，则应在“首字下沉”对话框的“位置”区域中选择“无”。

6.7.3 分栏

分栏排版是指在页面上把文档分成两栏或多栏，如报纸、杂志等的排版方式。这比较适合正文文字较多而图片、图表等对象较少的文档。

分栏排版的操作过程如下：

（1）如果是对整篇文档分栏，可把光标定位在正文中；如果只对文档中的部分文字分栏，则选中要分栏的文字。

（2）单击“页面布局”选项卡“页面设置”组中的“分栏”按钮，可以在下拉列表中选择栏数进行快速设置；若要自定义分栏，则在下拉列表中选择“更多分栏”选项，弹出“分栏”对话框，如图 6-33 所示。

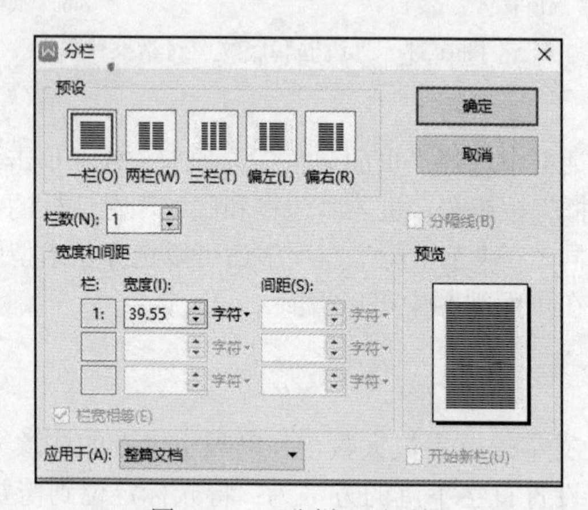

图 6-33 “分栏”对话框

（3）在其中设置分栏的版式。

“预设”选项组：在其中选择分栏的栏数。

“栏数”微调框：用于设置分栏的栏数。

“宽度和间距”选项组：用于设置栏宽以及栏与栏之间的距离。若选中“栏宽相等”复选项，WPS 文字将自动计算出栏宽和间距。

“分隔线”复选项：用于确定是否在栏间加分隔线。

“应用于”下拉列表框：确定分栏使用的范围，有“整篇文档”和“所选文字”可选。

若要取消分栏设置，只要选择“一栏”即可。

6.8 图形图像

在计算机中，图形和图像是有本质区别的。图形是指由外部轮廓线条构成的矢量图，即由计算机绘制的直线、圆、矩形、曲线、图表等。而图像是由扫描仪、摄像机等输入设备捕捉实际的画面产生的数字图像，是由像素点阵构成的位图。

在 WPS 文字中不仅可以处理文本、表格信息，也可以处理图形信息。这样可以丰富文档的表现形式，图形信息可以来源于磁盘文件、照相机、扫描仪、手机等设备。

6.8.1　图片的插入与格式设置

1. 图片的插入

将光标移到需要插入图片的位置，然后单击“插入”选项卡“插图”组中的“图片”按钮，弹出“插入图片”对话框，在其中选择图片文件所在的路径及图片文件，单击“插入”按钮，如图 6-34（a）所示；单击“图片”按钮下的三角形可以打开“图片”下拉列表，可以在其中选择图片的来源，同时 WPS 文字还提供了丰富的在线图片资源库供用户使用，如图 6-34（b）所示。

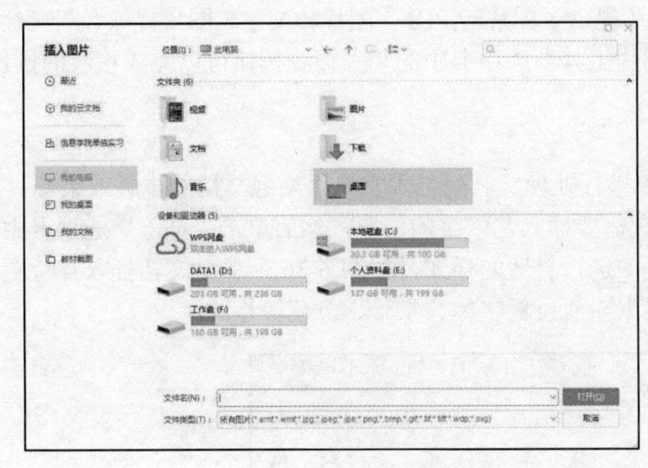

（a）“插入图片”对话框

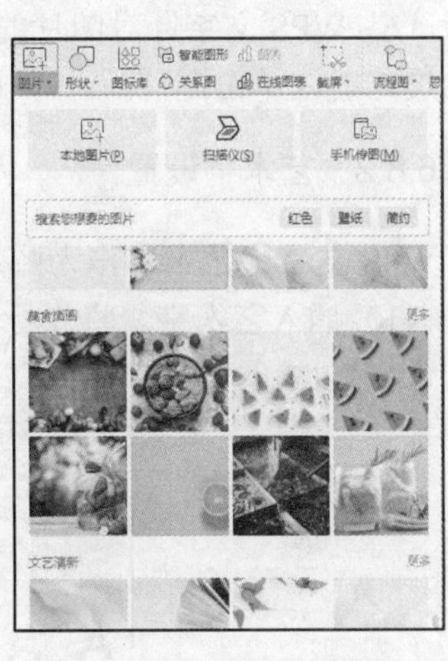

（b）“图片”按钮的下拉列表

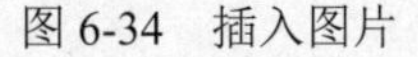

图 6-34　插入图片

2. 图片格式的设置

（1）改变图片的大小。单击需要调整的图片，在图片的四周出现多个控制点，将鼠标移至控制点上并拖动可以缩放图片。

单击图片，在“图片工具”选项卡“大小和位置”组中通过输入“高度”和“宽度”可精确设置图片尺寸。

（2）裁剪图片。图片裁剪功能可以将图片某些不需要的部分隐藏起来。选中图片，单击“图片工具”选项卡“大小和位置”组中的“裁剪”按钮，将鼠标移动到图片周围的控制点上，拖动鼠标即可完成裁剪。也可以在单击图片后在图片周边弹出的“快捷工具栏”中单击“裁剪”按钮对图片进行裁剪。

也可以在“裁剪”按钮的下拉列表中选择不同的选项将图片剪裁成不同形状或根据纵横比裁剪图片，如图 6-35 所示。

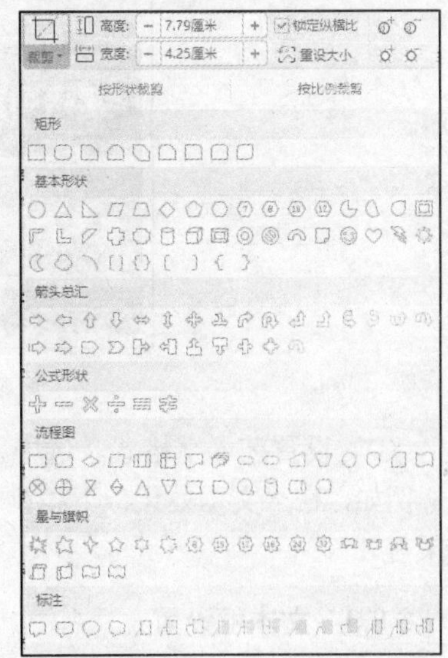

图 6-35　“裁剪”按钮的下拉列表

（3）图片与页面文字的环绕方式。选中图片，单击“图片工具”选项卡中的“环绕”按钮，在弹出的下拉列表中选择所需要的环绕方式；或单击图片后在弹出的

“快捷工具栏”中单击“环绕”按钮进行环绕方式的选择。

（4）图层方式。对于图形而言可以利用图层方式将图形置于文字的上方或下方，同时也可以设置图层与图层之间的叠放次序。选择图形后，单击“绘图工具”选项卡中的“上移一层”按钮 或“下移一层”按钮 完成设置；也可以在图片上右击，在弹出的快捷菜单中选择相应的命令设置。

（5）设置图片的其他格式。选中图片，利用“图片工具”选项卡还可以调整图片的效果、设置图片的样式和效果及旋转图片等；或者右击图片，在弹出的快捷菜单中选择“设置对象格式”命令，对图片的填充、轮廓、效果等进行设置。

（6）WPS 文字针对图片的处理还提供了图片转 PDF、图片转文字、图片提取、图片翻译等扩展功能，单击图片后，单击“图片工具”选项卡中的相关命令按钮可以完成相应的操作。

6.8.2 艺术字设置

WPS 文字将艺术字作为图形对象进行处理，利用艺术字可以增强文档的排版效果。

（1）插入艺术字。将光标定位在需要插入艺术字的位置，然后单击“插入”选项卡中的“艺术字”按钮，在弹出的下拉列表中选择合适的样式，如图 6-36 所示。文档插入点位置出现艺术字文本框，输入文字后可以根据需要设置字体、字号、颜色等格式。

图 6-36 “艺术字”按钮的下拉列表

（2）设置艺术字格式。选中艺术字，在“文本工具”选项卡中可以对艺术字继续进行设置。例如，在“文本效果”下拉列表中可以设置艺术字的阴影、倒影、发光、三维旋转及转换效果等。

6.8.3 文本框设置

文本框可以放在文档的任意位置，用来存放文本或图形。

1. 插入文本框

（1）绘制文本框。单击“插入”选项卡中的“文本框”按钮，光标变成十字架状态，在文档中的合适位置单击或拖动鼠标即可绘制文本框。插入后光标自动位于文本框中，可直接输入文本。

（2）利用“预设文本框”下拉列表插入文本框。将光标定位在需要插入文本框的位置，然后单击“插入”选项卡中的“文本框”命令按钮右下角的三角形，打开“预设文本框”下拉列表，如图 6-37 所示，用户可根据需求选择相应的预设文本框。

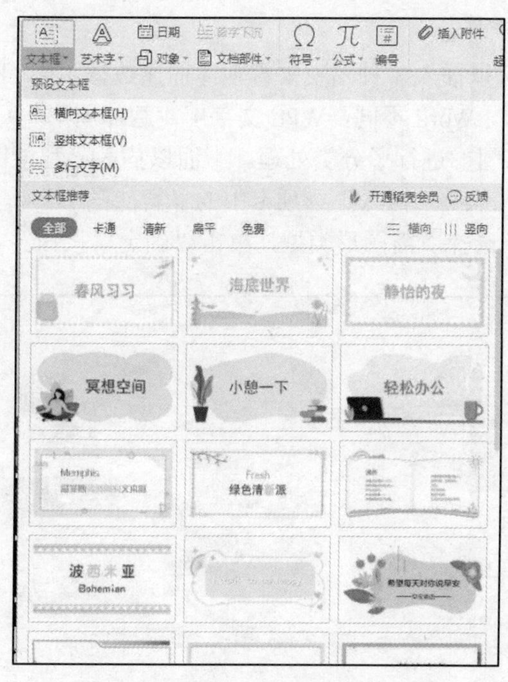

图 6-37　“预设文本框”下拉列表

2. 设置文本框格式

选中文本框，在“绘图工具”和“文本工具”选项卡中分别对文本框和文本框内的文字进行相关的设置；或者在文本框上右击，在弹出的快捷菜单中选择“设置对象格式”选项，在弹出的对话框中进行文本框与文字的相关设置。

6.8.4　绘制图形

WPS 文字可以根据文档内容及文档排版需要绘制不同的图形并设置图形格式。

（1）绘制图形。单击“插入”选项卡中的“形状”按钮，在下拉列表中选择所需形状，鼠标变为十字形，在文档中的合适位置拖动鼠标即可绘制选定的图形。

（2）编辑图形。选中图形，在“绘图工具”选项卡中可以对图形边框、填充效果、形状效果、旋转、尺寸等进行设置。

（3）添加文字。在图形上右击，在弹出的快捷菜单中选择“添加文字”命令，可在图形中输入文字。选中输入的文字可以设置文字格式。

（4）组合图形。利用 Ctrl 键选中多个图形，在其中的某个图形上右击，在弹出的快捷菜单中选择“组合”命令。若要取消组合，则在子菜单中选择“取消组合”；也可以通过“绘图工具”选项卡中的“组合”命令设置。

（5）设置叠放次序。绘制多个图形时，先绘制的图形处于下层，后绘制的图形处于上层。若要改变层次顺序，可以选中图形并右击，在弹出的快捷菜单中选择“置于顶层”或“置于底层”选项，在其子菜单中选择相应的选项；也可以通过“绘图工具”选项卡中的“上移一层”或“下移一层”命令进行设置。

6.8.5 SmartArt 图形

在 WPS 文字中用户可以插入多种图表来直观地描述数据，也可以使用 SmartArt 图形来表达多种信息之间的关系。与 Word 不同，WPS 文字用“智能图形”“关系图”“流程图”“思维导图”等图形将 SmartArt 图形进行了分类处理。下面以插入“智能图形”为例来进行说明。

（1）创建智能图形。单击“插入”选项卡中的“智能图形”按钮打开“选择智能图形”对话框，如图 6-38 所示。选择所需图形类型，单击“确定”按钮。

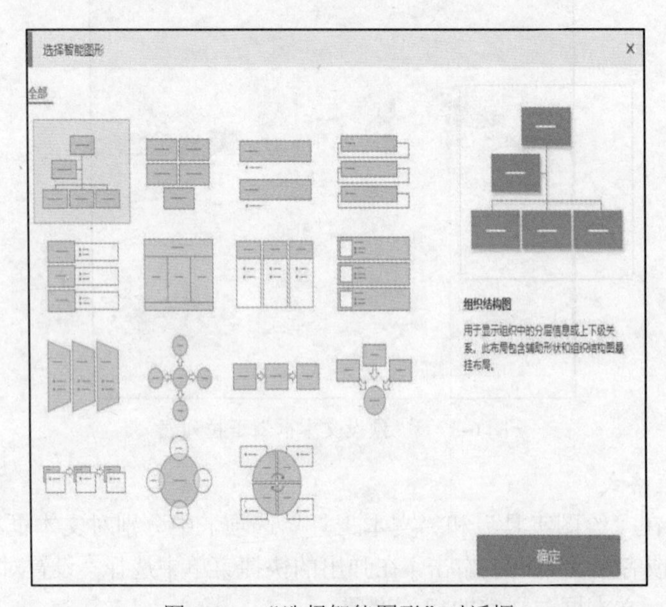

图 6-38 “选择智能图形”对话框

（2）设置智能图形。创建图形后，在智能图形中单击“文本”区域添加文字。选中图形，在“设计”和“格式”选项卡中可以对图形的样式、布局、文字效果等进行设置。

除此之外，WPS 文字还提供了“条形码”“二维码”“地图”“化学绘图”等图形，供用户使用。

6.8.6 编辑公式

编辑文档时，可以使用 WPS 文字提供的公式编辑器组件来完成数学公式的编辑与插入。

插入公式的操作方法为：将光标定位在公式插入的位置，单击“插入”选项卡中的“公式”按钮 打开“公式编辑器”组件，用户可以根据需求编辑与插入相应的数学公式，如图 6-39 所示。双击已经编辑完成的公式，WPS 文字将再次打开“公式编辑器”组件，用户可以在编辑器中对公式进行修改编辑。

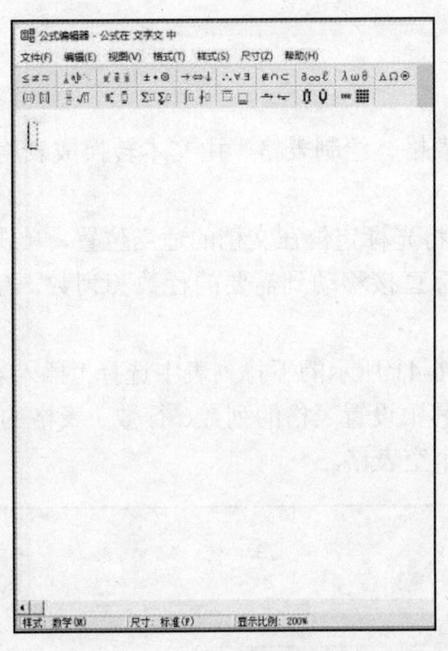

图 6-39　“公式编辑器”组件

6.8.7　水印背景设置

水印是文档背景中的文本或图片效果，WPS 文字中提供 12 种内置水印样式，可以直接应用，也可以自定义水印。

单击“插入”选项卡中的“水印”按钮，在下拉列表中选择某种内置样式，文档背景即出现相应样式的水印文字；选择“插入水印”选项，弹出“水印”对话框，可以设置图片或文字水印，还可以对文字内容、字体、字号、颜色、版式等进行设置，如图 6-40 所示。

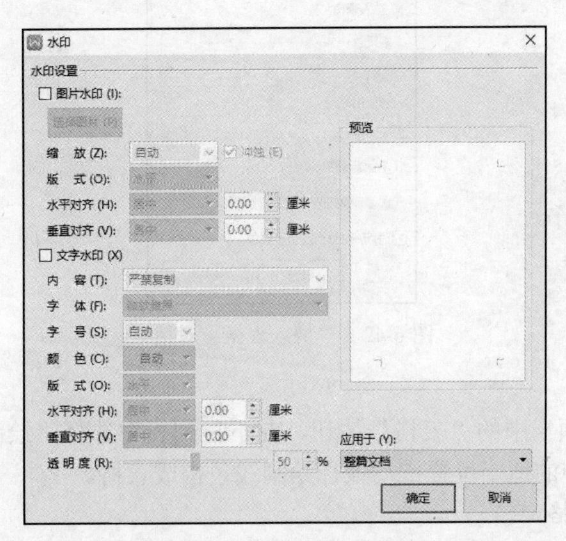

图 6-40　“水印”对话框

6.9 表格操作

6.9.1 创建表格

创建表格的方法有插入表格、绘制表格、由文本转换成表格等。

1. 插入表格

（1）使用功能区命令。将光标定位在文档的适当位置，单击“插入”选项卡中的“表格”按钮，在下拉列表中用鼠标直接移动到需要的行数和列数，单击即可创建一个空表格，如图 6-41 所示。

（2）使用对话框。在图 6-41 所示的下拉列表中选择“插入表格”选项，弹出“插入表格”对话框，如图 6-42 所示。在其中设置表格的列数、行数、表格的列宽、调整方式等，单击“确定”按钮，在插入点创建一个空表格。

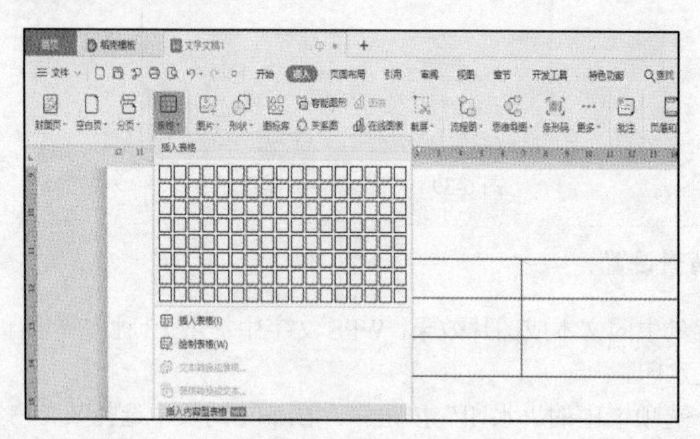

图 6-41 插入表格

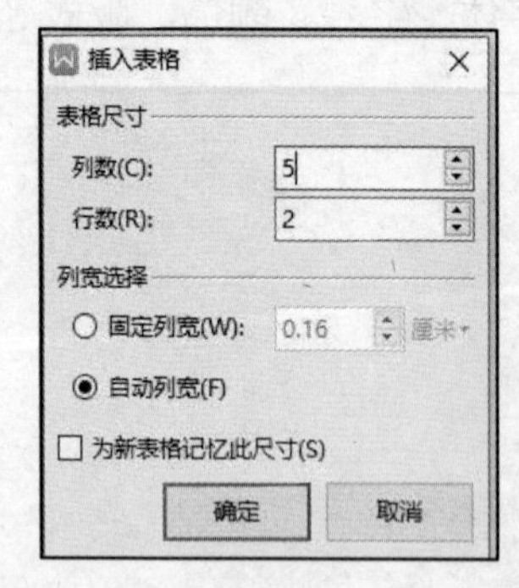

图 6-42 “插入表格”对话框

2. 绘制表格

单击“插入”选项卡中的“表格”按钮，在下拉列表中选择“绘制表格”选项，鼠标变成铅笔形状，在文档中的适当位置拖动鼠标绘制线条构成表格。

3. 文本转换成表格

WPS 文字中提供了文本和表格的相互转换功能，可以将特定格式的文本转换成表格，反之，也可以将表格转换成文本。

（1）文本转换为表格。使用该功能时，需要先输入表格内容，以回车符作为表格一行的结束标志，表中两列内容之间需要使用统一的英文符号间隔，如英文逗号、空格、制表符等。

内容输入后，选择内容文本，然后单击“插入”选项卡中的“表格”按钮，在下拉列表中选择“文本转换成表格”选项，弹出“将文字转换成表格”对话框，如图 6-43 所示。

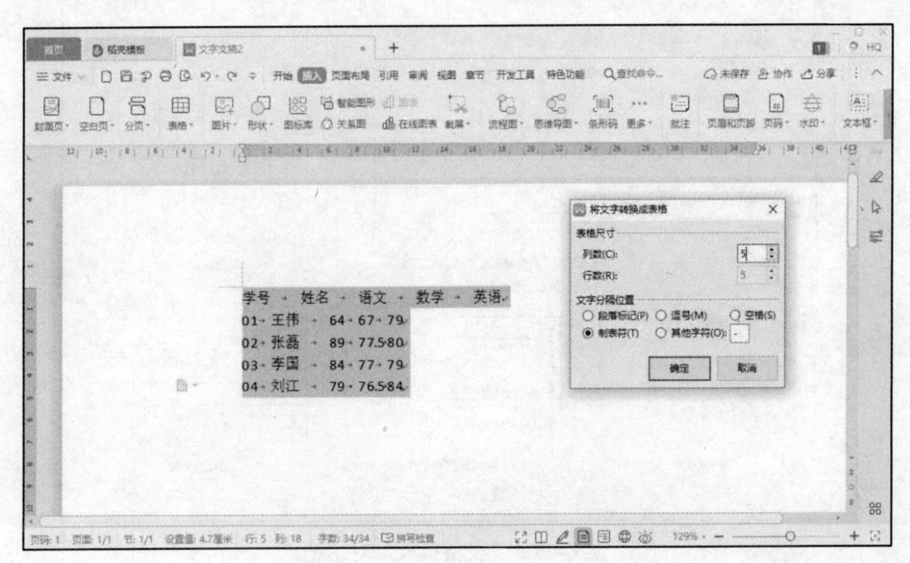

图 6-43　“将文字转换成表格”对话框

在其中设置需要转换成的表格的行数、列数和文字分隔位置等，单击“确定”按钮即将文本转换成了表格。

（2）表格转换为文本。选中表格，然后单击“插入”选项卡中的“表格”按钮，在下拉列表中选择“表格转成文本”选项，弹出“表格转换成文本”对话框，如图 6-44 所示。选择转换成文本后文字间的分隔符，单击“确定”按钮即将表格转换成了文本。

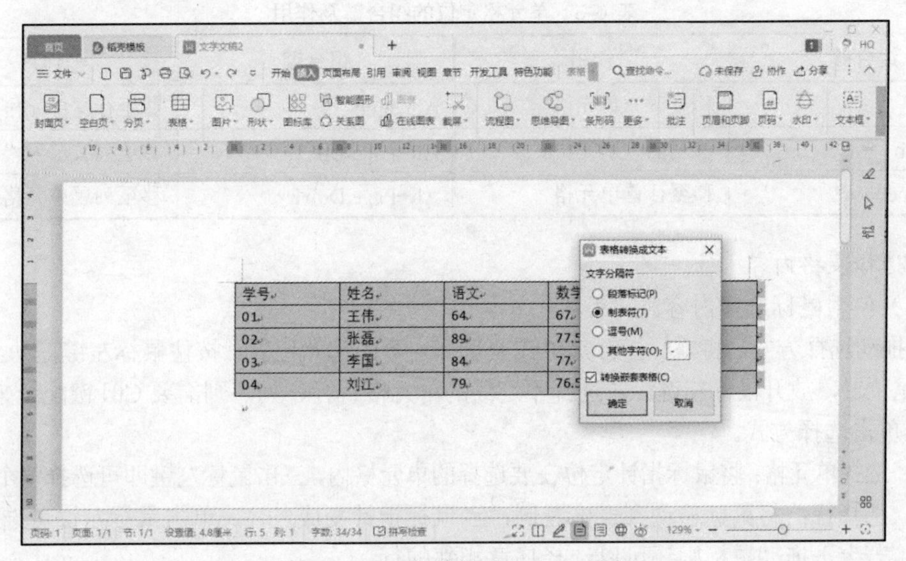

图 6-44　“表格转换成文本”对话框

4. 利用模板创建表格

WPS 文字提供了丰富的表格模板供用户使用，单击“插入”选项卡中的“表格”按钮，在下拉列表中选择最下方的表格模板名称，弹出“表格模板”对话框，利用模板可快速插入表格，如图 6-45 所示。

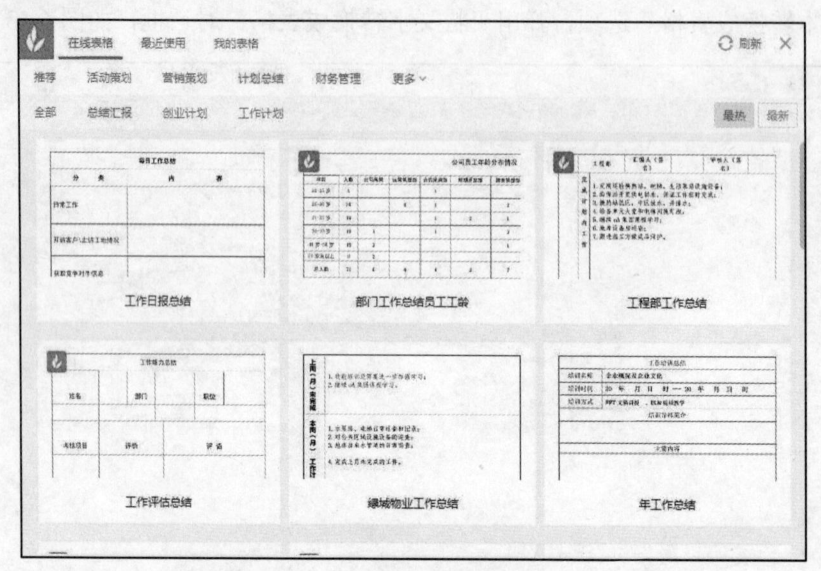

图 6-45 “表格模板”对话框

6.9.2 编辑表格

1. 定位单元格

在表格中输入数据前，需要将光标定位在单元格中，可直接单击表格中要输入数据的单元格定位，也可以使用键盘定位单元格。表 6-3 列出了单元格定位的组合键。

表 6-3 单元格定位的组合键及作用

组合键	作用	组合键	作用
Tab	移至下一单元格	Alt +End	移至行尾单元格
Shift+Tab	移至上一单元格	Alt+Page Up	移至列首单元格
Alt+Home	移至行首单元格	Alt+Page Down	移至列尾单元格

2. 选择表格内容

（1）使用鼠标选择内容。

1）拖动选择方式。将鼠标指针定位在要选择内容的起始位置，按住鼠标左键拖动至选择内容的结尾位置，放开鼠标左键。若选择不连续的单元格、行、列，则需要 Ctrl 键配合来完成。

2）单击选择方式。

- 选择单元格：将鼠标指针定位在要选择的单元格内，三击鼠标左键即可选择整个单元格。
- 选择行：将鼠标移动到表格左侧，当鼠标指针变成↗时，单击鼠标左键可选择一行，若上下拖动鼠标则还可以选择任意相邻的行。

- 选择列：将鼠标移动到要选择的列的上方，当鼠标指针变为⬇时，单击鼠标左键可选择一列，若左右拖动鼠标则还可以选择任意相邻的列。
- 选择整个表格：将鼠标移动到表格上，在表格左上角会显示出一个⊞图标，单击该图标可以选择整个表格。

（2）使用键盘选择内容。选择表格内容的常用组合键及作用如表 6-4 所示。

表 6-4　选择表格内容的常用组合键及作用

组合键	作用
Shift+方向键	选择方向键所指方向上的相邻单元格
Shift+单击鼠标左键	选择鼠标单击位置与光标之间的所有内容
Alt+小键盘 5（Num Lock=off）	选择整张表格

（3）使用功能区选择内容。将光标定位在表格内，单击“表格工具”选项卡中的“选择”按钮，在下拉列表中选择表格、行、列或单元格选项。

3. 修改表格

修改表格包括表格、行、列或单元格的插入、删除和修改。

（1）插入行、列或单元格。

1）插入行、列：将光标定位到表格需要插入行、列的位置，单击“表格工具”选项卡“插入单元格”组中的相应命令；或者在表格的相应单元格内右击，在弹出的快捷菜单中选择“插入”选项，在其子菜单中选择插入行、列及插入位置。

2）插入单元格：将光标定位到表格需要插入单元格的位置，单击“表格工具”选项卡中的“插入单元格”按钮，弹出“插入单元格”对话框，在其中选择插入方式，如图 6-46 所示。

（2）删除行、列、单元格或表格。选中要删除的行、列、单元格或表格，然后单击“表格工具”选项卡“插入单元格”组中的“删除”按钮，在下拉列表中选择删除方式，可以删除指定的对象；在表格中选中删除区域后右击，在弹出的快捷菜单中选择“删除”选项，也可以完成删除操作。

（3）清除表格、行、列或单元格的内容。

选中要清除内容的表格、行、列或单元格，然后按 Delete 键。

4. 拆分表格、拆分单元格与合并单元格

（1）拆分单元格。将光标定位在需要拆分的单元格上，然后单击“表格工具”选项卡中的“拆分单元格”按钮，弹出如图 6-47 所示的“拆分单元格”对话框；也可以在单元格上右击，在弹出的快捷菜单中选择“拆分单元格”命令打开对话框。在对话框中输入要拆分的行数和列数，单击“确定”按钮即可完成拆分操作。

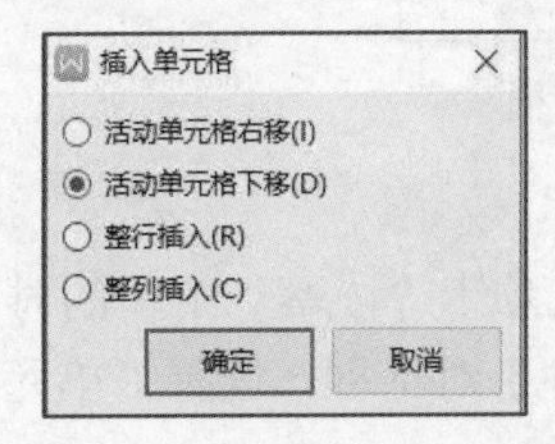

图 6-46　“插入单元格”对话框

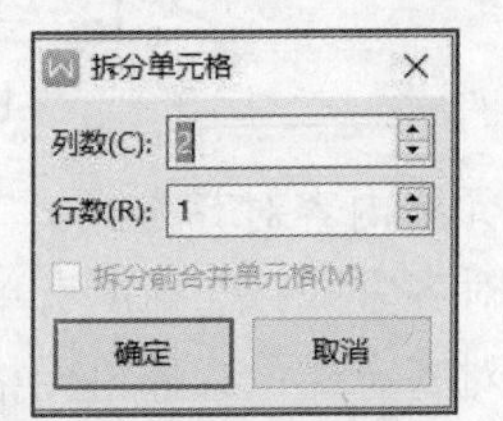

图 6-47　“拆分单元格”对话框

如果选择了几个相邻的单元格一起进行拆分，则在对话框中选择“拆分前合并单元格”复选项，表示先合并后拆分。

（2）合并单元格。选择相邻的、需要合并的单元格，单击“表格工具”选项卡中的“合并单元格”按钮，可以将选择的单元格合并成一个单元格。也可以在选中的单元格上右击，在弹出的快捷菜单中选择“合并单元格”命令来实现。

（3）拆分表格。将光标定位到表格要拆分的位置，然后单击“表格工具”选项卡中的“拆分表格”按钮，将表格分为两个部分。

（4）合并表格。只需将两个表格之间的空行删除。

5. 绘制斜线表头

将光标放在表格中，单击“表格样式”选项卡中的“绘制斜线表头”按钮，弹出“斜线单元格类型”对话框，选择所需的斜线类型，单击“确定”按钮，如图 6-48 所示。

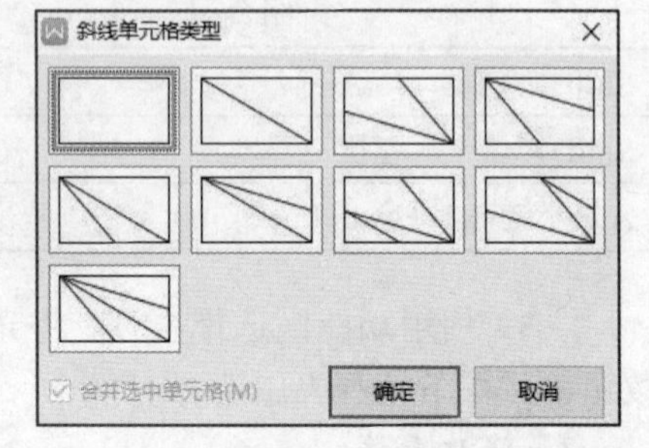

图 6-48 “斜线单元格类型”对话框

6.9.3 美化表格

1. 设置表格对齐方式

（1）表格在文档中的对齐方式。

1）选中整张表格，单击“开始”选项卡“段落”组中的对齐方式命令。

2）右击表格，在弹出的快捷菜单中选择“表格属性”选项，弹出“表格属性”对话框，在“表格”选项卡中设置对齐方式和文字环绕方式，如图 6-49 所示。

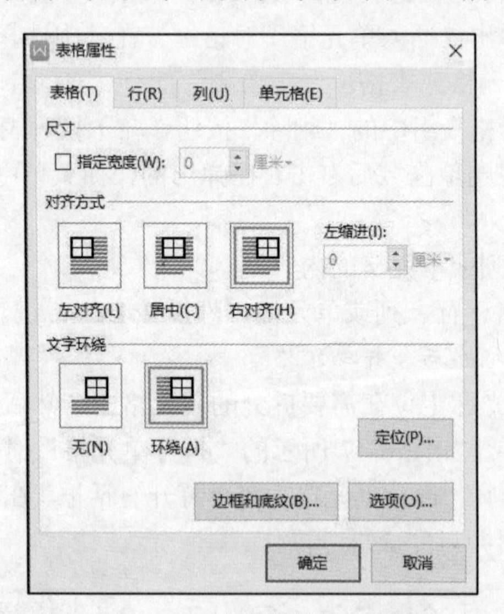

图 6-49 “表格属性”对话框

（2）单元格内容对齐方式。

1）水平对齐方式：选择所有单元格，单击“开始”选项卡“段落”组中的对齐方式命令。

2）垂直对齐方式：选择单元格区域，打开“表格属性”对话框，选择“单元格”选项卡，选择垂直对齐方式，单击“确定”按钮。

3）快速设置对齐方式：WPS 文字提供了 9 种单元格内容快速对齐方式，可快速完成水平和垂直方向的对齐设置。选择需要设置的所有单元格，单击“表格工具”选项卡中的“对齐方式”按钮，在下拉列表中选择所需的对齐方式命令；或者在选中的单元格上右击，在弹出的快捷菜单中选择“单元格对齐方式”，在子菜单中直接选择所需的对齐方式。

2. 设置表格属性

（1）调整行高和列宽。

1）使用鼠标拖动。将鼠标指针移动到要调整的单元格的边框线上，当鼠标指针变成 ÷ 或 ⫲ 时，按下鼠标左键拖动到所需的高度或宽度后释放鼠标。

2）使用功能区命令。将插入点定位在要调整的单元格，在“表格工具”选项卡的“高度”或“宽度”文本框中输入合适的数值。

3）使用对话框。右击表格并选择“表格属性”选项，弹出“表格属性”对话框，在其中选择“行”或“列”选项卡，可以精确设置行高和列宽。

4）快速调整分布方式。单击“表格工具”选项卡中的“自动调整”按钮，在弹出的下拉列表中可以选择分布方式。

（2）设置表格、行、列及单元格。将光标定位在表格中，单击“表格工具”选项卡中的“表格属性”按钮；或在表格中右击，在弹出的快捷菜单中选择“表格属性”，弹出“表格属性”对话框，在其中可以对表格、行、列、单元格进行相关的设置。

3. 表格的边框和底纹

在 WPS 文字中，可以为整个表格、选择的区域、行、列或单元格添加边框和底纹。

选择需要设置边框或底纹的单元格区域，在“表格样式”中可以选择线条样式、粗细、边框颜色，也可以单击“表格样式”中的“边框”按钮，通过弹出的下拉列表中的框线选项完成边框设置，如图 6-50 所示；也可以选择“边框和底纹”选项，弹出“边框和底纹”对话框，在其中对表格进行边框和底纹的设置，如图 6-51 所示。

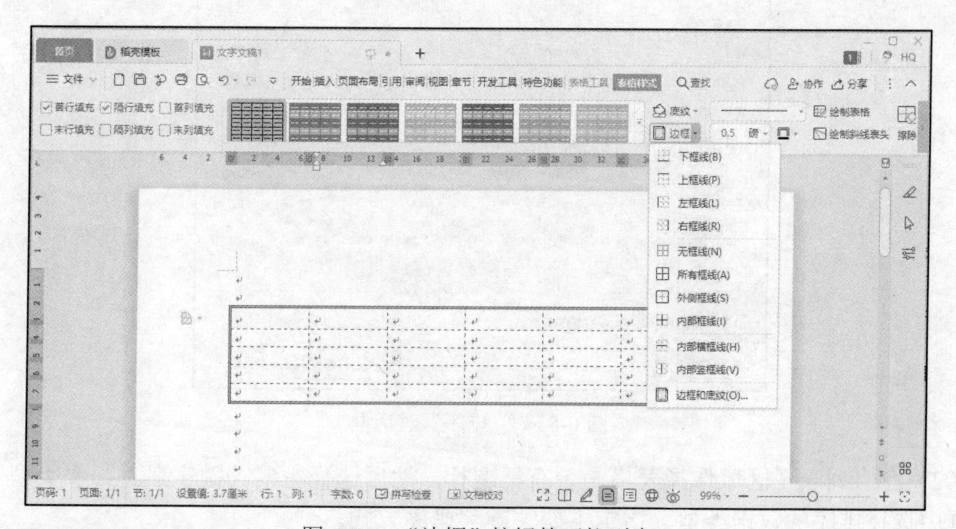

图 6-50　“边框”按钮的下拉列表

4. 表格样式应用

WPS 文字中提供了多种内置表格样式，可直接应用于表格。应用样式时，单击表格，在

“表格样式”组的“样式”列表中选择所需的样式，如图 6-52 所示。

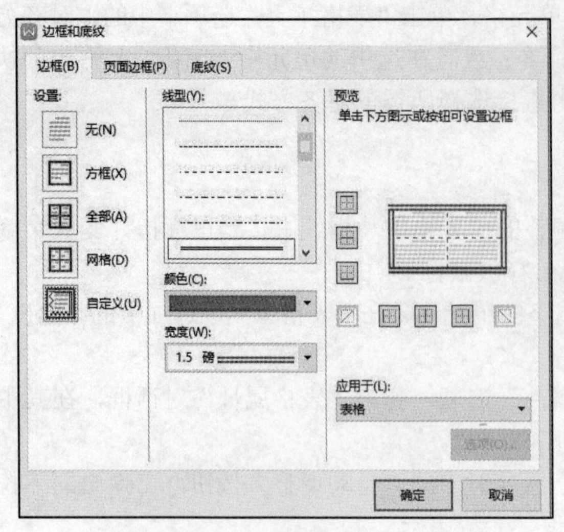

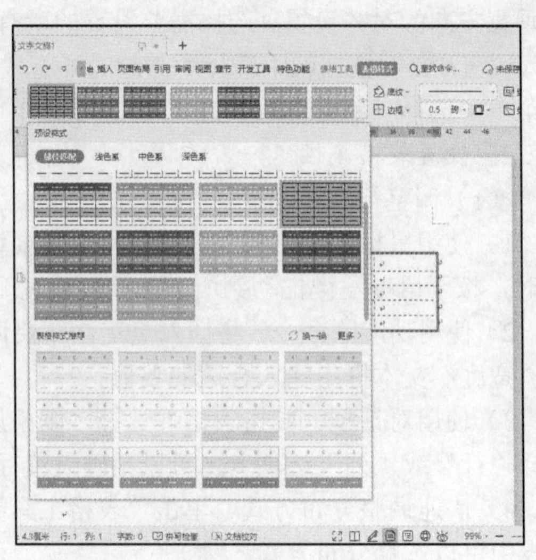

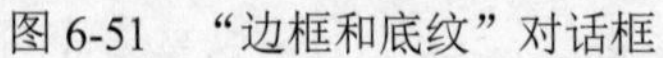
图 6-51 “边框和底纹”对话框　　　　图 6-52 表格应用样式

6.9.4 表格数据处理

1. 表格内数据的排序

表格内容可以根据数字、日期、笔画或拼音顺序排序，数据可进行升序或降序排列，操作过程如下：

（1）将光标定位在表格内，单击“表格工具”选项卡中的“排序”按钮，弹出“排序”对话框，如图 6-53 所示。可根据需求设置排序的关键字以及排序依据和排序方式。

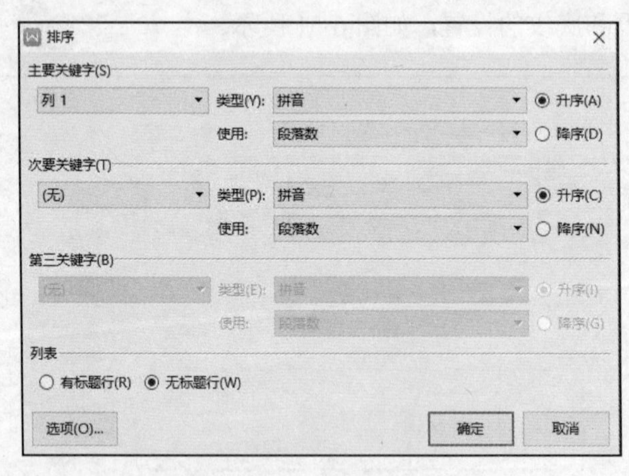

图 6-53 “排序”对话框

（2）在“列表”区域选择表格是否有标题行，然后选择主要关键字名，在“类型”下拉列表框中选择排序的数据类型，指定主要关键字排序方式。

（3）如果以多列作为排序的依据，可以继续选择次要关键字名或第三关键字名、数据类型及排序方式。

（4）单击“确定”按钮完成排序操作。

2. 表格内数据的计算

WPS 文字中提供了一些常用的函数对表格中的数据进行计算，用户也可以根据实际问题输入公式来完成计算。具体操作步骤如下：

（1）将光标移至放置计算结果的单元格内，单击“表格工具”选项卡中的“fx 公式”按钮 fx 公式，弹出“公式”对话框，如图 6-54 所示。

图 6-54　“公式”对话框

（2）在“公式”文本框中输入相应的函数，也可以利用“辅助”区域中的“数字格式”来设置结果显示的格式，在“粘贴函数”中可以选择相应的函数，在“表格范围”中可以设置参与计算的数据范围。

（3）单击“确定”按钮得到计算结果。也可根据单元格地址自定义计算区域，单元格地址用其所在列号+行号表示。WPS 文字对表格中的行用数字 1，2，3，…进行标记，列用字母 A～Z 进行标记，不区分大小写。计算区域可以是连续或不连续的若干单元格。连续的计算区域使用区域中开始和结尾的单元格地址作为标识，中间用冒号间隔，如=SUM(A1:C2)；不连续的计算区域需要列出涉及的单元格地址，中间用逗号间隔，如=SUM(Al,B2:E2)。

除系统提供的函数外，用户也可直接输入公式进行计算，如=C2/E2。

WPS 文字针对一些常用的计算操作提供了快速计算命令，可单击“表格工具”选项卡中的“快速计算”按钮，在弹出的下拉列表中选择相应的计算方式完成快速计算。

6.10　页面设置与打印

6.10.1　页面设置

1. 设置页边距

（1）使用内置页边距。在“页面布局”选项卡的“页面设置”组中可以对上、下、左、右页边距进行设置。

（2）自定义页边距。单击“页面布局”选项卡“页面设置”组中的“页边距”按钮，在弹出的下拉列表中选择“自定义页边距”选项；或者在“页面布局”选项卡“页面设置”组的右下角单击，弹出“页面设置”对话框，如图 6-55 所示。

1）设置页边距。在“页边距”选项卡中通过修改上下左右和装订线距离的值可以改变文档输入区的大小。

2）设置纸张方向。在“方向”区域中可以改变页面的纵横显示方式；也可以单击“页面布局”选项卡“页面设置”组中的“纸张方向”按钮，在下拉列表中选择纸张方向。

3）设置应用范围。在“预览”区域内可以指定设置应用的范围，包括“整篇文档”和“插入点之后”。

若希望将此设置作为以后的默认设置，可以单击“默认”按钮。

2. 设置纸张

在“页面设置”对话框中单击“纸张”选项卡，如图 6-56 所示。

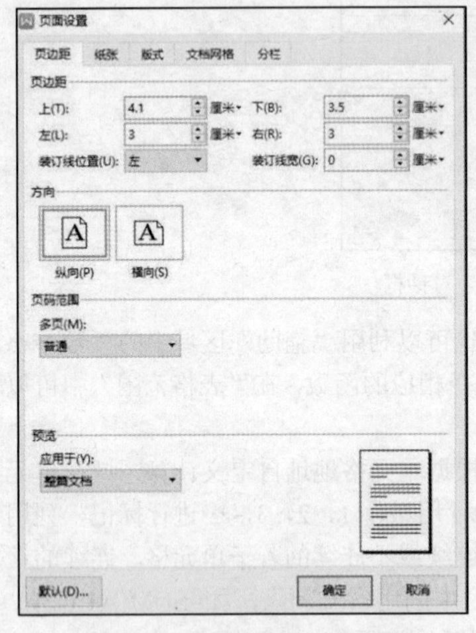

图 6-55 “页面设置”对话框

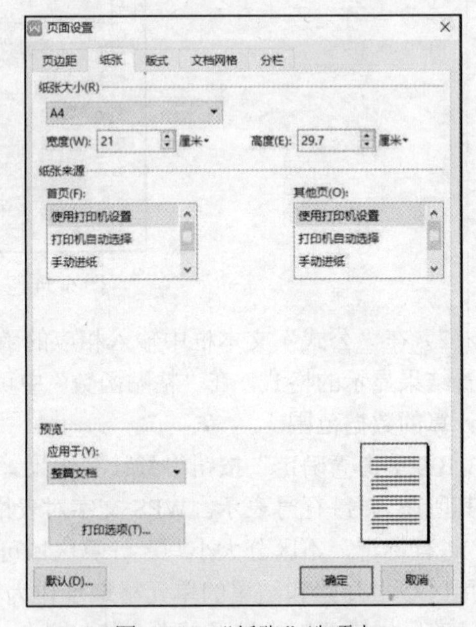

图 6-56 “纸张”选项卡

（1）设置纸张大小。可以选择标准纸型，也可以自定义纸张的宽度和高度。

（2）设置纸张来源。选择“首页”的进纸方式和“其他页”的进纸方式。

（3）设置应用范围。在“预览”区域内指定上述设置的应用范围。

3. 设置版式

在“页面设置”对话框中单击“版式”选项卡，如图 6-57 所示。

（1）设置节。整个文档可以是一节，也可以将文档分成几节，各节之间由用户插入的分节符隔开。节的起始位置可以从“节的起始位置”下拉列表框中选择。

（2）设置页眉和页脚。在“页眉和页脚”区域内设置页眉和页脚在各文档页中是否相同，以及距边界的距离。如果选择“奇偶页不同”，则奇数页和偶数页显示不同的页眉和页脚；如果选择“首页不同”，可以为节或文档的首页创建一个不同于其他文档页的页眉和页脚。

4. 设置文档网格

在“页面设置”对话框中单击“文档网格”选项卡，如图 6-58 所示。

（1）设置文字排列。在“文字排列”区域内设置文字排列的方向。

（2）设置网格。在“网格”区域内可以选择合适的网格类型。

（3）设置字符数。在“字符”区域内可以设置每行的字符数。

（4）设置行数。在“行”区域内可以设置每页的行数。

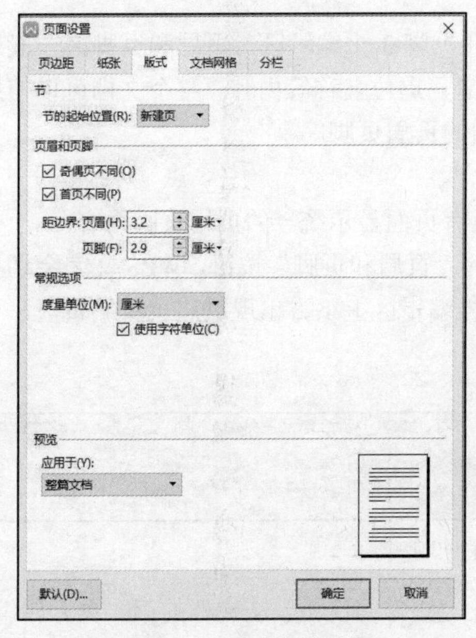

图 6-57　“版式”选项卡

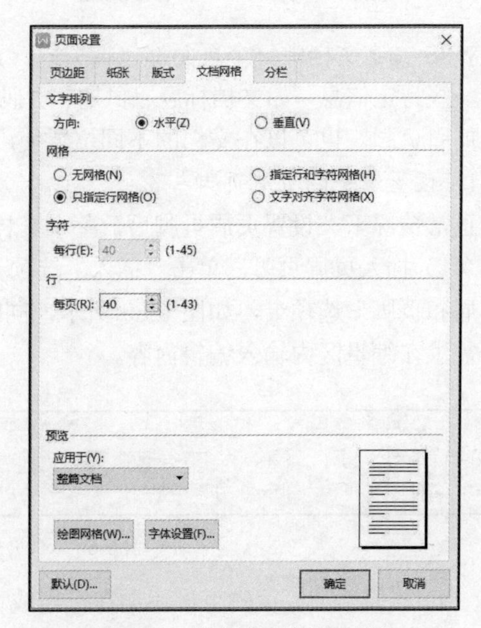

图 6-58　“文档网格”选项卡

6.10.2　设置分页与分节

1. 分页

正常情况下，文档以页为单位，当内容排满一页时会自动换至下一页。用户也可以强制分页。强制分页需要使用 WPS 文字提供的分页符功能，有以下 3 种方法：

（1）将光标定位在需要分页的位置，单击“插入”选项卡中的“分页”按钮，在弹出的下拉列表中根据需求进行分页符的插入。

（2）将光标定位在需要分页的位置，单击“页面布局”选项卡“页面设置”组中的“分隔符”按钮，在弹出的下拉列表中选择相应的分隔符，如图 6-59 所示。

（3）将光标定位在需要分页的位置，按组合键 Ctrl+Enter。

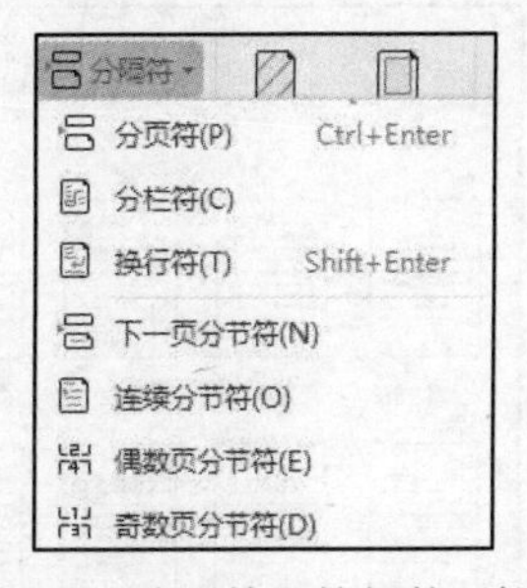

图 6-59　“分隔符”按钮的下拉列表

2. 分节

默认情况下，整个 WPS 文字文档使用相同的页面格式（如页眉、页脚、纸张大小等），若需要在一个文档的不同部分使用不同的页面设置，可以将文档分成几个相对独立的部分，称为“节”。使用“分节符”来完成文档分节。

分节时，将光标放在需要分节的位置，然后单击“插入”选项卡中的“分页”按钮，或者单击“页面布局”选项卡“页面设置”组中的“分隔符”按钮，在弹出的下拉列表中选择不同类型的分节符即可将文档分成多节。

6.10.3 页眉、页脚和页码的设置

WPS 文字文档中每个页面都包括页眉、正文和页脚 3 个编辑区，页眉和页脚区一般用来显示一些特定信息，如文档标题、日期、页码、作者、单位名称等内容。整个文档可以使用相同的页眉页脚，也可以在文档的不同位置使用不同的页眉页脚。

1. 设置统一的页眉页脚

正常情况下，设置页眉页脚后，整个文档的所有页面显示统一的页眉页脚内容。

（1）插入页眉页脚。单击“插入”选项卡中的“页眉和页脚”按钮，WPS 文字会切换到“页眉和页脚”选项卡，如图 6-60 所示，同时文档编辑区上下方出现页眉页脚编辑区，可以根据需求在编辑区内输入编辑内容。

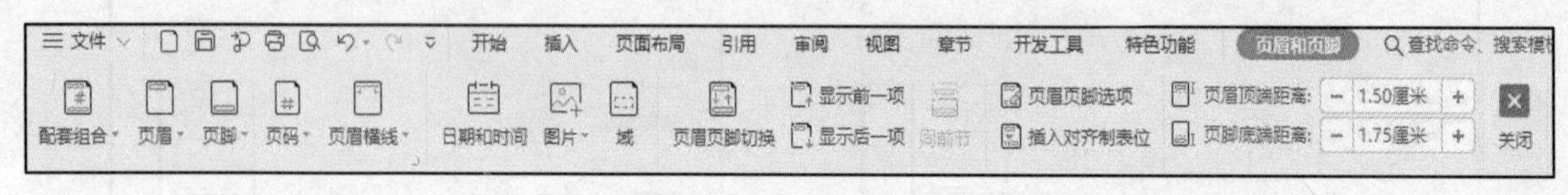

图 6-60 “页眉和页脚”选项卡

（2）设置页码。页码可以添加在页眉或页脚上，正常情况下，从文档的第一页开始编码，直至最后一页。设置方法如下：

1）单击“插入”选项卡中的“页眉和页脚”按钮打开“页眉和页脚”选项卡，单击“页码”按钮，在弹出的下拉列表中选择页码位置和内置的页码样式，相应样式的页码出现在相应位置上，如图 6-61 所示。

2）在“页码”按钮的下拉列表中选择“页码”选项，弹出“页码”对话框，如图 6-62 所示。在其中可以修改样式、位置、页码编号的起始页码等，最后单击“确定”按钮。

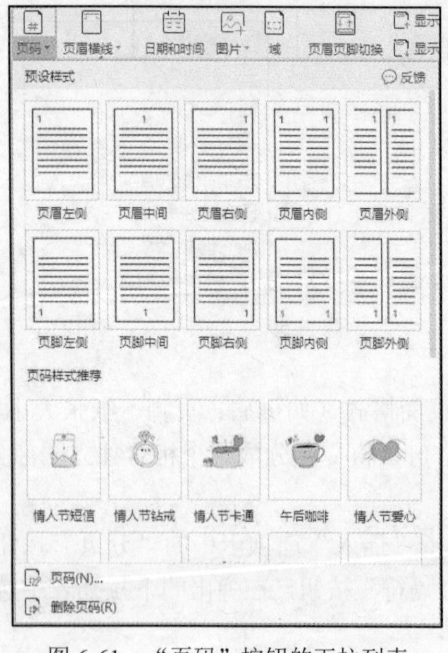

图 6-61 “页码”按钮的下拉列表

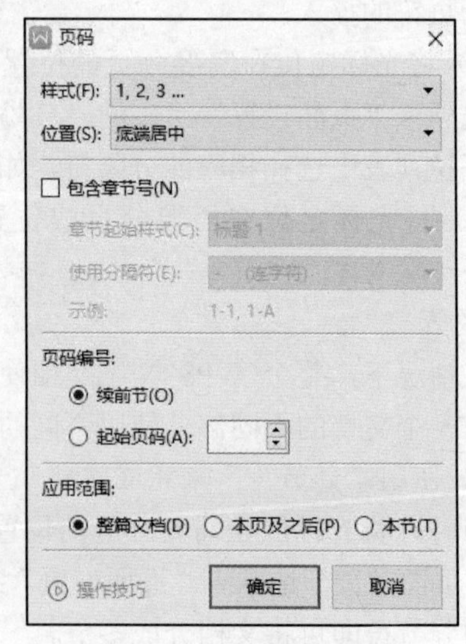

图 6-62 “页码”对话框

2. 设置不同的页眉页脚

WPS 文字允许在文档的不同位置设置不同的页眉页脚内容，通过在文档的不同位置插入分隔符来实现。

（1）首页不同或奇偶页不同。

单击“页眉和页脚”选项卡中的“页眉页脚选项”按钮，弹出“页眉/页脚设置”对话框，如图 6-63 所示。

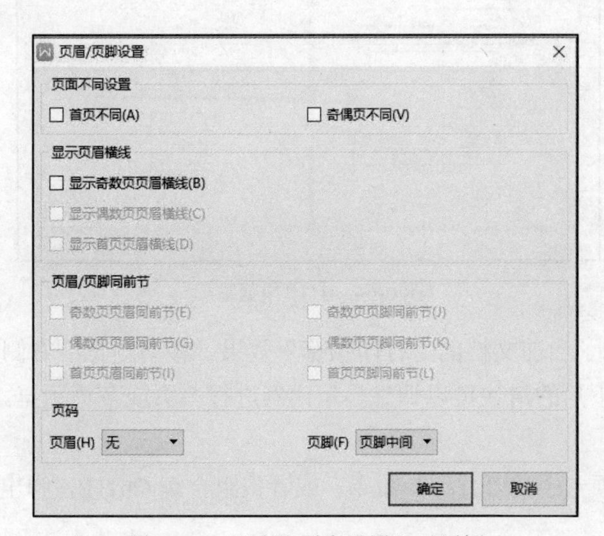

图 6-63　“页眉/页脚设置”对话框

“首页不同”选项表示第一页的内容与后续页的内容不一致，“奇偶页不同”选项表示奇数页和偶数页的内容不一致。根据需求对相应的选项进行勾选，单击“确定”按钮，然后在非首页或偶数页的页眉区输入内容即可完成设置。

（2）在文档的不同位置设置不同的页眉页脚。

在文档的不同位置设置不同的页眉页脚需要将文档分节，操作过程如下：

1）将光标定位在文档中需要分节的位置，然后单击“插入”选项卡中的“分页”按钮，在下拉列表中选择“下一页”分节符，WPS 将在光标处插入分节符并从下一页开始新节，文档被分成两节。

2）单击“页眉和页脚”选项卡中的“页眉页脚选项”按钮，弹出“页眉/页脚设置”对话框。

3）在“页眉/页脚同前节”区域中进行设置。

6.10.4 打印预览及打印

1. 打印预览

打印预览用于显示打印后的实际效果。在打印前可以通过打印预览来查看效果，如果效果不满意可以回到编辑状态进行修改。

（1）单击“文件”选项卡中的“打印预览”命令，或者单击快速访问工具栏中的按钮，均可进入打印预览窗口，如图 6-64 所示。

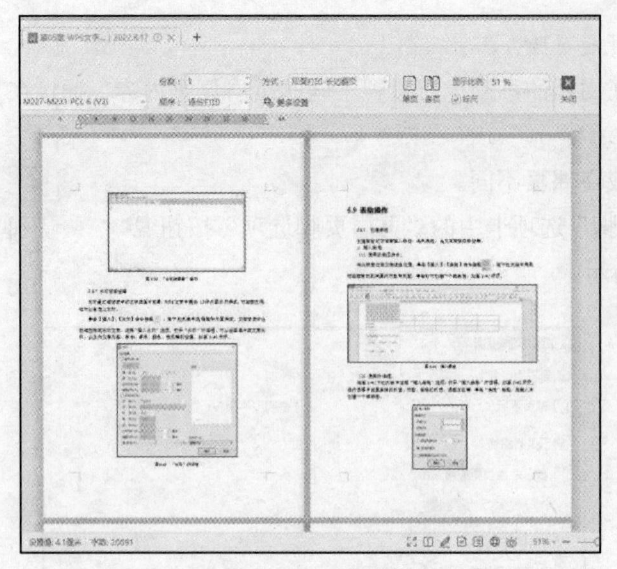

图 6-64 打印预览窗口

（2）在其中显示了当前文档的“打印预览”效果。移动预览区右侧的滚动条可以预览文档的其他页，拖动右下角的滑块可以调整显示比例进行单页或多页预览。

2. 打印文档

单击“文件”选项卡中的“打印”命令，或者按组合键 Ctrl+P，弹出“打印”对话框，如图 6-65 所示。

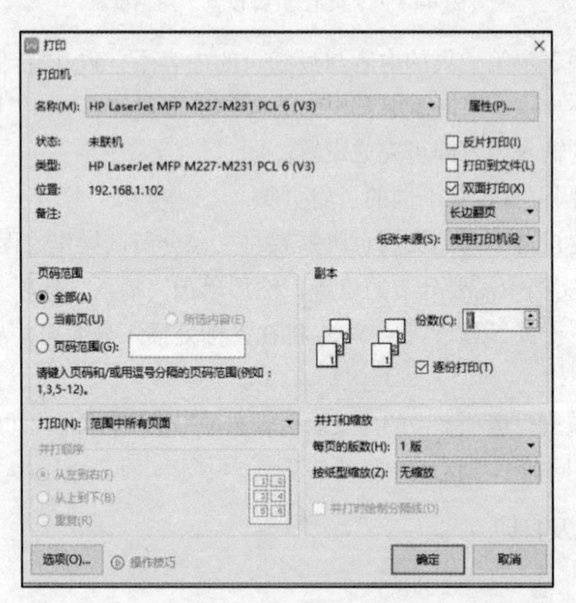

图 6-65 “打印”对话框

（1）设置打印份数。在“份数”文本框中设置每页打印的份数。

（2）设置打印机。在“打印机”区域的“名称”下拉列表框中选择打印机。

（3）设置打印范围。在“页码范围”区域中选择打印范围，或者在“页码范围”文本框中输入打印页数，如“1,6,9-16”，表示打印文档的第 1 页、第 6 页和第 9～16 页。

此外，还可以设置单面或双面打印、打印方向、纸张大小、页边距、每版打印页数等。设置完成后单击“打印”按钮即可进行打印。

6.11 特色功能

WPS 文字为 WPS 会员提供了一系列的特色功能，包括全文翻译、论文查重、论文排版、简历助手等。单击“特色功能”选项卡可以看到 WPS 文字提供的特色功能，如图 6-66 所示。

图 6-66　WPS 文字的特色功能

主要包括五大版块：输出转换、文档助手、安全备份、分享协作、资源中心。使用这些特色功能可有效提高文档的处理速度，但必须是 WPS 会员账号才能使用。

（1）“输出转换”版块：包括 PDF 文档转 Word/Excel/PPT、图片转文字、输出为 PDF/图片、文件的拆分与合并、PDF 文件压缩与转换等，如图 6-67 所示。

图 6-67　“输出转换”版块

（2）“文档助手”版块：包括全文翻译、论文查重、论文排版、文档校对、截图取字、朗读、论文版式、几何图等，如图 6-68 所示。

图 6-68　“文档助手”版块

（3）“安全备份”版块：包括文档修复、数据恢复、文档权限、文档认证等，如图 6-69 所示。

图 6-69 “安全备份”版块

（4）“分享协作”版块：包括屏幕录制、乐播投屏、在线协作、秀堂、写得等，如图 6-70 所示。

图 6-70 “分享协作”版块

（5）“资源中心”版块：包括简历助手、云字体等，如图 6-71 所示。

图 6-71 “资源中心”版块

第 7 章　WPS 电子表格

WPS 电子表格是金山办公组件中的一个模块，具有表格编辑、数值计算、数据管理、图表制作等功能，因其在数据处理方面的简单高效和功能强大，被广泛应用于金融统计、财务报表、企业管理等方面。

7.1　电子表格的功能及界面

7.1.1　电子表格的主要功能

本节主要介绍 WPS 电子表格的功能以及界面构成。

WPS 电子表格软件的主要功能有数值计算（如计算每位学生的总分、平均分、最高分和最低分，如图 7-1 所示）、数据处理（可以根据学生的总分进行对应等级的划分，也可以根据学号或性别进行排序、筛选、分类统计等，如图 7-2 所示）、图表制作（可以利用数据表中的数据制作柱状图、圆饼图等各类数据图表，如图 7-3 所示）。

数值计算

学号	性别	语文	数学	总分	平均分	最高分	最低分
002	男	80	89	169	84.5	89	80
003	男	63	54	117	58.5	63	54
004	男	78	82	160	80	82	78
005	女	80	66	146	73	80	66
006	女	72	98	170	85	98	72
007	女	52	95	147	73.5	95	52

图 7-1　数值计算

数据处理

学号	性别	语文	数学	总分	等级
002	男	78	45	123	合格
003	男	63	68	131	合格
004	男	78	82	160	良好
005	女	80	66	146	良好
006	女	72	98	170	良好
007	女	52	45	97	不合格
008	男	99	90	189	优秀
009	男	78	82	160	良好

图 7-2　数据处理

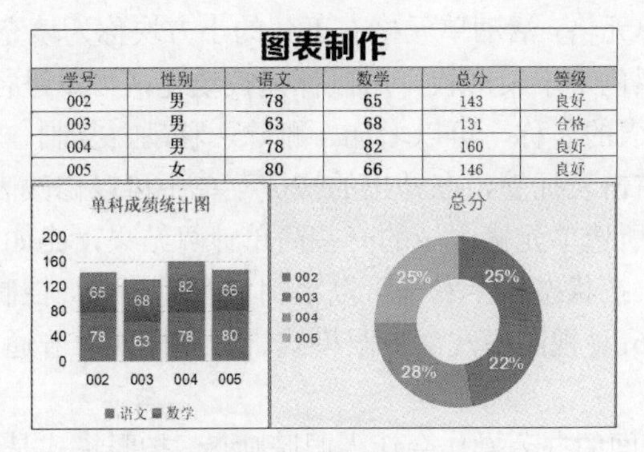
图表制作

学号	性别	语文	数学	总分	等级
002	男	78	65	143	良好
003	男	63	68	131	合格
004	男	78	82	160	良好
005	女	80	66	146	良好

图 7-3　图表制作

7.1.2　电子表格软件的工作界面

WPS 电子表格软件的工作界面主要由 11 个部分构成，如图 7-4 所示。

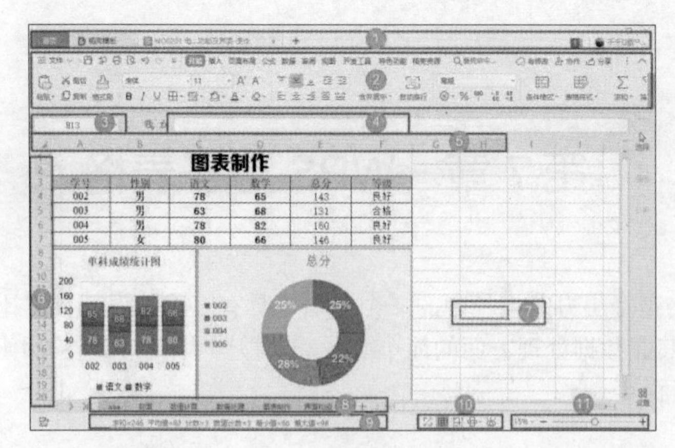

图 7-4 WPS 电子表格软件工作界面

（1）标题栏：显示当前打开的文档，可以新建文档、关闭文档，通过拖拽可以调整文档位置。在标题栏右侧还有一个会员登录按钮，登录会员有两个特殊用途：一是可以实现不同地点的计算机间文件共享；二是可以使用 WPS 的一些高级功能，如文件拆分、合并、文档转换等。

（2）选项卡和功能区：列出了电子表格的主要功能选项卡，每个选项卡对应数量不等的按钮。通过这些按钮可以对电子表格进行相应的操作。

（3）地址栏：显示光标所在的行列交叉点名称（列号+行号），如果选择的是一个区域，那么地址栏中就显示区域内第一个单元格的地址。

（4）编辑栏：显示单元格中编辑的内容，单元格中的内容如果是文本，地址栏跟单元格的内容是一致的。单元格中如果使用了公式，则单元格中显示的是计算结果（编辑状态下显示公式），编辑栏中则显示公式。

（5）列标签：列标签由字母构成，分别用 A，B，…，AA，AB 等字母表示，共有 16384 列。

（6）行标签：行标签由数字构成，分别用 1，2，3，4 等数字表示，共有 1048576 行。

（7）单元格：每一个行列交叉点就是一个单元格，用来存放数据、公式、计算结果。被选中的单元格称为活动单元格，活动单元格右下角的小方块称为填充柄。当鼠标移动到填充柄的位置时鼠标指针变成黑色十字架形状，用鼠标拖拽填充柄可以进行数据或公式的快速填充。

（8）表标签：显示表的名称，可以增加、删除、移动、复制、重命名，双击表标签可以对表标签进行重命名。右击表标签，在弹出的快捷菜单中可以修改表标签的颜色。

（9）状态栏：显示所选单元格区域的一些简单计算结果，比如所选单元格区域数值数据的个数、总和、平均值。在状态栏上右击可以定制状态栏功能，控制状态栏上显示的内容。

（10）视图区：有 6 种视图模式（护眼模式、阅读模式、普通视图、页面视图、分页预览、全屏显示）。

- 护眼模式：长时间的办公操作会让人眼睛疲劳，护眼模式是指通过浅绿色的背景来降低视网膜上感光细胞的光线刺激。
- 阅读模式：在此模式下，选中一个单元格，会发现此单元格所在行列被填充某种颜色突出显示，方便查看与当前单元格处于同一行列的相关数据。单击箭头可以选择不同的颜色。

- 普通视图：在普通视图中查看工作表，并且可以进行电子表格文档的编辑。
- 页面视图：查看打印文档的外观，这是检查文档的起始位置和结束位置以及页面上的任何页眉和页脚的好方式。
- 分页预览：可以预览当前工作表打印时的分页位置。
- 全屏显示：隐藏菜单栏和状态栏，方便用户查看更多的文档内容。按 Esc 键可退出全屏显示，返回到普通模式。

（11）缩放区：可对文档进行缩放查看，不影响打印大小，通过 Ctrl+鼠标滚轮可快速进行电子表格文档的缩放和查看。

7.2　电子表格的基本概念

1. 工作簿

工作簿类似于一本书或一本账册，在 WPS 电子表格软件中，工作簿就是一个文件，文件扩展名为.et，为了兼容微软的 Excel 文档，也可以将扩展名保存为.xls 或.xlsx。一个工作簿可以包含多张工作表。

2. 工作表

工作表是显示在工作簿窗口中的表格，是一种二维表。工作表由行和列交叉的单元格组成，存储在工作簿中。每张工作表都有一个标签，其上显示的就是该工作表的名称。工作表的默认名称为 Sheet1、Sheet2、Sheet3 等。

3. 单元格

工作表中行和列交叉形成的白色长方格称为单元格。纵向的称为列，列标用字母 A～XFD 表示，共 16384 列；横向的称为行，行标用数字 1～1048576 表示，共 1048576 行。单元格名称由列标和行标组成，例如第一行第一列的单元格名称为 A1，最后一个单元格的名称是 XFD1048576。每个单元格都可以存储字符、数值和日期等类型的数据，其中数据通过其名称访问，单元格名称可作为变量用于表达式中，称之为单元格引用。

4. 区域

多个单元格可以组成一个区域，选中一个区域后，可对其数据或格式进行操作，按住 Ctrl 键+单击或拖拽可以选中多个不连续单元格构成一个区域，按住 Shift 键+单击或拖拽可以选中多个连续单元格构成一个区域。

5. 输入框

一个新的工作簿打开后，在第一个表的第一个单元格 A1 上方被套上一个加粗的绿色框，这个框就称为输入框。输入框覆盖在当前选定的单元格或区域上。

6. 活动单元格

即当前可编辑其数据或格式的单元格，通过单击鼠标或用方向键移动输入框可以使一个单元格变为活动单元格。活动单元格的名称会自动显示在名称框中。

7. 填充柄

选中的单元格或区域右下角的黑色小方块称为填充柄。鼠标移动至填充柄位置时指针呈黑色十字架状。用鼠标左键或右键拖动填充柄或用鼠标左键双击填充柄，可以快速实现数据的输入及格式和公式的复制。

8. 字段和记录

WPS 表格中的数据表（如学生信息表）实际上是一个二维表，它的列称为字段，表头各列的名称（如“学号”“姓名”等）称为字段名。除表头标题行以外的每一行都称为一个记录。例如，在学生信息表中，每一个学生的信息都构成一个记录。

7.3 电子表格的基本操作

本节主要介绍工作簿的创建、保存、打开和关闭；工作表的选择、插入、删除、重命名、移动或复制；单元格数据的输入和修改，单元格及行列的选择、复制、移动和删除；文本、数值、百分比、日期和时间等各种类型数据及公式和函数的输入；使用填充柄等数据的快速输入方法；数据有效性设置。

7.3.1 工作簿操作

1. 创建工作簿

若要创建新工作簿，可以打开一个空白工作簿，也可以基于现有工作簿、默认工作簿模板或任何其他模板创建新工作簿。

在 WPS 窗口的标题栏上单击“+”，在新建窗口中选择“新建表格”，系统会显示大量可用模板，可以根据需要进行选择，例如单击“新建空白表格”可以创建一个新的工作簿。在 WPS 表格窗口中按组合键 Ctrl+N 也可以快速新建空白工作簿。

2. 保存工作簿

按组合键 Ctrl+S，或者单击快速访问工具栏中的“保存”按钮，或者选择“文件”菜单中的“保存”命令，均可对当前工作簿进行保存。如果是新工作簿的第一次保存，系统会自动弹出如图 7-5 所示的“另存文件”对话框，用户可以设置文件保存位置，输入工作簿的文件名，选择其他文件类型。

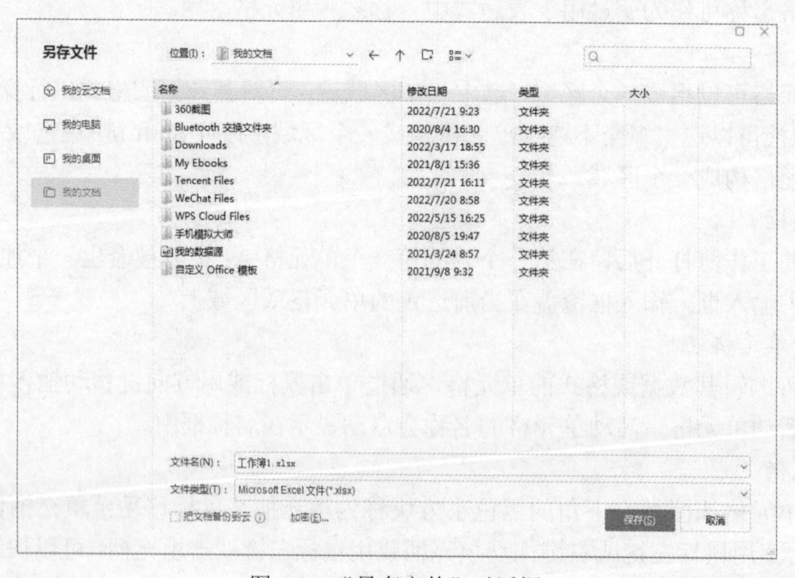

图 7-5 “另存文件”对话框

在实际操作过程中经常会发生一些异常情况，如死机、应用程序无响应等，导致编辑的文件不能及时保存。因此，用户在操作过程中应每隔几分钟就保存一次。

3. 打开工作簿

如果要对已保存的工作簿进行编辑，则需要先打开它，主要方法有以下两个：

（1）在工作簿文件所在的文件夹中直接双击工作簿文件名；或右击文件名，然后在弹出快捷菜单的“打开方式”列表中选择需要的应用程序。

（2）在 WPS 电子表格窗口中，使用“文件”菜单中的“打开”命令或者按组合键 Ctrl+O，弹出“打开文件”对话框，选择文件所在的位置和文件名，最后单击“打开”按钮。

4. 关闭工作簿

要关闭当前工作簿，可以单击工作簿名称右边的“关闭”按钮或者按组合键 Ctrl+F4。如果选择“文件”菜单中的“退出”命令，或者单击 WPS 程序窗口中的“关闭”按钮，或者按组合键 Alt+F4，则会在关闭当前工作簿及其他打开的 WPS 文档的同时退出 WPS 程序。

7.3.2 工作表操作

默认情况下，工作簿含有一个工作表，其名称为 Sheet1，新增加的工作表自动取名为 Sheet2、Sheet3 等。工作表的名称显示在工作表标签上，通过单击相应的工作表标签可以在工作表之间切换。工作表标签左边是 4 个导航按钮（第一个、前一个、后一个、最后一个），右击任意一个导航按钮可以显示所有的工作表名称，工作表标签最右边的“+”按钮用于插入新的空白工作表。

1. 工作表的选择

（1）选择单个工作表。当一个工作表的标签可见时，直接单击它便可以选择该工作表；当工作表的标签未显示时，可以先单击或右击工作表标签导航按钮找到要操作的工作表名称，再选择它。

（2）选择多个工作表。当用户正在创建或编辑一组有类似作用和结构的工作表时，可以同时选择多个工作表，这样就能够在多个工作表中同时进行插入、删除或编辑工作。选择多个工作表的方法有以下 3 种：

1）选择相邻的工作表。先选择第一个工作表标签，按住 Shift 键，再选择最后一个工作表标签。

2）选择不相邻的工作表。先选择第一个工作表标签，按住 Ctrl 键，再依次单击要选择的工作表标签。

3）选择工作簿中全部的工作表。右击任意一个工作表标签，从弹出的快捷菜单中选择“选择全部工作表”命令。

选择多个工作表后，在一个工作表中输入文本，其他同时选择的工作表中也会出现同样的文本；如果改变一个工作表中某个单元格的格式，其他工作表的相应单元格的格式也会改变。

2. 工作表的插入、删除、重命名、移动或复制

进行工作表的插入、删除、重命名、移动、复制、隐藏和设置标签颜色操作时，经常用到工作表的快捷菜单（右击任意工作表标签，弹出如图 7-6 所示的快捷菜单），在此菜单中选择相应的命令，然后按有关提示进行操作便可以实现相应的功能。“移动或复制工作表”对话框如图 7-7 所示，复制工作表时需要选中“建立副本”复选项。移动或复制工作表可以在多个

工作簿之间进行，若在一个工作簿内移动或复制工作表，可以直接通过鼠标拖放来完成（复制时按住 Ctrl 键）；若要对多个工作表同时操作，则需要先同时选择这些工作表。重命名工作表时，也可以通过双击工作表标签进入修改状态。

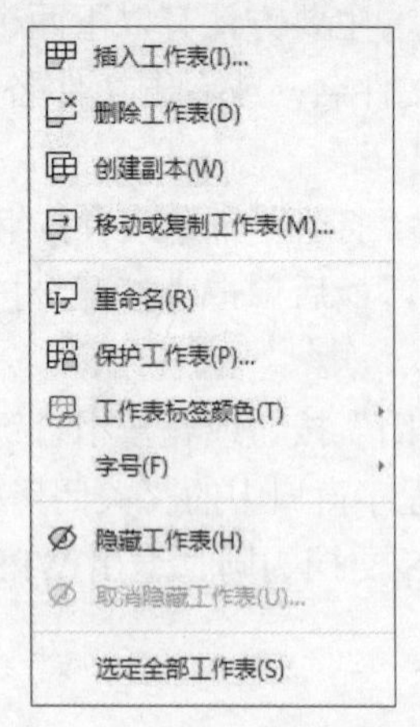

图 7-6 工作表的快捷菜单

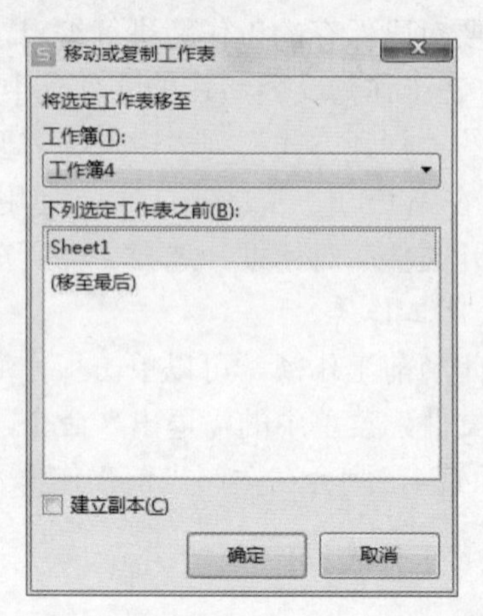

图 7-7 “移动或复制工作表”对话框

3. 拆分窗口与冻结窗格

（1）拆分窗口。在对数据进行处理时，如果工作表中的数据较多，并且需要对比工作表中不同部分的数据，可以对工作表窗口进行拆分，使屏幕能同时显示不同部分的数据，便于用户操作。

拆分工作表窗口时，先选中某个单元格，再单击“视图”选项卡中的“拆分窗口”按钮，即进入窗口拆分状态。单击“取消拆分”按钮时恢复到正常状态。

（2）冻结窗格。例如一个学生信息表或成绩表，第一行是表头，字段名分别是“学号”“姓名”……，选中单元格 C2 后，单击“视图”选项卡中的“冻结窗格”按钮，下拉列表中有“冻结至第 1 行 B 列”“冻结至第 1 行”“冻结至第 B 列”“冻结首行”“冻结首列”等选项，如图 7-8 所示。若单击第一项，则第 1 行和 A、B 两列就会处于冻结状态，这时无论是上下还是左右浏览成绩表信息，第 1 行和 A、B 两列都不会滚动。若要取消冻结状态，则单击“冻结窗格”下拉列表中的“取消冻结窗口”选项。

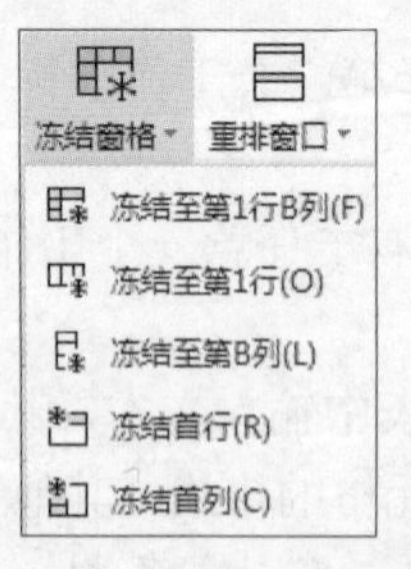

图 7-8 冻结窗口菜单项

4. 工作簿和工作表的保护

设置保护工作簿，可以防止他人非法打开工作簿，以及对工作簿中的数据进行编辑和修改。

（1）限制打开、编辑工作簿。通过设置限制工作簿的打开、编辑权限来实现对工作簿的保护。选择“文件”菜单中的“另存为”命令，弹出“另存文件”对话框，在对话框底部单击“加密”，在弹出的“密码加密”对话框中设置“打开权限”和“编辑权限”密码。当密码确认保存并生效后，只有输入正确的密码才能打开和修改工作簿。另外，通过“审阅”选项卡中的“文档权限”命令可以指定允许“查看/编辑”的用户。

（2）对工作簿、工作表窗口的保护。如果要限制工作簿窗口的操作，可以在“审阅”选项卡中单击“保护工作簿”按钮来设置密码。通过“保护工作表”对话框可以设置对工作表的保护。

7.3.3 单元格操作

1. 选中单元格或区域

为了方便地同时操作多个单元格，必须先选中这些单元格。一个单元格或一个矩形区域被选中后，单元格或区域上就会带上输入框。

（1）选中单个单元格：用方向键移动输入框到单元格上或者单击该单元格。

（2）选中矩形区域。

1）将鼠标指针移向区域左上角的单元格，再按住鼠标左键并向区域右下角方向拖动，当鼠标指针达到右下角的单元格后松开鼠标左键。还可以反方向（右下至左上）或左下至右上或右上至左下进行。

2）单击区域左上角的单元格后按住 Shift 键不放，再单击右下角的单元格，最后松开 Shift 键。也可以不用鼠标，只用方向键和 Shift 键来完成。

（3）选中整个表：单击工作表位于左上角行列交汇处的选择块或者按组合键 Ctrl+A。

（4）选中行：在行标签上单击可以选中整行；按住 Ctrl 键依次单击行标签可以实现不连续的多行选中；单击需要选中的某行，按住 Shift 键，再单击需要选中的另一行，可将这两行及中间的所有行均选中。

（5）选中列：在列标签上单击可以选中整列；按住 Ctrl 键依次单击列标签可以实现不连续的多列选中；单击需要选中的某列，按住 Shift 键，再单击需要选中的另一列，可将这两列及中间的所有列均选中。

（6）选中不相邻的单元格或区域：按住 Ctrl 键依次单击或者框选需要选中的单元格；若要取消选中，则用鼠标单击任意一个单元格。

2. 编辑单元格数据

单元格数据的输入或修改可以在单元格或编辑栏里进行。按 Enter 键确定输入或修改，按 Esc 键取消。

（1）要在单元格中输入新的数据，只要选择该单元格，输入新内容替换原有内容即可。

（2）要修改单元格中的部分数据，则先双击单元格或选择该单元格后按 F2 键，使插入光标出现在单元格中，此时即可进行单元格数据的修改。

（3）若要在编辑栏里进行单元格数据的输入或修改，可以先选择单元格，再单击编辑栏，就可以进行编辑操作了。可以单击编辑栏左边的√或×按钮以完成输入或取消。

3. 复制单元格数据（包括一般区域或整行和整列）

将一个单元格或区域中的数据复制到其他地方，步骤如下：

（1）选中要复制的单元格或区域（包括整行或整列）。

（2）按组合键 Ctrl+C 或者右击单元格或区域，在弹出的快捷菜单中选择“复制”命令。

（3）定位目标位置（复制数据放置位置的起始单元格或行号和列号）。

（4）按组合键 Ctrl+V 或右击，在弹出的快捷菜单中选择“粘贴”命令。

粘贴的数据会替换目标单元格或行和列中的数据。如果以插入的方式粘贴数据，需要右击目标单元格或行和列，在弹出的快捷菜单中选择“插入复制单元格”命令。在 WPS 表格中，除了“粘贴”命令外，还有功能更加强大的“选择性粘贴”命令，利用该功能可以选择性地粘贴格式或数值等，同时还可以进行运算。“选择性粘贴”对话框如图 7-9 所示。

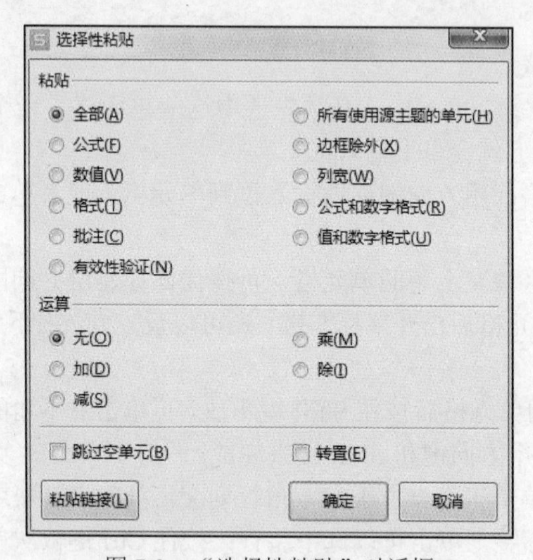

图 7-9 “选择性粘贴”对话框

4. 移动单元格数据

（1）利用鼠标拖放操作移动单元格数据，步骤如下：

1）选中要移动的单元格或区域。

2）移动鼠标指针到区域边界，鼠标指针变为双箭头形状。

3）按住鼠标左键，拖动鼠标指针到目标位置后释放鼠标。

（2）利用“剪切”和“粘贴”命令移动数据，步骤如下：

1）选中要移动的单元格或区域。

2）执行“剪切”命令。

3）定位目标位置。

4）执行“粘贴”命令。

若以插入（而不是替换）方式进行粘贴，则执行“插入剪切单元格”命令。

5. 插入单元格、行和列

选中一个或多个单元格或行和列，再右击选中内容的任意位置，在弹出的快捷菜单中选择“插入”，在 4 个选项中选中一个（插入行、插入列、插入单元格且活动单元格右移、插入单元格且活动单元格下移）即可插入一个或多个单元格或行和列，而原来位置上的单元格或行和列自动往下或往右移动。

6. 删除或清除行、列或单元格

（1）删除整行、整列或单元格、区域。选中需要删除的单元格，在“开始”选项卡“单元格”组中单击“删除单元格”按钮，在弹出的对话框中进一步操作即可完成删除任务。

（2）清除整行、整列或单元格、区域的内容或格式。选中需要删除的内容，在“开始”选项卡的“单元格”组中单击“清除”按钮，在弹出的对话框中进一步操作即可完成清除任务。

7. 查找与替换及筛选

“开始”选项卡“编辑”组“查找”按钮的下拉列表中有“查找”“替换”和“定位”等命令。“查找”和“替换”功能与 WPS 文字中同一功能的使用方法基本相同，这两项功能合并在一个对话框中，其中“查找全部”功能经常使用。例如，在查找销售表中的产品名称时，可以利用此功能一次查找到某产品的所有单元格。而 WPS 表格的“定位”功能与 WPS 文字中同一命令的功能差别较大，其中“空值”常常被用到，能解决很大问题。

通过“数据”选项卡中的“筛选”命令可以筛选出满足某些条件的记录，而不满足条件的记录会被隐藏。此命令的使用方法参见“7.7.2 数据筛选”。

8. 撤消与恢复

在各项操作中都难免会出错。一般情况下，一旦出错，可以立即使用“撤消”命令（快捷键为 Ctrl+Z）来撤消最近的错误操作；若把正确的操作也撤消了，可立即使用“恢复”命令（快捷键为 Ctrl+Y）把撤消的操作恢复回来。

“撤消”和“恢复”按钮位于“文件”和“开始”之间的快速访问栏中。

9. 批注单元格

给单元格加批语或注释的方法：右击单元格，在弹出的快捷菜单中选择“插入批注”，在批注文本框中输入批注文字，批注内容输入完成后只需在其他任意单元格上单击即可关闭批注文字文本框，此时添加了批注的单元格右上角显示一个红色的三角形，将鼠标移动该单元格将显示批注内容。

修改/删除批注的方法：在添加了批注的单元格上右击，选择“编辑批注”或“删除批注”，可以修改或删除批注。

7.3.4 数据常规输入

WPS 表格允许用户向单元格中输入的数据有文本、数字、日期、时间、逻辑值等多种类型，也可以输入用于计算的各种公式与函数。所有的数据类型及格式设置一般都可以通过“开始”选项卡“单元格格式”组中的“字体”“对齐方式”和“数字”等命令进行设置，或者在“单元格格式”对话框中设置。“单元格格式”对话框“数字”选项卡的“数值”格式设置界面如图 7-10 所示（也可以通过“开始”选项卡的“数字”组打开此对话框），系统默认数据类型为“常规”。有关单元格的设置方法将在后续节次中进行较详细的介绍。

WPS 表格中数据或公式的输入可以在单元格中进行，也可以在编辑栏中完成。输入数据或公式后，按 Enter 键、Tab 键、光标移动键，或者单击编辑栏左边的“输入”按钮√确认输入操作；若单击编辑栏左边的“取消”按钮×或按 Esc 键则取消输入操作。

如果需要在一个单元格中插入换行符，则按组合键 Alt+Enter，这样可以在一个单元格中形成多行文本。

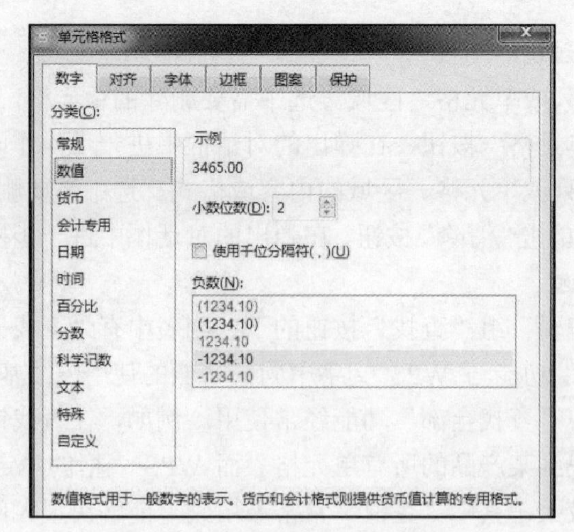

图 7-10 “单元格格式”对话框

1. 输入文本类型数据

文本型数据包括汉字、英文、数字、空格等可由键盘输入的符号及各种字符。单元格中文本类型数据的默认对齐方式为左对齐，用户也可以通过格式化的方法改变文本的对齐方式。

【例 7-1】试在两个单元格中输入一个以“0”开头的纯数字字符串和一个身份证号码。

直接在一个单元格中输入一个以“0”开头的数字串，完成后系统会自动舍弃前面的“0”，并在单元格左边出现提示按钮，可单击切换恢复开头的 0；直接在一个单元格中输入一个身份证号码，完成后系统会自动在数字之前加上英文单引号，当作文本并且设置左对齐（当数字数据超过了 11 位时，系统把它们都当作文本型数据来处理）。

2. 输入数值类型数据

在 WPS 表格中，数字是仅包含下列英文字符的常数值：

0 1 2 3 4 5 6 7 8 9 + - ( ) , / ¥ $ % . E e

在默认情况下，单元格中的数字为右对齐。若数值长度超过了单元格宽度时，数据将以一串“#”或科学记数法显示（例如数值 12345678 用科学记数法显示为 1.2E07），此时可以通过改变单元格宽度来显示出全部的数据。

输入负数时，数值前加上负号“-”即可，或者将数字括在英文圆括号内，如(10)表示-10。

输入分数时，应在分数前先输入一个 0 和一个空格，系统才能识别为分数，否则会把该数据当作日期处理。例如，在单元格中输入“0 11/22”后，单元格将显示分数“11/22”（编辑栏中显示 0.5），若直接输入“11/22”，则显示日期“11 月 22 日”（编辑栏中显示带当前年份的完整日期，如 2023/11/22）。

【例 7-2】输入带两位小数的表示金额的数据。

当直接在单元格中输入最后的小数是“0”的数据时，系统会自动舍弃这些“0”，并在单元格左边出现提示按钮，可单击切换恢复小数点及后面的 0。若有较多这类格式的数据，正确的输入方法通常有以下两种：

（1）输入数据（如 123），在“开始”选项卡的“数字”组中单击“增加小数位数”按钮 增加小数到两位（123.00）。

（2）设置单元格格式为带有两位小数的“数字”类型（参见图 7-10），再输入数据。

3．输入百分比类型数据

百分比数据的输入（如 123.45%）通常有以下两种方法：

（1）连同百分比符号“%”直接输入数据。

（2）先输入数据（如 1.2345），再在图 7-10 所示的“单元格格式”对话框中选择“百分比”并增加两位小数，或者使用“开始”选项卡“数字”组中的“百分比”按钮来实现。

4．输入日期和时间类型数据

输入日期时，按“年-月-日”或“年/月/日”的格式输入，如 22-11-22（系统会自动更正为日期默认格式 2022/11/22）。当前日期的输入可以使用组合键 Ctrl+;。

输入时间时，按“时:分”或“时:分:秒”的形式输入，小时以 24 小时制来表示，如 15:24:35。系统当前时间的输入可以使用组合键 Ctrl+Shift+;。

说明：WPS 表格可将日期存储为序列号。默认情况下，1900 年 1 月 1 日的序列号是 1，而 2022 年 10 月 1 日的序列号是 44835。

5．特殊符号的输入

若要插入一些无法从键盘直接获取的特殊符号，可以在“插入”选项卡中单击“符号”按钮，在弹出的“符号”对话框中选择所需的符号，单击“插入”按钮。

6．输入计算公式

在 WPS 表格的单元格中，不仅可以输入文本、数字、日期和时间等数据，还可以通过输入公式来得到运算结果。

计算公式都以“=”（等号）开头，其后是表达式（可以是单个常量、单元格名称、函数或由它们通过运算符连接的一串运算式子）。单元格中只要输入“=”，名称框和编辑栏就会变成如图 7-11 所示的样式，上面的标签依次是函数名、函数下拉按钮、取消、输入、插入函数按钮。

图 7-11　输入公式时的名称框和编辑栏

【例 7-3】计算单元格 A1、A2、A3 中 3 个数 75、80、85 的和及平均值，结果分别存于单元格 A4 和 A5 中。

在单元格 A4 中输入公式=A1+A2+A3 或=75+80+85，按 Enter 键或单击编辑栏左边的“输入”按钮 √ 完成和的计算；在单元格 A5 中输入公式=(A1+A2+A3)/3 或=(75+80+85)/3，按 Enter 键或单击 √ 按钮完成平均值的计算。

特别提示：公式中的单元格或区域名称可以不用手动输入，而是通过鼠标选中的方式输入。

7．输入函数

WPS 表格中提供了很多函数，借助它们可以实现许多复杂的计算。

函数只能在公式中使用。使用函数时，可以直接从键盘输入函数。例如，例 7-3 中的和与平均值的计算公式可以分别用=SUM(A1:A3)和=AVERAGE(A1:A3)代替。

公式计算及常用函数的使用将在 7.5 节和 7.6 节中作进一步的介绍。

7.3.5　数据快速输入

WPS 表格有一个“自动填充”功能，可以实现一组有规律的数据的快速输入和具有相似计算公式的数据的快速计算。

如果某一行或某一列的数据为一组固定的序列数据（如星期日、星期一、……、星期六，甲、乙、丙、……，一组学号等），或者是等差数列和等比数列（如 1，3，5，…和 1，2，4，8，…），此时可以使用自动填充功能进行快速输入，图 7-12 中给出了一些填充示例。同类公式的计算结果也可以通过自动填充来快速输入。

数据或公式的填充方法有以下 4 种：①按住鼠标左键拖动填充柄；②双击填充柄；③按住鼠标右键拖动填充柄（系统会弹出快捷菜单）；④使用“开始”选项卡“编辑”组中的“填充”功能。

1. 填充相同的数据

如果要在多个单元格中输入相同的数据，可以先同时选择这些单元格，然后在活动单元格中输入数据，输入完毕后按组合键 Ctrl+Enter，这样所选定的单元格中都填上了相同的数据。若数据在相邻的单元格中，还可以先在一个单元格中输入数据，再用鼠标左键拖动填充柄将其填充到其他单元格中（必要时配合使用 Ctrl 键）。

【例 7-4】如图 7-12 所示，在单元格区域 J2:J13 中输入 1000。

	A	B	C	D	E	F	G	H	I	J	K	L	M
1	星期	星期	星期	星期	月份	月份	天干	地支	文本数字	相同数	自然数列	等差数列	等比数列
2	星期一	星期一	一	Mon	一月	Jan	甲	子	学生1	1000	2001	1	1
3	星期二	星期二	二	Tue	二月	Feb	乙	丑	学生2	1000	2002	3	2
4	星期三	星期三	三	Wed	三月	Mar	丙	寅	学生3	1000	2003	5	4
5	星期四	星期四	四	Thu	四月	Apr	丁	卯	学生4	1000	2004	7	8
6	星期五	星期五	五	Fri	五月	May	戊	辰	学生5	1000	2005	9	16
7	星期六	星期一	六	Sat	六月	Jun	己	巳	学生6	1000	2006	11	32
8	星期日	星期二	日	Sun	七月	Jul	庚	午	学生7	1000	2007	13	64
9	星期一	星期三	一	Mon	八月	Aug	辛	未	学生8	1000	2008	15	128
10	星期二	星期四	二	Tue	九月	Sep	壬	申	学生9	1000	2009	17	256
11	星期三	星期五	三	Wed	十月	Oct	癸	酉	学生10	1000	2010	19	512
12	星期四	星期一	四	Thu	十一月	Nov	甲	戌	学生11	1000	2011	21	1024
13	星期五	星期二	五	Fri	腊月	Dec	乙	亥	学生12	1000	2012	23	2048

图 7-12　自动填充示例

方法一：选定区域 J2:J13 共 12 个单元格，输入 1000，再按组合键 Ctrl+Enter。

方法二：在 J2 单元格中输入 1000，选定区域 J2:J13，按组合键 Ctrl+D（向下填充）。

方法三：在 J2 单元格中输入 1000，选中 J2，按组合键 Ctrl+C（复制），选定区域 J3:J13，按组合键 Ctrl+V（粘贴）。

方法四：在 J2 单元格中输入 1000，按住 Ctrl 键不松，再用鼠标左键按住 J2 右下角的填充柄，向下拖动到单元格 J13。

方法五：在 J2 单元格中输入 1000，再用鼠标右键按住 J2 右下角的填充柄，向下拖动到单元格 J13，在弹出的快捷菜单中选择“复制单元格”选项。

2. 使用序列填充数据

WPS 表格内部已经定义了一些固定的序列，如星期（星期日、星期一、……、星期六）、月份（一月、二月、……、十一月、腊月），详细情况可以单击“文件”菜单“选项”组中的“自定义序列”命令查看（用户可以自行定义自己常用的序列，如文学院、法学院、商学院、……）。

使用序列输入数据的具体方法是：在一个单元格中输入某个序列的任何一项（如“星期”序列中的星期一），再将此项填充到其他单元格，就会自动输入序列中的其他项（如向下或向右填充，就产生星期二、星期三、……）。

3. 使用公式填充数据

对等差序列和等比序列及其他一些数列，可以使用公式填充来产生。

【例 7-5】如图 7-12 所示，在 K 列、L 列和 M 列中分别输入自然数列、等差序列和等比序列。

K 列的填充方法：在 K2 单元格中输入 2001，用鼠标左键拖动 K2 单元格的填充柄向下填充到 K13（或双击填充柄快速填充）。

L 列的填充方法一：在 L2 和 L3 单元格中分别输入 1 和 3，然后选定 L2 和 L3 两个单元格，最后用鼠标左键拖动填充柄向下填充到 L13。

L 列的填充方法二：在单元格 L2 中输入 1，在 L3 单元格中输入公式=L2+2，然后选定 L3 单元格，最后用鼠标左键拖动填充柄向下填充到 L13。

M 列的填充方法一：在 M2 单元格中输入 1，再在 M3 单元格中输入公式=2*M2，然后选定 M3 单元格，最后用鼠标左键拖动填充柄向下填充到 M13。

M 列的填充方法二：在 M2 单元格中输入 1，然后用鼠标右键拖动 M2 的填充柄向下填充到单元格 M13，在系统自动弹出的快捷菜单中选择“序列”命令，再在弹出的对话框中选择类型为“等比数列”，设置步长值为 2，最后单击“确定”按钮。

4. 智能填充数据

“开始”或“数据”选项卡中“填充”按钮下拉列表中的“智能填充”命令（快捷键为 Ctrl+E）可以根据已录入的数据自动判断还需要录入的数据，进行一键填充。

使用条件：

（1）选择区域的所在列和邻近列存在示例数据作为参考。

（2）选择区域内有待填充的单元格，且不存在合并单元格、有效性等设置。

【例 7-6】如图 7-13（a）所示的数据表，其中第一列数据学号和姓名连在一起，试将学号和姓名分别填写到第二列和第三列。

只要按照图 7-13（a）所示，将第一个学号和姓名分别填入 B2 和 C2 单元格，然后分别选中 B3 和 C3，按组合键 Ctrl+E（智能填充）即可。

“智能填充”也可将提取的数据进行一定的格式化，如图 7-13（b）所示，可以根据身份证号码提取出生日期数据并以日期格式显示。

	A	B	C
1	学号姓名	学号	姓名
2	2021张三	2021	张三
3	2022李四		
4	2023王五郎		
5	2024赵六妹		

（a）分别填充

身份证号码	出生日期
888888199110290001	1991/10/29
888888199206250006	
888888198911130007	
888888199207050008	

（b）数据格式化

图 7-13　智能填充示例

“智能填充”也可用来连接文本（合并数据），例如将学号和姓名合并到一起。

7.3.6 数据分列

实际工作中，有时一些文本数据在同一列中，每个数据都是由多个性质相同或意义类似的数据组成，相互之间可能有空格、逗号或其他符号相隔离，但需要将这列数据分成多个列，WPS 表格“数据”选项卡中的“分列”命令能帮助我们完成任务。

例如，要将图 7-13 所示 A2:A5 单元格数据中的姓名分离出来放到 B2:B5 中，可以选择“数据”选项卡“分列”组中的“智能分列”命令，在弹出的对话框中单击“完成”按钮。

7.3.7 数据有效性设置

WPS 表格提供了数据有效性功能，是为了控制单元格中输入数据的类型、长度和取值范围。当输入的数据不满足设置要求时，系统会弹出对话框进行提示。下面就利用数据有效性来完成手机号长度的设置和“性别”下拉列表的设置。

1. 利用数据有效性设置手机号码的长度

在输入像学号、手机号码、身份证号等长度统一不变的数据时，为了减少输入时的错误，可以利用数据有效性功能限制它们的长度，例如限制手机号码的长度为 11，方法为：选择需要输入手机号码的单元格或区域，然后在“数据”选项卡中单击“有效性”按钮并选择“有效性”命令，在弹出的“数据有效性”对话框中单击“设置”选项卡，在“有效性条件”区域的“允许”下拉列表框中选择“文本长度”，在“数据”下拉列表框中选择“等于”，在“数值”文本框中输入 11，最后单击“确定”按钮，如图 7-14 所示。这时，用户在相应单元格中输入手机号码时必须输入 11 位。

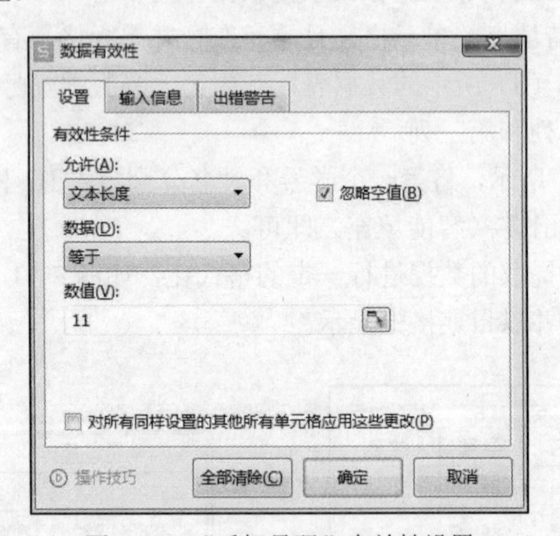

图 7-14 “手机号码”有效性设置

2. 利用数据验证制作“性别”下拉菜单

有些数据可以提前限定输入范围（如性别：男、女），在数据输入时，可以通过下拉菜单对数据进行选择，从而确保数据的正确性。设置性别（“男”或“女”）的具体步骤为：选择需要进行性别设置的单元格或区域，然后在“数据”选项卡中单击“有效性”按钮并选择“有效性”命令，在弹出的“数据有效性”对话框中单击“设置”选项卡，在“允许”下拉列表框中选择“序列”，在“来源”文本框中输入“男,女”，最后单击“确定”按钮，如图 7-15 所示。

用户在相应单元格中输入性别时，单元格右边显示一个下拉按钮，单击后显示包含“男”和“女”的下拉菜单，直接选择“男”或“女”。

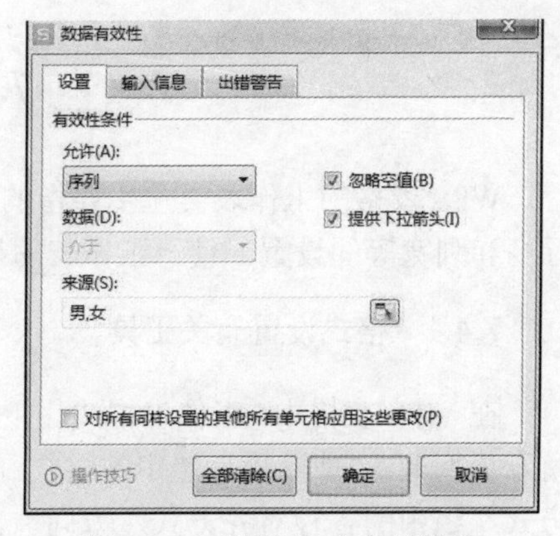

图 7-15　“性别”有效性设置

7.3.8　数据下拉列表设置

WPS 表格提供了数据的下拉列表功能，可用于设置“性别”“政治面貌”“学位”“职称”“院系”“专业”等数据确定的各种下拉列表。

例如，要在某个信息表中的“政治面貌”栏设置下拉列表方式输入“党员”“团员”“群众”等信息，可以这样操作：选中需要输入政治面貌的单元格区域，然后选择“数据”选项卡中的“下拉列表”命令，在弹出的对话框中输入 3 行信息：党员、团员、群众，单击“确定”按钮。完成后，在选中相关单元格时，单元格右边显示一个下拉按钮，单击会显示包含“党员”“团员”“群众”的下拉菜单，这时可以直接单击选择输入。

7.3.9　数据重复项处理

“数据”选项卡中的“重复项”命令可以对重复项进行操作，如设置“高亮重复项”“拒绝录入重复项”“删除重复项”等。

在很多应用中需要删除重复数据，或者在重复数据中查看和提取唯一数据，WPS 表格“数据”选项卡中的“重复项”和“数据对比”命令能帮助我们完成相应的任务。

【例 7-7】有一个职工信息表，包含编号、姓名、性别、职称等信息，其中性别和职称信息如图 7-16 所示（左边）。试对“职称”或“性别”和“职称”进行删除重复项操作。

为了便于对比，先把“职称”或“性别”和“职称”一起进行复制粘贴，再选中复制得到的“职称”信息，然后选择“数据”选项卡中的“重复项”命令或“删除重复项”命令，经过对话框操作完成后得到“职称”信息的去重结果，如图 7-16 所示（中间），只有 3 种不同的职称。类似地，对复制得到的“性别”和“职称”信息进行同样的操作后得到“性别”和“职称”信息的去重结果，如图 7-16 所示（右边），只有 4 种不同的情况（“男”职工，3 种不同职称都存在；“女”职工，只有“工程师”这一种职称存在）。

性别	职称		职称		性别	职称
男	助理工程师		助理工程师		男	助理工程师
男	工程师		工程师		男	工程师
男	工程师		高级工程师		女	工程师
女	工程师				男	高级工程师
男	高级工程师					
男	高级工程师					
男	高级工程师					
男	工程师					
男	工程师					
男	工程师					
男	助理工程师					
女	工程师					

图 7-16　删除重复项

7.4 工作表美化

WPS 表格的工作表美化主要指的是对工作表进行字体格式、数字格式、对齐方式、边框、行高和列宽等的设置，使得工作表的显示及打印效果更加美观。

7.4.1 格式设置有关工具

在 WPS 表格中，工作表格式化主要是使用“开始”选项卡中的诸多工具来完成，如图 7-17 所示。例如，“剪贴板”组中的格式刷；“字体”组中的字体、字号、字体颜色、边框；“对齐方式”组中的各种对齐方式、方向、自动换行、合并居中；“数字”组中的百分比、增加或减少小数位数；“格式”组中的条件格式、表格样式和单元格样式。一些常用格式设置示例如图 7-18 所示。

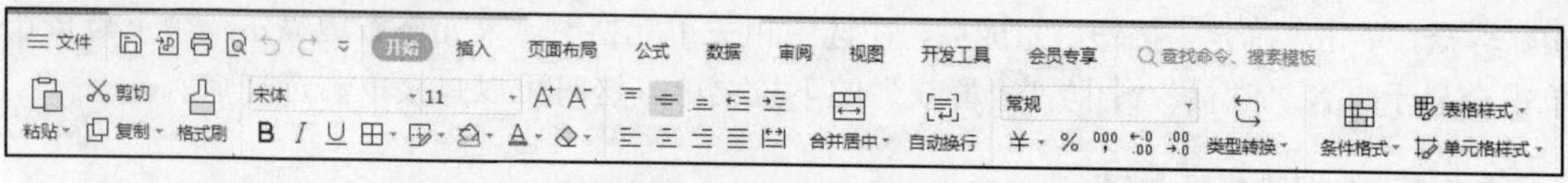

图 7-17 “开始”选项卡中格式设置的常用工具

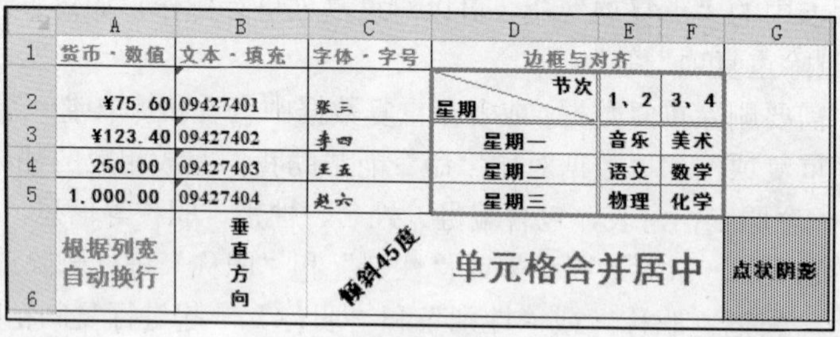

图 7-18 常用格式设置示例

7.4.2 格式的复制

WPS 表格中进行单元格复制、粘贴和单元格填充时，源单元格的内容和格式（包括字体、字号、颜色、边框等）也一起被应用到了目标单元格中。实际上，格式和公式计算值等也是可以单独复制和应用的。主要工具是“开始”选项卡“剪贴板”组中的“格式刷”和“选择性粘贴”。

1. 使用格式刷快速复制格式

“格式刷”是将现有单元格格式复制到其他单元格的专用工具。格式刷的用法是：选定现有单元格或区域，然后单击（或双击）格式刷，这时鼠标指针变成了一个刷子，再用单击或拖动的方式刷到目标单元格或区域（双击格式刷时，可以连续多次使用刷子；不用时，单击“格式刷”按钮或按 Esc 键即可取消）。

2. 使用选择性粘贴复制格式

首先选择现有单元格或区域，选择“复制”命令，再选择目标单元格或区域，选择“粘贴”→“选择性粘贴”命令，在弹出的对话框中勾选“格式”复选项，单击“确定”按钮。使用“选择性粘贴”命令时还可以只粘贴部分格式，如“列宽”。

7.4.3　设置单元格格式

单元格格式设置有很多工具，分别在“开始”选项卡的“字体设置”“对齐方式”“数字”“样式”和“单元格”等功能组中。设置单元格格式，除了可以使用相应的功能按钮来完成外，还可以使用“设置单元格格式”对话框实现。该对话框中还有“图案”和“保护”两个选项卡，分别用于单元格的颜色填充和数据保护。

有关格式设置，一般都可以通过功能组中的功能按钮和“设置单元格格式”对话框两种途径来完成，但后者更全面。

1. 设置数据类型及格式

在“设置单元格格式”对话框中，“数字”选项卡的“分类”列表框中的数据类型有常规、数值、货币、会计专用、日期、时间、百分比、分数、科学记数、文本、特殊、自定义。

同样的数据，在不同的格式设置下有不同的显示。例如，在系统默认的“常规”格式下，某单元格中输入了数字串“12345678”，此单元格中显示的就是“12345678”；若设置格式为“数值”带 2 位小数，则显示为“12345678.00”；若设置格式为“货币”，则显示为“¥12,345,678.00”；若设置格式为“特殊”中的“中文小写数字”或“中文大写数字”，则显示为“一千二百三十四万五千六百七十八”或“壹仟贰佰叁拾肆万伍仟陆佰柒拾捌”。再比如，输入“2022/9/10”，通过设置不同的日期格式，可显示为“2022 年 9 月 10 日”“2022 年 09 月 10 日”“二〇二二年九月十日”等不同形式。

下面通过几个具体的例子示范一下格式设置的操作方法和步骤。

【例 7-8】图 7-18 所示的 A2 和 A3 单元格中货币形式的格式设置。

选中 A2 和 A3 单元格，打开“设置单元格格式”对话框，选择“货币”的默认设置并确定；或者在“数字”功能组的“数字格式”下拉列表中选择“货币”选项。

【例 7-9】图 7-18 所示的 A6 单元格文字自动换行格式设置。

选中 A6 单元格，单击“开始”选项卡中的“自动换行”命令；也可以使用“设置单元格格式”对话框，切换到“对齐”选项卡，选择“文本控制”区域中的“自动换行”。

2. 设置数据对齐方式

WPS 表格的单元格中数据的对齐方式分为左、中、右、上、中、下，综合起来共 9 种。WPS 表格有跨列居中的标题，可以使用“合并居中”命令来实现。在“设置单元格格式”对话框的“对齐”选项卡中，“文本控制”中的“自动换行”“缩小字体填充”“合并单元格”都是常用的功能。

【例 7-10】设置某单元格中的内容水平方向和垂直方向都居中。

选中需要设置的单元格，右击并选择“设置单元格格式”，在弹出的对话框中选择“对齐”选项卡，可以设置水平对齐方式为“居中”，垂直对齐方式为“居中”，如图 7-19 所示。

数据的字体格式、表格边框格式（可绘制）、单元格底纹等设置此处不再详细阐述。

3. 边框与底纹设置

图 7-18 中的 D2:F5 单元格区域设置了不同的边框，也可以适当添加底纹。WPS 表格中边框和底纹的设置在“单元格格式”对话框的“边框”选项卡中进行，方法同 WPS 文字处理。

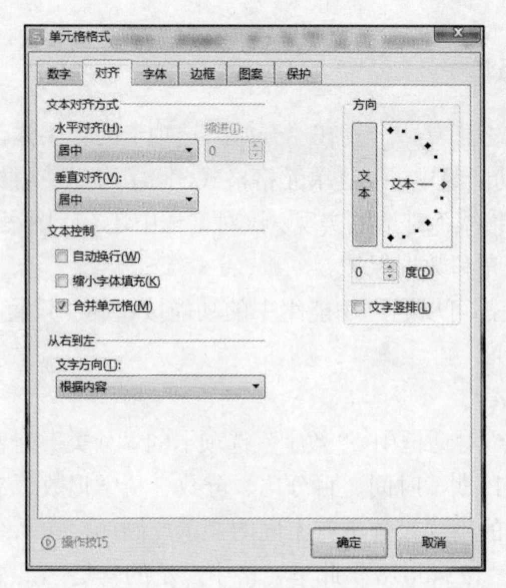

图 7-19 “单元格格式”对话框的“对齐”选项卡

4. 条件格式设置

WPS 表格的“条件格式”命令位于“开始”选项卡中，通过设置条件格式可以将符合某个特定条件的数据以指定的格式进行显示，使用条件格式能比较直观地查看和分析数据。

“条件格式”下拉列表中一共有 8 个选项，下面对它们进行简单介绍。

（1）突出显示单元格规则。基于比较运算符（如大于、小于、介于、等于、文本包含等）设置特定单元格的格式。

（2）项目选取规则。用于突出显示选定区域中值最大或最小的一部分数据，也可以指定显示高于或低于平均值的数据。

（3）数据条。对数值类型的数据使用数据条，可以比较直观地对选定区域内的数值进行观察分析。数据条的长度代表了单元格的值，数据条越长，表示的值越大。

（4）色阶。使用颜色刻度可以了解数据的分布和变化，并使用颜色的深浅表示值的高低。

（5）图标集。使用图标集可以对数据进行注释，并按值将数据分成 3～5 个类别。每个图标代表一个值的范围。

（6）新建规则。如果需要对系统提供的条件格式进行更高级的设置时，可以采用该命令。

（7）清除规则。可以一次性清除所选单元格区域所设置的条件格式规则。

（8）管理规则。管理规则的主要功能是修改条件格式的规则。

下面通过一个例子来介绍条件格式设置的方法和步骤。

【例 7-11】 通过条件格式设置图 7-20 所示的数值（10 个成绩分数）格式。

（1）对 A3:A12 中小于 60 的分数设置字体颜色为深红色，填充颜色为粉红色。

（2）对 B3:B12 中小于其平均值的分数设置字体颜色为深红色，填充颜色为粉红色。

（3）对 C3:C12 中的分数用“数据条”中“渐变填充”的“蓝色数据条”设置其格式。

（4）对 D3:D12 中的分数用“色阶”中的“绿-黄-红色阶”设置其格式。

（5）对 E3:E12 中的分数用“图标集”中的“五象限图”设置其格式。

（6）对 F3:F12 中的分数设置字体颜色：<60 分为红色，60～89 分为蓝色，>90 分为紫色。

	A	B	C	D	E	F
1	突出显示	项目选取	数据条	色阶	图标集	管理规则
2	小于60分	小于平均分				
3	90	90	90	90	90	90
4	70	70	70	70	70	70
5	40	40	40	40	40	40
6	62	62	62	62	62	62
7	32	32	32	32	32	32
8	87	87	87	87	87	87
9	66	66	66	66	66	66
10	78	78	78	78	78	78
11	57	57	57	57	57	57
12	68	68	68	68	68	68

图 7-20　设置条件格式

操作方法及步骤如下：

（1）选定 A3:A12 单元格区域，选择“条件格式”中的“新建格式规则”命令，在弹出的对话框中，“选择规则类型”为第 2 项并进行相关设置（其中，字体及填充颜色通过单击“格式”按钮打开的“单元格格式”对话框进行设置），如图 7-21（a）所示，最后单击“确定”按钮。

（2）选定 B3:B12 单元格区域，选择“条件格式”中的“新建格式规则”命令，在弹出的对话框中，“选择规则类型”为第 4 项并进行相关设置，如图 7-21（b）所示，最后单击“确定”按钮。

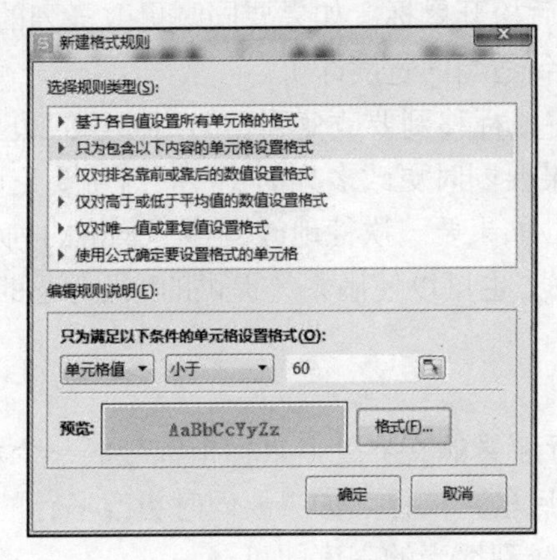

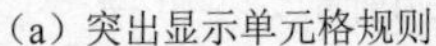
（a）突出显示单元格规则

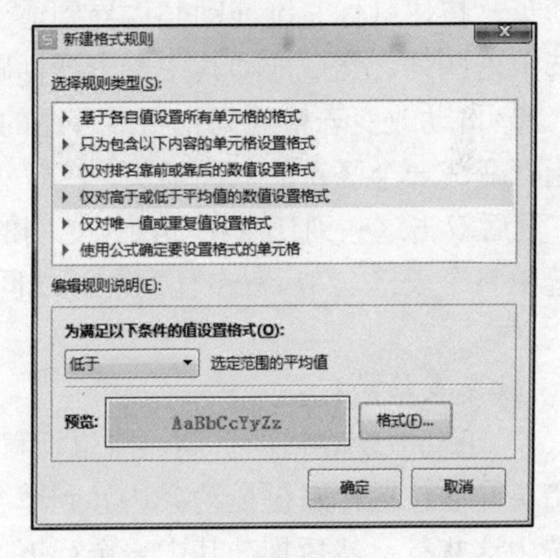

（b）项目选取规则

图 7-21　“新建格式规则”对话框

（3）～（5）根据题目要求，执行相应功能命令来进行格式设置。

（6）选定 F3:F12 单元格区域，执行“条件格式”中的“管理规则”命令，在弹出的“条件格式规则管理器”对话框中进行相关设置（根据题目要求新建 3 个规则），如图 7-22 所示，最后单击“确定”按钮。

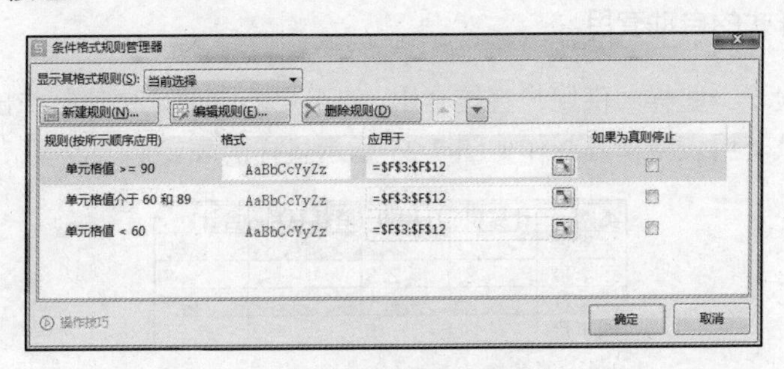

图 7-22　“条件格式规则管理器”对话框

5. 单元格的保护

在实际工作中，有些表格中的原始数据要避免被无意或有意修改，有些计算公式不希望别人知晓，WPS 表格的单元格“锁定”和“隐藏”功能可以帮助我们达到这样的目的。

WPS 表格的“单元格格式”对话框中有一个“保护”选项卡，其中有两个可选项：锁定和隐藏。“锁定”功能的作用是保护单元格数据不被修改和删除，“隐藏”功能的作用是隐藏单元格的计算公式而不是隐藏数据。“锁定”和“隐藏”功能只有在设置工作表保护后才能生效。若要在保护工作表状态下使某些单元格或区域中的数据不被锁定，则必须在保护工作表之前设置其为非锁定状态（不勾选“锁定”复选项）。

7.4.4 更改列宽和行高

利用“开始”选项卡“行和列”组中的“行高”“列宽”“隐藏与取消隐藏”等相关命令可以精确地设置表格的行高和列宽，并可以对行和列进行隐藏。

1. 改变表格的列宽

（1）手动改变表格的列宽。将鼠标移到两个列标题的交界处，鼠标指针变成一个竖直的双向箭头，按住鼠标左键拖动其边界到适当的宽度后松开鼠标。如果要同时更改多列的宽度，应先选中这些列，然后拖动其中一个列标题的边界到适当的宽度即可。

（2）自动改变表格的列宽到最合适的宽度。将鼠标移到要改变列宽的列标题的边界处，鼠标指针变成一个竖直的双向箭头，然后双击。如果要同时更改多列的宽度，则需要先选择这些列，然后双击这些列任意相邻两列之间的分界线。如果要一次性地改变整个表格的列宽，则要先选中整个表格，然后双击任意两列之间的分界线。也可以使用系统提供的“最合适的列宽”命令实现。

2. 改变表格的行高

（1）手动改变表格的行高。将鼠标移到两个行序号的交界处，鼠标指针变成一个水平的双向箭头，按住鼠标左键拖动其边界到适当的高度后松开鼠标。如果要同时更改多行的高度，应先选中这些行，然后拖动其中一个行下方的边界线到适当的高度即可。

（2）自动改变表格的行高到最合适的高度。将鼠标移到要改变行高的行下方交界线处，鼠标指针变成一个水平的双向箭头，然后双击。如果要同时更改多行的高度，则需要先选择这些行，然后双击这些行任意相邻两行之间的分界线。如果要一次性地改变整个表格的行高，则要先选择整个表格，然后双击 1、2 两行之间的分界线。也可以使用系统提供的“最合适的行高”命令实现。

7.4.5 表格样式的自动套用

WPS 表格预设了一些样式供用户直接套用，使用户能方便地快速制作出美观大方的报表。

【例 7-12】试套用表格样式制作如图 7-23 所示式样的表。

类别	计算机	打印机	消耗材料	合计
一季度	12	2	0.89	14.89
二季度	21	2.8	1	24.8
三季度	25	4.5	1.2	30.7
四季度	30	5	2	37

图 7-23 套用表格样式示例

操作方法及步骤如下：

（1）输入表格内容。

（2）选择表格，选择“开始”选项卡中的“表格样式”命令，在弹出的“预设样式”下拉列表中选择“表样式浅色 1”，如图 7-24 所示。

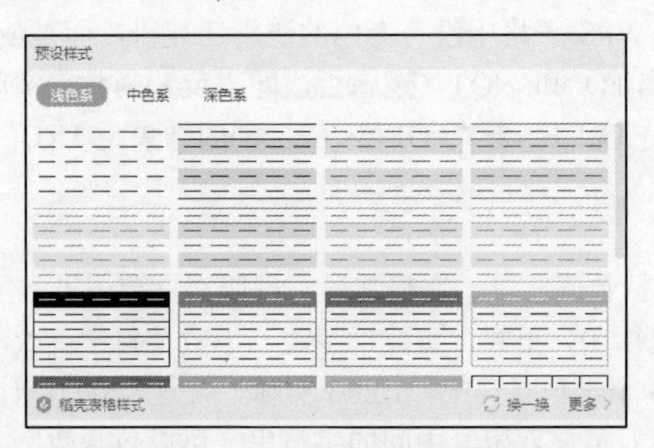

图 7-24　表格的预设样式

7.5　运算与公式

WPS 表格最重要的功能就是数据计算，而公式是计算的基础，公式的应用非常重要和广泛。使用公式不仅能进行简单的四则运算，还能进行复杂的数据运算和各种数据统计，还可以将函数应用到公式中进行专业运算。在 7.3.4 节中已经简单介绍过公式的输入方法，本节将对公式的使用作较为详细的介绍。

7.5.1　公式的组成

在 WPS 表格中，公式的形式是“=<表达式>”。表达式由常量、变量（单元格名称或区域名称）、函数、圆括号及运算符组成。公式的作用是表明数据的来源和计算表达式的值，并将结果显示在所在的单元格中。公式的输入和修改可以在单元格内进行，也可以在编辑栏中进行。输入公式时，常用函数可以在名称框中选择得到或直接输入，单元格或区域名称可以通过鼠标选择输入。

一般来说，公式中除了汉字外，其他所有字符都是英文半角格式。

1. 公式中的运算符

WPS 表格的运算符类型主要分为算术运算符、文本运算符、日期运算符和比较运算符。

（1）算术运算符。+（加法）、-（减法）、*（乘法）、/（除法）、^（乘方）、%（百分数）。

（2）文本运算符。&的作用是合并文本。例如，在单元格 A1 中输入“计算机”，在单元格 A2 中输入“世界”，在单元格 A3 中输入公式=A1&A2，就可以得到“计算机世界”。特别指出，&可以合并非文本型数据和常量（系统有自动数据类型转换机制）。

（3）日期运算符。+（加法）、-（减法）。值得注意的是，日期与日期只能相减，得到两者之间相差的天数；一个日期可以与数值相加减，得到另一个日期。

（4）比较运算符。<（小于）、>（大于）、=（等于）、<>（不等于）、<=（小于等于）、>=（大于等于），用于对两个数据进行比较，运算后的结果只有两个（逻辑值）：TRUE（真）

或 FALSE（假）。例如，在一个单元格中输入公式=5<9，返回的结果是 TRUE；如果输入公式=5>9，返回的结果是 FALSE。再例如，在一个单元格中输入公式="张三">"李四"，返回的结果是 TRUE；如果输入公式="man">"woman"，返回的结果是 FALSE，字符串是比较 ASCII 码值。

（5）逻辑运算符。WPS 表格中没有专门的逻辑运算符，而是使用 AND（逻辑与、逻辑乘）、OR（逻辑或、逻辑加）和 NOT（逻辑否，即求反）函数来实现逻辑运算。例如，公式=AND(3<5,6<8)的结果是 TRUE，公式=OR(3<=5,5<3)的结果是 TRUE，公式=NOT(3<5)的结果是 FALSE。

2. 公式中的常量

WPS 表格的常量包括数值常量、字符常量、日期常量和逻辑常量。

（1）数值常量。包括 0、正数、负数、整数、小数及科学记数法表示的数。例如，公式=2*(-10)+1.2E3 中包含 3 个常数（其中，1.2E3 实际上就是 1200），计算结果是 1180。

（2）字符常量。一对英文双引号中间的字符串（可以包含数字、英文、汉字、中英文符号等）。例如，A1 单元格的数据为 1，在 B1 单元格中输入公式=A1&"班"，可得结果为“1 班”。

（3）日期常量。借助 DATE 函数来表示。例如，A1 单元格中输入了一个日期 2023/7/1，在 B1 单元格中输入公式=DATE(2023,9,10)-A1（式子中前一项表示日期 2023/9/10），可得结果为 1900/3/11（系统自动修改为“日期”格式），再将 B1 单元格设置为“常规”格式，则结果变为 71（就是两个日期之间相隔的天数）。

（4）逻辑常量。TRUE（逻辑真）和 FALSE（逻辑假）。在某些数值计算的场合，TRUE 和 FALSE 可以参与计算，它们分别表示 1 和 0。TRUE 和 FALSE 不能直接写在运算式中。

7.5.2 单元格的引用

在公式中要使用单元格中已有的数据，可以将单元格的名字写在公式中，这就是单元格的引用。引用的对象，除了单个单元格外，还可以是区域（包括整行、整列）等。

1. 引用的作用

引用单元格在于标识工作表中的单元格或区域，并指明公式中所使用的数据的位置。通过引用，在公式中可以使用工作表中单元格的数据。特别是当公式中引用的单元格有数据更新时，公式计算的结果会自动更新。更重要的是，对于成千上万个同类型的数据计算，只需要输入一个公式计算出一个结果，其他数据的计算公式和结果均可通过自动填充功能快速得到。

2. 单元格和区域的表示

单元格和区域的表示示例如表 7-1 所示。

表 7-1 单元格和区域的表示示例

单元格或区域	表示
位于第 A 列第 1 行的单元格	A1
第 A 列第 2～10 行的单元格组成的区域	A2:A10
第 1 行第 B～F 列的单元格组成的区域	B1:F1
从 B2 到 F10 的单元格组成的区域	B2:F10
第 5 行的所有单元格	5:5

续表

单元格或区域	表示
第 5～10 行的所有单元格	5:10
第 H 列中的所有单元格	H:H
第 H～J 列中的所有单元格	H:J

3．引用分类

单元格的引用分为 3 类：相对引用、绝对引用和混合引用。

（1）相对引用。在例 7-5 中，使用了填充公式的方法在图 7-12 所示的第 M 列中输入等比序列 1，2，4，8，…这里 M3 中的公式是=2*M2（可理解为 M3=2*M2）。而将 M3 的公式向下填充时，被填充的单元格也得到了类似的公式，如 M4 中的公式是=2*M3（可理解为 M4=2*M3），这就是相对引用。

单元格的名称直接用在公式中就称为单元格的相对引用。当一个单元格中的公式复制（或填充）到其他单元格时，公式中引用的单元格的名称就会发生“相对”变化：复制到同一列的其他行时，其行号相应改变；复制到同一行的其他列时，其列标相应改变；复制到其他行和其他列时，其行号和列标都相应改变。例如，M3 中的公式是=2*M2（即 M3=2*M2），将它复制到 M4 时就成了=2*M3（即 M4=2*M3）；将它复制到 N3 时就成了=2*N2；将它复制到 N4 时就成了=2*N3。本质上讲，公式中的单元格和存放公式的单元格的相对位置保持不变。

（2）绝对引用。单元格绝对引用的方法是在列标和行号前都加上美元符号$，如$A$1，它表示 A 列第 1 行的单元格 A1。包含它的公式，无论被复制到哪个单元格，$A$1 都不变。实际上，$的作用就是在公式的复制过程中固定单元格名称的列标或行号，不让它随之发生变化。

（3）混合引用。单元格混合引用的方法是只在列标和行号的其中一个上加上美元符号$，如$A1 和 A$1，它们都表示 A 列第 1 行的单元格 A1。但将引用它们的公式复制到其他单元格时，加了$的行号和列标不会随行列的改变而改变，未加$的行号和列标会随行列的改变而改变。

相对引用与绝对引用的转换技巧：选择需要更改引用方法的单元格，按 F4 键，将在绝对引用、相对引用和混合引用之间切换。例如，公式中的 A1 被选中后，在连续按 F4 键时会在$A$1、$A1、A$1、A1 之间循环变化。

【例 7-13】 如图 7-25（a）所示，在单元格 A1、B1、C1、A2、A3 中分别输入数值 1、2、3、4、5（可以理解为 A1=1、B1=2、C1=3、A2=4、A3=5）。如果在 B2 单元格中输入公式=A1+$A2+B$1+$A$1，并将此公式复制到 B3、C2、C3，那么 B2 单元格的值是多少？B3、C2、C3 单元格的公式和值又是什么？

解答：B2 的值是 8，公式是 B2=A1+$A2+B$1+$A$1=1+4+2+1=8。

C2 的值是 10，公式是 C2=B1+$A2+C$1+$A$1=2+4+3+1=10。

B3 的值是 12，公式是 B3=A2+$A3+B$1+$A$1=4+5+2+1 =12。

C3 的值是 17，公式是 C3=B2+$A3+C$1+$A$1=8+5+3+1=17。

结果如图 7-25（b）所示。

	A	B	C
1	1	2	3
2	4	?	?
3	5	?	?

（a）

	A	B	C
1	1	2	3
2	4	8	10
3	5	12	17

（b）

图 7-25 单元格的引用

4. 跨工作表、工作簿的引用

跨工作表、工作簿的引用可以分为下述两种情况进行分析。

（1）相同工作簿、不同工作表间的单元格引用。引用格式为：工作表名![$]列标[$]行号。例如，Sheet1!A1 表示 Sheet1 工作表 A1 单元格的相对引用，而 Sheet1!$A$1 是绝对引用。

（2）不同工作簿间的单元格引用。引用格式为：[工作簿文件名]工作表名![$]列标[$]行号。例如，[工作簿 1]Sheet1!$A$1 表示工作簿“工作簿 1”中工作表 Sheet1 的单元格 A1 的绝对引用。

7.5.3 公式应用举例

图 7-26 给出了 7 个公式计算的例子（E14 设置单元格格式为 2 位小数的百分比）。

	A	B	C	D	E	F
1	学号	语文成绩	数学成绩	英语成绩	平均成绩（公式显示）	公式计算结果
2	XS0001	87	95	76	=(B2+C2+D2)/3	86
3						
4	选手号	初赛成绩（占10%）	复赛成绩（占20%）	决赛成绩（占70%）	总成绩	
5	A01	89	78	79	=B5*10%+C5*20%+D5*70%	79.8
6						
7	工号	基本工资	基本津贴	五险一金扣除	实发工资	
8	ZG0001	3460	2100	1200	=B8+C8-D8	4360
9						
10	产品型号	产品名称	单价（元）	数量	销售额（万元）	
11	D01	电冰箱	2750	35	=C11*D11/10000	9.625
12						
13	产品型号	产品名称	销售数量	维修件数	维修件数所占百分比	
14	SH1	A12	1020	160	=D14/C14	15.67%
15						
16	销售组	产品名称	销售数量（元）	单价	销售额（元）	
17	A组	微波炉	46	246	=C17*D17	11316
18						
19	部门编号	部门名称	伙食补助（元）	补助人数	人均补助（元）	
20	A0001	一车间	13680	30	=C20/D20	456

图 7-26 公式计算举例

7.5.4 查看即时计算结果

日常数据处理中，经常会求一组数值数据的和、平均值、最大值、最小值等。WPS 提供了即时显示计算结果的功能：只要选择一组包含有数值的数据区域，系统就会在状态栏中显示其中数值数据的平均值、个数、求和等结果。例如，当选择图 7-26 中的区域 B2:D2 时，状态栏中就会显示“平均值=86 计数=6 求和=258”。若想要看到更多结果，可以右击状态栏，在弹出的快捷菜单中选择“最大值”“最小值”等，状态栏上就会显示出最大值、最小值的结果。

7.5.5 公式常用功能命令

WPS 表格的“公式”选项卡中有“插入函数”“Σ自动求和”“名称管理器”“指定名称”

“追踪引用单元格”和“显示公式”等多个选项。

（1）“插入函数”选项。当公式中需要使用函数时，“插入函数”功能可以打开“插入函数”对话框，从中可以搜寻需要的函数。

（2）“∑自动求和”选项。可以直接使用获得自动求和的公式和结果。也可以选择“平均值”“计数”“最大值”等其他功能。例如，在计算图 7-26 所示 E2 单元格的平均值，可先选中区域 B2:E2，再选择“∑自动求和”中的“平均值”，即可获得公式=AVERAGE(B2:D2)和 86 的结果。

（3）“追踪引用单元格”命令。“公式审核”组中的“追踪单元格引用”命令可以查看公式中引用单元格的情况，帮助用户审核公式，避免单元格引用错误。

（4）“显示公式”命令。通常情况下，公式计算的单元格显示的是公式计算结果，当选择单元格时编辑栏中会显示计算公式，只有当编辑公式时才能在单元格中显示公式。而使用“显示公式”命令，当前工作表中所有计算公式就会同时显示出来。例如，当完成例 7-12 中的操作后，若选择“显示公式”命令，则能同时看到其中所有的公式。

值得注意的是，当编辑单元格时，系统会以不同的颜色来显示单元格或区域及它们的名称，这也有助于用户对公式进行审核。

7.5.6 公式计算结果的利用

WPS 表格中，若将通过公式计算得到的结果复制到工作簿的其他地方，则先选择相应的单元格或区域，选择“复制”命令（快捷键为 Ctrl+C），然后选择目标区域的首个单元格的位置，选择“开始”选项卡“粘贴”组中的“选择性粘贴”命令，在“选择性粘贴”对话框中选择“值”并单击“确定”按钮。若直接使用“粘贴”命令（快捷键为 Ctrl+V），则得到的是公式（相对引用的结果，可能产生错误信息），而不是所希望得到的数据。我们也常常将公式计算结果通过“复制”和“选择性粘贴”中的“粘贴为数值”命令，用计算结果替换原处的计算公式，从而达到去除（过滤）公式的目的。

7.6 函 数

函数的应用使得 WPS 表格具有强大的数据处理功能，WPS 表格中函数是预先定义好的执行特定计算的表达式。函数的基本格式为：函数名(参数列表)，其中函数名表示函数的功能与用途，参数列表提供了函数执行相关操作的数据来源或依据。参数列表可能有多个参数，参数与参数之间采用英文逗号分隔。参数可以是常量、数值、单元格的引用、表达式等，也可以是函数。

WPS 表格提供了众多类型的函数，比较常用的是数学和三角函数、查找与引用函数、统计函数、时间和日期函数、文本函数等。

7.6.1 函数的输入

公式中函数式的输入方式有以下 3 种：

（1）在目标单元格中输入等号“=”，此时名称框中会显示最近使用过的函数名（如 SUM、

AVERAGE 等)，单击其右边的下拉按钮，弹出如图 7-27 所示的函数下拉列表，可以从中选择需要的函数，或者单击“其他函数”命令，弹出“插入函数”对话框（图 7-28)，这时可以进一步选择所需要的函数。

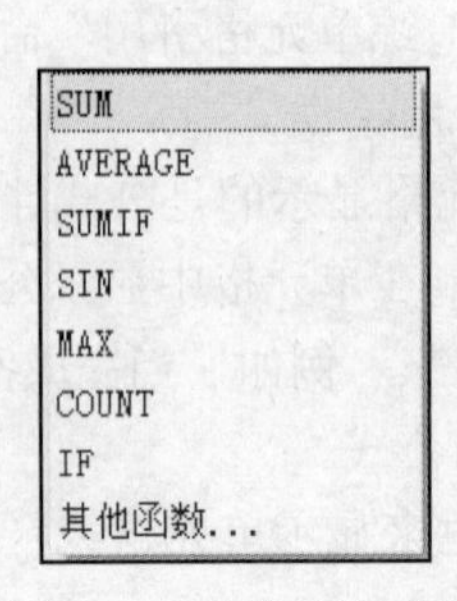

图 7-27　函数下拉列表

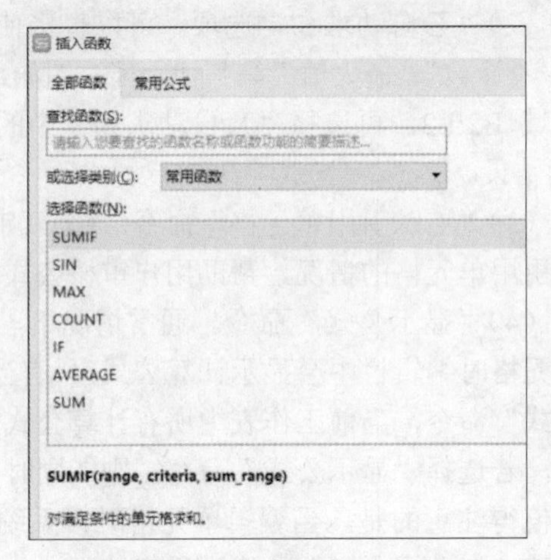

图 7-28　“插入函数”对话框

（2）单击编辑栏中的“插入函数”按钮 f_x，弹出“插入函数”对话框。

（3）在“公式”选项卡中单击“插入函数”按钮能快速找到需要的函数。

在“插入函数”对话框中选中某一个函数时，显示该函数格式和功能的简要说明，这对用户学习函数的用法很有帮助。手动输入函数名及左括号后，系统会自动显示函数的格式（包括函数名和参数)，而且将当前参数以加粗形式显示，这对用户正确使用函数也有很好的作用。

在“插入函数”对话框中，选择某个函数（如 SUM）并确定后，系统显示“函数参数”对话框，其中对函数的功能和参数的数目及使用进行了说明。输入参数后，对话框中会显示相关信息（如“={1,2,3}”和“计算结果=6”)。

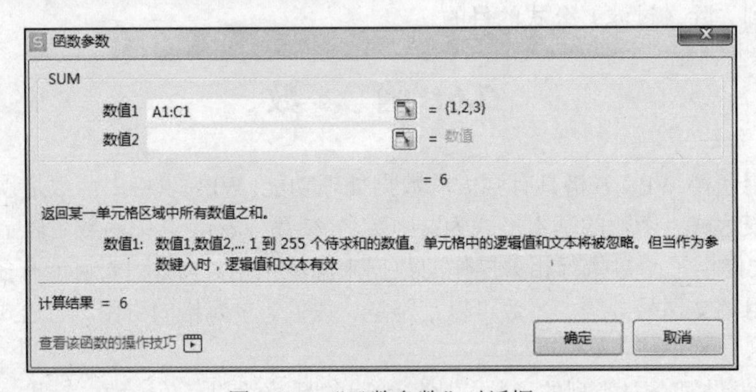

图 7-29　“函数参数”对话框

7.6.2　实用函数介绍

为了方便介绍函数的使用，下面以图 7-30 和图 7-31 所示为例进行阐述。

在图 7-30 中，每个学生的“名次”根据其“总分”而定，最高分对应的名次为 1，其他总分对应的名次为低于此总分个数加 1，总分相同者名次相同；每个学生的“挂科数”是其四门科目中分数低于 60 分的门数；每个学生的“等级”由其名次确定：名次≤5 的为 A 等，名次>人数-5 的为 C 等，其他均为 B 等；“奖学金”按成绩等级 A、B、C 分别为 600、400、200；“平均分”和“最高分”是指各科目所有学生成绩的平均分和最高分。

	A	B	C	D	E	F	G	H	I	J	K	L
1	班级	学号	性别	科目1	科目2	科目3	科目4	总分	名次	挂科数	等级	奖学金
2	1班	S117	女	53	88	74	85	300	12	1	B	400
3	1班	S105	男	54	52	97	75	278	17	2	C	200
4	2班	S242	女	57	76	90	61	284	14	1	C	200
5	4班	S234	女	63	56	51	80	250	18	2	C	200
6	4班	S211	女	66	91	59	70	286	13	1	B	400
7	2班	S201	女	70	100	87	67	324	6	0	B	400
8	3班	S141	男	72	70	53	85	280	16	1	C	200
9	1班	S113	女	73	87	57	87	304	9	1	B	400
10	2班	S221	男	75	93	66	69	303	11	0	B	400
11	4班	S221	男	80	94	50	93	317	7	1	B	400
12	4班	S202	女	86	75	52	71	284	14	1	C	200
13	2班	S235	男	87	93	97	59	336	4	1	A	600
14	3班	S115	女	87	54	96	67	304	9	1	B	400
15	1班	S109	男	89	94	62	83	328	5	0	A	600
16	3班	S109	男	89	63	73	80	305	8	0	B	400
17	3班	S118	女	94	72	89	96	351	2	0	A	600
18	1班	S142	男	95	92	89	70	346	3	0	A	600
19	3班	S103	女	99	91	85	100	375	1	0	A	600
20	平均分			77.2	80.1	73.7	77.7	308.6				
21	最高分			99	100	97	100	375				

图 7-30　学生成绩表

	A	B	C	D	E	F	G	H	I	J
24	各班级人数汇总						各班级奖学金汇总			
25	班级	男	女	合计			班级	男	女	合计
26	1班	3	2	5			1班	1400	800	2200
27	2班	2	2	4			2班	1000	600	1600
28	3班	2	3	5			3班	600	1600	2200
29	4班	1	3	4			4班	400	800	1200
30	合计	8	10	18			合计	3400	3800	7200

图 7-31　班级人数及奖学金统计表

图 7-30 与图 7-31 在同一个工作表中，后者是基于前者来统计的。所有计算结果都要求用公式求出，当单科成绩有修改时，计算结果都能被自动更新。

1. 求和函数 SUM、SUMIF、SUMIFS 和 SUMSPRODUCT

（1）求和函数 SUM。

功能：返回某一单元格区域中所有数字之和。

语法：SUM(number1,number2, ...)

number1, number2, ... 为 1～255 个需要求和的参数。

说明：直接输入到参数表中的数字、逻辑值及数字的文本表达式将被计算。如果参数为数组或引用，只有其中的数字将被计算。数组或引用中的空白单元格、逻辑值、文本或错误值将被忽略。如果参数为错误值或为不能转换成数字的文本，将会导致错误。

SUM 函数的快捷键为 Alt+=。

示例 1：公式=SUM(3,2)是将 3 和 2 相加，结果为 5。

示例 2：公式=SUM("5",15,TRUE)是将 5、15 和 1 相加，因为文本值被转换为数字，逻辑值 TRUE 被转换成数字 1，故结果为 21。

示例 3：设单元格 A1:A5 的数据分别为-5、15、30、'5、TRUE，则公式=SUM(A1:A5,2)

是将 A 列前 5 行中的数字之和与 2 相加，因为引用区域中非数值被忽略，故结果为 42。

【例 7-14】用 SUM 函数计算出图 7-30 所示学生成绩表中所有学生的总分。

方法一：选中区域 D2:H19，按快捷键 Alt+=。

方法二：选中区域 D2:H19，选择“开始”选项卡中的“∑求和”。

方法三：在单元格 H2 中输入公式=SUM(D2:G2)或使用 fx 插入函数，将 H2 的公式向下填充至 H19。

（2）条件求和函数 SUMIF。

功能：根据指定条件对若干单元格求和。

语法：SUMIF(range,criteria,sum_range)

range 为用于条件判断的单元格区域；criteria 为确定哪些单元格将被相加求和的条件，其形式可以为数字、表达式或文本，例如条件可以表示为 32、<32、>32 或 apples；sum_range 是需要求和的实际单元格。

说明：只有在区域中相应的单元格符合条件时，sum_range 的单元格才求和。如果忽略了 sum_range，则对区域中的单元格求和。

【例 7-15】用 SUMIF 函数计算图 7-30 中所有“1 班”学生的奖学金总数。

解答：在单元格 K26 中输入公式=SUMIF(A2:A19,G26,L2:L19)或=SUMIF(A2:A19,"1 班",L2:L19)，可得结果 2200（将与图 7-31 中 J26 单元格的结果一致）。“函数参数”对话框如图 7-32 所示。

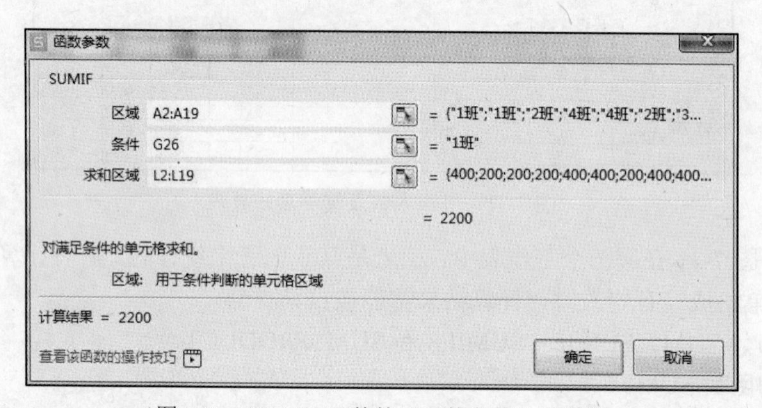

图 7-32 SUMIF 函数的“函数参数”对话框

若将单元格 K26 中的公式修改为=SUMIF(A$2:A$19,G26,L$2:L$19)，将其向下填充至 K29，可求得其他班级的奖学金总数。

（3）多条件求和函数 SUMIFS。

功能：用于计算满足多个条件的全部数字的总和。

语法：SUMIFS(sum_range, criteria_range1, criteria1, [criteria_range2, criteria2], ...)

sum_range：必需，要求和的单元格区域。

criteria_range1：必需，使用 criteria1 测试的区域。

criteria_range1 和 criteria1 设置用于搜索某个区域是否符合特定条件的搜索对。一旦在该区域中找到了项，将计算 sum_range 中相应值的和。

criteria1：必需，定义将计算 criteria_range1 中的哪些单元格的和的条件。例如可以将条件输入为 32、>32、B4、苹果或 32。

criteria_range2, criteria2, …(optional)：附加的区域及其关联条件，最多可以输入 127 个区域/条件对。

SUMIFS 函数包含 SUMIF 函数的功能。上例中公式=SUMIF(A$2:A$19,G26, L$2:L$19)也可以用=SUMIFS(L$2:L$19, A$2:A$19, G26)取代，但请注意两个函数参数的次序不同。

【例 7-16】用 SUMIFS 函数计算图 7-30 中“1 班”所有“男”生的奖学金总数（计算结果如图 7-31 所示）。

解答：在单元格 H26 中输入公式=SUMIFS(L2:L19,A2:A19,"1 班",C2:C19,"男")，可得结果 1400。“函数参数”对话框如图 7-33 所示。

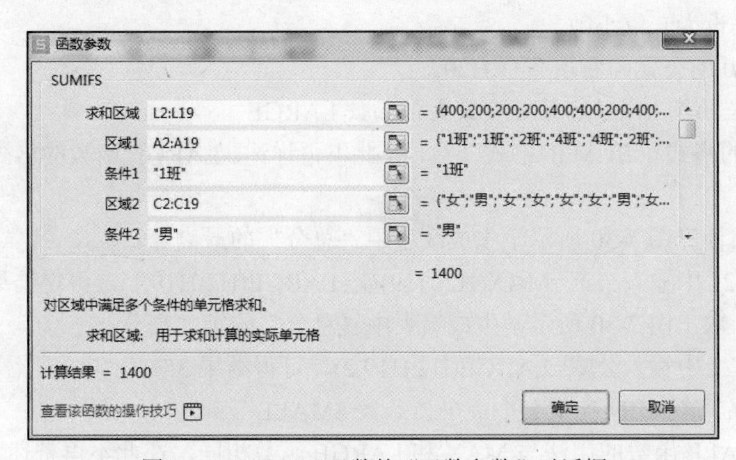

图 7-33　SUMIFS 函数的“函数参数”对话框

若将公式修改为=SUMIFS($L$2:$L$19,$A$2:$A$19,$G26,$C$2:$C$19,H$25)，将其向右和向下填充到 I29，可得到各班级的男/女生的奖学金总数。

（4）求数组乘积和函数 SUMPRODUCT。

功能：在给定的几组数组中，将数组间对应的元素相乘，并返回乘积之和。

语法：SUMPRODUCT(array1,array2,array3, ...)

array1,array2,array3, ... 为 2～30 个数组，其相应元素需要进行相乘并求和。

说明：数组参数必须具有相同的维数，否则函数 SUMPRODUCT 将返回错误值#VALUE!。函数 SUMPRODUCT 将非数值型的数组元素作为 0 处理。

SUMPRODUCT 函数使用示例（此函数有特殊用法，见例 7-17）：假设在区域 A1:A4 中分别输入 1、2、3、4，在 B1:B4 中分别输入 1000、100、10、1，则公式=SUMPRODUCT(A1:A4, B1:B4)的计算结果是 1234。

【例 7-17】用 SUMPRODUCT 函数计算图 7-31 所示成绩表中“1 班”所有“男”生的人数和奖学金总数。

解答：求“1 班”所有“男”生的人数：在 B26 中输入公式=SUMPRODUCT((A2:A19="1 班")*(C2:C19="男"))，计算结果为 3。若将 B26 中的公式修改为=SUMPRODUCT(($A$2:$A$19=$A26)*($C$2:$C$19=B$25))，则将其向右向下填充到 C29，可得到其他班级的男女生人数。

求“1 班”所有“男”生的奖学金总数：在单元格 H26 中输入公式=SUMPRODUCT((A2:A19="1 班")*(C2:C19="男")*(L2:L19))，可得结果 1400。若将 H26 的公式修改为=SUMPRODUCT(($A$2:$A$19=$G26)* ($C$2:$C$19=H$25)* ($L$2:$L$19))，并将其向右向下填充到 I29，则可得到其他班级的男女生奖学金数目。

2. 求平均值函数 AVERAGE、AVERAGEIF 和 AVERAGEIFS

这 3 个函数与 SUM、SUMIF、SUMIFS 函数的格式和用法完全相同，在此不再详述。

【例 7-18】计算图 7-30 所示学生成绩表中各科目及总分的平均分（只显示一位小数）。

（1）在单元格 D20 中输入公式=AVERAGE(D2:D19)。

（2）在“开始”选项卡的“数字”组中单击“减少小数位数”和“增加小数位数”按钮将 D20 中的数据设为一位小数。

（3）将 D20 的公式向右填充至 H20。

3. 求最大值函数 MAX 和第 k 个最大值函数 LARGE

MAX 函数的格式和 SUM 的格式一致，在此不再详述。LARGE 函数的格式参见例题加以理解。

【例 7-19】计算图 7-30 所示学生成绩表中“总分”的最高分。

在单元格 H21 中输入公式=MAX(H2:H19)或=LARGE(H2:H19,1)，可得结果 375。

【例 7-20】求出图 7-30 所示学生成绩表中“总分”的第二高分。

在单元格 H22 中输入公式=LARGE(H2:H19,2)，可得结果 351。

4. 求最小值函数 MIN 和第 k 个最小值函数 SMALL

MIN 和 SMALL 函数的用法与 MAX 和 LARGE 函数相同，在此不再赘述。

5. 向下取整函数 INT

示例 1：公式=INT(8.9)是将 8.9 向下舍入到最接近的整数，结果为 8。

示例 2：公式=INT(-8.9)是将-8.9 向下舍入到最接近的整数，结果为-9。

6. 四舍五入函数 ROUND

功能：返回某个数字按指定位数取整后的数字。

语法：ROUND(number,num_digits)

number 为需要进行四舍五入的数字；num_digits 为指定的位数，按此位数进行四舍五入。

说明：如果 num_digits 大于 0，则四舍五入到指定的小数位；如果 num_digits 等于 0，则四舍五入到最接近的整数；如果 num_digits 小于 0，则在小数点左侧进行四舍五入。

示例 1：公式=ROUND(2.15, 1)是将 2.15 四舍五入到一个小数位，结果为 2.2。

示例 2：公式=ROUND(2.149, 1)是将 2.149 四舍五入到一个小数位，结果为 2.1。

示例 3：公式=ROUND(-1.475, 2)是将-1.475 四舍五入到两个小数位，结果为-1.48。

示例 4：公式=ROUND(12345, -2)是将 12345 四舍五入到小数点左侧两位，结果为 12300。

示例 5：若将图 7-30 中各科平均分作四舍五入处理只留一位小数，则只需将例 7-18 中的公式改为=ROUND(AVERAGE(D2:D19),1)。

7. 随机数函数 RAND

功能：返回大于等于 0 及小于 1 的均匀分布随机数，每次计算工作表时都将返回一个新的数值。

语法：RAND()（不需要参数）。

巧用 RAND 函数可以自动生成随机数：若要生成实数 a 与 b 之间的随机实数，可以使用 RAND()*(b-a)+a。若要使用函数 RAND 生成一个随机数，并且使之不随单元格计算而改变，可以在编辑栏中输入=RAND()，保持编辑状态，然后按 F9 键，将公式永久性地改为随机数。

示例 1：公式=RAND()产生一个介于 0 和 1 之间的随机数（变量）。

示例 2：公式=RAND()*100 产生一个大于等于 0 但小于 100 的随机数（变量）。

【例 7-21】利用随机函数产生图 7-30 中所有学生四门成绩的分数，要求都是 40～100 的随机整数。

（1）在单元格 D2 中输入公式=40+INT(61*RAND())。

（2）将 D2 的公式向右填充至 G2。

（3）在 D2:G2 处于选定状态下继续将区域 C2:G2 的公式向下填充至 G19。

（4）选择 D2:G19，执行“复制”操作，再选择“选择性粘贴”中的“粘贴为数值”选项。

8. 排位函数 RANK（或 RANK.EQ）

功能：返回某数字在一列数字中相对其他数值的大小排名（排位）。

数字的排位是其大小与列表中其他值的比值（如果列表已排过序，则数字的排位就是它当前的位置）。

语法：RANK(number,ref,order)

number 为需要找到排位的数字；ref 为数字列表数组或对数字列表的引用，ref 中的非数值型参数将被忽略；order 为一数字，指明排位的方式。

如果 order 为 0 或省略，WPS 表格对数字的排位是基于 ref 按照降序排列的列表；如果 order 不为 0，WPS 表格对数字的排位是基于 ref 按照升序排列的列表。

说明：函数 RANK 对重复数的排位相同，但重复数的存在将影响后续数值的排位。

例如，在一列整数里，如果整数 10 出现两次，其排位为 5，则 11 的排位为 7（没有排位为 6 的数值）。

示例：设单元格区域 A1:A6 中的数据分别是 6、3、1、4、3、2，则公式=RANK(A2,A1:A6,1)表示 3 在 A 列数据中按升序的排位，结果为 3；公式=RANK(A6,A1:A6)表示 2 在 A 列数据中的降序排位，结果为 5。

【例 7-22】计算图 7-30 所示学生成绩表中所有学生的名次（按高分到低分的降序方式）。

（1）在单元格 I2 中输入公式=RANK(H2,H2:H19,0)，完成后可得到排名值为 12。若单击编辑栏中的函数库 fx 按钮，则可打开如图 7-34 所示的 RANK 函数的“函数参数”对话框。理论上说，其他学生的总分排名可用同样的方法求得。

（2）若将 I2 的公式修改为=RANK(H2,H$2:H$19,0)，再将其向下填充至 I19，即可得到所有学生的总分排名。

9. 计数函数 COUNT、COUNTIF 和 COUNTIFS

函数的格式和用法都类似于 SUM、SUMIF 和 SUMIFS，请通过随后的例题加以理解。

函数在计数时，将把数字、日期或以文本代表的数字计算在内，但是错误值或其他无法转换成数字的文字将被忽略。如果参数是一个数组或引用，那么只统计数组或引用中的数字，数组或引用中的空白单元格、逻辑值、文字或错误值都将被忽略。

函数参数
RANK
数值 H2 = 300
引用 H2:H19 = {300;278;284;250;286;324;280;304;303...
排位方式 0 = 0
= 12
返回某数字在一列数字中相对于其他数值的大小排名
排位方式：指定排位的方式。如果为 0 或忽略，降序；非零值，升序
计算结果 = 12
查看该函数的操作技巧
确定 取消

图 7-34 RANK 函数的“函数参数”对话框

【例 7-23】计算图 7-30 所示学生成绩表中第一名学生的挂科数（分数低于 60 的科目数）。

在 J2 中输入公式=COUNTIF(D2:G2,"<60")，计算结果为 1。

【例 7-24】计算图 7-30 所示学生成绩表中“1 班”的“男”生人数。

在 B26 中输入公式=COUNTIFS(A2:A19,"1 班",C2:C19,"男")，计算结果为 3。若将 B26 的公式修改为=COUNTIFS($A$2:$A$19,$A26,$C$2:$C$19,B$25)，再将其向右和向下填充至 C29，则可得到各班级男女生的人数。

10. 条件取值函数 IF 和 IFS

（1）单条件取值函数 IF。

功能：使用逻辑函数 IF 时，如果条件为真，函数将返回一个值；如果条件为假，函数将返回另一个值。

语法：IF(logical_test, value_if_true, [value_if_false])

logical_test：必需，要测试的条件。

value_if_true：必需，logical_test 的结果为 TRUE 时您希望返回的值。

value_if_false：可选，logical_test 的结果为 FALSE 时您希望返回的值。

示例 1：如果在单元格 A1 中输入 50，那么在 B1 中输入公式=IF(A1<60,"不及格","及格")可得结果为“不及格”，此时 IF 函数的“函数参数”对话框如图 7-35 所示；当单元格 A1 的值为 90 时，B1 的结果就是“及格”。

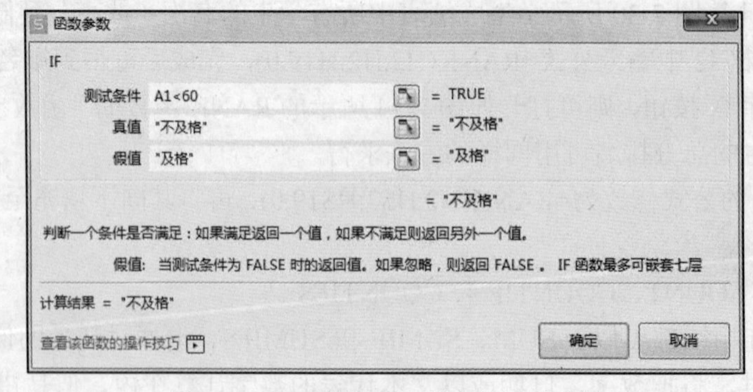

图 7-35 IF 函数的“函数参数”对话框

示例 1 表明，一个完整的 IF 函数式可实现一个条件下两种选择。现实中，常常是两个条件下三种选择、三个条件下四种选择，甚至更多，这时可以用多个 IF 嵌套使用来完成，也可用后面即将介绍的多条件取值函数 IFS 来完成。

示例 2：如果在单元格 B1 中输入公式=IF(A1<60,"不及格", IF(A1<70,"及格", IF(A1<85,"良好","优秀"))), 那么当单元格 A1 的值分别是 50、65、75、90 时，结果分别为“不及格”“及格”“良好”和“优秀”。

【例 7-25】计算图 7-30 所示学生成绩表中所有学生的等级。

1）在单元格 K2 中输入公式=IF(I2<=5,"A",IF(I2>13,"C","B"))（其中 13 由成绩表中的学生人数 18-5 得到，也可用 COUNT(I$2:I$19)-5 代替）。

2）将 K2 的公式向下填充至 K19。

【例 7-26】计算图 7-30 所示学生成绩表中所有学生的奖学金。

1）在单元格 L2 中输入公式=IF(K2="A",600, IF(K2="B",400,200))。

2）将 C2 的公式向下填充至 C19。

【例 7-27】利用条件函数和随机函数生成图 7-30 所示学生成绩表中所有学生的性别。

1）在单元格 C2 中输入公式=IF(RAND()<0.5,"男","女")。

2）将 C2 的公式向下填充至 C19。

（2）多条件取值函数 IFS。

功能：IFS 函数检查是否满足一个或多个条件，且是否返回与第一个 TRUE 条件对应的值。IFS 可以取代多个嵌套 IF 语句，并且可通过多个条件更轻松地读取。

语法：IFS(logical_test1, value_if_true1, [logical_test2, value_if_true2],…)

logical_test1：必需，计算结果为 TRUE 或 FALSE 的条件。

value_if_true1：必需，当 logical_test1 的计算结果为 TRUE 时要返回结果。可以为空。

logical_test2…,logical_test127：可选，计算结果为 TRUE 或 FALSE 的条件。

value_if_true2…,value_if_true127：可选，当 logical_testN 计算结果为 TRUE 时要返回结果。每个 value_if_trueN 对应于一个条件 logical_testN，可以为空。

说明：IFS 函数允许测试最多 127 个不同的条件。

例如=IFS(A1=1,1,A1=2,2,A1=3,3)。

一般不建议对 IF 或 IFS 语句使用过多条件，因为构建、测试和更新会变得十分困难。

示例 1：IF 函数示例 1 中 B1 的公式=IF(A1<60,"不及格","及格")可修改为=IFS(A1<60,"不及格",A1>=60,"及格")或=IFS(A1<60,"不及格",1,"及格")（最后一个条件即剩余的情况，可用为真逻辑值 1 或 TRUE 代替），IFS 函数的“函数参数”对话框如图 7-36 所示（当有更多条件时，注意滚动右边的滚动条）。

示例 2：IF 函数示例 2 中 B1 的公式=IF(A1<60,"不及格", IF(A1<70,"及格", IF(A1<85,"良好","优秀")))可修改为=IFS(A1<60,"不及格", A1<70,"及格", A1<85,"良好",A1>=85,"优秀")))。

值得注意的是，IF 和 IFS 中有多个条件时，系统总是从左往右依次判断条件是否满足，一旦有条件满足，马上返回随后的值，不再处理后面的条件，只有前置条件不满足时才继续进行后置条件的判断。

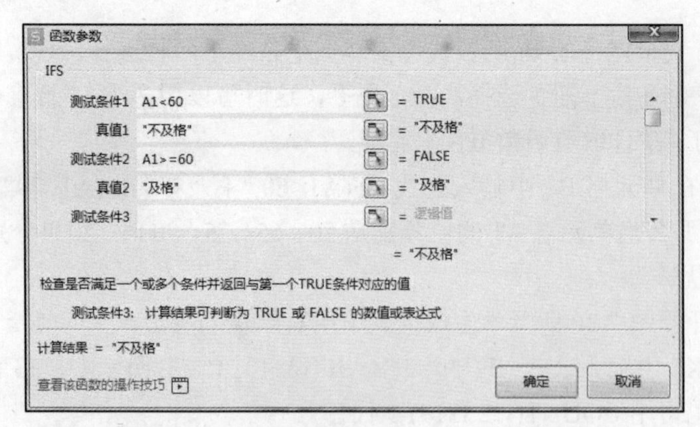

图 7-36 IFS 函数的“函数参数”对话框

11. 频率分布函数 FREQUENCY

本函数的功能和语法请通过下面的例题进行理解。

【例 7-28】利用频率分布函数计算图 7-30 所示学生成绩表中科目 1 的分数，分布在 0～60、61～84、85～100 三个区间的个数各是多少。

（1）在单元格 P2、P3、P4 中分别输入 59、84、100。

（2）选择区域 Q2、Q3、Q4，输入公式=FREQUENCY(D2:D19,P2:P4)后，按住组合键 Ctrl+Shift+Enter，可以在 Q2、Q3、Q4 中得到结果为 3、7、8，而其中的公式变为数组公式{=FREQUENCY(D2:D19,P2:P4)}。FREQUENCY 函数的“函数参数”对话框如图 7-37 所示。

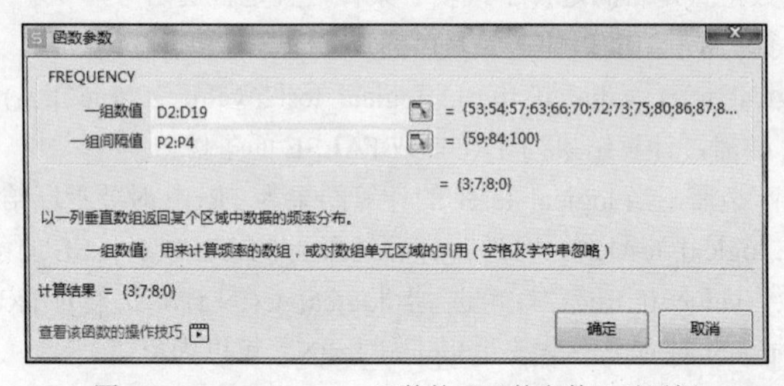

图 7-37 FREQUENCY 函数的“函数参数”对话框

12. 当前日期时间函数 NOW

无参数的函数 NOW()返回日期和时间格式的当前日期和时间。

13. 当天日期函数 TODAY

无参数的函数 TODAY()返回日期格式的当前日期。

14. 日期函数 DATE

若在某个单元格中输入公式=DATE(2022,9,10)，则在此单元格中显示一个日期 2022-9-10（或 2022/9/10）。

15. 日期间隔函数 DATEDIF

功能：计算两个日期之间的天数、月数、年数，其返回值是两个日期之间的年、月、日间隔数。

语法：DATEDIF(Start_Date,End_Date,Unit)

start_Date：一个日期，它代表时间段内的第一个日期或起始日期。

end_Date：一个日期，它代表时间段内的最后一个日期或结束日期。

unit：所需信息的返回类型。

信息类型参数：Y、M、D，计算两个日期间隔的年、月份、天数；YD，忽略年数差，计算两个日期间隔的天数；MD，忽略年数差和月份差，计算两个日期间隔的天数；YM，忽略年数差，计算两个日期间隔的月份数。

示例 1：公式=DATEDIF(DATE(1949,10,1),today(),"Y")的结果是中华人民共和国成立周年数。

读者可以按此方法计算一下自己的年龄。

示例 2：若在单元格 A1 和 A2 中分别输入日期 2020/3/5 和 2023/5/4，C1 中输入字母 Y（或 M、D、YD、MD、YM），D1 中输入公式=DATEDIF(A1,B1,C1)，可得结果为 3（或 37、1155、60、29、1）。

16. 日期中的年、月、日函数 YEAR、MONTH、DAY

YEAR 函数返回某日期对应的年份，返回值为 1900～9999 的整数；MONTH 函数返回以序列号表示的日期中的月份，返回值为 1～12 的整数；DAY 函数返回以序列号表示的日期的天数，用整数 1～31 表示。

示例：在单元格 A1 中输入 2023-9-10，再在单元格 A2 中输入公式=YEAR(A1)+MONTH(A1)+DAY(A1)，则显示结果是 2023、9、10 之和 2042（常规格式）。

17. 时间中的时、分、秒函数 HOUR、MINUTE、SECOND

HOUR 函数返回时间值的小时数，值为 0～23 的整数；MINUTE 函数返回时间值中的分钟数，值为 0～59 的整数；SECOND 函数返回时间值的秒数，值为 0～59 的整数。

示例：在单元格 A1 中输入公式=TIME(12,34,56)，则显示为 12:34（或 12:34 PM），适当重新设置 A1 中的时间格式，可显示为 12:34:56；若再在 A2 中输入公式=HOUR(A1)+MINUTE(A1)+SECOND(A1)，则显示为 102（常规格式）。

18. 文本提取子串函数 LEFT、RIGHT、MID

这 3 个函数用法简单，通过下面的示例即可理解，详情不再赘述。

示例：在单元格 A1 中输入一个身份证号“'456789199212310012”，则

（1）在单元格 A2 中输入公式=LEFT(A1,6)，则显示为 456789。

（2）在单元格 A3 中输入公式=RIGHT(A1,4)，则显示为 0012。

（3）在单元格 A4 中输入公式=MID(A1,7,8)，则显示为 19921231。

19. 数值转换为数字格式文本函数 TEXT

功能：将数值转换为按指定数字格式表示的文本。

语法：TEXT(value,format_text)

value 为数值、计算结果为数字值的公式或对包含数字值的单元格的引用；format_text 为“单元格格式”对话框“数字”选项卡“分类”文本框中的文本形式的数字格式。

说明：format_text 不能包含星号（*）；选择“格式”选项卡中的“单元格”命令，然后在“数字”选项卡上设置单元格的格式，只会更改单元格的格式而不会影响其中的数值。使用函数 TEXT 可以将数值转换为带格式的文本，而其结果将不再作为数字参与计算。

示例：

（1）在单元格 A1 中输入 19921231，在单元格 B1 中输入公式=TEXT(A1,"0000-00-00")，

则得到结果为 1992-12-31；在单元格 C1 中输入公式=TEXT(A1,"0000 年 00 月 00 日")，则得到结果为“1992 年 12 月 31 日”。

（2）在单元格 A2 中输入“'456789199212310012”，在单元格 B2 中输入公式=TEXT(MID(A2,7,8),"0 年 00 月 00 日")，则得到结果为“1992 年 12 月 31 日”。

7.6.3 常用函数应用举例

【例 7-29】试写出图 7-38 所示职工信息及统计表中各计算结果使用的公式。

	A	B	C	D	E	F	G	H	I	J	K	L	M
1	职工信息表												
2	姓名	性别	职称	工资	身高(M)	身高排名	收入等级		其它计算	结果		函数功能	函数名
3	马小军	男	助理工程师	5700	1.73	5	低		工资总和	139060		求和函数	SUM
4	曾令铨	男	工程师	8640	1.80	2	中		工程师平均工资	8651.43		单条件求平均值	AVERAGEIF
5	张国强	男	工程师	8720	1.57	13	中		男工程师工资总和	34560		多条件求和	SUMIFS
6	孙令煊	女	工程师	8640	1.56	14	中		最高身高	1.83		最大值	MAX
7	江晓勇	男	高级工程师	12000	1.62	10	高		第2身高	1.8		第2大值	LARGE
8	吴小飞	女	助理工程师	5700	1.83	1	低		身高排名	F列		排名	RANK
9	姚南	女	高级工程师	12400	1.56	14	高		职工总人数	15		计数	COUNT
10	杜学江	男	高级工程师	13000	1.78	3	高		男职工总人数	9		条件计数	COUNTIF
11	宋子丹	男	高级工程师	12600	1.70	6	高		收入等级	G列		条件函数	IF
12	吕文伟	男	工程师	8560	1.67	8	中		工资众数	8640		众数函数	MODE
13	符坚	男	工程师	8640	1.78	3	中				0-5999：低		
14	张杰	女	工程师	8720	1.62	10	中		收入等级划分说明		6000-9999：中		
15	谢如雪	女	高级工程师	11800	1.60	12	高				10000及以上：高		
16	方天宇	男	助理工程师	5300	1.66	9	低						
17	莫一明	女	工程师	8640	1.68	7	中						

图 7-38 职工信息及统计表

各项计算公式如下：

（1）工资总和：=SUM(D3:D17)。

（2）工程师平均工资：=AVERAGEIF(C3:C17,C4,D3:D17)。

（3）男工程师工资总和：=SUMIFS(D3:D17,B3:B17,B3,C3:C17,C4)。

（4）最高身高：=MAX(E3:E17)。

（5）第二身高：=LARGE(E3:E17,2)。

（6）身高排名：=RANK(E3,E$3:E$17)。输入到单元格 F3 中，并向下填充至 F17。

（7）职工总人数：=COUNT(D3:D17)。

（8）男职工总数：=COUNTIF(B3:B17,B3)。

（9）收入等级：=IF(D3<6000,"低",IF(D3<10000,"中","高"))。输入到单元格 G3 中，并向下填充至 G17。

（10）工资众数：=MODE(D3:D17)。

7.7 数据处理

7.7.1 数据排序

数据排序是指按一定规则对数据进行整理、排列，为数据的进一步处理做好准备。WPS 表格中的排序通常是将一个数据表的记录按照某一个或多个字段的升序或降序进行重新排列。排序的字段可以是数字、日期时间、文本等类型和自定义的数据序列。

数字类型排序规则：数值由小到大是升序排序，数值由大到小是降序排序。

日期时间类型排序规则：其升序或降序的排序规则是根据日期时间由早到晚或由晚到早进行排序。

文本类型排序规则：升序的排序规则是数字、英文字母、汉字（以拼音字母为序）。

逻辑值类型数据的排序规则：WPS 表格认为 FALSE 要小于 TRUE。

WPS 表格排序可以分为单条件（单字段）排序和多条件（多字段）排序两种。

例如图 7-39 所示的工资统计表中，职工记录是按“工资号”字段值从小到大排列的。为了更加清楚地看到后面两个排序的结果，加粗了其中 4 个记录的字体。

工资号	姓名	性别	职称	基础工资	浮动工资	工资总额
170150001	马小军	男	助理工程师	5700	2280	7980
170150002	**曾令铨**	**男**	**工程师**	**8640**	**3460**	**12100**
170150003	张国强	男	工程师	8720	3490	12210
170150004	孙令煊	女	工程师	8640	3460	12100
170150005	江晓勇	男	高级工程师	12000	4800	16800
170150006	**吴小飞**	**女**	**助理工程师**	**5700**	**2280**	**7980**
170150007	姚南	女	高级工程师	12400	4960	17360
170150008	**杜学江**	**男**	**高级工程师**	**13000**	**5200**	**18200**
170150009	宋子丹	男	高级工程师	12600	5040	17640
170150010	吕文伟	男	工程师	8560	3420	11980
170150011	符坚	男	工程师	8640	3460	12100
170150012	张杰	男	工程师	8720	3490	12210
170150013	**谢如雪**	**女**	**高级工程师**	**11800**	**4720**	**16520**
170150014	方天宇	男	助理工程师	5300	2120	7420
170150015	莫一明	女	工程师	8640	3460	12100

图 7-39　工资统计表

1. 单条件排序

【例 7-30】对图 7-39 所示的工资统计表按“姓名”进行升序排序。

方法一：选中“姓名”列中的任意一个单元格（切勿选中“姓名”列或多个单元格），然后选择“数据”选项卡中的“排序”命令即可完成排序。若要降序排列，则选择“排序”中的“降序”命令。排序结果如图 7-40 所示，注意“曾”是多音字，在拼音排序中取音 ceng。

工资号	姓名	性别	职称	基础工资	浮动工资	工资总额
170150002	**曾令铨**	**男**	**工程师**	**8640**	**3460**	**12100**
170150008	**杜学江**	**男**	**高级工程师**	**13000**	**5200**	**18200**
170150014	方天宇	男	助理工程师	5300	2120	7420
170150011	符坚	男	工程师	8640	3460	12100
170150005	江晓勇	男	高级工程师	12000	4800	16800
170150010	吕文伟	男	工程师	8560	3420	11980
170150001	马小军	男	助理工程师	5700	2280	7980
170150015	莫一明	女	工程师	8640	3460	12100
170150009	宋子丹	男	高级工程师	12600	5040	17640
170150004	孙令煊	女	工程师	8640	3460	12100
170150006	**吴小飞**	**女**	**助理工程师**	**5700**	**2280**	**7980**
170150013	**谢如雪**	**女**	**高级工程师**	**11800**	**4720**	**16520**
170150007	姚南	女	高级工程师	12400	4960	17360
170150003	张国强	男	工程师	8720	3490	12210
170150012	张杰	男	工程师	8720	3490	12210

图 7-40　工资统计表按姓名排序结果

方法二：按下述步骤完成。

（1）选择数据区域 A2:G17。

（2）选择“数据”选项卡“排序”中的“自定义排序”命令，弹出“排序”对话框。

（3）选择“主要关键字”为“姓名”，“次序”为“升序”。

（4）单击“确定”按钮完成排序操作。

2. 多条件排序

【例 7-31】对图 7-39 所示的工资统计表以“性别”为主要关键字升序，“职称”为次要关键字降序排序。

（1）选中数据区域 A2:G17（或其中的任一单元格）。

（2）选择“数据”选项卡“排序”中的“自定义排序”命令，弹出“排序”对话框。

（3）选择“主要关键字”为“性别”，“次序”为“升序”。

（4）单击“添加条件”按钮，选择“次要关键字”为“职称”，“次序”为“降序”，如图 7-41 所示。

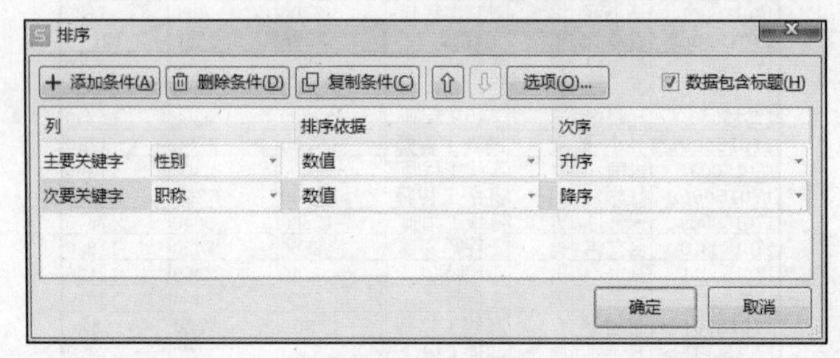

图 7-41 工资统计表按性别、职称的“排序”对话框

（5）单击“确定”按钮完成排序操作。

排序结果如图 7-42 所示。从图中可以看到，数据表的所有职工记录都已经按“性别”（先男后女）进行了升序排列，并且性别相同的职工记录也已经分别按“职称”（助理工程师、工程师、高级工程师）进行了降序排列。

工资号	姓名	性别	职称	基础工资	浮动工资	工资总额
170150014	方天宇	男	助理工程师	5300	2120	7420
170150001	马小军	男	助理工程师	5700	2280	7980
170150002	**曾令铨**	**男**	**工程师**	**8640**	**3460**	**12100**
170150011	符坚	男	工程师	8640	3460	12100
170150010	吕文伟	男	工程师	8560	3420	11980
170150003	张国强	男	工程师	8720	3490	12210
170150012	张杰	男	工程师	8720	3490	12210
170150008	**杜学江**	**男**	**高级工程师**	**13000**	**5200**	**18200**
170150005	江晓勇	男	高级工程师	12000	4800	16800
170150009	宋子丹	男	高级工程师	12600	5040	17640
170150006	**吴小飞**	**女**	**助理工程师**	**5700**	**2280**	**7980**
170150015	莫一明	女	工程师	8640	3460	12100
170150004	孙令煊	女	工程师	8640	3460	12100
170150013	**谢如雪**	**女**	**高级工程师**	**11800**	**4720**	**16520**
170150007	姚南	女	高级工程师	12400	4960	17360

图 7-42 工资统计表按性别升序、职称降序的排序结果

7.7.2 数据筛选

对于一个大的数据表，要快速找到自己所需的数据并不容易，通过筛选数据表可以只显示满足指定条件的数据行。WPS 表格中，数据的筛选通过“数据”选项卡中的“筛选”（也称自动筛选）“高级筛选”“快捷筛选”“全部显示”“重新应用”等命令来实现。筛选方式分

为“（自动）筛选”和“高级筛选”两种。

当数据清单处于筛选状态时（一些记录被隐藏），若要清除当前筛选结果而返回到初始筛选状态，可以使用“全部显示”命令；若要返回到非筛选状态，则只要再次单击“筛选”按钮即可。

1. 自动筛选

自动筛选一般应用在数据列之间，并以“并且”的关系（逻辑“与”）设置筛选条件。对多字段进行筛选时，对字段选择的顺序没有要求。

【例 7-32】使用自动筛选方式，在图 7-39 所示的数据表中筛选出所有“职称”为“工程师”的记录。

操作方法和步骤如下：

（1）选择数据区域 A2:G17，再选择“数据”选项卡中的“筛选”命令，这时数据表的所有字段名右边会出现“筛选”下拉按钮，使数据表处于自动筛选状态。

（2）单击字段名“职称”旁边的“筛选”按钮，系统会弹出如图 7-43 所示的交互界面，修改勾选状态为只勾选“工程师”。

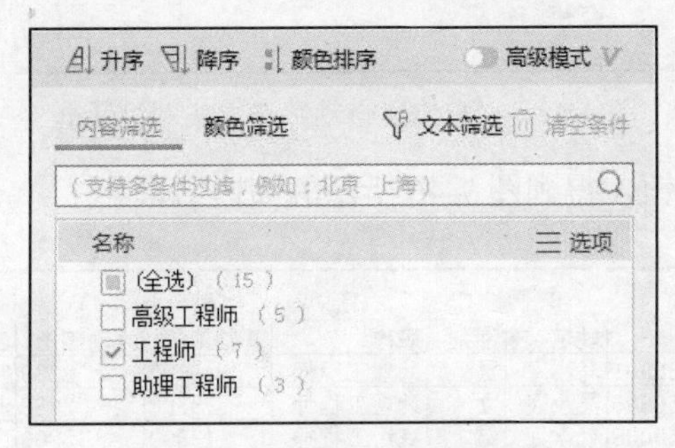

图 7-43　工程师职称筛选设置

（3）单击“确定”按钮，可以得到图 7-44 所示的筛选结果，数据表中非工程师的记录被隐藏（一些行号不见了），“职称”字段旁边出现筛选标志。

	A	B	C	D	E	F	G
1	工资号	姓名	性别	职称	基础工资	浮动工资	工资总额
3	170150002	曾令铨	男	工程师	8640	3460	12100
4	170150003	张国强	男	工程师	8720	3490	12210
5	170150004	孙令煊	女	工程师	8640	3460	12100
11	170150010	吕文伟	男	工程师	8560	3420	11980
12	170150011	符坚	男	工程师	8640	3460	12100
13	170150012	张杰	男	工程师	8720	3490	12210
16	170150015	莫一明	女	工程师	8640	3460	12100

图 7-44　工程师职称筛选结果

【例 7-33】进一步筛选出所有“性别”为“男”的工程师记录。

对“性别”进行筛选，只勾选“男”。

【例 7-34】再进一步筛选出所有姓“张”的男性工程师记录。

对“姓名”进行筛选，只勾选姓“张”的；或者在“内容筛选”文本框中输入“张”。

说明：“内容筛选”和“文本筛选”中都可以使用通配符*和?。

【例 7-35】在图 7-39 所示的数据表中筛选出所有“工资总额”在 8000 及以下和 18000 及以上的记录。

操作方法和步骤如下：

（1）选择数据区域 A2:G17，再选择“数据”选项卡中的“筛选”命令，使数据表处于自动筛选状态。

（2）单击字段名“工资总额”旁边的“筛选”按钮，在系统弹出的交互界面中单击“数字筛选”选项卡，选中“自定义筛选”。

（3）在弹出的“自定义自动筛选方式”对话框中进行如图 7-45 所示的设置。

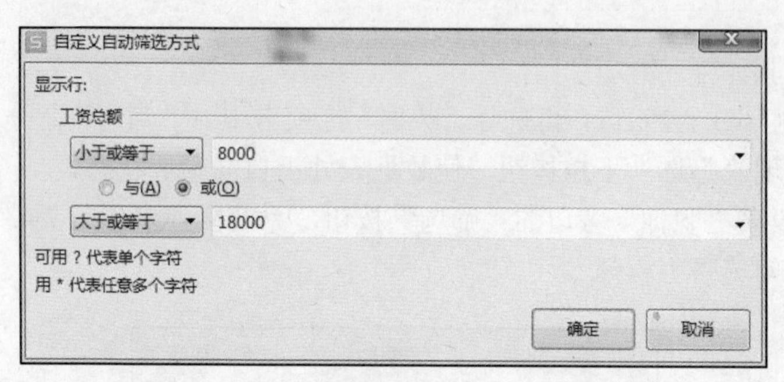

图 7-45 “自定义自动筛选方式”对话框

（4）单击“确定”按钮，得到图 7-46 所示的筛选结果。

	A	B	C	D	E	F	G
1	工资号	姓名	性别	职称	基础工资	浮动工资	工资总额
2	170150001	马小军	男	助理工程师	5700	2280	7980
7	170150006	吴小飞	女	助理工程师	5700	2280	7980
9	170150008	杜学江	男	高级工程师	13000	5200	18200
15	170150014	方天宇	男	助理工程师	5300	2120	7420

图 7-46 工资总额的数字筛选结果

2. 高级筛选

高级筛选既可以应用在数据列之间以“并且”关系（逻辑“与”）所设置的筛选条件，也可以应用于“或者”关系（逻辑“或”）所设置的筛选条件，筛选结果可以放到原有数据表之外的区域。

操作方法和步骤如下：

（1）构造条件区域。条件区域必须构造在数据区域以外，同时条件区域的第一行的字段名必须来源于数据区域的第一行的字段名（简单起见，可复制数据区域的第一行），条件区域的第二行及以下行即为条件行。

（2）在条件区域下构造条件。同一行中条件单元格之间的关系为“与”，即“并且”关系；不同行中条件单元格的关系为“或”，即“或者”关系。

（3）在“数据”选项卡的“筛选”组中选择“高级筛选”，弹出“高级筛选”对话框，在其中完成有关设置。

【例 7-36】使用高级筛选方式在图 7-39 所示的数据表中筛选出所有“女”性“助理工程师”和“男”性“高级工程师”记录。

操作方法和步骤如下（参见图 7-47）：

（1）在 A19:G21 区域设置筛选条件（也可以只输入 C19:D21 的内容作为条件，位置不限）。

（2）在“数据”选项卡的“筛选”组中选择“高级筛选”，弹出“高级筛选”对话框，在其中完成有关设置。

（3）单击“确定”按钮，得到区域 A28:G32 中的筛选结果。

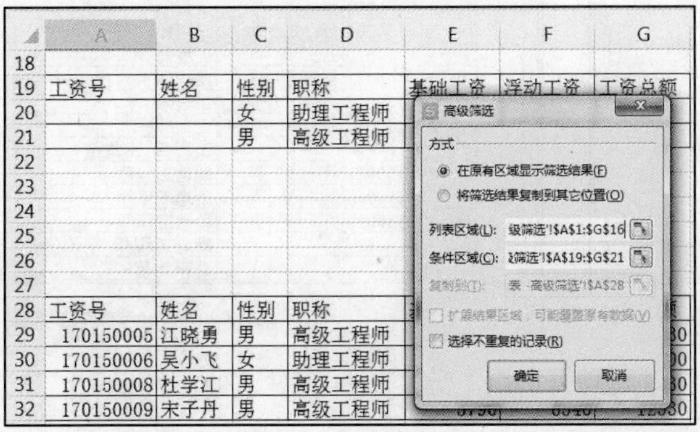

图 7-47　高级筛选示例

说明：若将筛选方式选择为第一种，则筛选结果将显示在原有数据表区域（不满足条件的记录将会被隐藏）。

【例 7-37】使用高级筛选方式在图 7-39 所示的数据表中筛选出所有“女”性记录和“高级工程师”记录。

只需在上例中去掉条件区域中的“助理工程师”和“男”即可。

7.7.3　数据分类汇总

WPS 表格中的分类汇总功能是将数据表根据其中的某个字段对记录进行分类，然后对分类字段值相同的各组记录的其他字段数据进行求和、求平均值、计数等多种操作，并且采用分级显示的方式显示汇总结果。

分类汇总前，必须对数据表按某分类字段进行分类或排序，否则将得不到正确的结果。

1. 简单分类汇总

简单分类汇总是指其汇总方式只有“求和”“求平均值”“计数”等方式中的一种。

【例 7-38】对图 7-39 所示的工资统计表按照“职称”字段进行分类汇总，以统计各类职称人员的所有工资项的平均值。

操作方法和步骤如下：

（1）选中“职称”列中的任一数据单元格，再选择“数据”选项卡中的“排序”命令，对数据表按“职称”字段进行排序。

（2）单击“数据”选项卡中的“分类汇总”命令，弹出“分类汇总”对话框，在其中进行相关设置（“分类字段”选择“职称”，“汇总方式”选择“平均值”，“选定汇总项”勾选“基础工资”等三项），如图 7-48 所示。

（3）单击“确定”按钮，扩展 D 列，得到如图 7-49 所示的结果。若单击图中左上角的

“2”，系统会隐藏原始记录，只显示字段行和汇总行。

分类汇总
分类字段(A):
职称
汇总方式(U):
平均值
选定汇总项(D):
职称
基础工资
浮动工资
工资总额
替换当前分类汇总(C)
每组数据分页(P)
汇总结果显示在数据下方(S)
全部删除(R) 确定 取消

图 7-48 “分类汇总”对话框

	A	B	C	D	E	F	G
1	工资号	姓名	性别	职称	基础工资	浮动工资	工资总额
2	170150005	江晓勇	男	高级工程师	12000	4800	16800
3	170150007	姚南	女	高级工程师	12400	4960	17360
4	170150008	杜学江	男	高级工程师	13000	5200	18200
5	170150009	宋子丹	男	高级工程师	12600	5040	17640
6	170150013	谢如雪	女	高级工程师	11800	4720	16520
7				高级工程师 平均值	12360	4944	17304
8	170150002	曾令铨	男	工程师	8640	3460	12100
9	170150003	张国强	男	工程师	8720	3490	12210
10	170150004	孙令煊	女	工程师	8640	3460	12100
11	170150010	吕文伟	男	工程师	8560	3420	11980
12	170150011	符坚	男	工程师	8640	3460	12100
13	170150012	张杰	男	工程师	8720	3490	12210
14	170150015	莫一明	女	工程师	8640	3460	12100
15				工程师 平均值	8651.429	3462.857	12114.29
16	170150001	马小军	男	助理工程师	5700	2280	7980
17	170150006	吴小飞	女	助理工程师	5700	2280	7980
18	170150014	方天宇	男	助理工程师	5300	2120	7420
19				助理工程师 平均值	5566.667	2226.667	7793.333
20				总平均值	9270.667	3709.333	12980

图 7-49 分类汇总结果

若要取消分类汇总，则只需调出“分类汇总”对话框，再单击“全部删除”按钮。

2. 嵌套分类汇总

嵌套分类汇总是指其汇总方式有“求和”“求平均值”“计数”等方式中的两个及以上。

【例 7-39】对图 7-39 所示的工资统计表按照“职称”字段进行分类汇总，以统计各类职称人员的两项工资及总额的平均值和职工人数。

操作方法和步骤如下：

（1）在例 7-38 的汇总结果（图 7-49）中再次应用“分类汇总”命令，弹出“分类汇总”对话框。

（2）在其中进行如图 7-50 所示的相关设置（特别注意，不要勾选“替换当前分类汇总”复选项），而为了显示结果的美观性，选定汇总项为人人都有的“基础工资”。

（3）单击“确定”按钮，得到如图 7-51 所示的嵌套分类汇总结果。

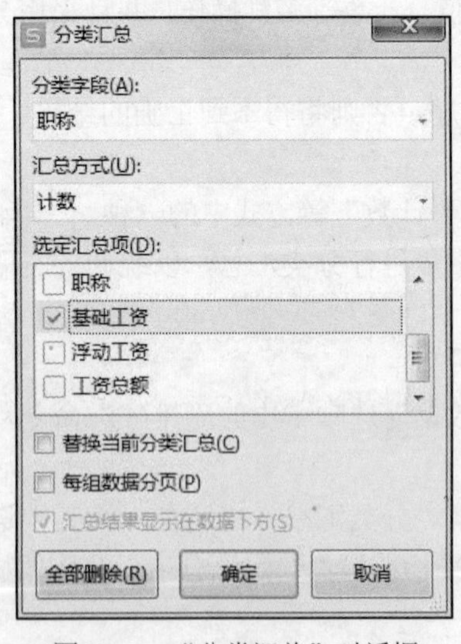

图 7-50 “分类汇总”对话框

	A	B	C	D	E	F	G
1	工资号	姓名	性别	职称	基础工资	浮动工资	工资总额
2	170150005	江晓勇	男	高级工程师	12000	4800	16800
3	170150007	姚南	女	高级工程师	12400	4960	17360
4	170150008	杜学江	男	高级工程师	13000	5200	18200
5	170150009	宋子丹	男	高级工程师	12600	5040	17640
6	170150013	谢如雪	女	高级工程师	11800	4720	16520
7				高级工程师 计数	5		
8				高级工程师 平均值	12360	4944	17304
9	170150002	曾令铨	男	工程师	8640	3460	12100
10	170150003	张国强	男	工程师	8720	3490	12210
11	170150004	孙令煊	女	工程师	8640	3460	12100
12	170150010	吕文伟	男	工程师	8560	3420	11980
13	170150011	符坚	男	工程师	8640	3460	12100
14	170150012	张杰	男	工程师	8720	3490	12210
15	170150015	莫一明	女	工程师	8640	3460	12100
16				工程师 计数	7		
17				工程师 平均值	8651.429	3462.857	12114.29
18	170150001	马小军	男	助理工程师	5700	2280	7980
19	170150006	吴小飞	女	助理工程师	5700	2280	7980
20	170150014	方天宇	男	助理工程师	5300	2120	7420
21				助理工程师 计数	3		
22				助理工程师 平均值	5566.667	2226.667	7793.333
23				总计数	15		
24				总平均值	9270.667	3709.333	12980

图 7-51 嵌套分类汇总结果

7.7.4 数据透视表

数据透视表是一种对大量数据快速汇总和建立交叉列表的交互式表格，其可以转换行和列以查看源数据的不同汇总结果，可以显示不同页面的筛选数据，还可以根据需要显示区域明细数据。

【例 7-40】对图 7-39 所示的工资统计表建立数据透视表，查看各类职称人员的男女人数、各项工资的平均值或求和值。

操作方法和步骤如下：

（1）选择区域 A2:G7（或单击其中的任一单元格），再选择“插入”或“数据”选项卡中的“数据透视表”命令，在弹出的“创建数据透视表”对话框中设置“请选择单元格区域”（系统一般以带工作表名称的绝对引用方式自动填入），可以设置“请选择放置数据透视表的位置”为“现有工作表”并指定一个“位置”（如 I2），如图 7-52 所示。

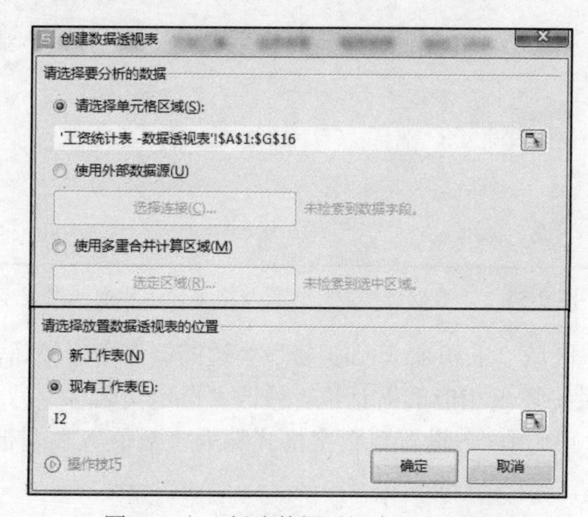

图 7-52 “创建数据透视表”对话框

（2）单击“确定”按钮，出现如图 7-53 所示的数据透视表设置初始界面。

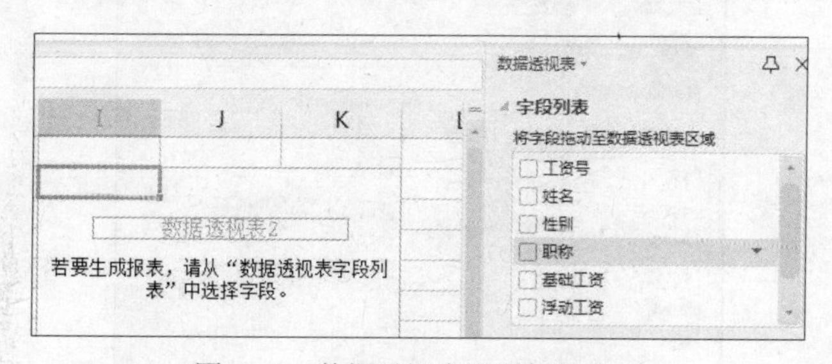

图 7-53 数据透视表设置初始界面

（3）将“字段列表”中的“职称”“性别”“姓名”分别拖动至“数据透视表区域”的“行”“列”“值”区域，这时数据透视表设置及结果显示界面如图 7-54 所示，得出了各职称的男女人数统计结果。

（4）将“列”和“值”中的字段拖出，再将三项工资字段名拖动至“值”区域，这时数据透视表设置及结果显示界面如图 7-55 所示，得出了各职称人员各项工资求和值的统计结果。

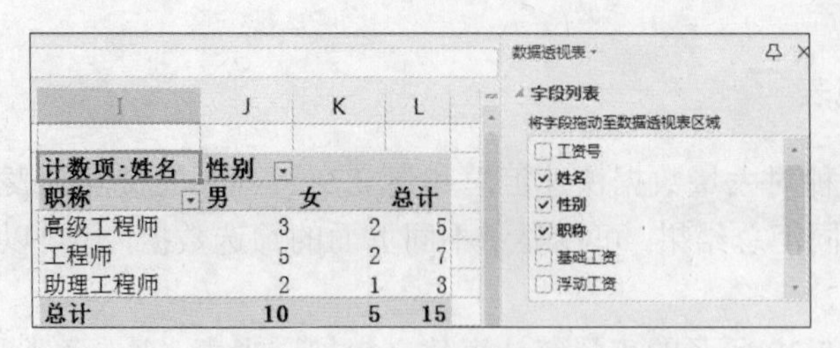

计数项:姓名	性别		
职称	男	女	总计
高级工程师	3	2	5
工程师	5	2	7
助理工程师	2	1	3
总计	10	5	15

图 7-54 “数据透视表”设置及结果显示界面（一）

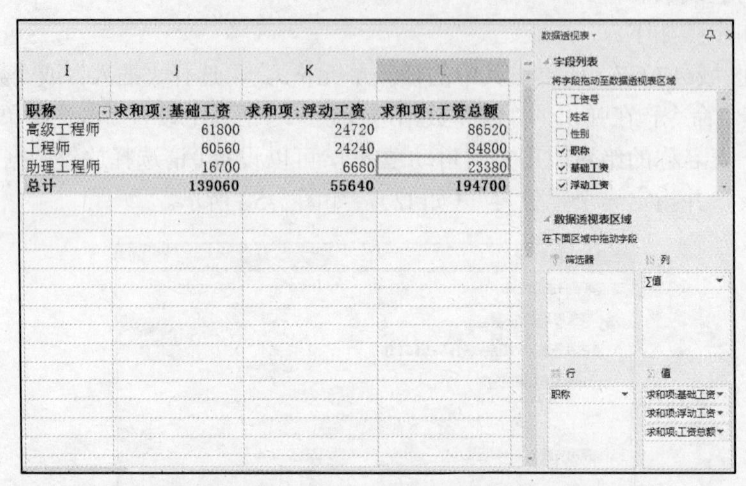

职称	求和项:基础工资	求和项:浮动工资	求和项:工资总额
高级工程师	61800	24720	86520
工程师	60560	24240	84800
助理工程师	16700	6680	23380
总计	139060	55640	194700

图 7-55 “数据透视表”设置及结果显示界面（二）

（5）若单击“值”区域“求和项:基础工资”旁边的倒三角形按钮，在弹出的下拉列表中选择“值字段设置”，系统弹出相应的对话框，修改“自定义名称”为“平均基础工资”，“值字段汇总方式”选择“平均值”，设置“数字格式”为“数值”类型带 2 位小数，如图 7-56 所示。

值字段设置
源名称: 基础工资
自定义名称(M): 平均基础工资
值汇总方式 值显示方式
值字段汇总方式(S)
选择用于汇总所选字段数据的计算类型
求和
计数
平均值
最大值
最小值
乘积
数字格式(N) 操作技巧 确定 取消

图 7-56 “值字段设置”对话框

（6）用同样的方式设置另外两项，此时数据透视表设置及结果显示界面如图 7-57 所示。

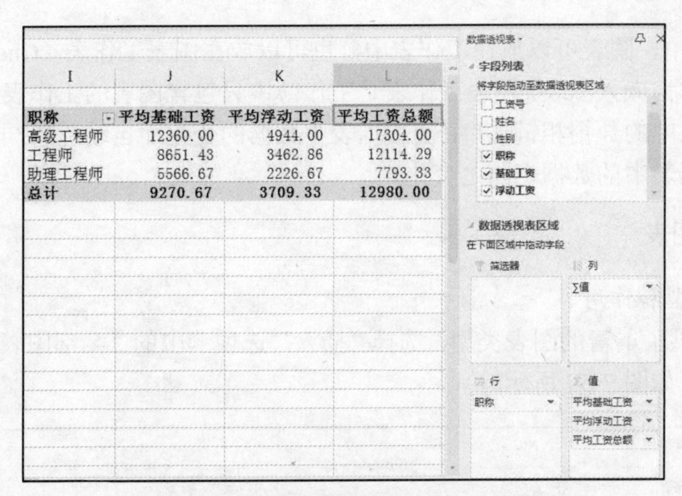

职称	平均基础工资	平均浮动工资	平均工资总额
高级工程师	12360.00	4944.00	17304.00
工程师	8651.43	3462.86	12114.29
助理工程师	5566.67	2226.67	7793.33
总计	9270.67	3709.33	12980.00

图 7-57　值字段设置后的数据显示结果

【例 7-41】以图 7-30 所示的学生成绩表建立数据透视表，求出图 7-31 所示的统计结果。

数据透视表设置操作要点如下：

（1）人数统计：分别拖动字段，班级→行、性别→列、性别→值。

（2）奖学金统计：分别拖动字段，班级→行、性别→列、奖学金→值。

数据透视表还有更多的用法：将某个字段放置到“筛选器”区（可对该字段进行筛选）；将多个字段放置到“行”和“列”区；对“行”“列”标签进行筛选等。例如，依据某学生信息表统计出各学院、各专业（甚至班级）的男女人数，如图 7-58 所示就是数据透视表及由此加工形成的二维表格。读者若有现实需求，可以进一步深入学习相关知识，掌握相关操作技能。

	A	B	C	D	E
1	计数项:xh		xb		
2	yx	zymc	男	女	总计
3	⊟法学院	法学	46	73	119
4		社会工作	22	48	70
5	⊟信息学院	电子信息工程	72	11	83
6		电子信息科学与技术	67	14	81
7		计算机科学与技术	80	19	99
8		软件工程	90	16	106
9		通信工程	71	29	100
10		网络工程	63	16	79
11		物联网工程	57	33	90

	A	B	C	D	E
1	学院	专业名称	男	女	总计
2	法学院	法学	46	73	119
3	法学院	社会工作	22	48	70
4	信息学院	电子信息工程	72	11	83
5	信息学院	电子信息科学与技术	67	14	81
6	信息学院	计算机科学与技术	80	19	99
7	信息学院	软件工程	90	16	106
8	信息学院	通信工程	71	29	100
9	信息学院	网络工程	63	16	79
10	信息学院	物联网工程	57	33	90

图 7-58　部分学院和专业男女人数统计交叉表

7.8　图　表

WPS 表格的工作表中可以存放各种各样的图片和图形，以及与工作表数据相关联的各类图表。它们不属于单元格或区域，浮于工作表之上。图形对象的插入主要是通过“插入”选项卡中的各种图表命令（工具）来实现。

WPS 表格的图表是对其数据表的图形化展示，能让数据内容及数据之间的关系表达得更加简洁、清晰，能呈现更为直观的视觉效果，更能帮助用户对数据进行分析、比较和预测。

在 WPS 表格中，图表可以放在工作表中，也可以放在图表工作表（Chart）中。直接放在工作表中的图表称为嵌入图表，图表工作表是工作簿中只包含图表的工作表。嵌入图表和图表工作表均与数据表中的数据相链接，并随数据表中数据的变化而自动更新，同时图表数据对象值发生变化时数据表中的数据也随之变化。

7.8.1 创建图表

1. 图表的类型和作用

WPS 表格提供了丰富的图表类型，选择“插入”选项卡中的“全部图表”命令，弹出“插入图表”对话框，如图 7-59 所示。

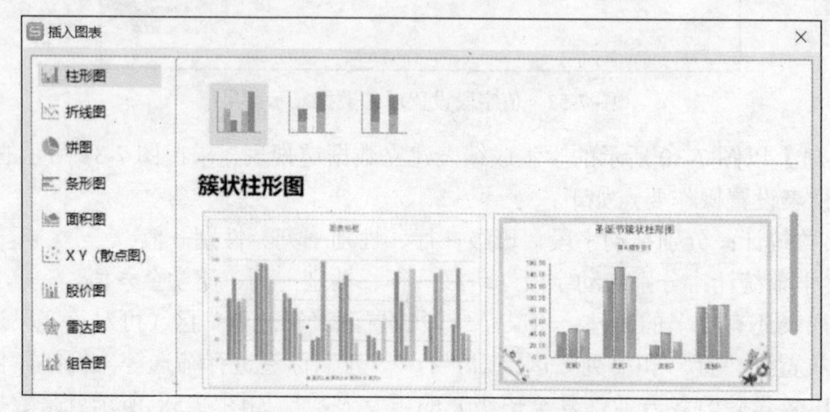

图 7-59 “插入图表”对话框

表 7-2 对 WPS 表格中的主要图表类型及用途进行了简要说明。

表 7-2 WPS 表格中的主要图表类型及用途

图表类型	主要用途
柱形图	由一系列垂直条组成，比较相交于类别轴上的数值大小
折线图	可以分析数据间变化的趋势
饼图	可以描述数据间比例分配关系的差异
条形图	由一系列水平条组成，比较相交于类别轴上的数值大小
面积图	显示一段时间内变动的幅值
XY 散点图	展示成对的数和它们所代表的趋势之间的关系
股价图	用来显示一段给定时间内一种股票的最高价、最低价和收盘价
雷达图	用来进行多指标体系比较分析，显示数据如何按中心点或其他数据变动
直方图	用于展示数据的分组分布状态，用矩形的宽度和高度表示频数分布
组合图	具有混合类型的数据时，突出显示不同类型的信息
数据透视图	以图形方式汇总数据并浏览复杂数据
折线迷你图	简化的折线图
柱形迷你图	简化的柱形图
盈亏迷你图	用来表示数据盈亏，它只强调数据的盈利或亏损

2. 创建图表

通过“插入”选项卡中的各种图表命令可以见到各种类型的图表样式，据此可以为电子表格创建各式各样的图表。插入图表最基本的方法：选中图表所需要的数据区域，然后选择“插入”选项卡中所需的图表样式。

3. 图表的组成

WPS 的图表由多个元素组成，包括图表标题、图表区、绘图区、图例、垂直（值）轴、水平（类别）轴、网格线、数据系列、数据标签等。如图 7-60 所示是一个三维簇状柱形图。

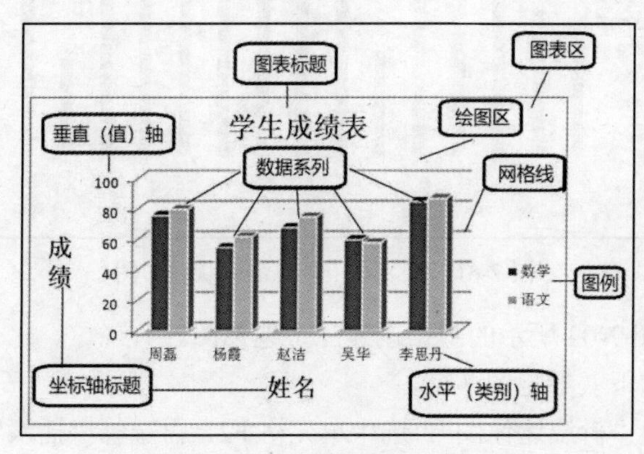

图 7-60　图表的组成

4. 图表工具

当选中图表时，系统功能区会自动显示出“图表工具”，其中有“添加元素”“快速布局”“更改颜色”“样式”“在线图表”“更改类型”“切换行列”“选择数据”“移动图表”“设置格式”“重置样式”“图表元素”等命令，利用这些工具可以对图表进行设计、修改、美化等操作。

（1）添加元素：通过此功能可以对图表的坐标轴、轴标题、图表标题、数据标签、数据表、网格线、图例等元素进行添加、删除或更改。

（2）快速布局：此功能提供 10 余种模板选项供快速布局使用。

（3）更改颜色：此功能提供几种单色和彩色模板供快速更改图表颜色使用。

（4）预设样式：此功能提供一些免费样式供修饰图表使用。

（5）在线图表：此功能提供丰富的线上收费样式供修饰图表使用。

（6）更改类型：通过此功能更改图表类型（而不必删除和新建图表）。

（7）切换行列：通过此功能切换图表的分类轴数据系列产生于行或列。

（8）选择数据：通过此功能可重新选择图表的数据源。

（9）移动图表：通过此功能可将图表移动到当前工作簿的其他工作表或新工作表中。

（10）设置格式：通过此功能可对图表中的“图表选项”（“填充与线条”“效果”“大小与位置”）和“文本选项”（“填充与轮廓”“效果”“文本框”）等进行设置。

5. 插入图表示例

【例 7-42】根据图 7-39 所示的工资统计表创建包含“姓名”和“工资总额”的簇状柱形图。

（1）选中数据区域 A1:A16，再按住 Ctrl 键选择数据区域 G1:G16。

（2）选择“插入”选项卡中的“全部图表”命令，弹出“插入图表”对话框，选中“柱形图”中的第一个“簇状柱形图”，这时就会得到如图 7-61 所示的柱形图。

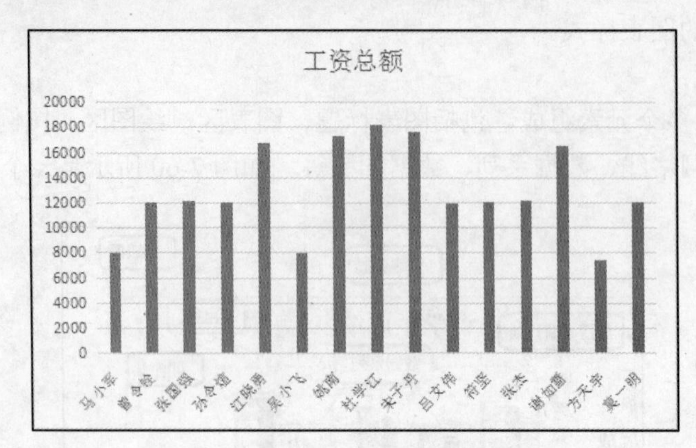

图 7-61　姓名和工资总额簇状柱形图

【例 7-43】根据图 7-62 所示的数据创建三个迷你图。

操作方法和步骤如下（参见图 7-62）：

（1）在 F2 中创建“折线迷你图”：选中单元格 F2，再选择“插入”选项卡中的“折线迷你图”命令，在弹出对话框的“数据范围”中选中（或输入）B2:E2，单击“确定”按钮后生成 F2 单元格中的折线迷你图。

（2）在 F3 中创建“柱形迷你图”，在 F4 中创建“盈亏迷你图”：操作方法和步骤与“折线迷你图”的创建相同。

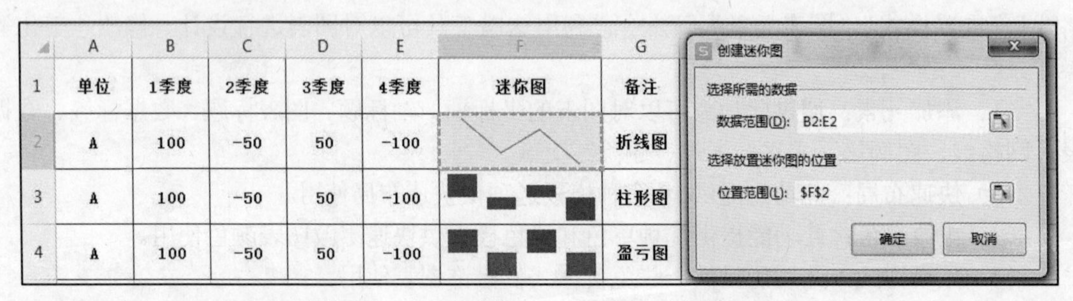

图 7-62　“创建迷你图”对话框和迷你图示例

7.8.2　图表设计

利用图表设计工具可以对图表进行全面的设计或修改。

1. 更改图表类型

更改图表类型的操作为：选中图表，然后选择“图表工具”选项卡中的“更改类型”命令，弹出“更改图表类型”对话框，选择所需的图表类型。

2. 更改数据源

【例 7-44】将例 7-42 创建的图表通过更改数据源修改成包含“姓名”“基础工资”和“浮动工资”的簇状柱形图。

（1）选中“工资总额”图表，再选择“图表工具”选项卡中的“更改数据”命令，弹出如图 7-63 所示的“编辑数据源”对话框，其中显示“系列”为“工资总额”；

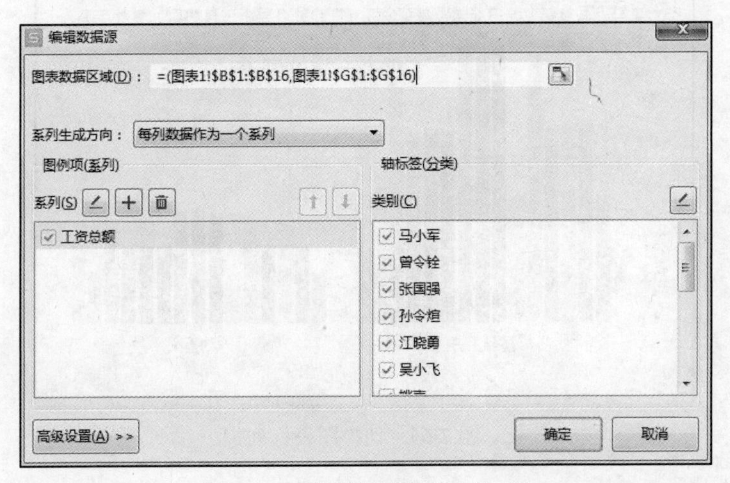

图 7-63　“编辑数据源”对话框

（2）删除“图表数据区域”栏中的内容，重新选择数据区域中的“姓名”“基础工资”和“浮动工资”三列数据，这时对话框中的“系列”被更改为“基础工资”和“浮动工资”，图表被修改为包含“姓名”“基础工资”和“浮动工资”的簇状柱形图。选择“图表工具”选项卡“添加元素”组中的“图例”→“顶部”命令，给图表添加图例后的图表如图 7-64 所示。

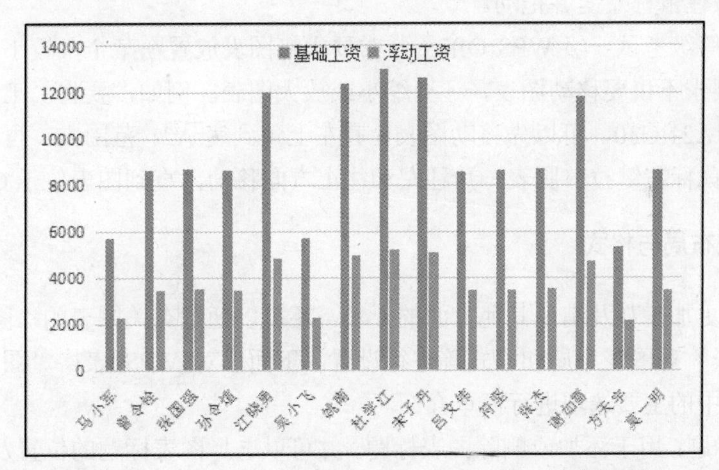

图 7-64　“姓名”“基础工资”和“浮动工资”簇状柱形图

3. 切换图表行列

WPS 表格中，由于数据表的数据存放位置有成行排列和成列排列之分，相应的图表就有“数据系列产生在行”和“数据系列产生在列”之分。当图表“水平（类别）轴”的数据在源数据表中成行排列时，就说明“数据系列产生在行”，否则说明“数据系列产生在列”。图表设计工具“切换行/列”就用于两者之间的切换。

例如图 7-64 所示的簇状柱形图就是“数据系列产生在列”，因为在对应的工资统计表中职工的姓名是成列排列的。使用“图表工具”选项卡中的“切换行列”命令即可将图 7-64 所示的图表变成图 7-65 所示的模样，这里便于对比不同人员的同类工资的多少。

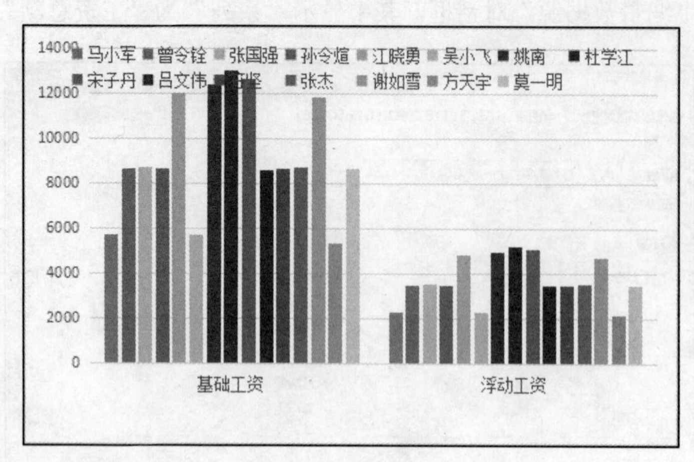

图 7-65 切换图表行列

4. 移动图表

移动图表可以分为两种方式：当前工作表内移动、当前工作簿的不同工作表之间移动。

“移动图表”命令的作用是将图表移动到当前工作簿的其他工作表中，或者是单独存放到新工作表中成为图表工作表。

若在当前工作表内移动图表的位置，只需在选择图表后将鼠标移动到图表边缘或“图表区”（空白处）按住鼠标左键并拖动。

全国计算机等级考试一级 WPS Office 常常要求将图表放置在某个（较小的）区域上（不能出界）。这就要求不仅要移动图表，还要缩小或放大图表。例如，要将“工资总额”簇状柱形图移动至区域 A21:G30，可以先移动图表让其左上角到达 A21 范围内，再将鼠标移动到图表右下角，按住鼠标左键拉着图表一角往左和往上方向移动，直到图表位于 G30 范围之内。

7.8.3 图表布局与格式

为了让图表更加美观及满足其他方面的要求，还可以通过有关图表的“图表工具”“绘图工具”“文本工具”对图表布局和格式等进行设置。下面仅对 WPS 表格“图表工具”选项卡“添加元素”组中的主要选项进行简单介绍。

（1）图表标题：用于添加或删除图表标题，并可以选择图表标题的位置及其他相关设置。

（2）图例：用于添加或删除图表的图例，并可以选择图表图例的位置及其他相关设置。

（3）坐标轴：提供多种样式的水平（横向）和垂直（纵向）坐标轴。

（4）轴标题：用于添加或删除图表水平和垂直坐标轴的标题及其他相关设置。

（5）数据标签：用于显示或取消图表数据标签及其他相关设置。

（6）网格线：用于显示或取消图表的“水平网格线”或“垂直网格线”。

如图 7-66 所示是经过修改后的“工资总额”簇状柱形图，其中设置了图表标题、水平轴和垂直轴标题、主要垂直网格线、次要水平网格线（未显示数据标签的情况下能更清楚地看出工资总额大致数）、垂直坐标轴格式。

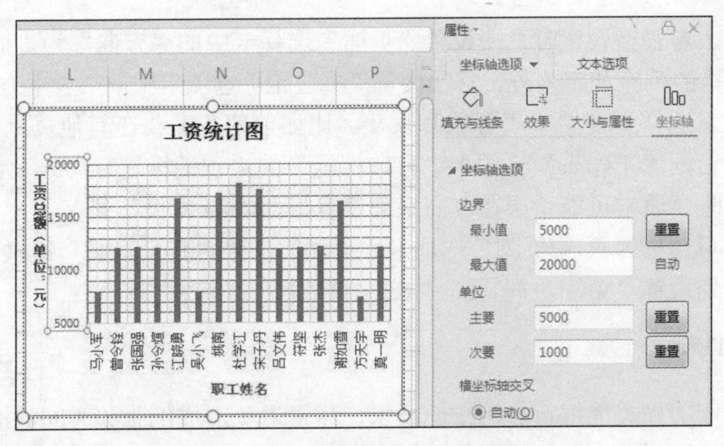

图 7-66　工资统计图及格式设置

7.9　WPS 表格页面设置

许多情况下，当完成对工作表的数据输入、编辑、格式化处理后，还要打印输出。为了得到美观的输出报表，在打印输出之前必须对工作表进行适当的设置。WPS 表格的“页面布局”选项卡中提供的命令主要有页边距、纸张方向、纸张大小、打印区域、分页预览、打印缩放、打印标题或表头、打印页眉和页脚、打印预览等。

7.9.1　设置页面

设置页面的主要目的是为当前工作表设置页边距、纸张方向、纸张大小、打印区域等。

通过单击“页面布局”选项卡“页面设置”组中的“页边距”“纸张方向”“纸张大小”“打印区域”等按钮可以进行相应的设置，也可以调出“页面设置”对话框进行集中设置，如图 7-67 所示是“页面设置”对话框的“页面”选项卡和“页边距”选项卡。

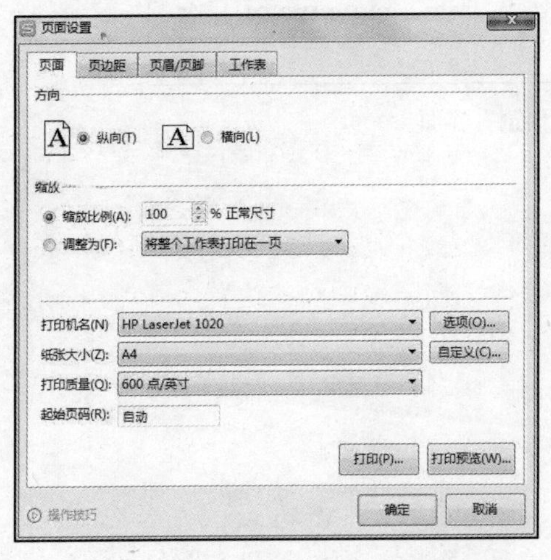

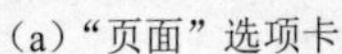
（a）“页面”选项卡

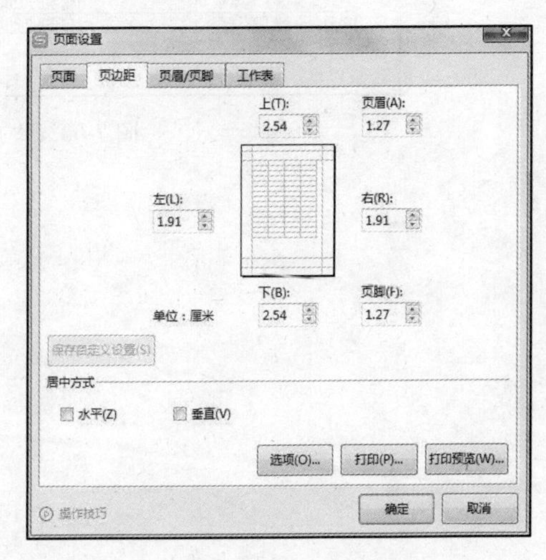

（b）“页边距”选项卡

图 7-67　“页面设置”对话框

通常情况下，若表格较宽时，要设置“页面”选择卡中的“方向”为“横向”；表格较窄时，除了加大表格的列宽和字号外，常常设置“页边距”选项卡中的“居中方式”为“水平”；当长表格跨页时，通常可能希望表标题和表头（比如前两行）要在其他页上重复，则可以在“页面设置”对话框“工作表”选项卡“打印标题”的“顶端标题行”处设置$1:$2；当打印的表格有很多页时，通常可能希望在页面底部设置形如“第 X 页，共 Y 页”的页码，则可以在“页面设置”对话框“页眉/页脚”选项卡“页脚”的“自定义页脚”级联对话框“页脚”选项卡的“中”处设置“第&[页码]页，共&[总页数]页”。

7.9.2 打印预览

为了确保打印的报表能够符合用户的要求，尽量避免造成纸张和时间的浪费，WPS 表格提供了“打印预览”功能，即在屏幕上以“所见即所得”的形式显示打印后的实际效果。如图 7-68 所示是一个销售情况表的“打印预览”界面。

学生基本信息表

学院	专业名称	班级	学号	姓名	身份证号
材料与环境工程学院	化学	化学B20201	204072101	******	******************
材料与环境工程学院	化学	化学B20201	204072102	******	******************
材料与环境工程学院	化学	化学B20201	204072103	******	******************
材料与环境工程学院	化学	化学B20201	204072104	******	******************
材料与环境工程学院	化学	化学B20201	204072105	******	******************
材料与环境工程学院	化学	化学B20201	204072106	******	******************
材料与环境工程学院	化学	化学B20201	204072107	******	******************
材料与环境工程学院	化学	化学B20201	204072108	******	******************
材料与环境工程学院	化学	化学B20201	204072109	******	******************
材料与环境工程学院	化学	化学B20201	204072110	******	******************
材料与环境工程学院	化学	化学B20201	204072111	******	******************
材料与环境工程学院	化学	化学B20201	204072112	******	******************
材料与环境工程学院	化学	化学B20201	204072113	******	******************
材料与环境工程学院	化学	化学B20201	204072114	******	******************
材料与环境工程学院	化学	化学B20201	204072115	******	******************
材料与环境工程学院	化学	化学B20201	204072116	******	******************
材料与环境工程学院	化学	化学B20201	204072117	******	******************
材料与环境工程学院	化学	化学B20201	204072118	******	******************
材料与环境工程学院	化学	化学B20201	204072119	******	******************
材料与环境工程学院	化学	化学B20201	204072120	******	******************
材料与环境工程学院	化学	化学B20201	204072121	******	******************
材料与环境工程学院	化学	化学B20201	204072122	******	******************
材料与环境工程学院	化学	化学B20201	204072123	******	******************
材料与环境工程学院	化学	化学B20201	204072124	******	******************
材料与环境工程学院	化学	化学B20201	204072125	******	******************
材料与环境工程学院	化学	化学B20201	204072126	******	******************

第 1 页，共 19 页

图 7-68 “打印预览”界面

第 8 章　WPS 演示文稿

WPS 演示文稿是金山公司出品的 WPS 办公软件系列中的一个重要组件，主要用于演示文稿的制作和演示。它能将图片、文字、声音、视频、动画等对象完美地融入到演示文稿中，从而制作出精美、大气、专业的幻灯片，可以用于制作工作总结、企业宣传片、项目演讲、培训课件、产品介绍短片、咨询方案、婚庆礼仪、音乐动画、电子相册等，适合于公司管理人员、文秘、教师、国家公务员、企业宣传片制作人员等使用。

8.1　WPS 演示文稿概述

WPS 演示主要用于制作演示文稿，其默认的文件扩展名为.DPS，也可另存为.PPTX、.PDF 格式及其他图片格式等。演示文稿由内容既相互独立又相互联系的一系列幻灯片组成。用户可以通过投影仪或者计算机进行演示，也可以将演示文稿制作成胶片，应用到更广泛的领域中。

8.1.1　演示文稿的功能与特点

WPS 具有内存占用低、运行速度快、体积小巧、强大插件平台支持、免费提供海量在线存储空间及文档模板、支持阅读和输出 PDF 文件、全面兼容 Microsoft Office 格式（doc、docx、xls、xlsx、ppt、pptx）等独特优势，覆盖 Windows、Linux、Android、iOS 等多个平台。

（1）体积小。

（2）功能易用。

（3）互联网化。

（4）界面设计焕然一新，多种皮肤随心选。

（5）支持多种文档格式。

（6）云服务使办公更高效。

（7）内嵌云文档，客户端也能多人协作。

（8）多端覆盖，免费下载。

8.1.2　演示文稿的工作界面

WPS 演示文稿的初始工作界面如图 8-1 所示，主要组成元素有标题栏、“文件”菜单、快速访问工具栏、功能选项卡、功能区、“幻灯片/大纲”窗格、幻灯片编辑区、“备注”窗格、状态栏、视图切换区、显示比例调整区。

（1）标题栏：包括当前正在编辑的演示文稿名称、工作区/标签列表、会员登录、“最小化”按钮、“最大化/还原”按钮和“关闭”按钮。

（2）“文件”菜单：区别于其他功能选项卡，它的命令以菜单形式呈现，主要用于执行 WPS 演示文稿的新建、打开、保存、输出、打印、分享、加密、备份与恢复、退出等基本操作。单击“文件”菜单中的“选项”命令会弹出“选项”对话框，在其中可以对“自定义功能区”“快速访问工具栏”和“保存”等选项进行设置。

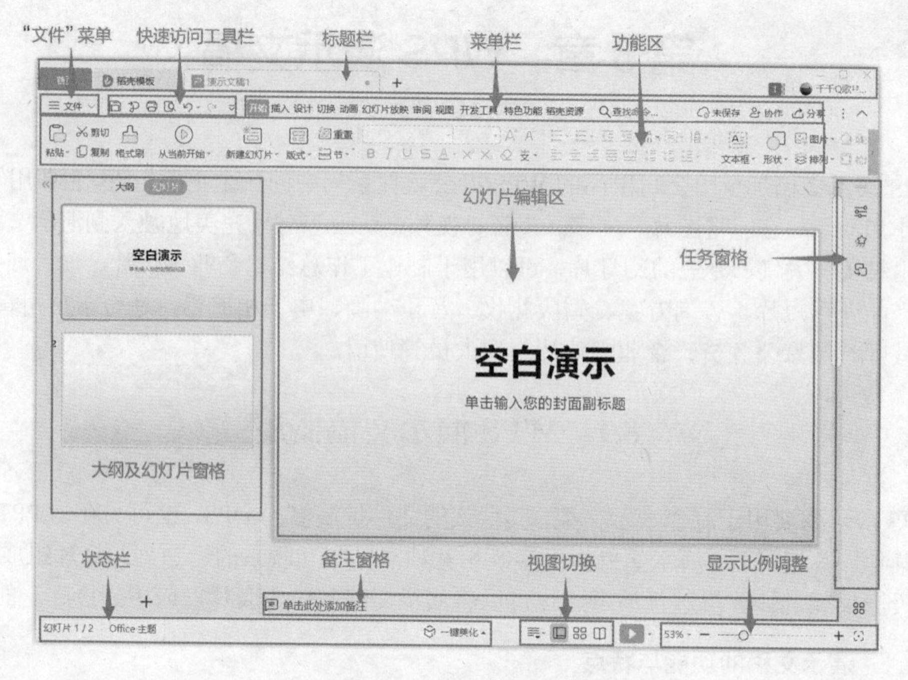

图 8-1 WPS 演示文稿的初始工作界面

（3）快速访问工具栏：默认情况下主要包括“保存”按钮、“输出为 PDF”按钮、“打印”按钮、“撤消”按钮、“恢复”按钮等。其他功能可依据个人需要通过扩展按钮进行添加。

- “保存”按钮：单击该按钮，保存当前正在制作的演示文稿。
- “输出为 PDF”按钮：使文件的交流可以轻易跨越应用程序和系统平台的限制。单击该按钮可以直接将演示文稿转换为“普通 PDF”格式或“纯图 PDF”格式。
- “打印”按钮：单击该按钮即可直接打印演示文稿。如果要更换打印机，可按 Ctrl+P 组合键调出“打印预览”对话框进行相应设置。
- “撤消”按钮：撤消当前演示文稿的一步操作，多次单击该按钮可以撤消多步操作。
- “恢复”按钮：单击该按钮，重复对当前演示文稿进行的撤消操作效果。
- “扩展”按钮：单击该按钮弹出快捷菜单，单击对应选项可以将某些功能选项添加到快速访问工具栏中，如新建、打开、保存、输出为 PDF、打印、打印预览、撤消、恢复等。

（4）功能选项卡：相当于之前版本中的菜单命令。WPS 演示文稿的所有命令按功能被集成在几个功能选项卡中，选择某个功能选项卡则切换到相应的功能区。在功能选项卡的右侧有“隐藏/显示功能区”按钮和“更多操作”按钮。单击“隐藏/显示功能区”按钮可以实现功能区的折叠与展开；单击“更多操作”按钮可以打开帮助窗格，用户可在其中查找到需要帮助的信息。

（5）功能区：在功能区中有许多自动适应窗口大小的工具栏，不同的工具栏中放置了与此相关的命令或列表框。

（6）“幻灯片/大纲”窗格：用于显示当前演示文稿的幻灯片数量及位置，通过它可更加方便地掌握整个演示文稿的结构。在“幻灯片”窗格下将显示整个演示文稿中幻灯片的编号及缩略图，在“大纲”窗格下列出了当前演示文稿中各幻灯片中的文本内容。

（7）幻灯片编辑区：是整个工作界面的核心区域，用于显示和编辑幻灯片，可输入各种占位符，是使用 WPS 演示文稿制作 PPT 的操作平台。

（8）“备注”窗格：主要用于为对应的幻灯片添加提示信息，一般为说明性或注释性的文字，对使用者起备忘、提示作用，在实际播放演示文稿时别人看不到备注栏中的信息。

（9）状态栏：用于显示当前演示文稿的一些基本信息，如当前幻灯片、幻灯片总张数、幻灯片采用的主题等。

（10）一键美化：单击该按钮，系统会根据当前的内容提供一些美化的模板，根据个人需求单击相应模板即可实现演示文稿的快速美化。

（11）视图切换区及显示比例调整区：在该区域中，可根据个人不同的需求，在“普通视图”“幻灯片浏览视图”“阅读视图”和“幻灯片放映视图”之间进行切换，也可以进行幻灯片放映方式的选择。通过拖动显示比例滑块可快速调整演示文稿的显示比例，也可以选择最佳显示比例。

8.1.3　演示文稿的视图

在 WPS 演示文稿中，演示文稿的所有幻灯片都保存在一个文件里，所以必须提供多种不同的方式来查看幻灯片，也就需要不同的视图模式。WPS 演示文稿主要的视图模式包括普通视图、幻灯片浏览视图、备注页视图、阅读视图、母版视图（幻灯片母版、讲义母版和备注母版）和幻灯片放映视图（包括演示者视图），除幻灯片放映视图外，其他的都设置在“视图”选项卡中，如图 8-2 所示。

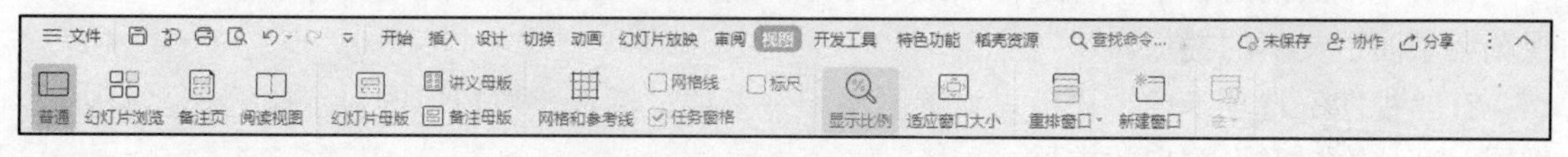

图 8-2　“视图”选项卡及功能区

（1）普通视图：系统默认的视图模式，由“幻灯片/大纲”窗格、幻灯片编辑区和“备注”窗格三大主要部分构成，如图 8-3（a）所示。在这种视图模式下，可以对幻灯片进行编辑排版操作，可添加文本，插入图片、表格、智能图形、图表、图形对象、文本框、电影、声音、超链接和动画等对象。

（2）幻灯片浏览视图：以缩略图的形式显示演示文稿中所有的幻灯片，一般用于幻灯片的查找定位、幻灯片顺序的调整、幻灯片的放映设置和幻灯片的切换设置等，可以实现添加、移动、删除幻灯片操作，但不能编辑幻灯片的内容，如图 8-3（b）所示。

（3）幻灯片阅读视图：阅读模式的作用是可以在 WPS 窗口中播放幻灯片，方便查看动画的切换效果，如图 8-3（c）所示。在该视图模式下，演示文稿中的幻灯片将以窗口大小进行放映。阅读视图主要用于作者以全屏的方式查看演示文稿。

（4）幻灯片放映视图：在该视图模式下，演示文稿中的幻灯片将以全屏、动态的方式进行放映。用户可以查看图形、计时、媒体对象、动画效果和切换效果等在实际演示中的具体效果。按 Esc 键可以退出幻灯片放映视图。单击该按钮右侧的小三角形，可以选择“从头开始”或“从当前位置开始”放映幻灯片，也可以设置幻灯片的放映方式。

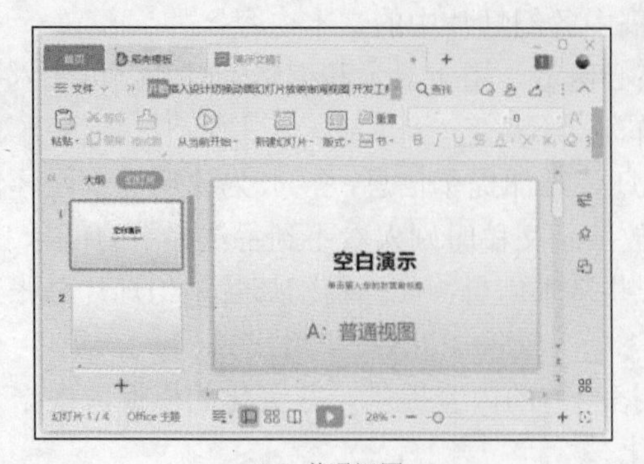

（a）普通视图

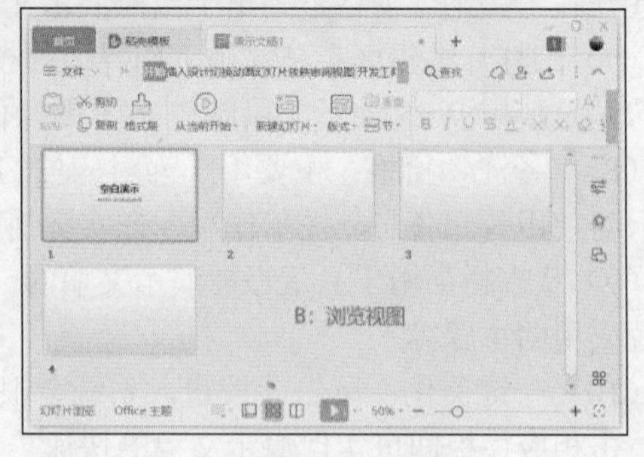

（b）幻灯片浏览视图

（c）幻灯片阅读视图

图 8-3　三类常用视图

在实际使用的过程中，普通视图用于幻灯片的编辑，浏览视图用于幻灯片的定位，放映视图用于演示文稿的播放。

在“视图”选项卡中，还可以设置网格和参考线、标尺，对窗口的显示比例和大小进行设置，新建窗口及多窗口的重排。

8.1.4　演示文稿相关概念

（1）演示文稿。利用 WPS 演示文稿软件制作的文件称为演示文稿，扩展名为.pptx，包含幻灯片、备注、演示大纲等几大部分。

（2）幻灯片。幻灯片是演示文稿的基本组成部分。每张幻灯片可由标题、文本、自绘图形、专业的智能图形、剪贴画、图片、视频、音乐、表格、图表、动画等组成，内容非常丰富。

（3）占位符。顾名思义，占位符就是先占住一个固定的位置，等确定好内容再往里面添加内容的符号，被广泛用于计算机中各类文档的编辑。用于幻灯片中，其表现形式为一个虚线框，内有“单击此处添加标题”之类的提示语，输入内容，提示语会自动消失。当我们要创建自己的模板时，占位符就显得非常重要，它能起到规划幻灯片结构的作用。

（4）幻灯片版式。幻灯片版式是演示文稿软件中的一种常规排版的格式，通过幻灯片版式的应用可以对文字、图片等更加合理、简洁地完成布局。幻灯片的基本版式有标题版式、内容版式、标题和内容版式、图片版式、空白版式。在 WPS 演示文稿中，可以根据系统内置的版式快速地更改排版布局。

（5）视图。在制作演示文稿的不同阶段，WPS 演示文稿提供了不同的工作环境，称为视图。

（6）设计主题。设计主题用于快速地美化和统一每一张幻灯片的风格，主要包括颜色、字体和效果等选项。在演示文稿的制作过程中，可以选择系统自带的主题，也可以自己定义一个主题，制作出具有个人特色的演示文稿。

（7）幻灯片母版。幻灯片母版也是一种幻灯片版式，它上面存储了字形、占位符大小或位置、背景设计和配色方案等信息。我们可以为每一种版式设计母版，凡是使用了该版式的幻灯片都会自动应用母版中设计好的风格。

8.2　WPS 演示文稿制作

8.2.1　演示文稿制作流程

制作一个完整的演示文稿，通常需要经历创建演示文稿、美化演示文稿、设置动画效果和放映演示文稿 4 个步骤。

（1）创建演示文稿：首先需要新建一个演示文稿文件，然后根据内容选择合适的版式，将内容通过对应的占位符输入到演示文稿中。输入的内容可以是文字、表格、图片、图形、图表、声音、视频、超链接等。

（2）美化演示文稿：完成了演示文稿内容的输入之后，就需要对演示文稿进行美化。修饰美化演示文稿是一个必不可少的环节，演示文稿的修饰美化包括格式和内容两大方面。在格式方面，可以运用设计主题、母版及配色方案等工具；在内容方面，应当尽可能地运用表格、图片来直观地展示演示文稿内容，减少冗长的文字描述。

（3）设置动画效果：这里的动画效果包括幻灯片中的对象动画效果和幻灯片之间的切换动画效果。好的动画效果可以提高观众的注意力，增强演示文稿的表现力。

（4）放映演示文稿：演示文稿制作完成后，必须进行放映测试。放映测试是一个反复修改和测试的过程，用于检测内容表达是否准确、动画运用是否合适、声音播放是否恰当等。

在实际操作过程中这 4 个步骤并不是各自独立的，它们之间相互依存。在实际的操作过程中，也并不是严格按照上述步骤一步一步进行的，而是一次设计一个或几个幻灯片页面，然后反复地进行调试与修改，以达到最佳的展示效果。

8.2.2　演示文稿的启动与退出

1. 演示文稿的启动

启动 WPS 演示文稿的方法有以下两种：

（1）通过双击桌面快捷图标启动。

（2）双击打开一个已有的 WPS 演示文稿文件。

2. 演示文稿的退出

退出 WPS 演示文稿的方法有以下两种：

（1）单击标题栏右侧的“关闭”按钮。

（2）选择“文件”菜单中的“退出”命令。

8.2.3 演示文稿的创建、保存和打开

1. 演示文稿的创建

使用 WPS Office 可以创建新的空白演示文稿，也可以套用系统提供的模板创建某一主题的新演示文稿。空白演示文稿中所展示的内容以及设计风格都由创建者按自己的需求来完成。

（1）创建空白演示文稿的方法。

1）选择“文件”→“新建”→“新建”命令打开如图 8-4 所示的新建文档窗口，单击“演示”按钮，再单击“新建空白文档”，即可完成 WPS 演示文稿的创建。

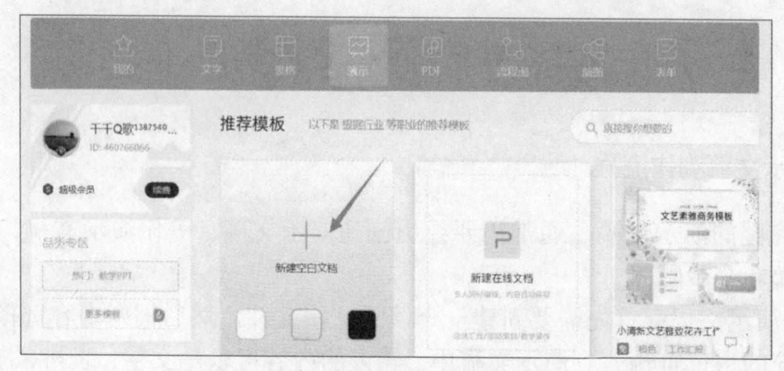

图 8-4　新建演示文稿窗口

2）单击文档标题右侧的“新建”按钮 +，也可打开新建文档窗口，后续操作同上。

3）在当前已经将 WPS 演示文稿打开的状态下，按 Ctrl+N 组合键也可以新建空白演示文稿。

（2）依据模板创建新的演示文稿。当要创建的是某一确定主题的演示文稿时，可以在新建文档窗口的搜索栏中输入主题关键字进行查找，然后单击对应模板即可完成这一主题演示文稿的快速创建。接下来只需要将准备好的内容填入对应的位置，再根据自己的需求适当地进行修改。这样可以大大提高演示文稿的创建效率。如图 8-5 所示，在搜索栏中输入关键字“教师节”，单击“搜索”按钮，系统提供了大量和“教师节”相关的模板。单击第一行第二个模板，系统自动依据模板创建了如图 8-6 所示的演示文稿。

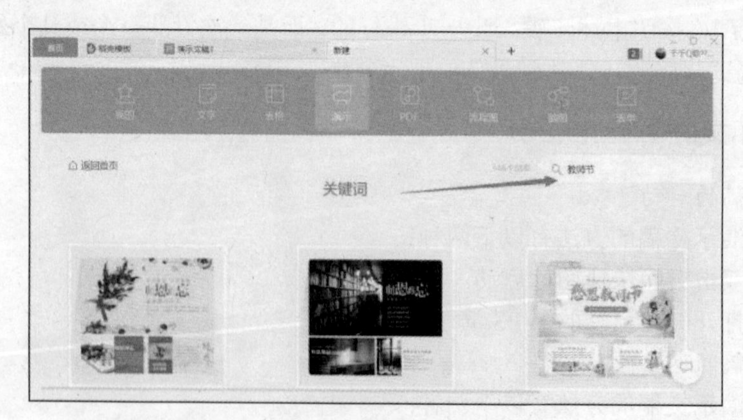

图 8-5　搜索“教师节”主题相关模板

图 8-6　“教师节”主题演示文稿的创建效果

2. 演示文稿的保存

（1）对于从未保存过的演示文稿，可以单击快速访问工具栏中的“保存”按钮，弹出“另存文件”对话框（通过“文件”菜单中的“保存”命令也可以打开此对话框）。文件保存三要素为文件保存位置/路径、文件保存名称、文件保存类型。

（2）对于已经保存过的文档，可以直接单击快速访问工具栏中的“保存”按钮进行保存，这时不会再弹出“另存文件”对话框。也可以通过“文件”菜单中的“保存”命令进行保存。如果要将当前演示文稿保存到其他地方或以另外的名称保存，则需要选择“文件”菜单中的“另存为”命令进行设置。

WPS 演示文稿除了可以保存为默认的.dps 格式外，还可以保存为.PPTX 格式、PDF 文档、PNG 图片、WEBM 视频和 WPS 文字文档。要将 WPS 演示文稿保存为上述格式，只要在“文件”菜单中选择对应的命令即可，如图 8-7 和图 8-8 所示。

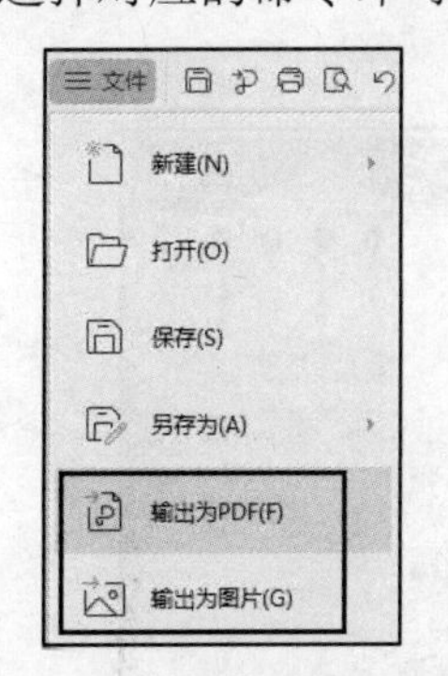

图 8-7　输出为 PDF 及图片格式

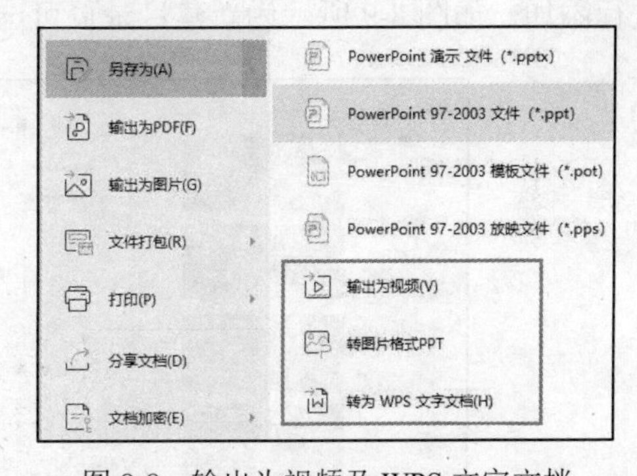

图 8-8　输出为视频及 WPS 文字文档

在 WPS 演示文稿中，考虑到文档的兼容性，可以将演示文稿保存为兼容的 PowerPoint 演示文稿，但是较高版本演示文稿软件中提供的某些功能和效果可能会丢失。

3. 演示文稿的打开

打开演示文稿的方法有以下两种：

（1）选择“文件”菜单中的“打开”命令，弹出“打开”对话框，查找文件位置和文件名，单击“打开”按钮。

（2）直接双击扩展名为.dps 的演示文稿文件可自动启动 WPS 演示文稿并打开被双击的文件。

8.2.4 幻灯片的基本操作

WPS 演示文稿中，幻灯片的基本操作包括选择幻灯片、插入新的幻灯片、移动幻灯片、复制幻灯片和删除幻灯片。

1. 选择幻灯片

对幻灯片执行操作之前需要先选定幻灯片，主要方法有以下 4 种：

（1）在“幻灯片/大纲”窗格中或幻灯片浏览视图中单击需要选择的幻灯片即可选择单张幻灯片。

（2）在“幻灯片/大纲”窗格中或幻灯片浏览视图中，单击要选择的第 1 张幻灯片，按住 Ctrl 键不放，再依次单击需要选择的幻灯片，可以实现不连续的多张幻灯片的选择。

（3）在“幻灯片/大纲”窗格中或幻灯片浏览视图中，单击要连续选择的第 1 张幻灯片，按住 Shift 键，再单击需要选择的最后一张幻灯片，两张幻灯片之间的连续多张幻灯片即被选择。

（4）在“幻灯片/大纲”窗格中或幻灯片浏览视图中，按 Ctrl+A 组合键可以选择当前演示文稿中所有的幻灯片。

2. 插入新的幻灯片

默认情况下，新演示文稿中只有一张幻灯片，用户需要插入新的幻灯片来完成演示文稿的制作。新幻灯片的插入位置可以在任意幻灯片之后或之前。

插入新幻灯片的方法：

（1）单击“开始”选项卡中的“新建幻灯片”按钮，可在已选幻灯片下方插入一张新的空白幻灯片；单击“新建幻灯片”按钮右下角的倒三角按钮，可在弹出的窗口中选择对应的主题页进行添加。如图 8-9 所示为新建目录页可选用的模板。

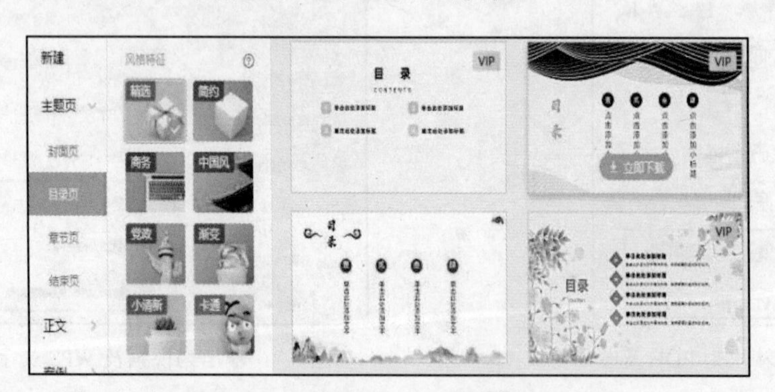

图 8-9 新建目录页可选用的模板

（2）在“幻灯片/大纲”窗格中选择一张幻灯片，然后按回车键，即可在该幻灯片之后插入一张与上一张幻灯片同版式的新幻灯片。

（3）通过单击“插入”选项卡中的“新建幻灯片”按钮来插入新幻灯片的方法同（1）。

（4）通过单击鼠标右键来完成新建幻灯片操作，插入的新幻灯片默认为“标题和内容”版式。

（5）在“幻灯片/大纲”窗格中选择一张幻灯片，单击该幻灯片底部的 按钮，再选择合适的主题进行新幻灯片的插入，如图 8-10 所示。

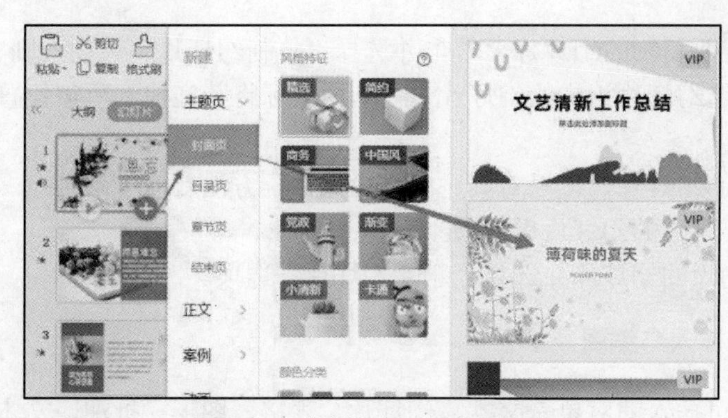

图 8-10 单击 按钮新建幻灯片

插入新幻灯片的位置选择：

（1）当前幻灯片之后：插入新幻灯片默认的位置是在当前所选幻灯片之后，因此，如果是在“当前幻灯片之后”插入一张新的幻灯片，只需要选中需要在其后插入幻灯片的幻灯片，再执行相对应的命令即可。

（2）当前幻灯片之前：如果要在第 2 张幻灯片之前插入新的幻灯片，则先用鼠标单击第 1 张与第 2 张幻灯片之间的分隔线（即第 2 张幻灯片之前），再执行相对应的命令，如图 8-11 所示。

图 8-11 用鼠标单击幻灯片之前的位置

3. 移动幻灯片

移动幻灯片是根据设计方案的需要而改变幻灯片的现有位置，方法有以下几种：

（1）在“幻灯片/大纲”窗格中，按住鼠标左键将选中的幻灯片拖动到新的位置后释放鼠标。

（2）在“幻灯片浏览”视图中，将选中的幻灯片拖动到新位置后释放鼠标。

（3）按快捷键 Ctrl+X 对选定的待移动的幻灯片先进行剪切操作，然后将鼠标移动到需要插入幻灯片的位置，再按快捷键 Ctrl+V 完成粘贴操作。

4. 复制幻灯片

在幻灯片制作过程中，如果新幻灯片与已完成的幻灯片的内容或布局相似，则可以通过复制幻灯片后再进行修改的方法来加快幻灯片的制作速度，方法有以下两种：

（1）选择需要复制的幻灯片，按 Ctrl+C 键或右击并选择“复制”选项进行复制，到目标位置后再按 Ctrl+V 键或右击并选择“粘贴”选项进行粘贴。

（2）直接在需要复制的幻灯片上右击并选择“复制幻灯片”选项，则实现在当前幻灯片之后生成一张与所选幻灯片相同的幻灯片，再利用鼠标将其拖拽到所需位置。

5. 删除幻灯片

对于不再需要的幻灯片，可以对其进行删除操作，方法有以下两种：

（1）选中需要删除的幻灯片后按 Delete 键。

（2）右击要删除的幻灯片并选择“删除幻灯片”选项。

8.2.5 对象的插入与编辑

在演示文稿中可插入的对象有文本、幻灯片、表格、图形、批注、文本、音视频、附件、超链接等，可通过“插入”选项卡实现，如图 8-12 所示。

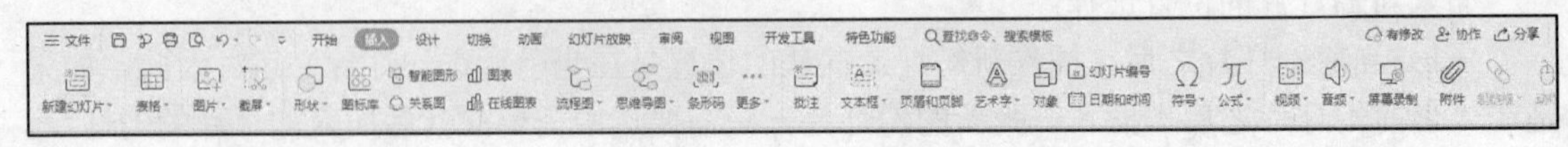

图 8-12 “插入”选项卡

1. 文本

文本对象包括文本框、页眉和页脚、艺术字、日期和时间、幻灯片编号、对象和附件。

（1）文本框。

1）文本框的插入。在普通视图中，单击“插入”选项卡中“文本框”按钮右下角的倒三角按钮，选择插入横排文本框样式或竖排文本框样式，将鼠标指针移动到幻灯片编辑区，按下鼠标左键不放并拖动即可绘制出一个文本框，然后再填入内容；或者直接单击 WPS 所推荐的带有设计感的文本框样式，再对文字部分进行适当的修改，即可完成文本框的插入操作，如图 8-13 所示。

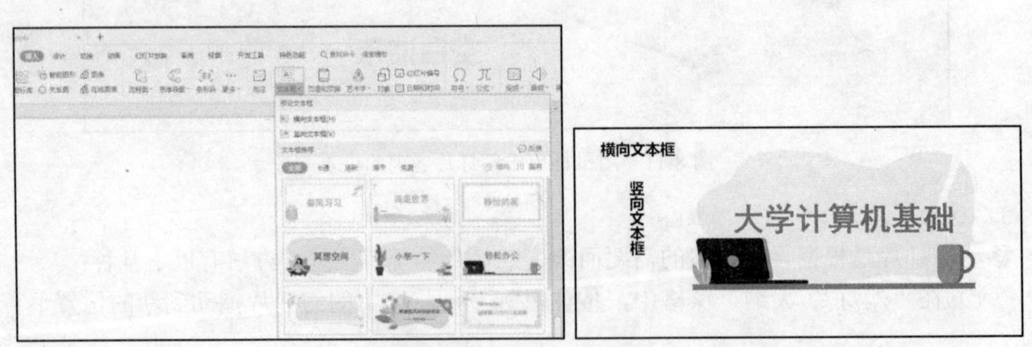

图 8-13 插入文本框示例

2）文本框内容输入。文本框绘制完成后，可以直接向文本框中输入文本，单击“幻灯片编辑区”的空白位置即可确认文本的输入。

3）设置文本框文字自动调整。制作演示文稿时，插入文本框并编辑文本内容，我们会发现文本框中输入的文字越多，字号会变得越小，这种情况可以通过调整文本框的“文字自动调整”来改变。

双击文本框，弹出“对象属性”侧边栏；或者单击菜单栏中的“文本工具”选项卡，再单击“文本效果”右下角的“更多设置”按钮，弹出“对象属性”侧边栏，再选择“文本选项”

选项卡中的“文本框”选项，如图 8-14 所示。

图 8-14　文本框“文字自动调整”设置

在“文字自动调整”处可以看到有以下 3 种设置：

①不自动调整：在文本框内输入文字时不会自动调整。

②溢出时缩排文字：当输入的文字超出文本框大小时会自动缩排。

③根据文字调整形状大小：根据输入的文字字数调整文本框的形状大小。

还可以设置“形状中的文字自动换行”。勾选此选项，在文本框中输入文字时，当字数超过文本框大小时会自动换行。取消勾选此选项，在文本框中输入文字时将不会自动换行。

4）文本的编辑。

①文本与文本框的选择。

- 将光标定位到需要选择的文本前，按住鼠标左键不放并拖动鼠标即可选择当前文本，被选中的文本将以灰色背景显示。
- 将光标定位到文本的最左端，按住 Shift 键，再单击文本的最右端，可以选中整行文本。
- 先用鼠标单击文本框，再单击文本框的虚线框，可以实现文本框中文本的全选。
- 按住 Ctrl 键的同时用鼠标单击需要选中的文本框可同时选中多个文本框；按住 Ctrl 键的同时用鼠标框选文本框可快速选中连续的多个文本框。

②文本复制和移动。复制与移动文本的最大区别是：复制文本后，原位置的文本不发生改变；移动文本后，原位置的文本被删除了。

复制文本的方法：

- 选择文本后，按 Ctrl 键的同时将文本拖动到新的位置，松开鼠标即完成对文本的复制。
- 选择文本后，按 Ctrl+C 组合键进行复制，将光标定位到新位置后，按 Ctrl+V 组合键进行粘贴。
- 选择文本后，单击“开始”选项卡中的“复制”按钮进行复制，在新位置单击“粘贴”按钮进行粘贴。

移动文本的方法：

- 选择文本后，直接将文本拖动到新的位置，松开鼠标即完成对文本的移动操作。
- 选择文本后，按 Ctrl+X 组合键进行剪切，将光标定位到新位置后，按 Ctrl+V 组合键进行粘贴。
- 选择文本后，单击“开始”选项卡中的“剪切”按钮进行剪切，在新位置单击“粘贴”按钮进行粘贴。

③文本删除与撤消删除。在输入文本时，如果发现有输入错误，可以将其删除。选择需要删除的文本，直接按 Delete 键。若因为意外原因导致文本被误删除，可以按 Ctrl+Z 组合键恢复被删除的文本，也可使用快速访问工具栏中的“撤消”按钮。

④文本字体与段落格式设置。

a．文本字体设置：当选中需要进行字体格式设置的文本后，可通过 WPS 演示文稿中自动弹出的“字体”设置浮动工具面板中的相关按钮（图 8-15）或“开始”选项卡“字体”组中的按钮对选中的文本进行字体格式设置，如图 8-16 所示；单击“字体”组右下角的扩展按钮或选择快捷菜单中的“字体”选项可打开“字体”对话框，在其中可对文本进行中英文字体、字形、字号、字体颜色、下划线、效果以及字符间距的设置，如图 8-17 所示。

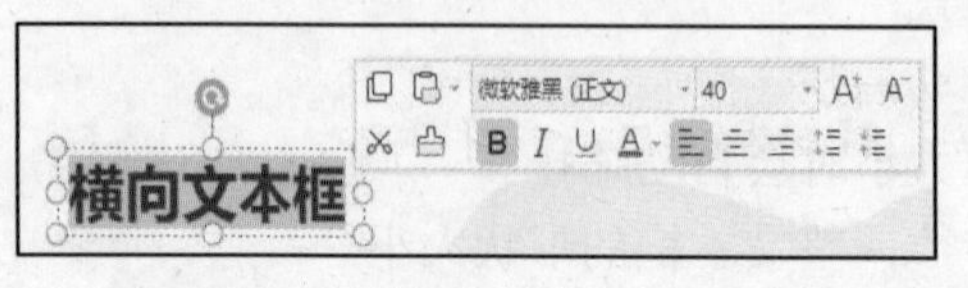

图 8-15 “字体”设置浮动工具面板

图 8-16 “字体”设置面板

b．文本段落设置：单击“开始”选项卡“段落”组中的相应按钮可以对段落格式进行相应设置；单击 WPS 演示文稿中自动弹出的“字体/段落”设置浮动工具面板中的相关按钮可对段落进行简单设置；单击“段落”组右下角的扩展按钮或选择快捷菜单中的“段落”选项可以打开“段落”对话框，在其中可对文本进行缩进、段前/段后间距、行间距等的精确设置，如图 8-18 所示。

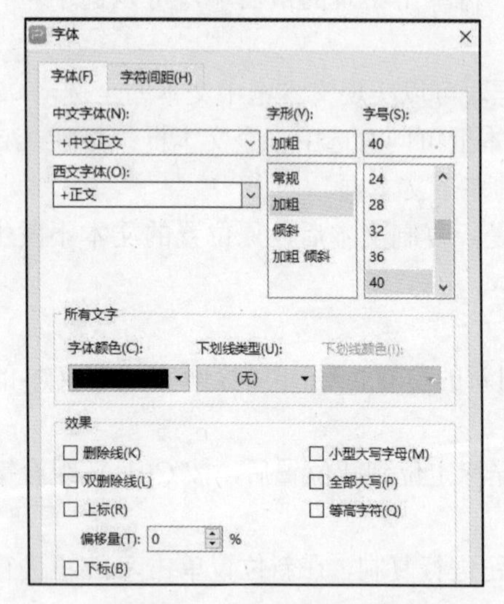

图 8-17 “字体”对话框

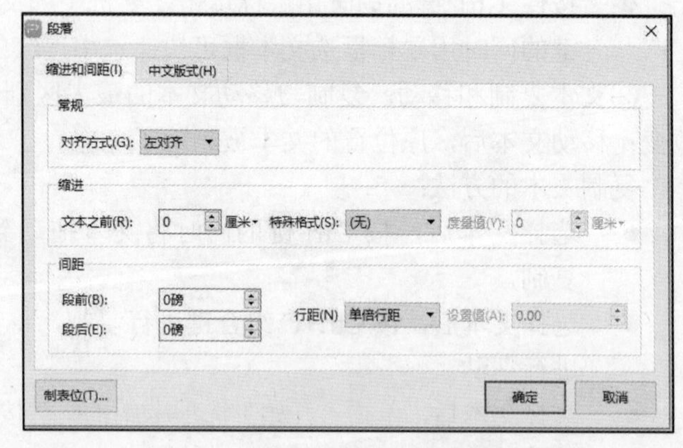

图 8-18 “段落”对话框

c．项目符号和编号设置：选中需要设置项目符号和编号的文本，单击“开始”选项卡“段落”组中的“项目符号”按钮和“编号”按钮分别进行设置，具体设置方法参考 WPS 文字处理软件。

⑤“绘图工具”选项卡与“文本工具”选项卡。WPS 演示文稿的文本框是由形状与文字两部分组成的。对于形状部分的格式设置，可以通过“绘图工具”选项卡来完成，如图 8-19

所示。通过“绘图工具”选项卡中的对应按钮可对文本框的形状进行形状编辑、形状填充、形状轮廓和形状效果的设置。

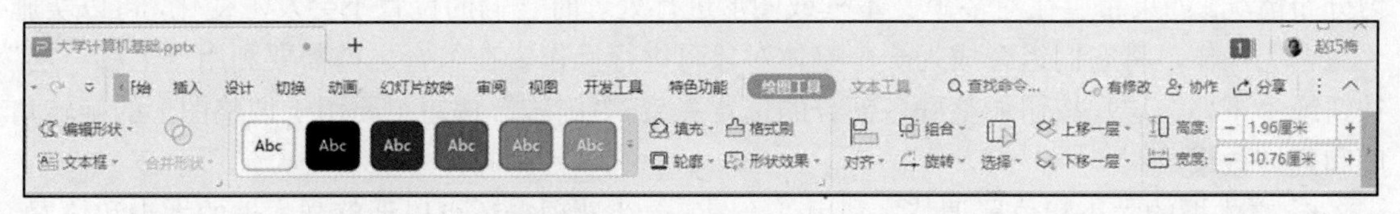

图 8-19　“绘图工具”选项卡

a．编辑形状。图 8-20 所示为利用“编辑形状”工具将一个长方形变成不规则图形的过程：首先绘制一个长方形形状并选中其边框，如图（a）所示；然后单击“编辑形状”→“编辑顶点”命令，如图（b）所示，控制节点将变成黑色的实心矩形块；再单击节点，将出现两个控制手柄，如图（c）所示；用鼠标左键拖动各控制手柄可调整图形形状，如图（d）所示。

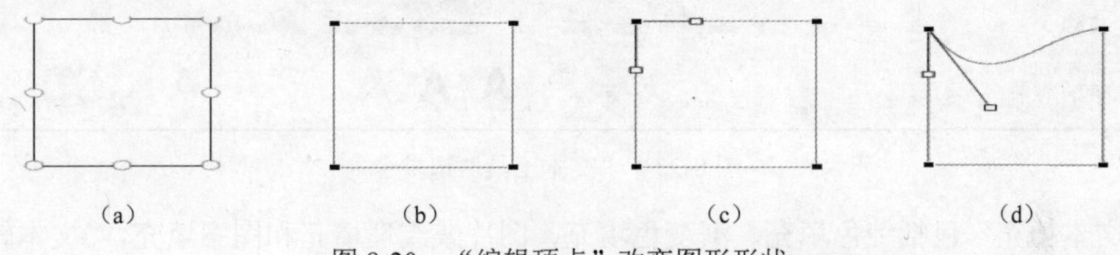

图 8-20　“编辑顶点”改变图形形状

b．形状填充。单击选中矩形的边框，然后单击“绘图工具”选项卡中“填充”按钮右侧的下拉三角按钮，将弹出如图 8-21 所示的填充选项，可以根据自己的需要选择主题颜色、标准色、渐变填充、图片或纹理填充、图案填充等方式进行填充，也可以选择“更多设置”选项来打开“对象属性”面板，如图 8-22 所示，在其中进行进一步的设置。

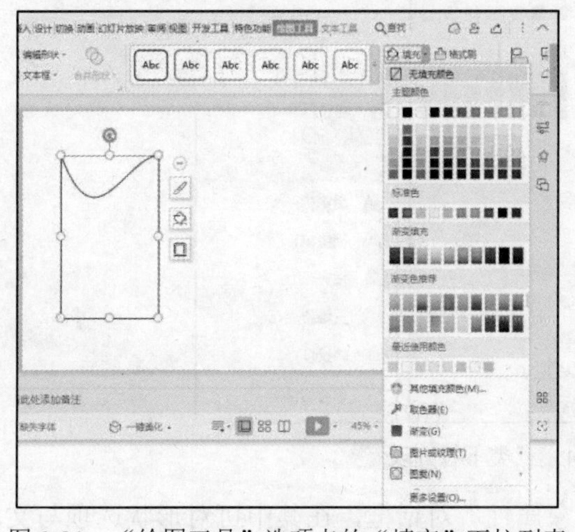

图 8-21　“绘图工具”选项卡的“填充”下拉列表

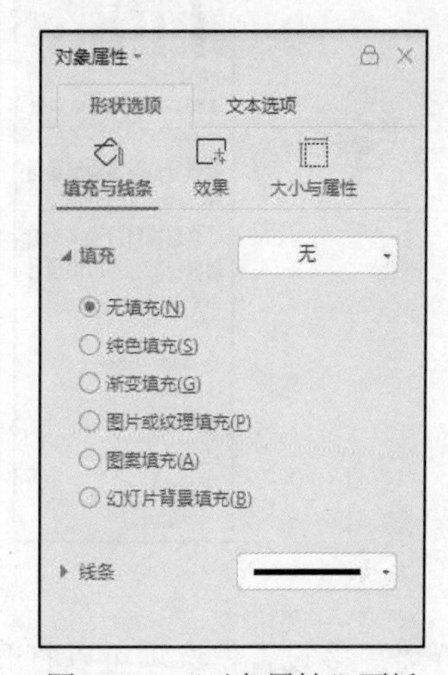

图 8-22　“对象属性”面板

c．形状轮廓设置。“形状轮廓”主要用于设置形状的边框线的线型、大小、颜色等。

d．形状效果设置。“形状效果”主要用于设置形状的阴影、倒影、发光效果、柔化边缘、三维旋转等。

e. 形状位置调整。形状的位置调整工具包括对齐、组合、旋转、选择、上移一层、下移一层。“对齐”命令可以对多个文本框进行对齐方式设置和调整文本框的水平或垂直方向的均匀分布情况。如果希望在对多个文本框或图形进行处理时它们的位置不会发生变化，可以实施“组合”操作，将它们组合成为一个整体对象再进行操作。在组合之前需要利用“上移一层”按钮或“下移一层”按钮调整好各部分的位置关系。“旋转”按钮主要用于调整图形的旋转角度和翻转效果。

f. 文本框的大小和位置调整。利用“绘图工具”选项卡还可以调整文本框的大小和位置。在“高度”栏和“宽度”栏中输入具体的值可以快速调整文本框的大小。单击该组右下角的扩展按钮，在“对象属性”面板中可以进一步设置具体的位置。

通过“文本工具”选项卡（图 8-23）中的工具按钮可对文本框中的文字进行文本填充、文本轮廓和文本效果的设置。

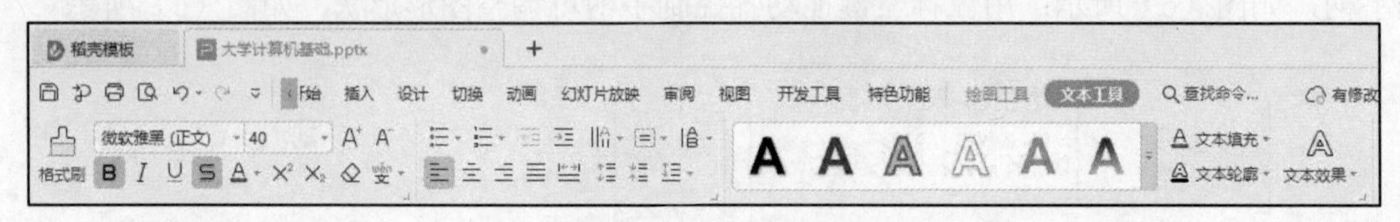

图 8-23 “文本工具”选项卡

“文本填充”包括纯色填充、渐变色填充、图片或纹理填充和图案填充，“文本轮廓”主要调整文本线条颜色、线条类型和线条大小，“文本效果”则包括了文本的阴影、倒影、发光、三维旋转、转换等设置，如图 8-24 所示。

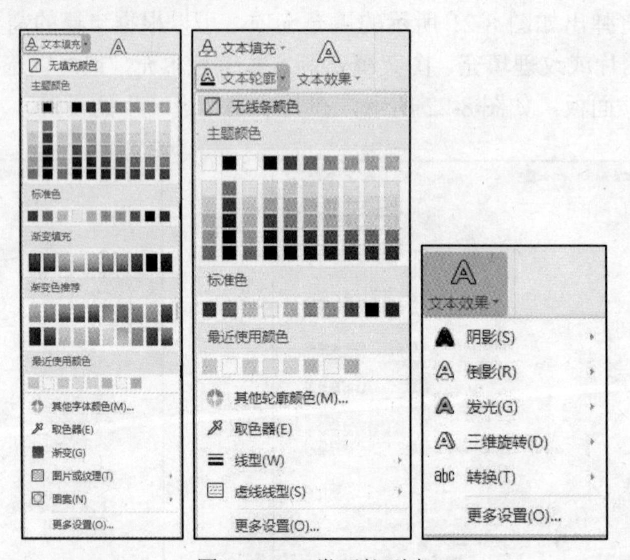

图 8-24 三类下拉列表

选择“更多设置”选项可以打开“对象属性”对话框，在其中可对形状选项与文本选项进行详细设置。

若使用“渐变填充”模式，则需要在“对象属性”对话框中进一步设置它的“渐变样式”“角度”“色标颜色”“位置”“透明度”和“亮度”，如图 8-25（a）所示。图 8-25（b）所示为系统提供的填充纹理，图 8-25（c）所示为系统提供的填充图案，可更改前景色和背景色。

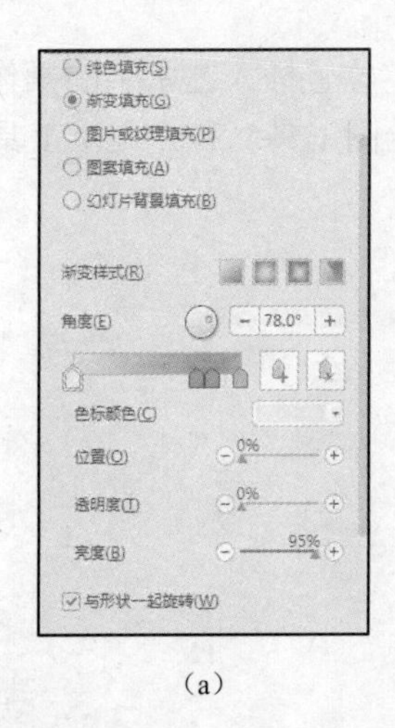

（a）

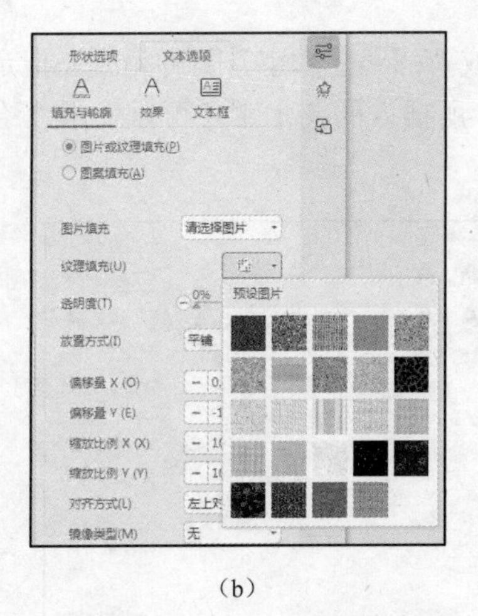

（b）

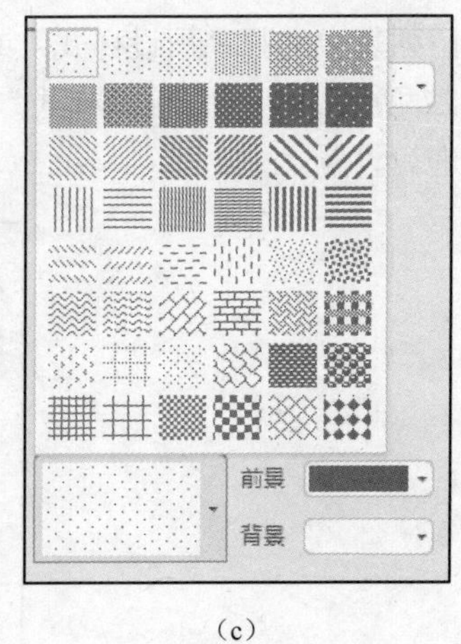

（c）

图 8-25　“形状填充”面板

（2）页眉和页脚。

单击“插入”选项卡中的“页眉和页脚”按钮，弹出“页眉和页脚”对话框，如图 8-26 所示。

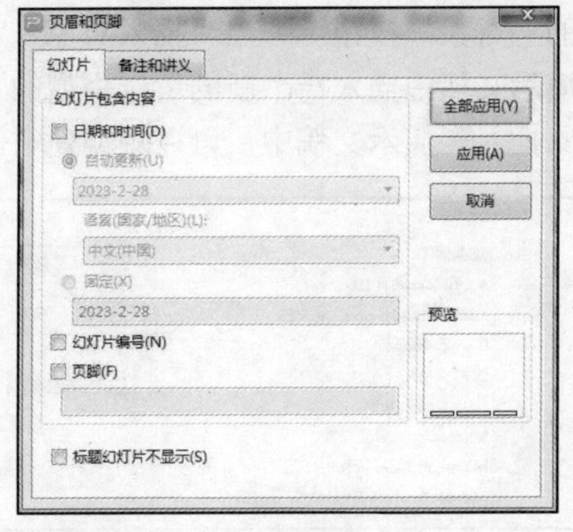

图 8-26　“页眉和页脚”对话框

- 日期和时间：勾选此项，则默认在幻灯片的左下角位置插入日期和时间，日期和时间的格式可进行选择。若选择“固定”，则日期和时间一旦设定，不会发生变化；若选择的是“自动更新”，则日期和时间会随计算机的时间变化而变化。
- 幻灯片编号：勾选此项，则默认在幻灯片的右下角位置插入幻灯片的编号。
- 页脚：勾选此项，则默认在幻灯片的底部居中位置显示所设置的页脚，页脚内容可任意输入。
- 标题幻灯片不显示：此选项用于控制在标题幻灯片页是否显示上述三个选项，不勾选，标题幻灯片页显示上述三个选项，反之则不显示。
- 应用/全部应用：单击“应用”按钮，所设置内容仅在当前页有效；若单击“全部应用”按钮，则所设置内容在所有页均会显示。

（3）艺术字。

将光标定位在要插入艺术字的位置，单击“插入”选项卡中的“艺术字”按钮，在弹出的下拉列表中选择“预设样式”或“稻壳艺术字”即可完成在指定位置插入艺术字的操作，如图 8-27 所示。利用“预设样式”所插入的艺术字还可以使用“绘图工具”和“文本工具”进一步进行设置。

图 8-27　艺术字样式库

（4）对象。

单击“插入”选项卡中的“对象”按钮，弹出“插入对象”对话框，如图 8-28 所示。若选择“新建”模式，则会在演示文稿中插入一个新的所选类型的文档；若选择“由文件创建”模式，则将文件内容作为对象插入到演示文稿中，可以用创建它的应用程序激活它。

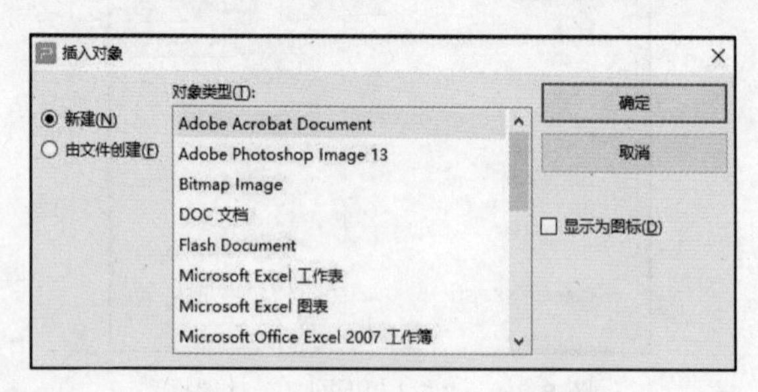

图 8-28　“插入对象”对话框

（5）附件。

单击“插入”选项卡中的“附件”按钮可将文件以图标的形式插入到演示文稿中，双击则可以查看该文档。

2. 图形与图像

在 WPS 演示文稿中使用图形与图像，不仅能起到美化演示文稿的功效，还能更简洁、直观地表达作者的意思，因此在制作演示文稿时会大量使用图形和图像。

WPS 演示文稿中可插入的图形与图像主要有图片、形状、图标、智能图形、图表、在线流程图、在线脑图、条形码、二维码、截屏等，如图 8-29 所示。

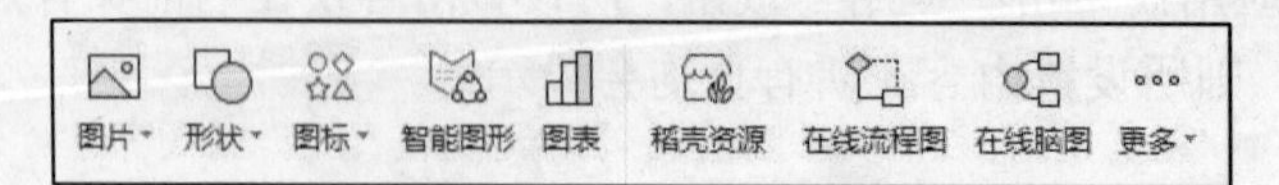

图 8-29　图形与图像的类型

（1）图片。

单击“插入”选项卡中的“图片”按钮，可在选定位置插入“本地图片”“分页插图”“手机图片/拍照”“资源夹图片”或“稻壳图片”，如图 8-30 所示。

图 8-30　插入图片

（2）形状。

形状包括线条、矩形、基本形状、箭头总汇、公式形状、流程图、星与旗帜、标注等，如图 8-31 所示。单击“插入”选项卡中的“形状”按钮，在弹出的下拉列表中选择需要的自绘图形，在幻灯片编辑区的空白位置拖拉或单击鼠标，可以绘制出自选图形。自选图形的格式设置及图形的大小和位置调整与 WPS 文字相同，这里不再赘述。

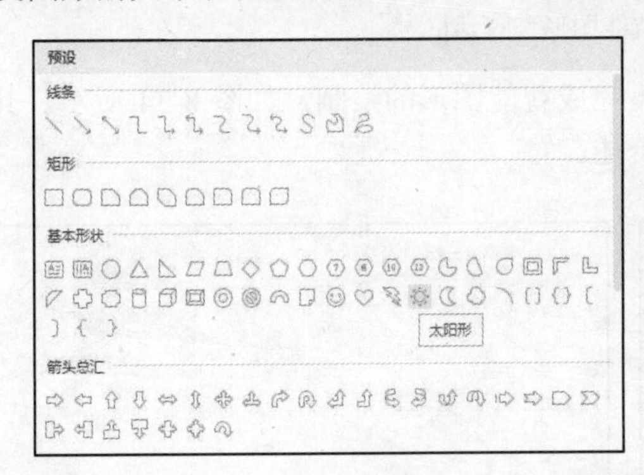

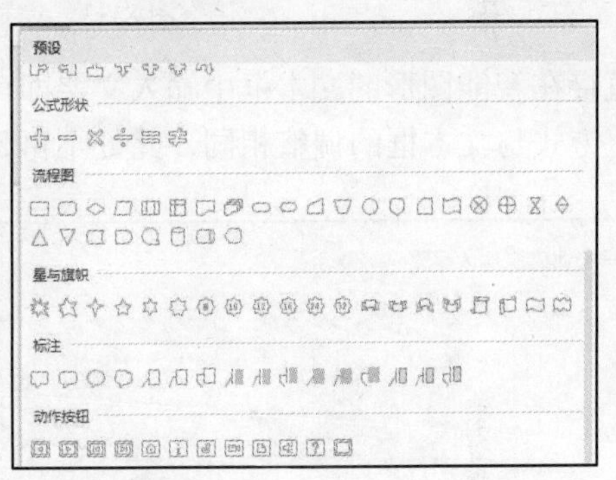

图 8-31　WPS 演示文稿中的形状样式

（3）图标。

图标大部分为卡通类型的矢量图，具有体积小、形象生动的特点。在演示文稿中使用图标能起到美化页面、强调内容的作用。WPS 演示文稿中设有一个图标库，这里有超多高清图标可供选择。单击“插入”选项卡中的“图标”按钮可以自行选择合适的图标来增强演示文稿的生动性。

图标需要根据文本内容进行搭配，WPS 支持一键识别语义，生成图标一键插入。具体方法为：选中文本框，单击“一键速排”按钮，一行文本将被智能识别为标题；超过一行将被识别为段落；系统提供多种智能生成的样式供用户选择，如图 8-32 所示。

图 8-32　文本框“一键速排”效果

（4）智能图形。

智能图形是信息和观点的视觉表示形式。可以通过从多种不同布局中进行选择来创建智能图形，从而快速、轻松、有效地传达信息。与文字相比，插图和图形更有助于读者理解和记住信息。

1）创建智能图形并向其中添加文字。单击“插入”选项卡中的“智能图形”按钮，在弹出的“智能图形”对话框中单击所需的类型和布局，如图 8-33 所示。

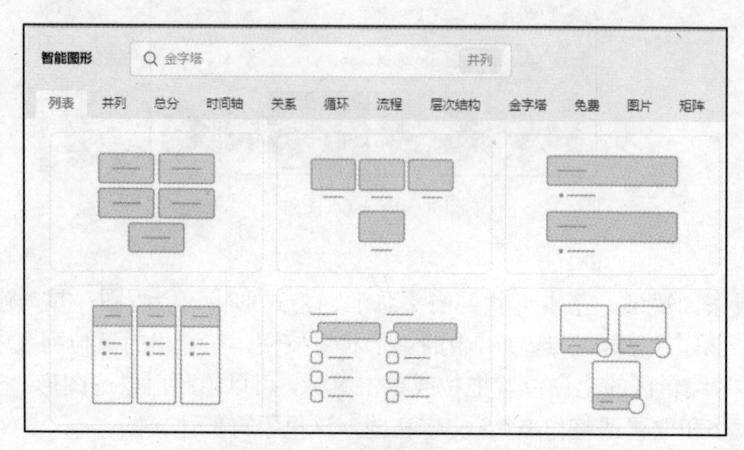

图 8-33 “智能图形”对话框

直接在智能图形的文本框中输入文字即可完成智能图形的绘制，如图 8-34 所示。其格式的调整方式与文本框的调整相同，此处不再赘述。

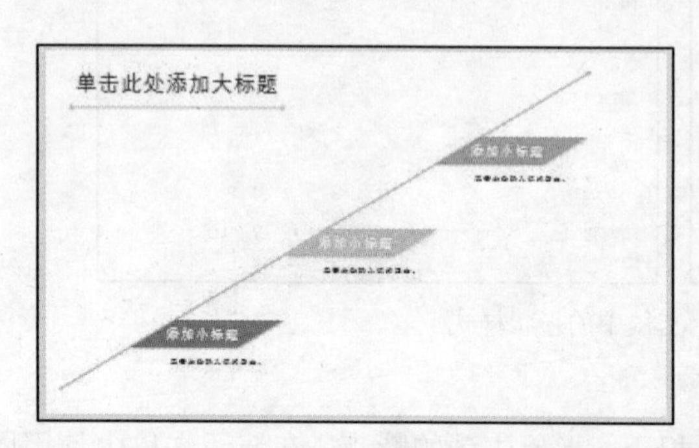

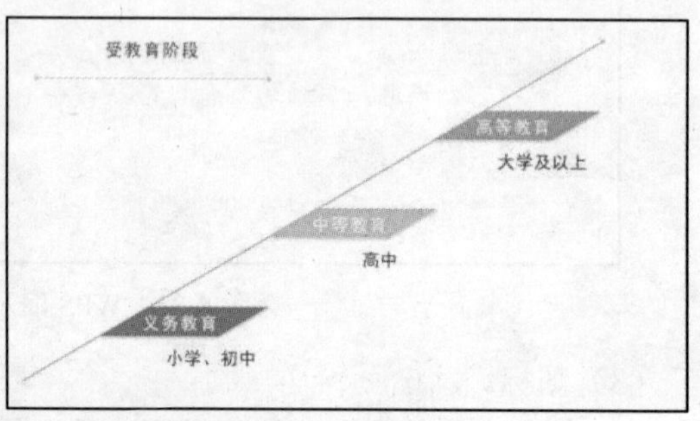

图 8-34 智能图形的应用

2）现有文字转换为智能图形。如果需要制作智能图形的文字已经存在，则先选定文字，然后单击“文本工具”选项卡中的“转智能图形”按钮，后续操作方法与直接输入文字相同。

（5）图表。

在制作幻灯片时，经常会遇到需要用图表展示数据的情况，它能够更直观地表现数据之间的联系。我们要根据实际需要选择合适的图表类型。通常，柱状图用于表示数据的对比，折线图用于表示数据的变化及趋势，饼图用于表示数据的占比，条形图用于表示数据的排名。

WPS 演示文稿中图表的操作与 WPS 表格相同。首先单击“插入”选项卡中的“图表”按钮，在弹出的“图表”对话框中单击所需要的图表类型；然后在出现的图表上右击并选择“编辑数据”选项；再将自己的数据输入到表格中；最后关闭表格，图表中的数据相应地发生变化，如图 8-35 所示。

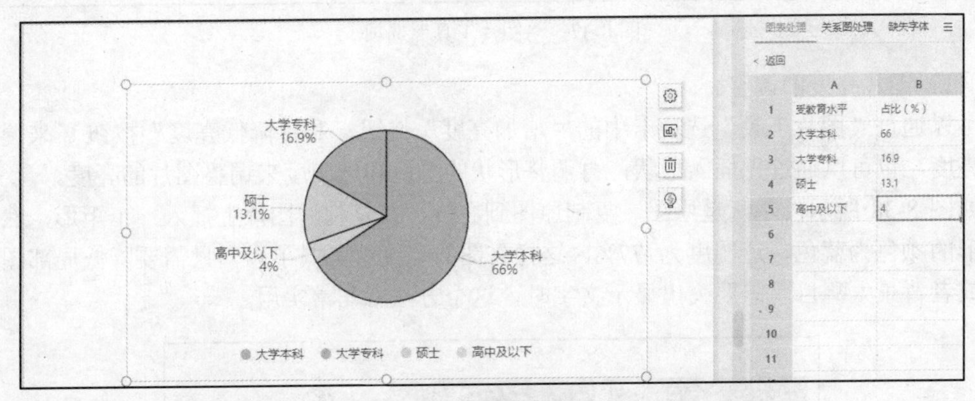

图 8-35　插入图表及编辑数据

（6）在线流程图和在线脑图。

“在线流程图”用于插入各种流程图并在线对其进行编辑，“在线脑图”用于插入与编辑目前比较流行的思维导图。

（7）条形码、二维码和截屏。

条形码功能支持多种编码格式，其主要应用领域有商品、日常物品和图书出版业。如图 8-36（a）所示，选择编码格式为 EAN，在输入框中输入数字 6971720599188，单击“插入”按钮则可在演示文稿中插入该条形码，用淘宝 APP 扫描该条形码即会搜索到对应的商品。

二维码主要适用于将真实信息隐藏于二维码中，只要扫描该二维码即可获取相应的信息，6971720599188 对应的二维码如图 8-36（b）所示。

（a）条形码

（b）二维码

图 8-36　条形码与二维码

截屏功能则可以截取屏幕上任意位置的内容作为图片使用。截屏的形状可以是椭圆形、矩形、圆角矩形、自定义图形等。

3. 图片工具

WPS 演示文稿的“图片工具”选项卡功能非常强大，如图 8-37 所示，可以添加图片、替换现有的图片，当有多张图片时还可以设置多图轮播或图片拼接。

图 8-37 “图片工具”选项卡

（1）图片亮度的调整。

可以通过“图片工具”选项卡中的“增加亮度”按钮☼和“降低亮度”按钮☼来调整图片的亮度，也可以通过先插入形状，再调整形状的颜色和透明度来调整图片的亮度。

如图 8-38 所示，左侧是原图，复制原图到右侧，在复制的图片上插入一个矩形，然后设置矩形的颜色为蓝色，透明度为 77%，这样右图的亮度就降低了。当只需要降低局部图片的亮度或者背景太醒目而需要突出显示文字时，这个方法就非常实用。

图 8-38 通过“插入形状”调整图片亮度

（2）多图轮播与图片拼接。

当需要在幻灯片中使用多张图片时就可以使用“多图轮播”和“图片拼接”技术。

首先将图片都插入到幻灯片中，然后选中所有图片，单击“多图轮播”按钮或“图片拼接”按钮即可完成对应效果的设置。图 8-39 所示为“清明节”主题多图轮播效果，图 8-40 所示为“清明节”主题图片拼接效果。插入三张和“清明节”主题相关的图片，然后选中它们，再单击“多图轮播”按钮并选择“水平”样式中的“中心展示左右轮播”模板，最后单击“应用”按钮即完成了图片轮播效果的设置，展示效果要在放映视图中才能体现出来；若单击“图片拼接”按钮则会自动跳转到三张图片的拼接模板，单击对应的模板即可完成图片拼接效果的设置。

图 8-39 “清明节”主题多图轮播

图 8-40 “清明节”主题图片拼接

如果系统提供的图片拼接模板不能满足用户的需求，则可以自己创建图片拼接，方法如下：

1）将需要用到的图片保存到本地磁盘。

2）利用“形状”工具创建好自己的模板，调整好形状的格式。

3）选中各个形状，分别填充不同的图片，效果如图 8-41 所示。

图 8-41　自己创建创意图片拼接效果

（3）图片裁剪。

WPS 演示文稿中可以用裁剪的方法来美化图片。

传统的裁剪是将图片多余的部分剪除，先选中需要裁剪的图片，然后单击“图片工具”选项卡中的“裁剪”按钮，再拖动节点进行调整即可。

还可以对图片进行一些创意裁剪，主要方法有合并形状、裁剪图片形状、图片填充形状和创意裁剪。

1）合并形状。单击“插入”选项卡中的“图片”按钮将图片素材插入到演示文稿中，然后单击“插入”选项卡中的“形状”按钮，选择“心形”形状插入到演示文稿中。

合并形状操作：单击图片，按住 Ctrl 键单击形状，选择“绘图工具”选项卡“合并形状”下拉列表中的“相交”选项即可完成图片与形状的合并裁剪。

图 8-42 所示为一张“星空”图片合并“心形”形状的裁剪效果（提示：先选“星空”，后选“心形”，反之无效果）。

图 8-42　“星空”图片合并“心形”形状的裁剪效果

2）裁剪图片形状。单击“插入”选项卡中的“图片”按钮将图片素材插入到演示文稿中，然后单击“图片工具”选项卡“裁剪”按钮右侧的小三角形，在下拉列表中选择按照形状裁剪还是按照比例裁剪。

图 8-43 所示为图像“裁剪”为“太阳形”后的效果。

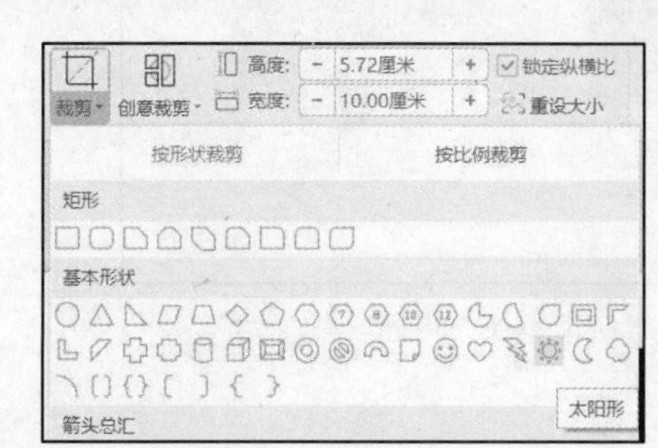

图 8-43　使用“太阳形”形状裁剪“星空”图片的效果

3）图片填充形状。单击“插入”选项卡中的“形状”按钮并选择所需的形状。

在“绘图工具”选项卡中单击“填充”按钮右侧的小三角形，选择“图片或纹理”填充方式，选择所需的图片，图片就会按照形状自动裁剪。

图 8-44 所示为用“星空”图片填充“正方体”形状的裁剪效果。

4）创意裁剪。WPS 演示文稿还有特色创意裁剪功能。

单击“插入”选项卡中的“图片”按钮，将图片素材插入到演示文稿中。

单击插入的图片，再单击“图片工具”选项卡“创意裁剪”按钮右侧的小三角形，在下拉列表中选择所需的创意模板，即可实现图片的创意裁剪。

图 8-45 所示为选用“福”字创意模板来智能裁剪“星空”图片的效果。

图 8-44　星空图片填充正方体

图 8-45　“福”字创意模板智能裁剪星空图片效果

（4）抠除图片背景。

在日常工作中经常会遇到图片背景不合适的情况，WPS 演示文稿的抠除背景功能可以帮助我们快速去除、更换图片背景。

选中演示文稿中已经插入的图片，在“图片工具”选项卡中单击“抠除背景”按钮右侧的小三角形，在下拉列表中选择“抠除背景”选项，在弹出的“智能抠图”界面中可以选择手动或自动抠图，如图 8-46 所示。

图 8-46　“智能抠图”界面

（5）设置透明色。

在为文档、表格或幻灯片添加图片时，也可以将图片的背景设置成透明，方法如下：

1）单击“插入”选项卡中的“图片”按钮将图片插入。

2）选中图片，此时出现“图片工具”选项卡，单击其中的“设置透明色”按钮，会出现一个吸管工具，用吸管工具单击图片的背景，图片的背景就变透明了，如图 8-47 所示。

图 8-47　图片设置透明色后的效果

（6）图片色彩调整。

单击“图片工具”选项卡中的“色彩”按钮可以将图片调整为灰度图、黑白图、冲蚀效果图，如图 8-48 所示。

（7）图片批量处理。

WPS 2019 版具有批处理功能，WPS 会员可以对文档内的所有图片进行批量导出、压缩、裁剪、抠图、加水印、导出等操作，如图 8-49 所示。

图 8-48　“色彩”按钮下拉列表

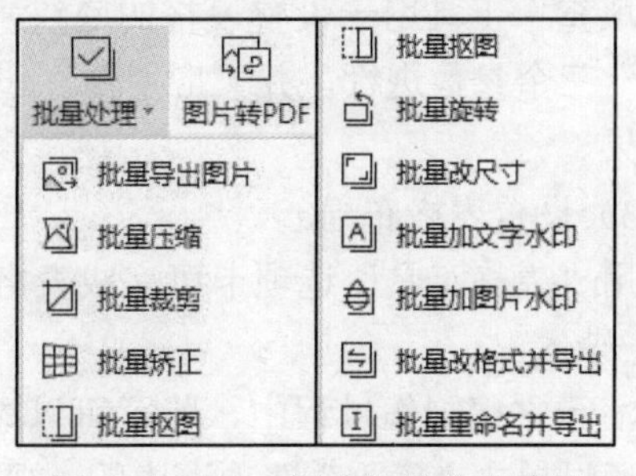

图 8-49　WPS 图片批量处理功能

（8）其他功能。

WPS 的“图片工具”选项卡还提供了图片旋转及翻转、图片组合及对齐、图片转 PDF、图片转文字、图片翻译、图片打印等功能，这里不再赘述。

4. 表格

在日常办公中，经常会用演示文稿进行汇报，而插入表格并提供相关数据会让汇报看起来更加详实和更具有说服力。

在幻灯片中添加表格可通过“插入”选项卡中的“表格”按钮实现，如图 8-50 所示。

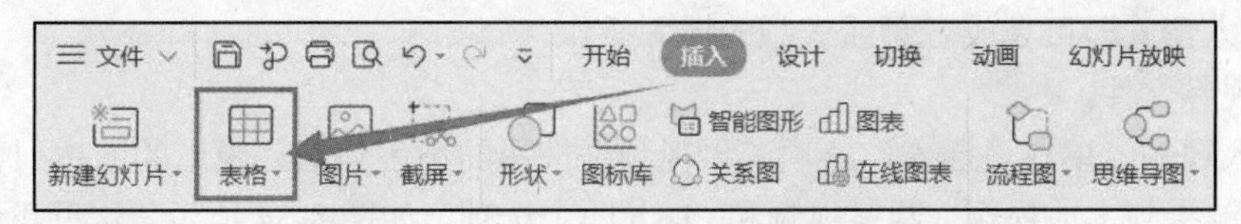

图 8-50　“插入”选项卡中的“表格”按钮

（1）插入表格。

表格插入的方法同 WPS 文字，这里不再详述。

（2）设置表格样式。

新创建的表格样式是统一的，有时不能满足用户的需求，因此需要对表格样式进行更改。设置和修改表格样式有两种方法：快速套用已有样式和用户自定义样式。

1）快速套用已有样式：选择需要修改样式的表格，然后单击“表格样式”选项卡中的预设样式（或者单击预设样式右侧的扩展按钮来选择更多的预设样式），如图 8-51 所示。

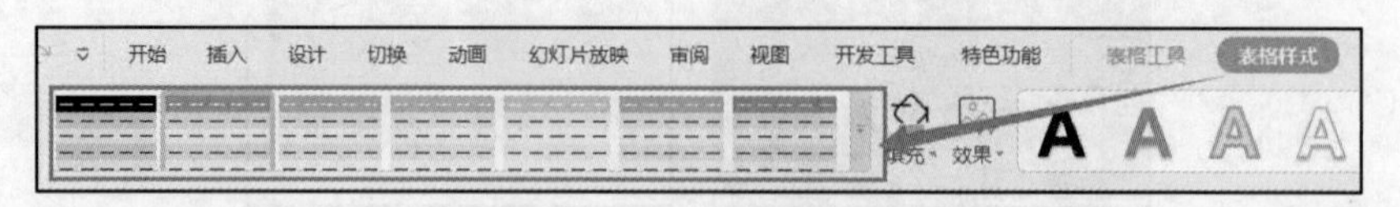

图 8-51 表格样式的套用

2）用户自定义样式：也可以通过自定义样式单独为表格中的每个单元格设置不同的样式，主要包括表格的边框、填充、效果等，如图 8-52 所示。

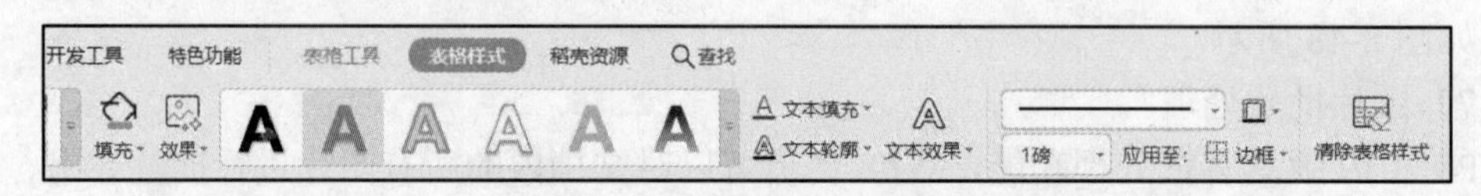

图 8-52 用户自定义样式工具

“填充”工具用于设置表格的底纹，表格边框线的设置则通过“笔样式”“笔颜色”“笔划粗细”三个参数进行，并“应用至”边框线所选范围，“效果”工具用于设置表格的阴影和倒影效果。

（3）设置表格布局。

利用“表格工具”选项卡可完成表格布局的设置，具体方法请参照 WPS 文字处理。

5. 媒体

在演示文稿制作过程中，除了可以添加文本、图片、形状、表格、智能图形等对象外，还可以通过单击“插入”选项卡中的“视频”按钮和“音频”按钮来完成视频和音频等多媒体对象的插入，如图 8-53 所示。

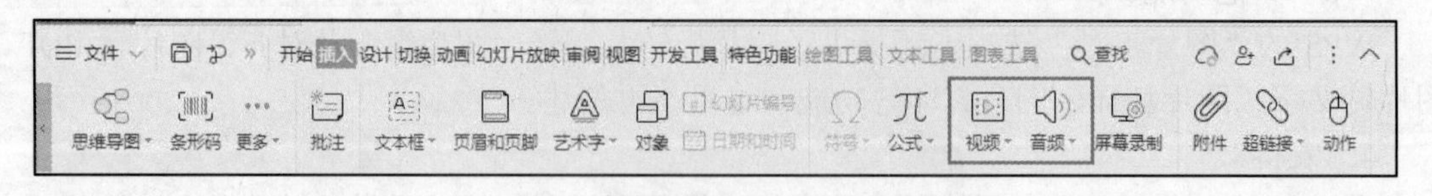

图 8-53 “视频”与“音频”的插入

可以将音频和视频文件以嵌入或链接的方式添加到 WPS 演示文稿中。

打开 WPS 演示文稿，单击“插入”选项卡中的“音频”按钮或“视频”按钮，根据需要选择一种插入形式即可完成音频或视频的插入操作。

（1）视频文件。

1）插入视频。单击“插入”选项卡“视频”按钮的小三角形，弹出的下拉列表中有嵌入本地视频、链接到本地视频、网络视频和 Flash 四个选项，如图 8-54 所示。这里我们选择“嵌入本地视频”，在弹出的对话框中找到视频路径，选择准备好的视频《草莓入水》，单击“打开”

按钮，调整视频到合适的位置就完成了视频的插入，如图 8-55 所示。

图 8-54　添加视频与音频

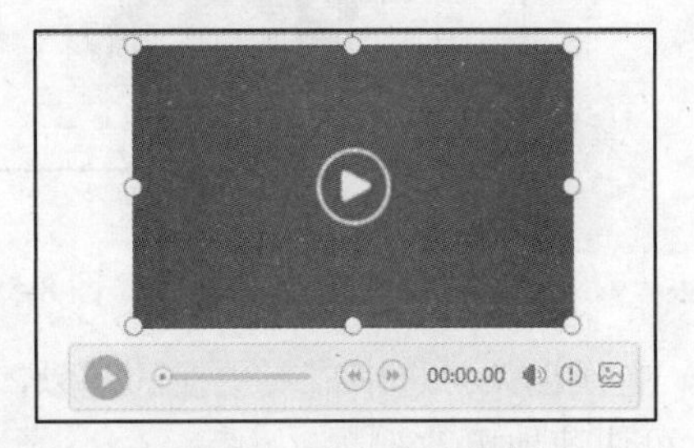

图 8-55　嵌入本地视频

插入视频后，“视频工具”选项卡就会显现出来，如图 8-56 所示，单击“播放”按钮即可预览视频播放效果。

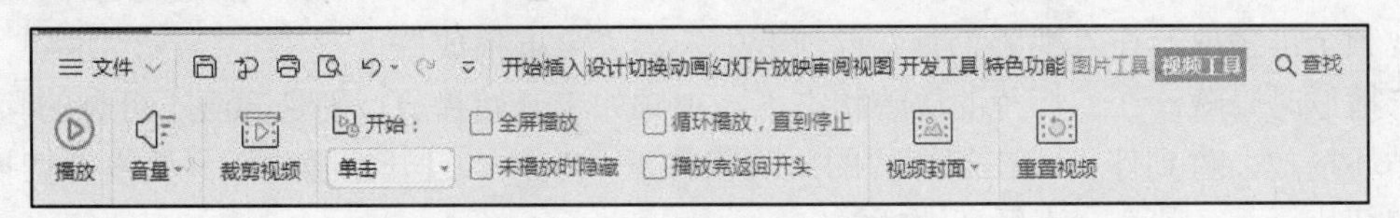

图 8-56　“视频工具”选项卡

WPS 演示文稿不仅可以插入视频，还可以剪辑视频、更改视频封面和更换视频。

2）剪辑视频。首先单击选中已经插入到演示文稿中的视频，然后单击“视频工具”选项卡中的“裁剪视频”按钮或者右击并选择“裁剪视频”选项，弹出如图 8-57 所示的“裁剪视频”对话框，拖动视频时间线上的剪辑标志进行剪辑，最后单击“确定”按钮完成剪辑。

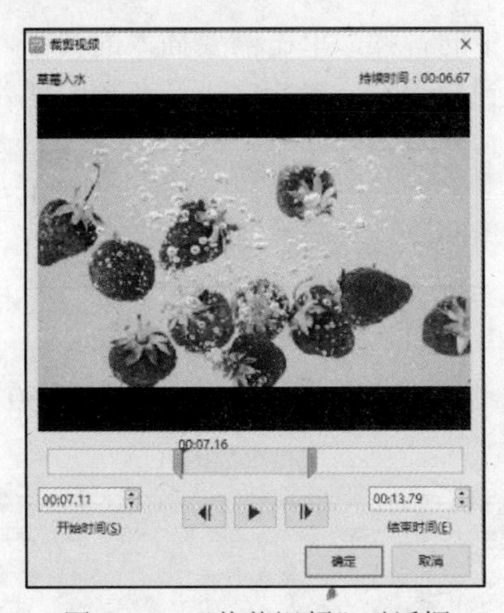

图 8-57　“裁剪视频”对话框

3）更改视频封面。如果对视频封面不满意，想要自定义视频封面，则可以在视频上右击并选择“更改图片”选项实现。

也可以选择视频中的指定帧画面作为视频的封面，操作方法为：当视频播放到选定作为封面的帧位置时单击视频控制条上的“暂停”按钮，会自动出现“将当前画面设为视频封面”按钮，如图 8-58（a）所示，单击此按钮即可完成设置，如图 8-58（b）所示。

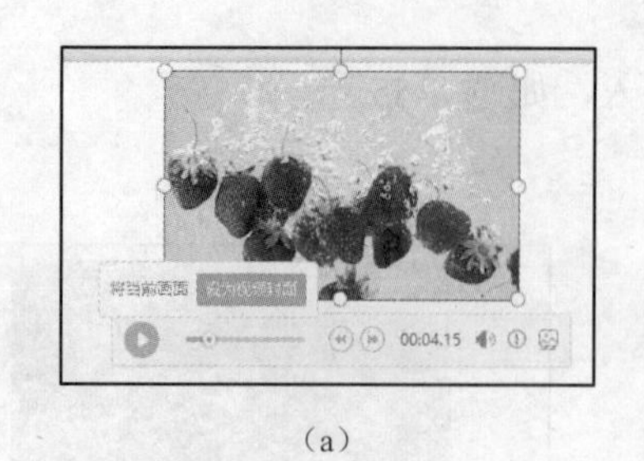

（a）

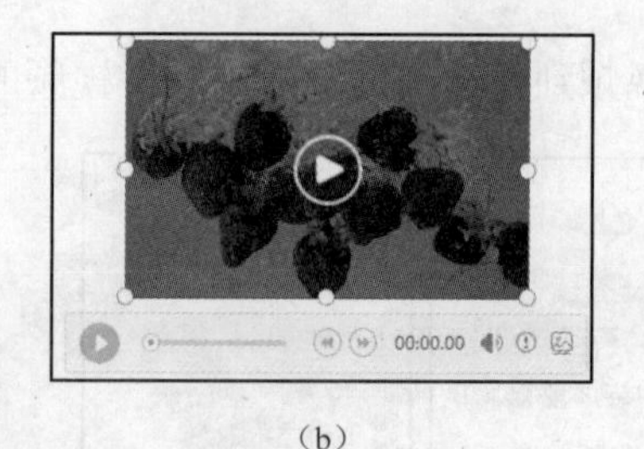

（b）

图 8-58　更改视频封面

4）更换视频。选中需要更换的视频，右击并选择“更改视频”选项，再选择用于更改的视频即可快速地更改视频。

5）视频播放。

自动播放：若需要设置自动播放，在“视频工具”选项卡的“开始”按钮处选择“自动”。

手动播放：若需要设置手动播放，在“视频工具”选项卡的“开始”按钮处选择“单击”。

视频全屏播放：在“视频工具”选项卡中勾选“全屏播放”。

未播放时隐藏：在幻灯片的放映状态下，视频如未开始播放，则是隐藏不可见的。

循环播放，直到停止：在幻灯片的放映状态下，视频一旦开始播放，只要没有切换到另外的幻灯片页面，就会一直循环地播放。

播放完返回开头：在幻灯片的放映状态下，视频播放完一次就会返回到开头并停止播放。

（2）音频文件。

1）插入音频。单击“插入”选项卡“音频”按钮的小三角形，弹出的下拉列表中有嵌入音频、链接到音频、嵌入背景音乐和链接背景音乐四个选项，也可以选择“音频库”中所提供的音频插入。

这里选择插入“音频库”中的音频，单击需要插入的音频，幻灯片中会出现如图 8-59 所示的一个喇叭图标，调整图标到合适的位置就完成了音频的插入。

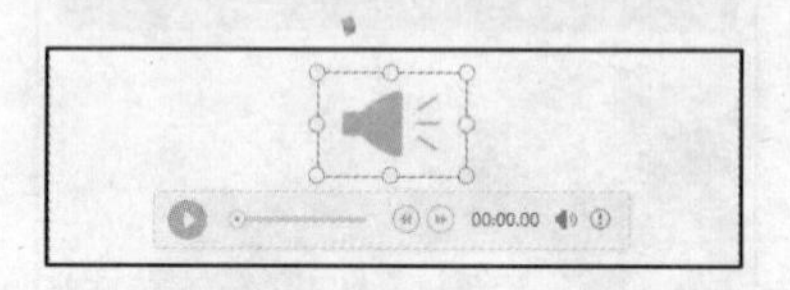

图 8-59　插入音频效果

插入音频后，“音频工具”选项卡就会显现出来，如图 8-60 所示，单击“播放”按钮即可试听音频播放效果。

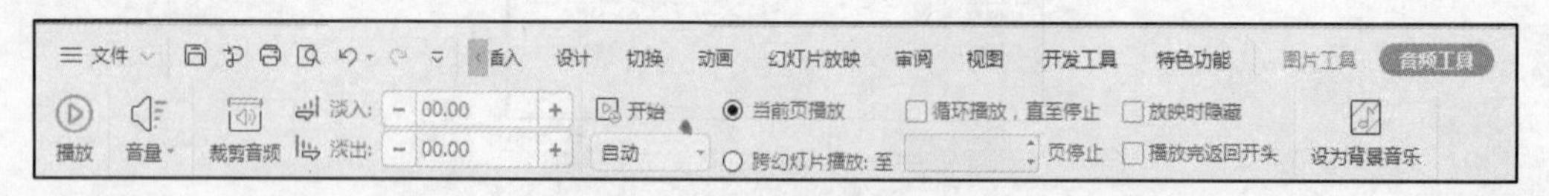

图 8-60　“音频工具”选项卡

2）音频跨页播放。打开 WPS 演示文稿，单击音频图标，在“音频工具”选项卡中单击“跨幻灯片播放”并设置到停止的幻灯片页数，如图 8-61 所示。

当前音频插入在幻灯片的第 23 页，我们设置播放到第 26 页停止。当切换到幻灯片的放映模式时，在第 23 页时音乐自动响起，当幻灯片切换到第 27 页时音乐就停止了。

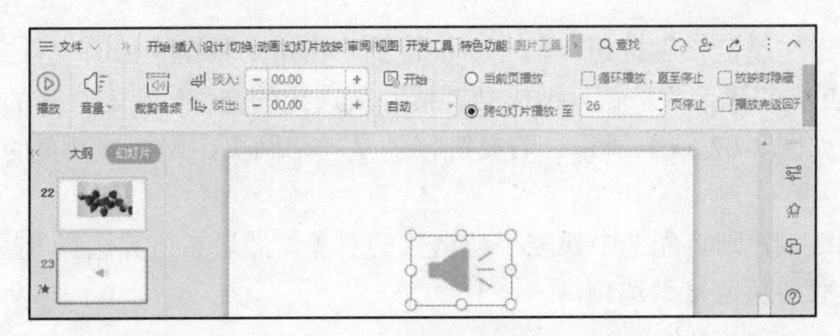

图 8-61　音频跨页播放设置

3）背景音乐。如果在演示文稿中插入的是背景音乐，那么设置的音频在幻灯片的放映状态下会自动播放，当切换到下一张幻灯片的时候也不会停止播放，会一直循环播放到幻灯片结束放映。

设置背景音乐的方法：第一种方法是在插入音频的时候直接选择“嵌入背景音乐”选项；第二种方法是将已经插入的音频设置为背景音乐，在“音频工具”选项卡中选择“设为背景音乐”选项。

6. 幻灯片的交互式操作

幻灯片的交互式操作主要包括“超链接”和“动作”两种形式。

（1）超链接。

在 WPS 演示文稿中，超链接可以是从一张幻灯片链接到同一演示文稿中的另一张幻灯片，也可以是链接到电子邮件地址或链接到某个文件或网页，如图 8-62 所示。

超链接可以指向以下对象：

1）同一演示文稿中的幻灯片。首先在“普通”视图中选择要用作超链接的文本或对象，然后在“插入”选项卡中单击“超链接”按钮，在弹出的“插入超链接”对话框中单击“本文档中的位置”，最后单击要用作超链接目标的幻灯片，再单击“确定”按钮即完成操作，如图 8-62（a）所示。

2）电子邮件地址。在“普通”视图中选择要用作超链接的文本或对象，在“插入”选项卡中单击“超链接”按钮，在“链接到”窗格中单击“电子邮件地址”，在“电子邮件地址”框中输入要链接到的电子邮件地址，或在“最近用过的电子邮件地址”框中单击电子邮件地址，在“主题”框中输入电子邮件的主题，如图 8-62（b）所示。

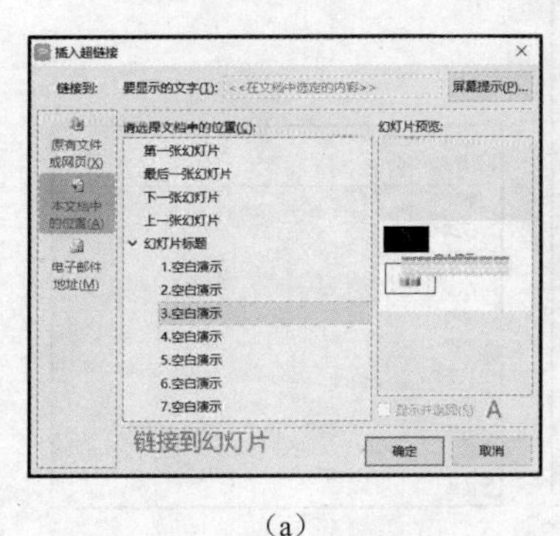

（a）

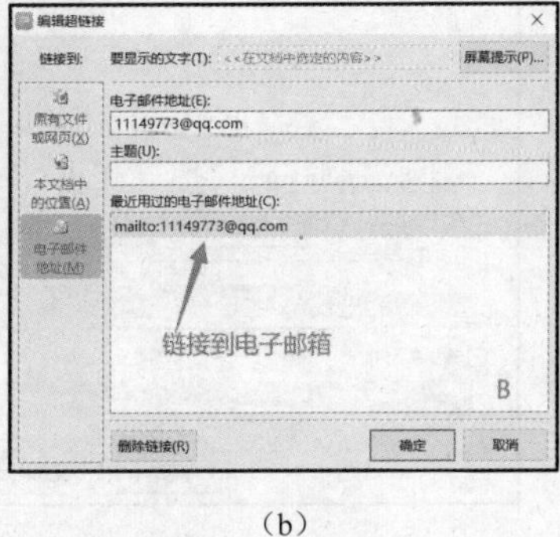

（b）

（c）

图 8-62　“插入超链接”对话框

3）原有文件或网页。首先在“普通”视图中选择要用作超链接的文本或对象，然后在“插入”选项卡中单击“超链接”按钮，再在“链接到”窗格中单击“原有文件或网页”，找到要链接到的文件，单击“确定”按钮，则成功链接到所选定的文件。在幻灯片的放映视图下可以查看链接效果，如图 8-62（c）所示。若要链接的是一个网页，则把该网页的网址输入到地址栏中。

若要修改超链接，则首先选中建立了超链接的对象，然后右击并选择“超链接”中的“编辑超链接”或“取消超链接”选项。

（2）动作。

在使用 WPS 制作演示文稿时，有时需要对页面进行切换，可以运用建立“超链接”的方法实现，也可以使用“动作”设置来实现。WPS 演示文稿的动作设置功能可以对幻灯片中的图形图像、内容文本设置动作，具体操作方法如下：

1）选中图形或内容文本。

2）单击“插入”选项卡中的“动作”按钮，此时弹出“动作设置”对话框，如图 8-63 所示，“鼠标单击”是指单击鼠标时可以触发所设置的动作；“鼠标移过”是指鼠标移过时可以触发所设置的动作。

以鼠标单击为例，首先选择“鼠标单击”选项卡，然后在“超链接到”选项处选择“最后一张幻灯片”，其含义为：当幻灯片处于放映状态时，在此处单击鼠标就会跳转到最后一张幻灯片。

在“动作设置”对话框中，若在“超链接到”选项处选择了 URL，则会弹出一个输入网址的对话框，在其中输入网址，则可以实现单击鼠标跳转到该网页。如图 8-64 所示我们在“超链接到 URL”对话框中输入了 http://www.baidu.com，这是百度的网址，那么当我们在幻灯片处于放映状态时单击该对象就会打开百度网站。

也可以设置鼠标单击运行某个程序。首先勾选“运行程序”，然后再选择相应的应用程序，即可实现鼠标单击某个图形图像从而运行某个应用程序。

还可以在“播放声音”处设置鼠标单击、移过的播放声音。如图 8-65 所示，我们选择“播放声音”为“爆炸”，表示当幻灯片处于放映状态时，在此处单击鼠标就会出现爆炸声。

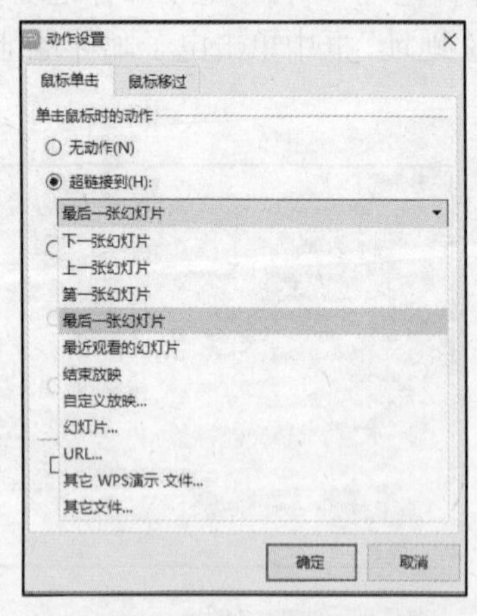

图 8-63 “动作设置”对话框

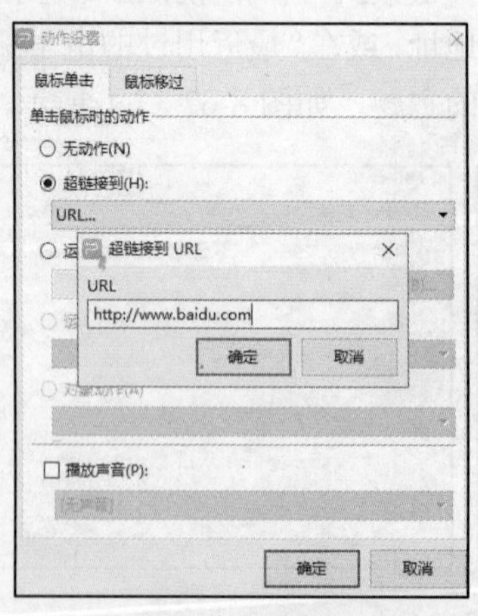

图 8-64 链接到网页

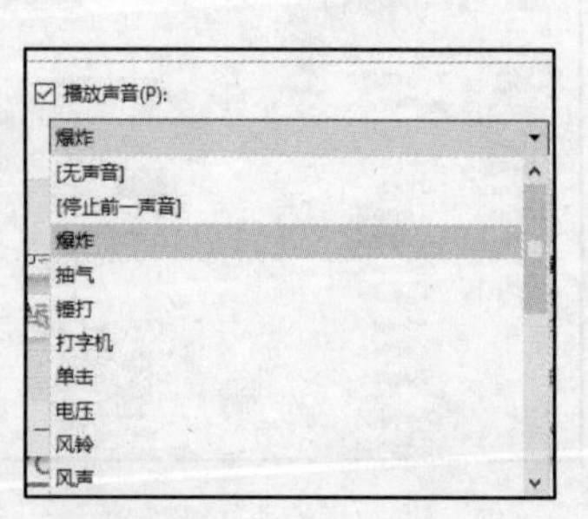

图 8-65 播放声音设置

8.3　WPS 演示文稿美化

演示文稿内容添加完毕后，需要对幻灯片进行外观设计，以美化演示文稿。美化的主要方式包括幻灯片版式的使用、幻灯片主题的使用、幻灯片模板的使用、幻灯片母版的使用及页面设置和背景设置等。

8.3.1　幻灯片版式的使用

在使用 WPS 演示文稿时，若用户想要更改幻灯片的排版布局，则可以根据需要更改幻灯片的版式。

幻灯片版式的修改方法有以下 4 种：

（1）通过单击“开始”选项卡中的“版式”按钮完成幻灯片版式的更改。

首先选中需要更改版式的幻灯片，然后单击“开始”选项卡“版式”按钮右侧的小三角形，弹出如图 8-66 所示的“Office 主题”幻灯片版式界面，用户根据需要选中相应的版式即可完成设置。

（2）通过鼠标右击弹出的快捷菜单来更改幻灯片版式。

首先选中需要更改版式的幻灯片，然后在幻灯片的缩略图上或幻灯片编辑区的空白处右击，在弹出的快捷菜单中选择“幻灯片版式”选项。

（3）通过单击“设计”选项卡中的“版式”按钮完成幻灯片版式的更改。

通过单击“设计”选项卡中的“版式”按钮完成幻灯片版式更改的方式与方法（1）相同。

（4）特效版式。

WPS 演示文稿中有很多特效版式。运用这些特效版式可以快速地对幻灯片进行美化。

在“开始”选项卡中单击“新建幻灯片”按钮右侧的小三角形，在弹出的列表中选择“案例”中的“特效”，将弹出“多图轮播”“局部突出”“创意裁剪”“视频版式”等特效版式，如图 8-67 所示，单击所需的特效版式即可完成下载应用到幻灯片中。

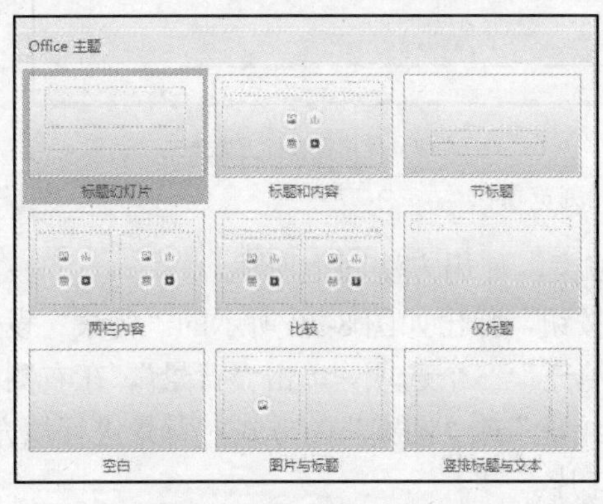

图 8-66　系统内置幻灯片版式

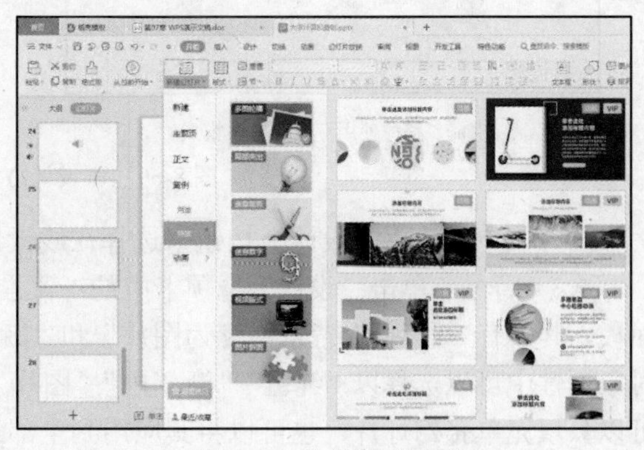

图 8-67　特效版式展示

8.3.2　设计选项卡

WPS 演示文稿提供了很多美观、实用的模板，直接套用这些模板可以轻松地对演示文稿进行美化。

要使用这些精美的模板，先要进入“设计”选项卡，方法是单击“设计”选项卡，如图 8-68 所示。

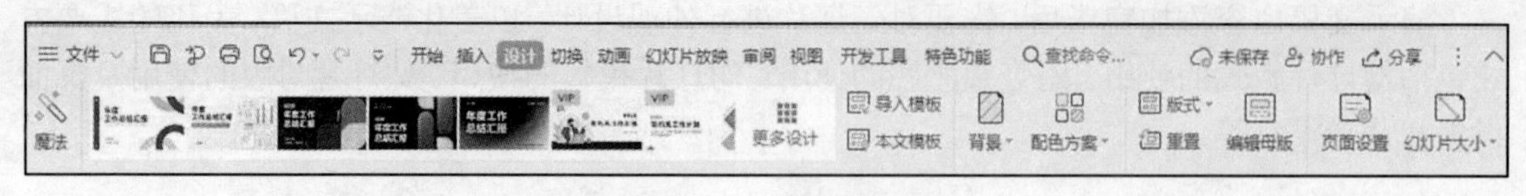

图 8-68 “设计”选项卡

（1）“魔法”按钮。在“设计”选项卡中单击“魔法”按钮，系统会根据演示文稿的页面智能匹配效果模板，对演示文稿进行美化。用户如果对系统匹配的效果模板不满意，还可以继续单击“魔法”按钮，直到获得满意的效果为止。

（2）设计方案。“设计”选项卡中提供了很多模板，在输入好内容之后可以直接使用。使用设计方案有“整体使用”和“部分使用”两种方式。单击选定的设计方案会弹出如图 8-69 所示的“设计方案”浏览窗口，单击“应用本模板风格”按钮则可以使用该设计方案中的所有模板对当前演示文稿的所有页面进行美化，图 8-69（a）所示为整体使用了本设计方案中的模板；如果单击选中该方案中的一些页面，则按钮改变为“插入并应用（N 页）”，其中“N”为我们所选中的模板页数，如图 8-69（b）所示，我们选中了其中的 3 页，单击“插入并应用（3 页）”按钮则在原演示文稿中新建了 3 页我们所选模板的幻灯片页，即部分使用了本设计方案中的模板。

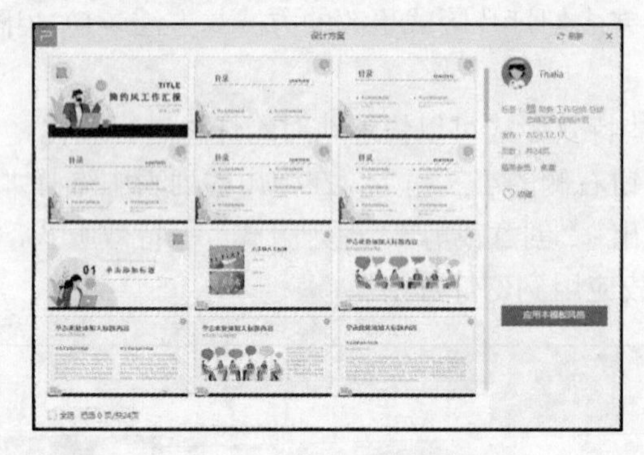

（a）“整体使用”设计方案模式

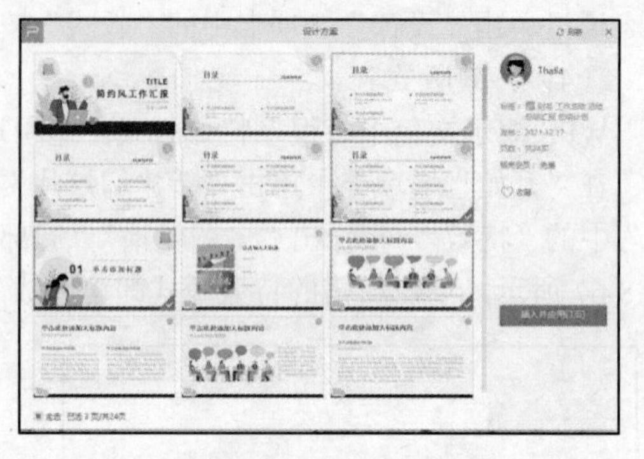

（b）“部分使用”设计方案模式

图 8-69 “设计方案”浏览窗口

还可以单击“更多设计”按钮来选择在线设计方案，使用方法同上所述。

（3）背景。单击“设计”选项卡中的“背景”按钮，弹出如图 8-70 所示的“背景”设置面板，其中有“背景”“背景另存为图片”和“渐变填充”三个选项。单击“背景”，在右侧的对象属性中可以选择以“纯色”“渐变色”“图片”“纹理”或“图案”的方式对背景进行填充，可以只填充单张幻灯片，也可以将其应用到全部幻灯片。

（4）配色方案。演示文稿的色彩搭配是影响阅览者观感的直接因素，在 WPS 演示文稿中提供了专业的配色方案，让完全不了解色彩搭配的新手也可以制作出精美的演示文稿。

单击“设计”选项卡中的“配色方案”按钮，弹出如图 8-71 所示的“配色方案”的“预设颜色”面板。

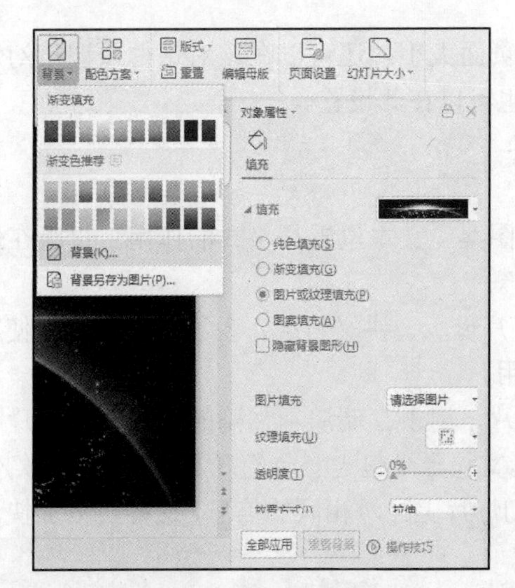

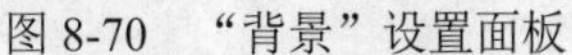
图 8-70　“背景”设置面板

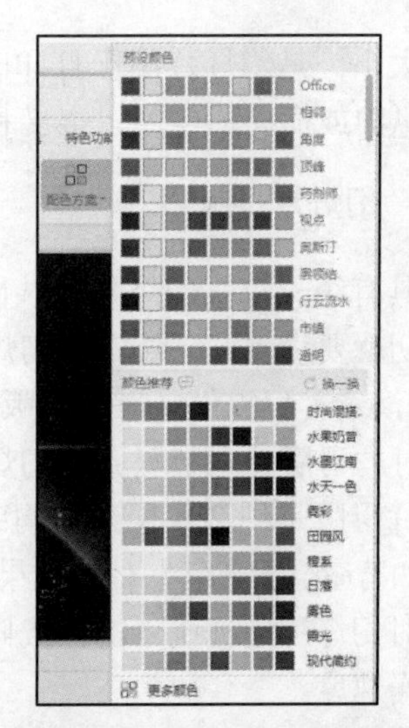

图 8-71　“配色方案”的“预设颜色”面板

例如要调整幻灯片 6 的配色方案，则先单击幻灯片 6，然后单击“设计”选项卡中的“配色方案”按钮，在弹出对话框中选择需要的方案，例如“行云流水”，这样就可以调整文档的配色方案了。

我们可以按色系、颜色、风格选择配色方案，也可以单击“更多”按钮进入到“全文美化”对话框中，此时出现更多的配色主题，选择一种方案后单击“预览配色效果”按钮即可在右侧窗格中预览，同时可以通过勾选每页的复选框自定义应用此方案幻灯片的数量，最后单击“应用美化”按钮。

（5）幻灯片大小与页面设置。在制作演示文稿时，需要先选定一个合适的幻灯片页面大小。

单击“设计”选项卡中的“幻灯片大小”按钮可快捷调整幻灯片尺寸。幻灯片常用的大小有“标准尺寸 4:3”和“宽屏尺寸 16:9”，如果需要设置其他尺寸，可单击“自定义大小”进行更详细的页面设置，如图 8-72 所示。

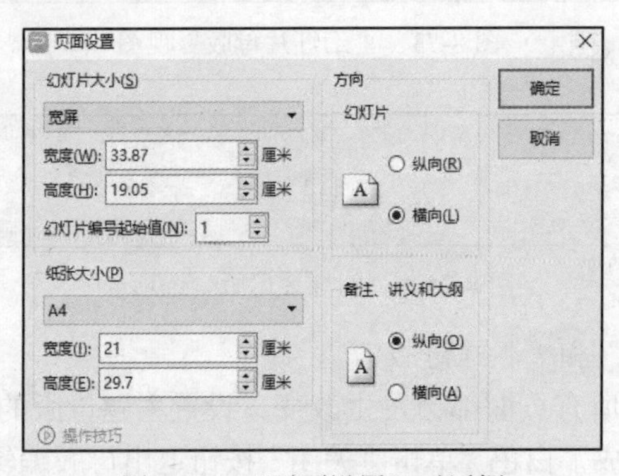

图 8-72　“页面设置”对话框

在“页面设置”对话框中，可以选择多种幻灯片大小预设尺寸，也可以手动输入长宽修改。

幻灯片编号起始值：默认情况下幻灯片起始编号为 1。若要更改可在此处输入数字，单击“确定”按钮后幻灯片的编号值将改成从所设定的值开始依次编号。

纸张大小：是幻灯片用于打印时所用的纸张页面大小。还可以在该对话框中调整幻灯片的方向为纵向或横向，备注、讲义和大纲的方向也可以在此设置。

8.3.3 幻灯片母版

母版具有统一每张幻灯片上共同具有的背景图案、文本位置与格式的作用。母版在幻灯片制作之初就要设置，它决定着幻灯片的“背景”。

WPS 演示文稿提供了三种母版，分别是幻灯片母版、讲义母版、备注母版，其中使用最多的是幻灯片母版，本节只介绍幻灯片母版的使用。

幻灯片母版是幻灯片层次结构中的顶层幻灯片，用于存储演示文稿的主题和幻灯片版式的信息，如背景、颜色、字体、效果等。每个演示文稿至少包含一个幻灯片母版，使用幻灯片母版可以对幻灯片进行统一的样式修改、在每张幻灯片上显示相同的信息，这样可以加快演示文稿的制作速度。

1. 打开幻灯片母版

在“设计”选项卡中单击“编辑母版”按钮或者在“视图”选项卡中单击“幻灯片母版”按钮都可以打开“幻灯片母版”视图，如图 8-73 所示。打开“幻灯片母版”视图后菜单栏中将出现“幻灯片母版”选项卡，如图 8-74 所示。对幻灯片母版的相关操作可以通过“幻灯片母版”选项卡中的相应按钮来完成。

图 8-73 “幻灯片母版”视图

图 8-74 “幻灯片母版”选项卡

母版分为“主题母版”和“版式母版”。

更改“主题母版”则所有页面都会发生改变。设置主题母版的“背景”颜色为白色，这样所有的幻灯片背景都变成了白色。单击“关闭”按钮退出母版编辑，这时新建幻灯片，出现的空白幻灯片也是白色的了。

更改“版式母版”则只会影响使用了该版式的幻灯片页。

2. 插入母版与插入版式

若要使演示文稿包含两个或两个以上不同的样式或主题（如背景、颜色、字体和效果），则需要为每个主题分别插入一个幻灯片母版。

单击“幻灯片母版”选项卡中的“插入母版”按钮可在演示文稿的当前母版下方插入一个新的幻灯片母版，可自定义新插入母版的主题。这样演示文稿中将出现原有的母版和新增加的母版。当使用模板创建新幻灯片的时候，可以在这些母版之间任意切换，如图 8-75 所示。单击“幻灯片母版”选项卡中的“插入母版”按钮，然后选中新插入的母版页面，再单击“幻灯片母版”选项卡中的“主题”按钮，选择“角度”主题，还可以更改“颜色”“字体”和“效果”方案。设置完成后单击“关闭”按钮。

（a）主题

（b）颜色

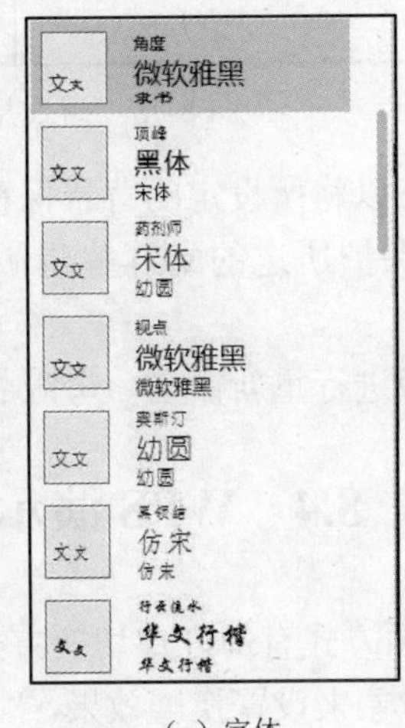

（c）字体

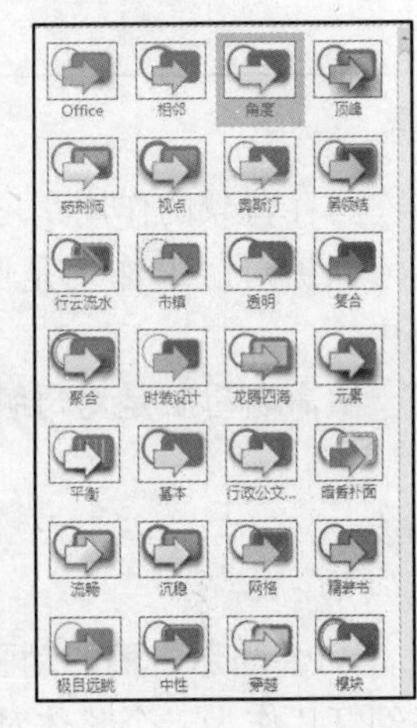

（d）效果

图 8-75　自定义“插入母版”

回到幻灯片的“普通视图”模式，单击第 2 张幻灯片，再按住 Ctrl 键单击第 4 张幻灯片，然后单击“设计”选项卡中的“本文模板”按钮，在图 8-76 所示的“本文模板”对话框中选择“角度”主题的母版，然后单击“应用当前页”按钮，可将这两页的母版换成“角度”，效果如图 8-77 所示。

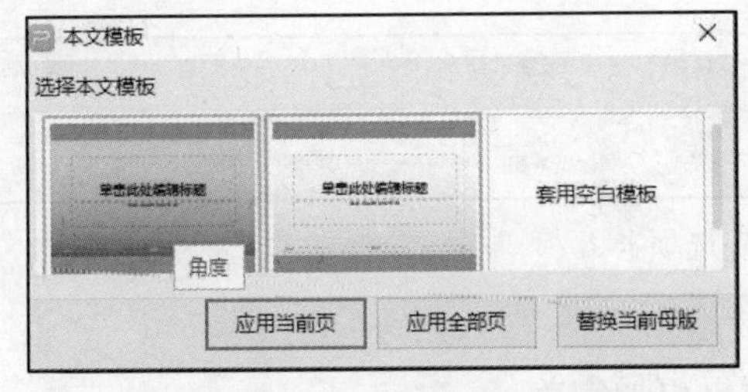

图 8-76　“本文模板”对话框

图 8-77　部分页面替换母版效果

单击“幻灯片母版”选项卡中的“插入版式”按钮可在选定的版式页之后插入一个包括标题样式的幻灯片母版，在该页中插入一个图标，然后“关闭”母版视图，回到幻灯片的“普通视图”模式，单击“插入”选项卡中的“新建幻灯片”按钮，就可以在“母版”选项中使用这个新创建的版式了，效果如图 8-78 所示。

3. 其他

背景的作用是统一更换所有幻灯片的背景。在母版上使用此功能可以统一更换幻灯片背景。若在单个非母版的幻灯片上操作此功能，则只改变单个幻灯片的背景。

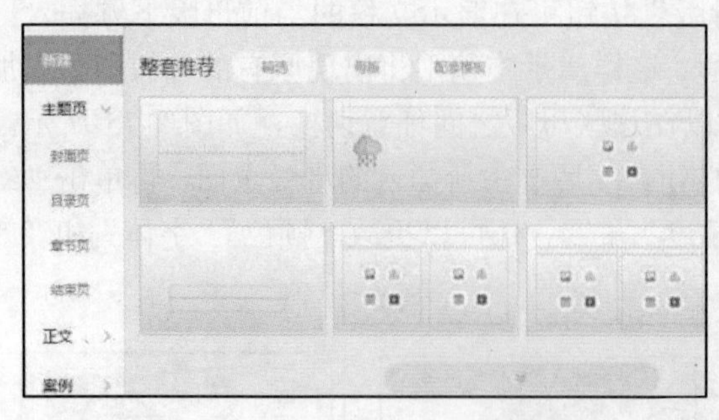

图 8-78 插入并设置新的版式

另存背景的作用是可以将所设定的背景保存到云端或本地。

保护母版的作用是保护所选的幻灯片母版，使其在未使用的情况下也能保留在演示文稿中。

重命名母版是对母版进行重新命名，母版版式可以设置母版中的占位符元素。

8.4 WPS 演示文稿动画制作

WPS 演示文稿的动画方式有幻灯片切换方式和幻灯片动画方式两种。“幻灯片切换”将整张幻灯片作为一个整体对象来设置换屏效果，“动画”则是以每一张幻灯片上的对象作为操作的对象，为其设置动态效果。

8.4.1 幻灯片切换

1. 添加切换效果

切换效果是一张幻灯片过渡到另一张幻灯片时所用的效果。首先选择要设置切换效果的幻灯片，然后单击“切换”选项卡中所需要的切换效果，如图 8-79 所示。

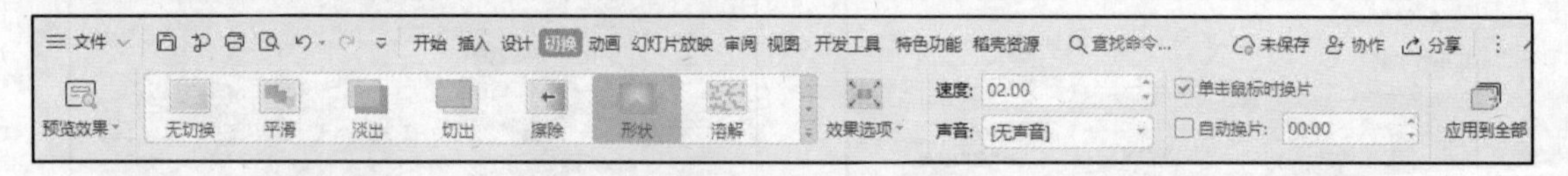

图 8-79 “切换”选项卡

2. 设置切换效果

可以进一步设置切换效果，使幻灯片的切换效果更加完美。

选择要设置切换效果的幻灯片，然后单击“切换”选项卡中所需要的切换效果并按住鼠标左键拖动到右侧的“效果选项”，再单击“效果选项”按钮，在弹出的下拉列表中选择具体的效果。如图 8-80 所示为“轮辐”的效果选项，可以进一步选择“8 根”“4 根”“3 根”“2 根”或“1 根”。

若单击“应用到全部”按钮，则该文档中的所有幻灯片都将使用这一个切换效果，否则只有当前幻灯片使用该种切换效果。

“速度”选项用于控制切换效果的快慢，具体的值由用户输入。

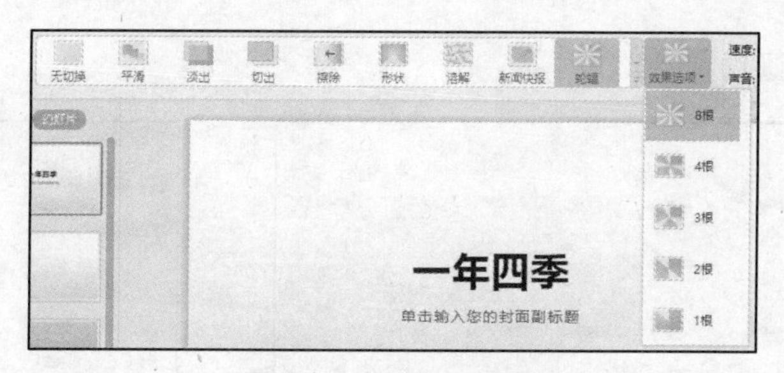

图 8-80 效果选项设置

“声音”选项可以为所设置的切换效果添加系统中的声音。

“单击鼠标时换片”选项被勾选，则幻灯片的切换方式为单击鼠标。

“自动换片”选项被勾选后，则会按照给定的时间自动进行幻灯片的换页切换。

8.4.2 幻灯片动画

WPS 中的动画是指幻灯片在放映过程中出现的一系列动作。演示文稿的后期制作任务之一是动画的设置，用户可以设置幻灯片上文本、图片、形状、表格、智能图形等对象的动画，以控制演示文稿的放映、增强表达效果、提高观看者对演示文稿的兴趣。

1. *动画原则*

在演示文稿中添加动画时，掌握好几个动画原则将会使你的演示文稿更专业。

（1）重复原则。在一个页面内，动画效果不应太多，一般不要超过两个。过多不同的动画效果，不仅会让页面杂乱，还会影响观众的注意力。

（2）强调原则。如果一页中内容较多，要突出强调某一点，可以单独对这个元素添加动画，其他页面保持静止，达到强调的效果。

（3）顺序原则。在添加动画时，让内容根据逻辑顺序出现，观感更为舒适。并列关系同时出现，层级关系可按照从左到右的顺序出现。

2. *为对象添加预定义的动画方案*

打开 WPS 演示文稿，选中需要设置动画的文本或图形元素，单击“动画”选项卡切换到如图 8-81 所示的“动画”选项卡，再单击预设动画右侧的下拉图标，出现如图 8-82 所示的预设动画窗口，可查看所有预设的动画，根据需要进行选择即可。

图 8-81 “动画”选项卡

主要的动画效果有进入效果、强调效果、退出效果、动作路径效果。

“进入”效果：使对象逐渐淡入焦点、从边缘进入幻灯片的一种动画显示效果。

“退出”效果：使对象飞出幻灯片、从视图中消失的一种动画效果。

“强调”效果：使对象缩小或放大、更改颜色等，以达到突出显示或强调的动画效果。

“动作路径”效果：使用这些效果可以使对象沿着给定的路径进行移动。

也可以单击“动画”选项卡中的“自定义动画”按钮打开如图 8-83 所示的“自定义动画”

面板，在其中进行动画设置。

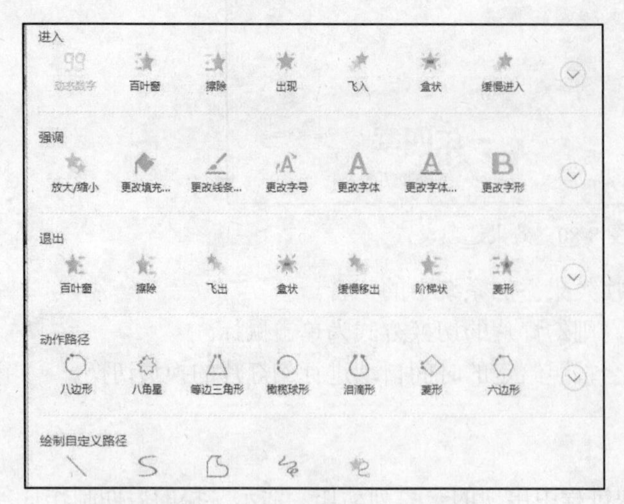

图 8-82 “动画设置”选项卡

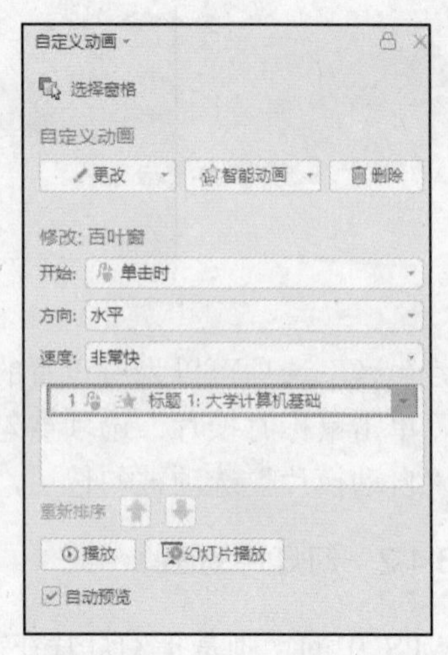

图 8-83 “自定义动画”面板

3. 自定义动画

“自定义动画”面板中的参数说明如下：

“开始”项有三个选项：单击时、之前和之后。

（1）单击时：动画效果在播放者单击鼠标时开始。

（2）之前：动画效果开始播放的时间与列表中上一个效果的时间相同。

（3）之后：动画效果在列表中上一个效果完成播放后立即开始，不需要用户再单击鼠标。

“方向”项有水平和垂直两个选项，表示动画变化的方向。

“速度”项表示动画变化的快慢，有非常快、非常慢、快速、中速、慢速这些选项可选。

“自定义动画”面板底部的动画窗格中显示了当前幻灯片页所设置的所有动画及其顺序。

4. 为动画设置效果选项、计时或顺序

若要为某个动画设置更细致的效果选项，可以先在动画窗格中选中某个具体的动画效果，然后单击其右侧的下拉按钮，在下拉列表中选择具体的设置项目进行设置即可，如图 8-84 所示。

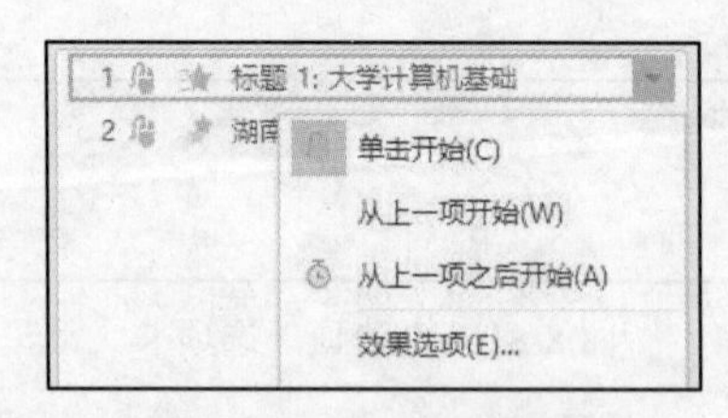

图 8-84 动画效果设置选项

单击“效果选项”将弹出如图 8-85 所示的效果设置对话框，它包含“效果”“计时”和“正文文本动画”三个选项卡。

在图 8-85（a）所示的“效果”面板中，“动画文本”选项用于控制文本是作为一个对象整批发送还是作为单个对象逐个出现。

在图 8-85（b）所示的“计时”面板中，可以为动画指定开始播放的方式、延迟开始的时间、动画持续的时间、是否重复播放及重复的次数。

图 8-85（c）所示的“正文文本动画”面板用于控制组合文本出现的方式。

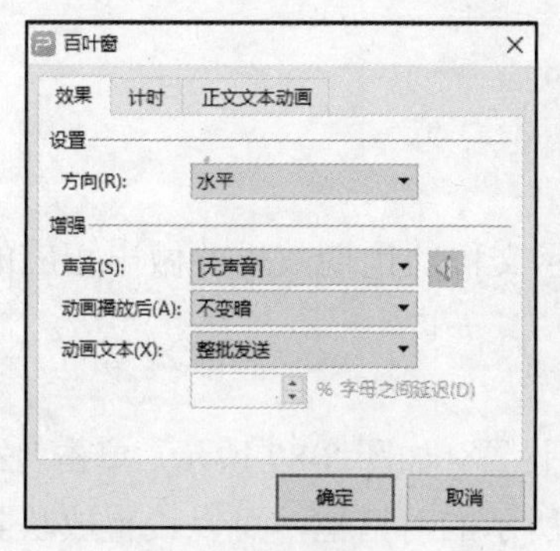

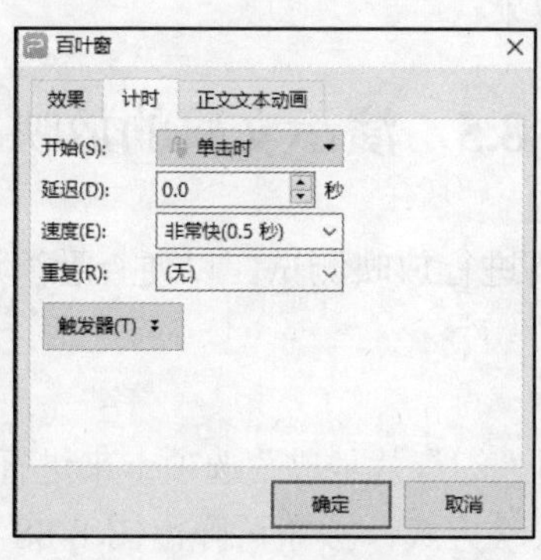

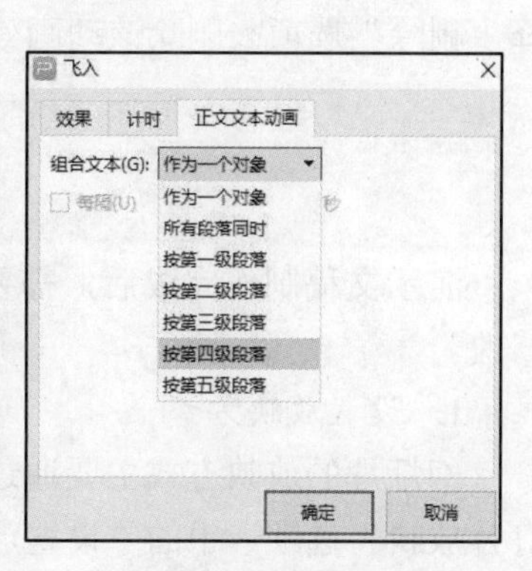

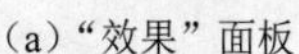
（a）“效果”面板　　（b）“计时”面板　　（c）“正文文本动画”面板

图 8-85　动画效果设置对话框

5. 设置动作路径

WPS 演示文稿提供了一种特殊的动画效果，即动作路径动画效果。它是幻灯片自定义动画的一种方法，用户可以使用预定义的动作路径，也可以自行设计一条动作路径。动作路径的设置方法与其他动画的设置方法一样，不同的是对象旁边会出现一个箭头指示动作路径的开始端和结束端，分别用绿色与红色表示。常见的动作路径有直线、弧形、转弯、形状、循环、自定义路径等。这里以自定义路径设置为例介绍其设置过程：选中需要设置的对象，单击“动画”选项卡中的“自定义动画”按钮，在“自定义动画”面板中选择“添加效果”→“绘制自定义路径”选项，如图 8-86（a）所示，并在幻灯片上绘制动画对象需要运行的路径，双击结束路径的绘制，如图 8-86（b）所示，绘制了一条自定义的曲线路径。绘制完路径后，演示文稿中会自动演示路径效果，用户可对路径形状进行修改。

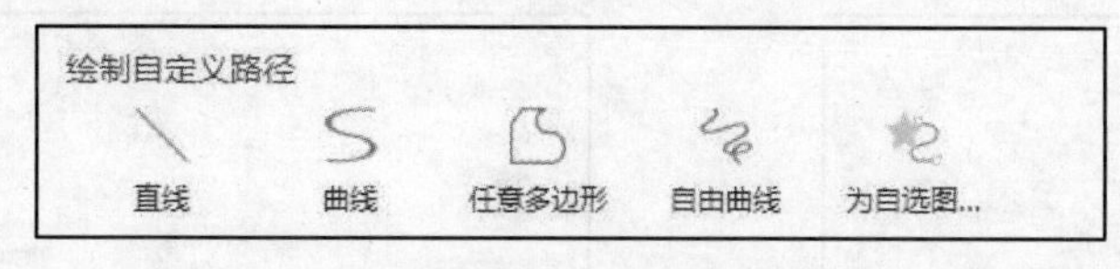

（a）“绘制自定义路径”面板

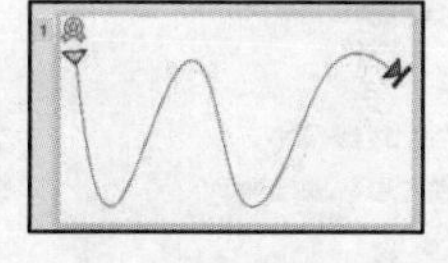

（b）绘制曲线路径

图 8-86　路径动画设置

6. 智能动画与删除动画

（1）智能动画。如果觉得为每个对象一一添加动画太过麻烦，或者一时没有思路，则可以考虑使用“智能动画”来帮助完成动画效果的设置。

首先选中需要设置动画的对象，然后单击“动画”选项卡中的“智能动画”按钮，则会弹出推荐动画面板，单击选中的动画效果即可将其应用于所选对象上。

（2）删除动画。使用 WPS Office 打开演示文稿，选中需要删除的动画，然后单击“动画”选项卡中的“删除动画”按钮，即可删除当前所选定对象的动画效果。

选中含有动画的对象，单击“删除动画”按钮可删除该对象上的动画；若没有选择内容，单击“删除动画”按钮可删除当前幻灯片中所有内容的动画；若选择多个幻灯片页面后单击“删除动画”按钮则批量删除选中页面上的动画效果。

也可以在“自定义动画”面板的动画窗格中先选中需要删除的动画效果，然后右击并选择“删除”选项来删除该动画效果。

8.5 演示文稿的放映

演示文稿制作完成后，需要进行放映测试，以便查看演示文稿的预期效果并做出相应的修改。

1. 设置放映方式

幻灯片的放映方式主要通过“幻灯片放映”选项卡来进行设置，如图 8-87 所示。单击“幻灯片放映”选项卡中的“设置放映方式”按钮，弹出图 8-88 所示的对话框，可以设置放映类型、放映幻灯片、放映选项、换片方式、多监视器等选项。

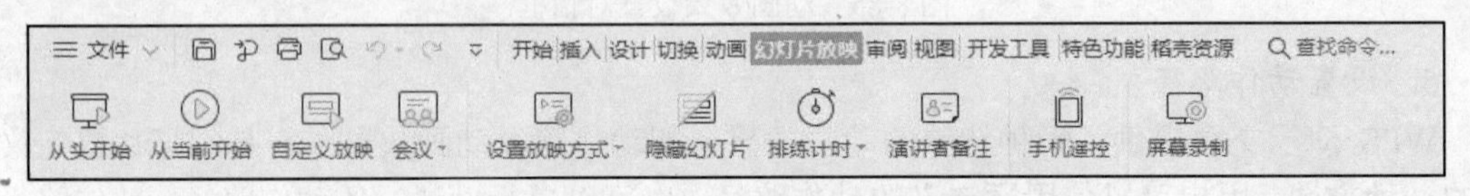

图 8-87 “幻灯片放映”选项卡

“放映幻灯片”项可以设置要播放的幻灯片范围，如图 8-88 所示我们所设置的播放范围为第 1 张至第 6 张幻灯片；“放映选项”我们勾选了“循环放映，按 ESC 键终止”项，并将“绘图笔颜色”设置为黄色；幻灯片的放映位置可以是“从头开始”或“从当前开始”，当我们单击“幻灯片放映”选项卡中的“从头开始”项放映幻灯片时幻灯片会在放完第 6 张后又回到第 1 张开始播放。在放映模式下右击会弹出如图 8-89 所示的快捷菜单，在其中可以设置鼠标“指针选项”为“水彩笔”，这时笔迹的颜色默认为黄色，可通过“墨迹颜色”进行更改。

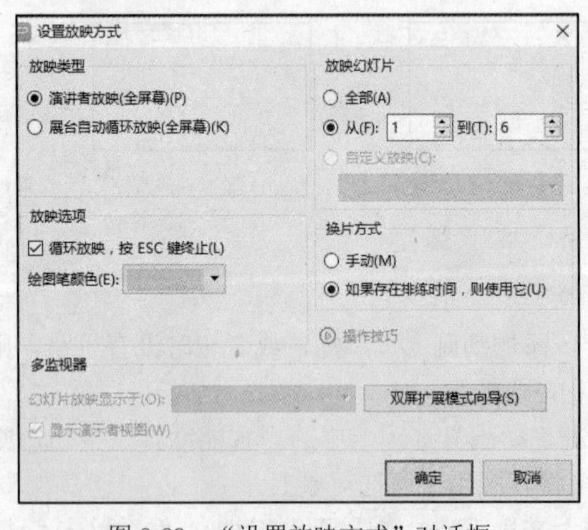

图 8-88 “设置放映方式”对话框

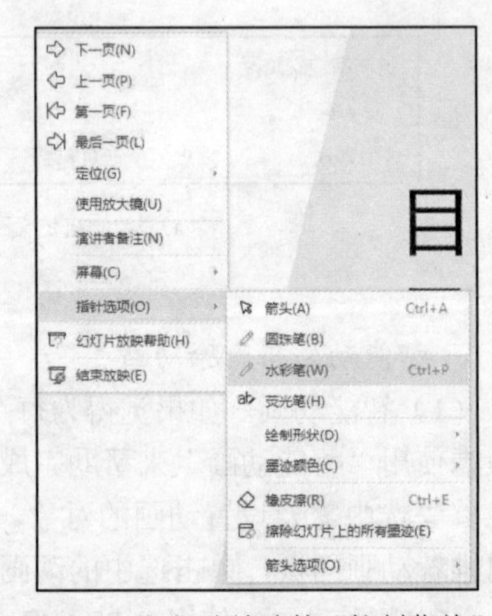

图 8-89 幻灯片放映的“控制菜单”

按 Esc 键可以结束幻灯片的放映，也可以单击图 8-89 所示控制菜单中的“结束放映”来终止幻灯片的放映。

2. 设置自定义放映

自定义放映可供用户选择性地放映演示文稿中的部分幻灯片，以达到不同的演示效果。基本操作步骤如下：

（1）单击“幻灯片放映”选项卡中的“自定义放映”按钮，弹出如图 8-90（a）所示的“自定义放映”对话框。

（2）单击其中的“新建”按钮，弹出如图 8-90（b）所示的“定义自定义放映”对话框，在其中输入幻灯片放映名称，如“放映方式 1”，并将需要放映的幻灯片从左侧窗格添加至右侧的“在自定义放映中的幻灯片”窗格中。选中左侧要播放的幻灯片，单击“添加”按钮可将其添加到右侧窗格；同理，选中右侧要播放的幻灯片，单击“删除”按钮可将其在右侧窗格中“删除”，对左侧窗格没有影响；上箭头和下箭头可自定义幻灯片的播放顺序。

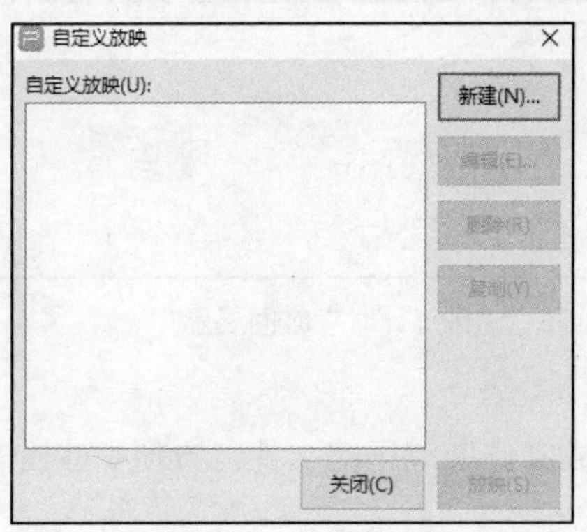

（a）“自定义放映”对话框

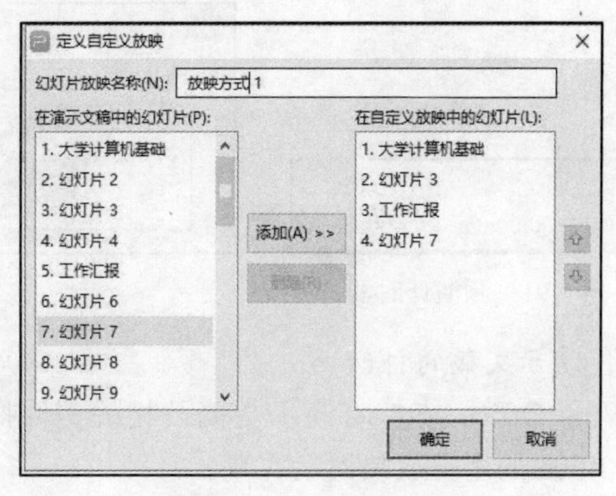

（b）“定义自定义放映”对话框

图 8-90　“自定义放映”对话框及放映页面定义

（3）单击“确定”按钮完成自定义放映的定义，用户自定义的放映将出现在“自定义放映”对话框中。

完成上述操作，选择放映名称后单击“放映”按钮即可放映该自定义的幻灯片。

3. 控制演示文稿的放映

幻灯片放映有人工控制播放和自动放映两种方式，主要的控制方法有顺序播放、暂停播放、改变幻灯片播放顺序、退出幻灯片放映等。

顺序播放控制方式：当幻灯片处于幻灯片放映状态下时，单击鼠标左键、按 Enter 键、单击屏幕左下角的➡按钮或右击并选择“下一张”命令，都可实现幻灯片的顺序播放。

改变幻灯片播放顺序：一种方法是在幻灯片中插入动作按钮，并设置动作按钮的跳转页码。常用的动作按钮在“插入”选项卡的“插图”组中，通过单击“形状”按钮，可插入◁（向上一页）、▷（向下一页）、⏮（第一页）、⏭（最后一页）等动作按钮；另一种方法是在幻灯片上添加各种图形元素后，右击图形元素并选择“超链接”。

退出幻灯片放映：当幻灯片处于幻灯片放映状态下时，按 Esc 键可快速退出正处于放映状态的演示文稿；另一种方法是右击并选择“结束放映”选项。

4. 自动放映与排练计时

（1）自动放映。若当前演示文稿中有排练计时，那么单击“幻灯片放映”选项卡中的“设置放映方式”下拉按钮，选择“自动放映”即可实现幻灯片的自动放映。放映时间由“排练计时”决定。

（2）排练计时。单击“幻灯片放映”选项卡中的“排练计时”下拉按钮，选择“排练全部”，此时进入排练模式，可见在上方有预演计时器，如图 8-91 所示，左侧倒三角的功能是下一项，作用是对幻灯片进行翻页，翻页时会重新对本页内容进行计时，但总时长保持不变，如果要暂停计时就单击“暂停”按钮，左侧的时长是本页幻灯片的单页演讲时间计时，右侧的时长是全部幻灯片演讲总时长计时。单击“重复”按钮可以重新记录单页时长的时间，并且总时长会重新计算此页时长。使用快捷键 Esc 可以退出计时模式。

可以单击保存本次演讲计时，此时可在幻灯片浏览视图模式中看到每张幻灯片单张演讲时长是多少，如图 8-92 所示。

图 8-91　预演计时器

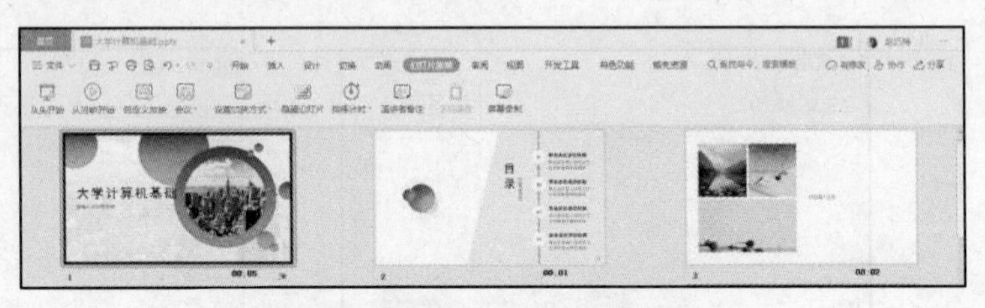

图 8-92　“排练计时”时间展示

5. 演示文稿的打包

WPS Office 支持将演示文稿及相关文件打包成文件夹或压缩文件，方便那些没有安装 WPS Office 的用户放映演示文稿。

打包的另一个优点是：演示文稿一旦打包后，幻灯片中使用的链接文件、声音、视频将被同时打包，不会出现文件在不同计算机间复制过程中链接文件找不到的现象。

打包成文件夹的基本操作步骤如下：

（1）打开需要打包的演示文稿，单击“文件”菜单中的“文件打包”→“将演示文档打包成文件夹”命令，如图 8-93 所示。

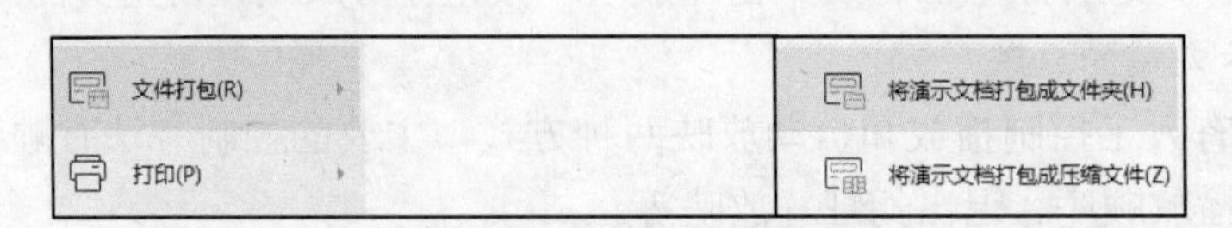

图 8-93　打包成文件夹或压缩文件命令

（2）在弹出的“演示文件打包”对话框（图 8-94）中选择好文件夹的名称及存放位置，单击“确定”按钮，即可将当前演示文稿打包到指定的文件夹中，如图 8-95 所示。

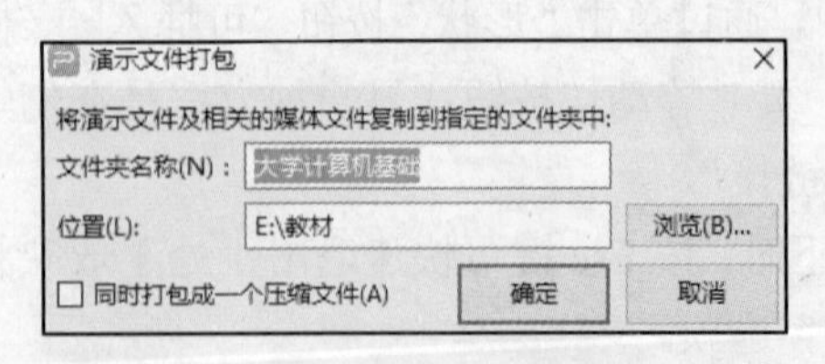

图 8-94　文件夹命名及选择位置对话框

图 8-95　“将演示文档打包成文件夹”效果

若勾选了“同时打包成一个压缩文件”复选项，则会同时生成文件夹的压缩文件。

6. 演示文稿的打印

为了查阅方便，可以将演示文稿打印出来，在打印前，一般需要进行打印设置。基本操作步骤如下：

（1）在“设计”选项卡的“页面设置”组中单击“页面设置”按钮，弹出“页面设置”对话框，设置好幻灯片的大小、方向等。

（2）选择“文件”菜单中的“打印”命令，弹出如图 8-96 所示的“打印”对话框，设置打印内容及范围等参数。

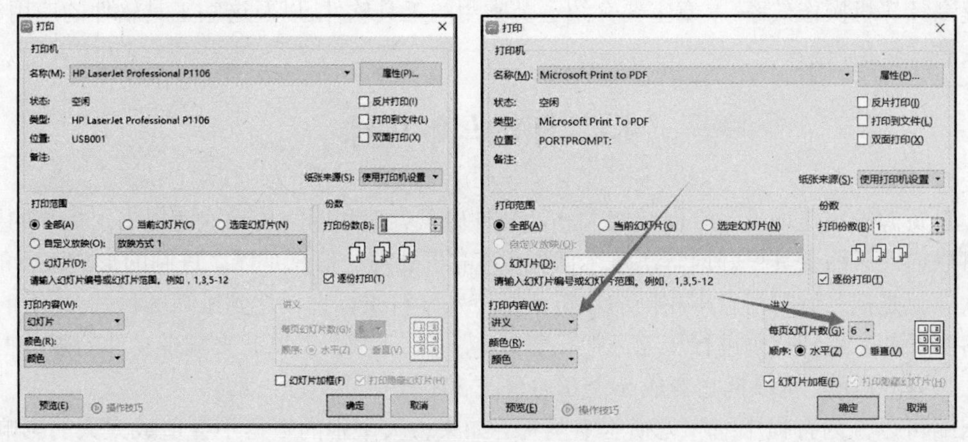

图 8-96　“打印”对话框

（3）单击“确定”按钮。

第9章　常用工具软件

随着计算机技术广泛应用于日常办公、电子商务、金融财务、科学计算和家庭娱乐等领域，各类计算机工具软件应运而生，工具软件具有实用性强、操作方便、功能专一的特点，能有效提高计算机操作效率。本章主要介绍五类常用的工具软件，以及这些工具软件的应用领域、下载安装及使用方法。

9.1　压缩与解压缩

信息资源的高速增长对存储空间大小、文件磁盘容量和网络传输速度提出了更高的要求，用户可以借助压缩工具很好地解决这个问题。计算机处理的信息是以二进制的形式表示的，而压缩软件就是把二进制信息中相同的字符串以特殊字符来标记以达到压缩的目的。压缩的原理就是将文件的二进制代码进行压缩，把相邻的0、1代码减少，以此来减少文件的磁盘占用空间。比如有00000，可以把它变成5个0的写法50。

压缩可以分为有损压缩和无损压缩两种。如果丢失个别的数据不会造成太大的影响，用户忽略这些不会造成太大影响的数据的压缩方式就是有损压缩。有损压缩广泛应用于动画、声音和图像文件中，典型的代表就是影碟文件格式mpeg、音乐文件格式mp3和图像文件格式jpg。但是更多情况下压缩数据必须准确无误，人们便设计出了无损压缩格式，比如常见的zip、rar等。

压缩软件自然就是利用压缩原理压缩数据的工具，压缩后所生成的文件称为压缩包，体积只有原来的几分之一甚至更小。当然，压缩包已经是另一种文件格式了，如果想使用其中的数据，首先得用压缩软件把数据还原，这个过程称作解压缩。常见的压缩软件有WinRAR、WinZip、7-Zip等。

9.1.1　WinRAR

WinRAR是目前流行的压缩工具，界面友好，使用方便，在压缩率和速度方面都有很好的表现。3.x版采用了更先进的压缩算法，是现在压缩率较大、压缩速度较快的格式之一。3.3版增加了扫描压缩文件内病毒、解压缩、增强压缩的功能，升级了分卷压缩的功能等。WinRAR几乎是现在每台计算机必备的工具软件。

1. 主要特点

（1）对RAR和ZIP完全支持。

（2）支持ARJ、CAB、LZH、ACE、TAR、GZ、BZ2、JAR、ISO类型文件的解压。

（3）多卷压缩功能。

（4）创建自解压文件，可以制作简单的安装程序，使用方便。

在安装WinRAR前，需要了解计算机中安装的操作系统版本，如果操作系统是64位版，则需要下载64位版的WinRAR。查看操作系统类型的方法是：右击桌面上的“计算机”图标并选择“属性”选项，在弹出的对话框中可以查看操作系统是 32 位版还是 64 位版，如图 9-1 所示。

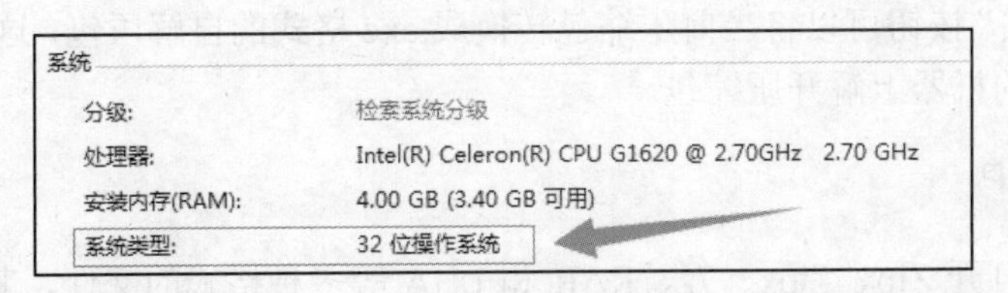

图 9-1　操作系统版本类型（本机是 32 位版，需要下载 32 位版的 WinRAR）

2. 压缩

压缩可以减少数据大小以节省保存空间，也可以节省网络传输时间。WinRAR 可以对文件或文件夹进行压缩，如果计算机上已经安装了 WinRAR 压缩软件，用户在需要进行压缩的文件或文件夹上右击，在弹出的快捷菜单中选择“添加到压缩文件”选项，弹出“压缩文件名和参数”对话框，如图 9-2 所示。其中提供了压缩过程中的相关参数设置，主要有：

（1）设置压缩文件名及保存位置。

（2）选择压缩文件格式（RAR、RAR5、ZIP）。

（3）选择压缩方式（最快、较快、标准、较好、最好等选项）。

（4）字典大小。

（5）分卷大小（5MB、100MB、700MB、4096MB 等）。

（6）设置压缩文件解压缩密码。

3. 解压缩

WinRAR 的解压缩有两种方法：一种是双击需要解压缩的压缩包，在弹出的对话框中可以选择需要解压缩的文件或文件夹，如图 9-3 所示；另一种是在需要解压缩的压缩包上右击，在弹出的快捷菜单中选择“解压缩到当前文件夹”或“解压文件”选项。

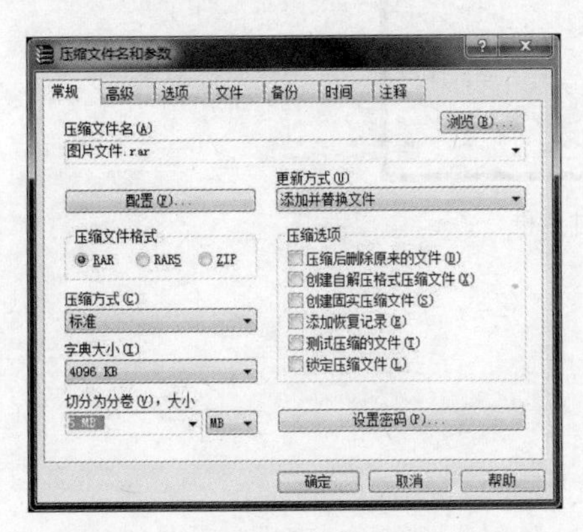

图 9-2　WinRAR 压缩对话框

图 9-3　WinRAR 解压缩对话框

“解压到当前文件夹”命令不会有对话框出现，直接将压缩包的文件或文件夹解压缩到当前文件夹中。“解压文件”对话框如图 9-3 所示，在其中可以查看压缩包中有哪些被压缩的文件、文件类型、文件压缩前后占用空间大小等信息。对话框的工具栏中有三个比较常用的按钮，分别是添加、解压到、自解压格式。

“添加”按钮可以将其他需要加入到这个压缩包中的文件或文件夹追加到本压缩包中。

“解压到”按钮可以将当前选中的文件或文件夹解压到指定文件夹中，这里需要选择解压后文件存放的路径。

“自解压格式”按钮可以将当前压缩包转换成.exe 格式的自解压包，这个压缩包可以在没有安装 WinRAR 的机器上解开压缩包。

9.1.2 WinZIP

WinZip 支持打开 Zip、Zipx、7z、RAR 和 LHA 等多种格式的文件，其能够压缩生成 Zip 和 Zipx 类型文件，并支持压缩时对文件进行加密。

1. 主要特点

（1）具有文件预览功能，可以直接查看 Word、Excel、PPT、PDF、图片和音频类等文件。

（2）Zipx 格式的文件是 WinZip 特有的一种压缩格式，这种压缩格式的优势在于，针对不同的文件采用不同的压缩算法，用最佳的方式提高文件的压缩比。使用最佳方式创建的 Zipx 文件比 Zip 文件更小。

2. 压缩

WinZip 压缩文件的方法与 WinRAR 类似，在需要压缩的文件或文件夹上右击，在弹出的快捷菜单中选择“添加到压缩文件”选项，弹出如图 9-4 所示的对话框。

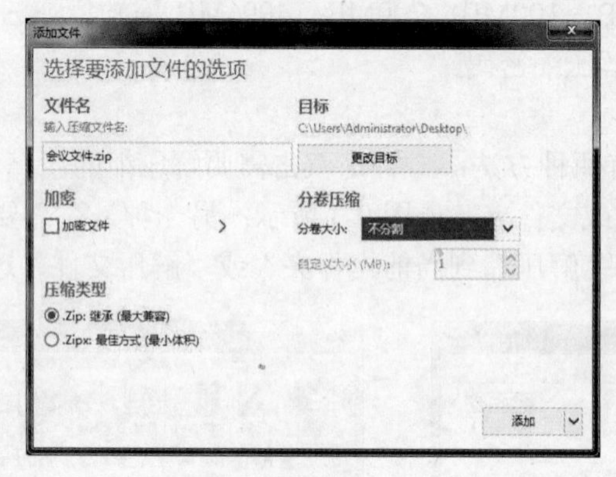

图 9-4　WinZip 压缩对话框

在其中可以进行如下设置：

（1）设置文件的保存位置和压缩文件名称。

（2）对压缩文件进行加密。

（3）设置压缩包的分卷大小。

（4）选择压缩类型。

3. 解压缩

WinZip 的解压缩有两种方法：一种是在需要解压缩的压缩包上右击，在弹出的快捷菜单中选择“解压文件”选项，在弹出的对话框（图 9-5）中选择解压的目标路径、更新方式、覆盖方式等参数设置；另一种是双击需要解压缩的压缩包，在弹出的 WinZip 对话框中查看压缩包中的文件名称与个数，单击右下角的“预览”按钮可以预览某个文件的内容（图 9-6），预览效果如图 9-7 所示。

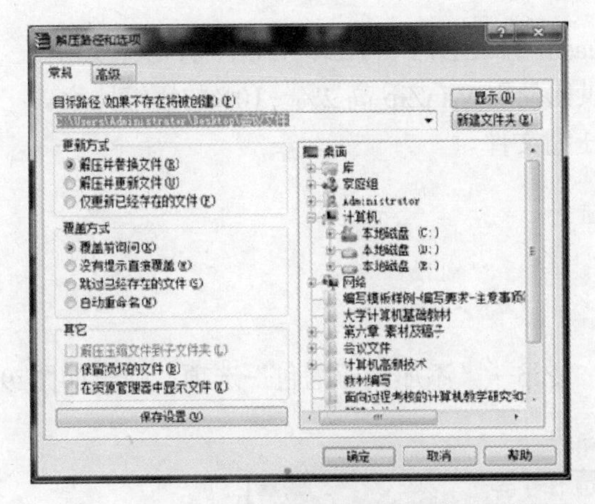

图 9-5　WinZip 解压缩对话框

图 9-6　WinZip 对话框

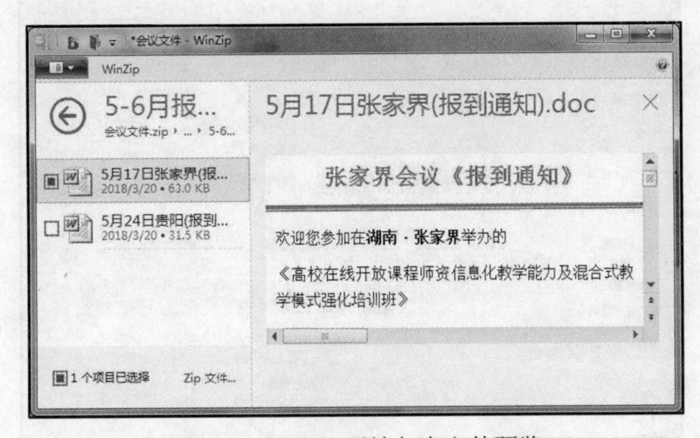

图 9-7　WinZip 压缩包内文件预览

单击 WinZip 菜单栏可以打开 WinZip 的一些相关功能选项（图 9-8），主要有新建、打开、添加、保存压缩文件、创建自解压文件、对压缩文件进行加密等。

图 9-8　WinZip 功能选项

9.1.3　7-Zip

7-Zip 是一款完全免费且开源的压缩软件，相比其他软件有更高的压缩比，而且相对于 WinRAR 消耗资源更少。7-Zip 虽然可以解开 rar 压缩包，却不具备制作 RAR 格式的功能，所以对于普通用户来说压缩软件可能还是要首选 WinRAR，而 7-Zip 则可以作为压缩/解压缩的首席备选软件，7-Zip 是完全免费的，而 WinRAR 正版是需要购买授权的。

1．主要特点

（1）7-Zip 是基于 GNU LGPL 协议发布的软件，通过全新算法使压缩比率大幅提升。

（2）7-Zip 支持的格式。压缩/解压缩：7z、XZ、BZIP2、GZIP、TAR、ZIP 和 WIM，仅解压缩：ARJ、CAB、CHM、CPIO、CramFS、DEB、DMG、FAT、HFS、ISO、LZH、LZMA、

MBR、MSI、NSIS、NTFS、RAR、RPM、SquashFS、UDF、VHD、WIM、XAR、Z。

（3）对于 ZIP 和 GZIP 格式，7-Zip 能提供比使用 WinZip 高 2%～10%的压缩比率。

（4）7-Zip 格式支持创建自解压（SFX）压缩文件。

（5）7-Zip 格式支持加密功能。

（6）7-Zip 集成 Windows 外壳扩展。

（7）7-Zip 强大的文件管理能力。

2. 压缩

在需要压缩的文件或文件夹上右击并选择 7-Zip→“添加到压缩包”选项，弹出如图 9-9 所示的对话框。

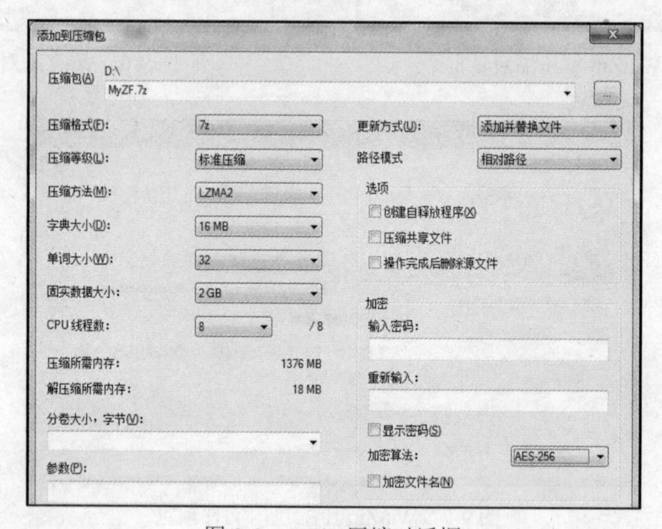

图 9-9 7-Zip 压缩对话框

在其中可以进行如下设置：

（1）选择压缩包存储位置和编辑压缩包文件名。

（2）选择压缩格式：7z、tar、wim、Zip。

（3）选择压缩等级：极速、快速、标准、最大、极限压缩等。

（4）压缩方法，有 4 种压缩方法可供选择：LZMA2、LZMA、PPMd、Bzip2。

（5）CPU 的线程数：1～16。

（6）分卷大小：10M、100M、1000M、650M-CD、4480M-DVD、23040MBD 等。

（7）创建自释放程序，即自解压文件。

（8）可以设置压缩包安全密码和选择加密算法。

3. 解压缩

在需要解压缩的压缩包上右击并选择 7-Zip→“提取文件”选项，弹出如图 9-10 所示的对话框，在其中可以进行的设置有解压缩文件存储路径、覆盖模式选择、输入解压密码等。

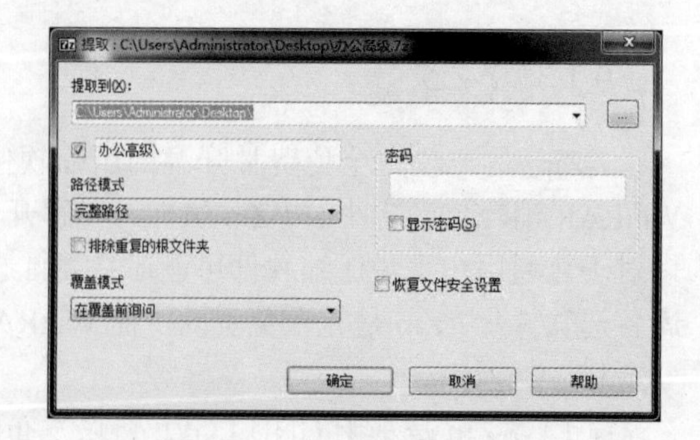

图 9-10 7-Zip 解压缩对话框

9.2　杀 毒 工 具

为了保护计算机的安全很多人都会给计算机安装上杀毒软件。现在网上的杀毒软件很多，有 360、Avast、ESET、WindowsDefender、金山毒霸、瑞星、腾讯电脑管家等。下面以 360 杀毒软件为例介绍计算机病毒查杀工具的使用。

360 是免费安全的首倡者，认为互联网安全像搜索、电子邮箱、即时通信一样，是互联网的基础服务，应该免费。为此，360 安全卫士、360 杀毒等系列安全产品免费提供给中国数亿互联网用户。规模和技术均领先的云安全体系，能够快速识别并清除新型木马病毒以及钓鱼、恶意网页，全方位保护用户的上网安全。

360 卫士：查杀木马、修补系统漏洞、管理计算机中的软件，是一个管理计算机的软件。

360 杀毒：查杀病毒、查杀木马、实时防护各种病毒的入侵。

360 杀毒软件的安装过程如图 9-11 所示，安装完后的运行主界面如图 9-12 所示。

图 9-11　360 杀毒软件的安装界面

图 9-12　360 杀毒软件的主界面

360 杀毒软件的主要功能有：

（1）全盘扫描：扫描计算机中的所有物理磁盘与逻辑分区。

（2）快速扫描：扫描系统设置、常用软件、内存活跃程序、开机启动项、系统关键位置等。

（3）系统优化：软件净化、垃圾清理、文件粉碎、弹窗过滤、进程追踪等。

（4）系统急救：备份助手、系统重装、修复杀毒、杀毒急救盘制作等。

360 杀毒软件的特点：

（1）一键扫描：快速、全面地诊断系统安全状况和健康程度，并进行精准修复。

（2）交互友好：产品界面清爽、简洁。

（3）广告拦截：软件弹窗、浏览器弹窗、网页广告。

（4）纯净纯粹：零广告、零打扰、零胁迫。

9.3　多媒体工具软件

多媒体工具软件主要包括三类软件：一类是多媒体展示软件，如图片浏览器 ACDSee、音视频播放软件迅雷看看等；一类是多媒体创作软件，如 Photoshop 图像处理软件、Cool Edit Pro 音频编辑软件和视频编辑软件（会声会影、Camtasia、Adobe Audition、Adobe After Effects）、三维图像制作软件、3D 全景图像制作软件；还有一类是多媒体辅助工具软件，如格式工厂、手绘动画 EasySketchPro3。下面重点介绍多媒体创作工具软件 Photoshop 和 Camtasia、辅助工具软件“格式工厂”、三维制作软件。

9.3.1 Photoshop

Adobe 公司在数字媒体领域有许多优秀的产品，如 Photoshop 平面图像处理软件、Lightroom Classic 数字照片处理软件、Illustrator 矢量图和插图编辑软件、Premiere Pro 视频编辑软件、XD 用户体验设计和原型创建软件、After Effects 电影视觉效果和动态图形软件、Acrobat Pro PDF 文档创建与编辑软件、Dreamweaver 交互式网站设计软件等。

Photoshop 是一个实用性很强的图像处理软件，主要处理像素构成的数字图像。其应用最为广泛的领域有广告摄影、影像创意、网页制作、后期修图、图书封面、招贴画设计等。

广告摄影作为一种对视觉要求非常严格的工作，其最终成品往往要经过 Photoshop 的修改才能得到满意的效果；影像创意是 Photoshop 的特长，通过 Photoshop 的处理，可以将不同的对象组合在一起，使图像发生变化；网络的普及促使更多的人使用 Photoshop，因为在制作网页时 Photoshop 是必不可少的网页图像处理软件；在制作建筑效果图包括三维场景时，人物与配景包括场景的颜色往往需要在 Photoshop 中增加和调整；视觉创意与设计是设计艺术的一个分支，此类设计通常没有非常明显的商业目的，但由于 Photoshop 为广大设计爱好者提供了广阔的设计空间，因此越来越多的设计爱好者开始学习它，并进行具有个人特色与风格的视觉创意；界面设计（UI）是一个新兴的领域，受到越来越多软件企业及开发者的重视。在当前还没有用于做界面设计的专业软件，因此绝大多数设计者使用的都是 Photoshop。

9.3.2 Camtasia Studio

Camtasia Studio 是 TechSmith 旗下一款专门录制屏幕动作的工具，简称 CS，它能在任何颜色模式下记录屏幕动作，包括影像、音效、鼠标移动轨迹、解说声音等。同时，它还具有即时播放和编辑压缩的功能，可对视频片段进行剪接、添加转场效果。它输出的文件格式有很多，包括 MP4、AVI、WMV、M4V、CAMV、MOV、RM、GIF 动画等多种常见格式。软件提供了强大的屏幕录像（Camtasia Recorder）、视频的剪辑和编辑（Camtasia Studio）、视频菜单制作（Camtasia MenuMaker）、视频剧场（Camtasia Theater）和视频播放功能（Camtasia Player）。

下面从软件界面、屏幕录制、媒体剪辑、视频输出 4 个方面介绍 CS 的功能与使用。

1. CS 软件界面

主要由以下 6 个部分构成：

（1）视频剪辑箱：包括导入的各类媒体（图片、音频、视频、动画）、录制的视频或音频等。

（2）视频特效区：视频标注添加、场景转换、光标效果设置。

（3）视频预览区：当前剪辑的预览。

（4）视频剪辑区：包括视频片段的剪切、分割、复制、粘贴操作。

（5）时间轴：用于媒体精准编辑，也可查看视频长度。

（6）轨道显示区：包括轨道的增加、删除、缩放、编辑以及视频特效的应用等功能。

2. 录制

Camtasia Studio 中内置的录制工具 Camtasia Recorder 可以灵活录制屏幕：录制全屏区域或自定义屏幕区域，支持声音和摄像头同步，录制后的视频可以输出为常规视频文件或导入到 Camtasia Studio 中剪辑输出。屏幕录制前，主要设置好录制区域、录制输入设备。

录制选择区域：用于屏幕录制范围的设置，可以是全屏，也可以是宽屏（16:9）、标准（4:3）、应用程序窗口大小、用户自定义任意尺寸。

录制输入设置：Camtasia Studio 在录制屏幕的过程中，可以同步将摄像头、麦克风等输入设备的信号录制到视频中，并生成各自不同的轨道。

开始录制按钮：单击“录制”按钮，倒计时 3 秒后，用户在计算机中所进行的一切屏幕操作以及麦克风采集的音频都将记录到当前剪辑中，并提示停止录制的快捷键是 F10。暂停/继续录制的快捷键是 F9。

3. 剪辑

录制或导入视频剪辑后，需要对这些视频素材进行剪辑合成，剪辑过程中主要使用的技术有以下几个：

（1）时间轴长度缩放：剪辑时可以更加精确地剪辑轨道上的媒体，向左缩小，向右放大。

（2）撤消和恢复撤消：可以撤消和恢复编辑过程中的操作步骤。

（3）剪切：对选中的视频剪辑片段进行剪切。

（4）分割：将一段视频分割为多个独立的视频或音频片段。

（5）复制：通过鼠标右击的方法可对某段视频或整个视频、音频等素材进行复制。

（6）粘贴：粘贴刚刚复制的视频或音频片段。

4. 特效编辑

特效编辑主要有以下几方面功能：

（1）媒体库：包含了已经制作好的音乐、按照风格主题分类的片头、带有特效的按钮图形等，使用方法为：将时间指针定位在要添加素材的正确时间点上，单击图标，在目录结构中单击加号按钮，看到详细列表，用鼠标拖拽媒体剪辑的缩略图至轨道上。

（2）添加标注：可在视频界面中插入形状、文本等内容。

（3）变焦：可放大显示画面中的细节，可以使视频产生一种镜头推送的效果。

（4）声音：去除噪音、调整音量大小、设置淡入淡出效果等。

（5）转场：可为视频片段设置多种类型的转场效果。

（6）光标：用于设置录屏视频的光标特效，可以设置光标是否可见、光标大小、光标高亮效果、左击鼠标效果、右击鼠标效果、单击鼠标音效等，提高屏幕操作过程中的视觉提示。

5. 视频输出

在视频编辑箱中单击“生成和分享”按钮 生成和分享 ，弹出如图 9-13 所示的“生成向导”对话框，可以选择多种格式，当用户选择“自定义生成设置”时继续弹出如图 9-14 所示的视频格式选择对话框，可以生成的视频格式有 MP4、WMV、AVI、M4V、GIF 等。

6. 渲染输出

完成上述视频输出设置后单击“完成”按钮，进入渲染过程，渲染完成后用户可以在保存的路径中去找到视频作品。

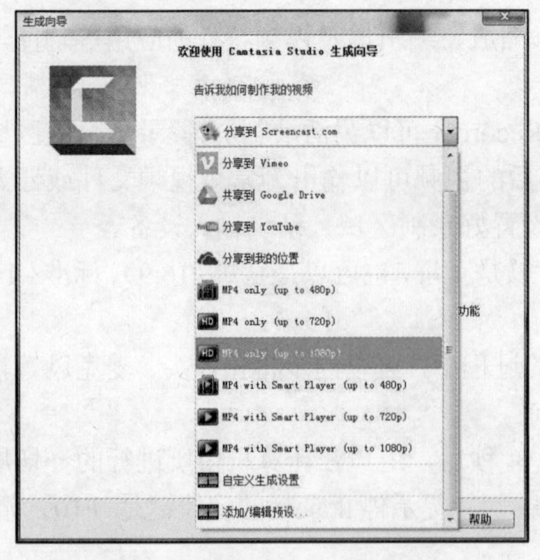

图 9-13 “生成向导”对话框

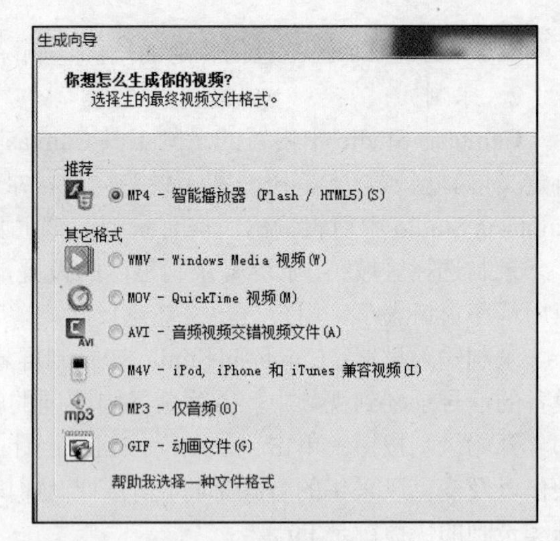

图 9-14 视频格式选择

9.3.3 格式工厂

格式工厂是一款免费的多功能多媒体文件转换工具，功能强大，可以帮助用户快速转换需要的图形文件、视频文件、音频文件、PDF 文档、光盘文件等格式。格式工厂可以为多媒体瘦身，节省硬盘空间，还可以修复损坏的视频，可以备份 DVD 数据到硬盘，避免频繁读取光驱，提高了速度和效率。格式工厂软件操作简便，为用户带来快速简便的使用体验。

格式工厂的功能包括：

（1）支持几乎所有类型多媒体格式到常用的几种格式。

（2）转换过程中可以修复某些意外损坏的视频文件。

（3）多媒体文件“减肥”或“增肥”。

（4）支持 iPhone/iPod/PSP 等多媒体指定格式。

（5）转换图片文件支持缩放、旋转、水印等功能。

（6）DVD 视频抓取功能，轻松备份 DVD 到本地硬盘。

1. 图片转换

格式工厂在图片格式转换方面功能强大，可以转换成 8 类不同的图片格式，即 Webp、JPG、PNG、ICO、BMP、GIF、TIF、TGA。下面以一批任意格式的图片转换成 GIF 格式为例介绍其操作过程。

（1）选择目标格式。

在格式工厂的主界面中选择“图片”栏，再单击->GIF，即将其他格式的图片文件转换成 GIF 格式，如图 9-15 所示。

（2）添加文件。

将要转换成 GIF 格式的图片文件通过“添加文件”按钮添加到对话框中，通过“输出配置”按钮设置输出图片尺寸大小，通过“输出文件夹”组合框设置输出文件保存路径和相关输出参数，单击“确定”按钮，如图 9-16 所示。

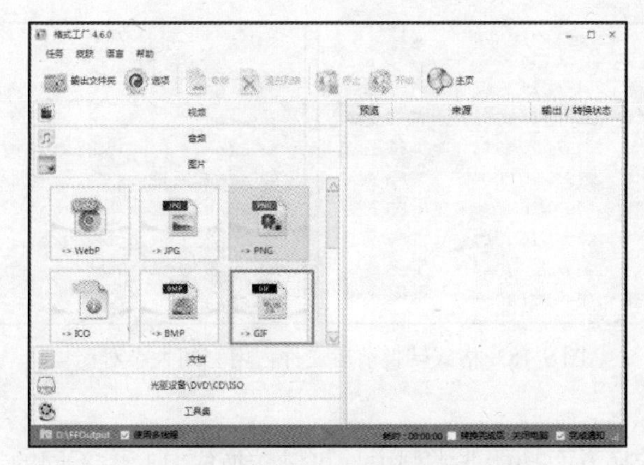

图 9-15　图片转换成 GIF 格式

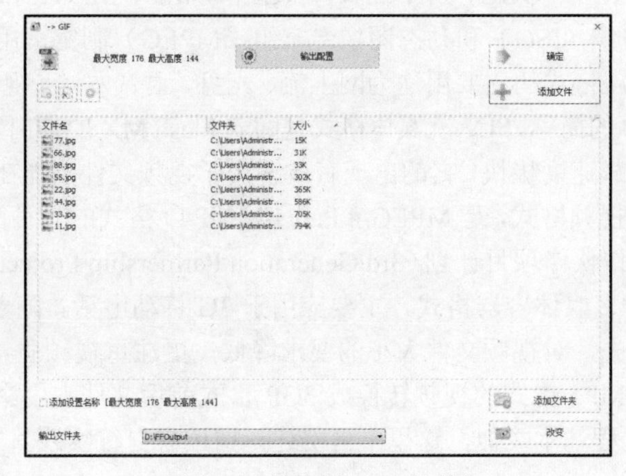

图 9-16　转换到 GIF 对话框

（3）返回主界面。

添加需要进行格式转换的文件后返回主界面，如图 9-17 所示。

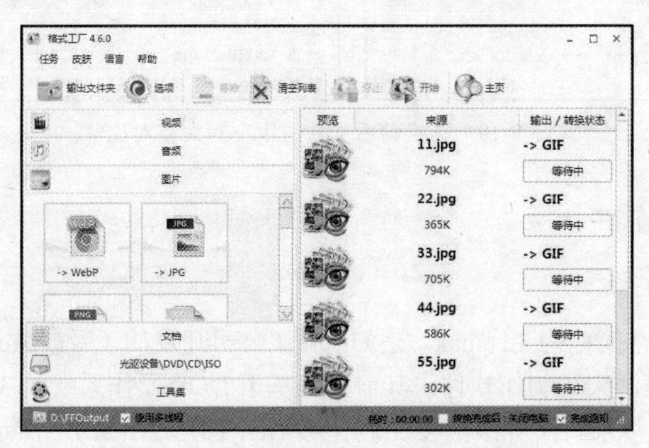

图 9-17　添加格式转换文件后的对话框

（4）完成转换。

单击主界面中的“开始”按钮完成“JPG->GIF”格式的转换，通过图 9-18 所示来看转换后的图片文件大小。转换前文件大小为 16KB～795KB，转换后文件大小为 20KB 左右。

名称	大小	日期	类型
11.jpg	795 KB	2019/4/26 10:03	JPEG 图像
22.jpg	366 KB	2019/4/26 10:03	JPEG 图像
33.jpg	706 KB	2019/4/26 10:03	JPEG 图像
44.jpg	587 KB	2019/4/26 10:04	JPEG 图像
55.jpg	303 KB	2019/4/26 10:04	JPEG 图像
66.jpg	32 KB	2019/4/26 10:04	JPEG 图像
77.jpg	16 KB	2019/4/26 10:04	JPEG 图像
88.jpg	34 KB	2019/4/26 10:05	JPEG 图像

名称	大小	日期	类型
11.gif	17 KB	2019/4/26 10:03	GIF 图像
22.gif	18 KB	2019/4/26 10:03	GIF 图像
33.gif	17 KB	2019/4/26 10:03	GIF 图像
44.gif	23 KB	2019/4/26 10:04	GIF 图像
55.gif	18 KB	2019/4/26 10:04	GIF 图像
66.gif	20 KB	2019/4/26 10:04	GIF 图像
77.gif	11 KB	2019/4/26 10:04	GIF 图像
88.gif	23 KB	2019/4/26 10:05	GIF 图像

图 9-18　格式转换前后文件占用空间大小对比

2. 视频转换

格式工厂在视频转换方面功能非常强大，可以转换成 13 类不同的视频格式，即 MP4、MKV、WebM、GIF、MOV、OGG、FLV、AVI、3GP、WMV、MPG、VOB、SWF。其中 MP4 是一套由国际标准化组织（ISO）和动态图像专家组（MPEG）制定，用于音频、视频信息的压缩编码标准。MPEG-4 格式的主要用途为网上流、光盘、语音发送（视频电话）和电视广播。FLV 是 FLASH VIDEO 的简称，FLV 流媒体格式是随着 Flash MX 的推出发展而来的视频格式。它形成的文件极小、加载速度极快，它的出现有效解决了视频文件不能在网络上很好地使用等问题。3GP 是一种常见视频格式，是 MPEG-4 Part 14（MP4）格式的一种简化版本。3GP（3GPP 文件格式）是第三代合作伙伴项目计划（3rd Generation Partnership Project，3GPP）为 3G UMTS 多媒体服务定义的一种多媒体容器格式，主要应用于 3G 移动电话。随着 5G 网络的研发，华为 5G 技术已经全球领先，对视频文件大小的要求降低，更注重视频质量。

图 9-19 所示是将 MP4 格式的视频转换成 3GP 格式前后文件占用空间大小比较。音频等其他格式的转换操作过程基本类似，这里不再赘述，请读者自行实践。

名称	大小	长度
数据库原理-概述.mp4	22,865 KB	00:09:48
数据库原理-E-R图.mp4	37,784 KB	00:10:02
树和二叉树.mp4	22,012 KB	00:10:03
二叉树性质.mp4	12,109 KB	00:04:51
操作系统概述.mp4	136,308 KB	00:06:26
test.avi	110,574 KB	00:04:38

名称	大小	类型
数据库原理-概述.3gp	9,512 KB	3GPP 音频/视频
数据库原理-E-R图.3gp	11,176 KB	3GPP 音频/视频
树和二叉树.3gp	10,075 KB	3GPP 音频/视频
二叉树性质.3gp	5,259 KB	3GPP 音频/视频
操作系统概述.3gp	5,620 KB	3GPP 音频/视频
test.3gp	5,978 KB	3GPP 音频/视频

图 9-19　转换前后文件占用空间大小对比

9.3.4　三维制作软件

1. 3ds max

3D Studio Max，常简称为 3ds max，是 Discreet 公司开发的（后被 Autodesk 公司合并）基于 PC 系统的 3D 建模渲染和制作软件。其前身是基于 DOS 操作系统的 3D Studio 系列软件。在 Windows NT 出现以前，工业级的 CG 制作被 SGI 图形工作站所垄断。3D Studio Max + Windows NT 组合的出现一下降低了 CG 制作的门槛，首先开始运用在电脑游戏的动画制作中，后来进一步开始参与影视片的特效制作，例如 X 战警 II、最后的武士等。在 Discreet 3ds max 7 后，正式更名为 Autodesk 3ds max，最新版本是 3ds max 2022。

3ds max 广泛应用于广告、影视、工业设计、建筑设计、三维动画、多媒体制作、游戏、工程可视化等领域，图 9-20 所示是 3ds max 在房屋设计、汽车外观设计、航天产品设计等方面的作品效果图。

图 9-20　用 3ds max 设计的建筑、汽车、工业产品等模型

3ds max 三维动画制作的基本流程是：场景布置、模型建立、材质贴图、灯光应用、特效制作、渲染合成。

2. CINEMA 4D

CINEMA 4D，简称为 C4D，由德国 Maxon Computer 开发，以极高的运算速度和强大的渲染插件著称。C4D 是集计算机 3D 动画、建模、模拟和渲染于一体的综合应用软件（3D 设计软件），常用于制作场景、人物、产品、动画等。C4D 被许多设计师广泛使用，应用于平面设计、服装设计、UI 设计、工业、动画、游戏设计等领域，图 9-21 所示是用 C4D 设计的三维动画中的一帧图像。

图 9-21　C4D 设计的模型

9.4 系 统 工 具

随着计算机软硬件技术的快速发展，计算机系统管理和维护的难度越来越大，一方面，流氓软件和病毒软件的肆虐，容易破坏计算机的软件系统；另一方面，Windows 操作系统本身的缺陷，随着计算机使用时间的延长，计算机产生的大量垃圾文件导致计算机系统运行速度越来越慢，用户体验越来越差。因此，大量与计算机系统维护有关的软件应运而生，如鲁大师、驱动精灵、分区助手、数据恢复精灵、完美卸载等。下面介绍两个实用的系统维护工具：驱动精灵和系统恢复工具。

9.4.1 驱动精灵

驱动精灵是一款集驱动管理和硬件检测于一体的、专业级的驱动管理和维护工具，为用户提供了驱动备份、恢复、安装、删除、在线更新等实用功能。

驱动精灵下载网址为 http://www.drivergenius.com。

图 9-22 所示为驱动精灵安装完成后的运行主界面。

图 9-22 驱动精灵运行主界面

驱动精灵的主要功能：

（1）超强硬件检测功能：驱动精灵使用专业级硬件检测手段，能够检测出绝大多数流行硬件，基于正确的检测结果，驱动精灵为用户提供准确无误的驱动程序。

（2）驱动智能升级：驱动精灵提供了专业级驱动识别能力，能够智能识别计算机硬件并且给计算机匹配最适合的驱动程序，驱动精灵提供的驱动程序均为厂商正版驱动，严格保证系统稳定性。

（3）驱动维护：驱动精灵可严格按照原格式备份驱动程序，驱动还原技术使用户还可快速还原曾经备份过的驱动程序，驱动删除功能更是用户维护系统时的好帮手。

（4）智能系统状态判断：驱动精灵是一款基于网络的应用程序，它自带流行网卡驱动程序库，可自动为用户安装网卡驱动，从而彻底解决用户没有网卡驱动导致无法联网的难题。

1. 驱动管理

驱动程序是一种可以使计算机和设备通信的特殊程序，不同的硬件设备需要不同的驱动程序，只有安装与硬件匹配的驱动程序，计算机的硬件设备才可使用。驱动精灵可以自动检测硬件的型号、驱动程序版本、驱动程序文件大小，并提示用户安装或更新。驱动精灵还可以对已经安装好的驱动程序进行备份和卸载。驱动管理界面如图 9-23 所示。建议用户对新购计算机的各类驱动程序进行备份，当重新安装系统时可以快速恢复各类硬件设备的驱动程序，而不需要到处找驱动光盘或网上下载。

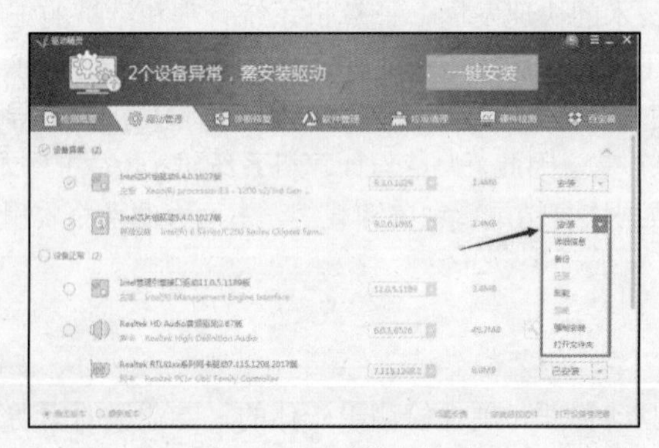

图 9-23 驱动管理界面

2．软件管理

驱动精灵提供了电脑必备、视频音乐、聊天上网、高效办公、系统工具等 5 类软件的安装管理，用户可以根据自身需要选择安装的软件，如图 9-24 所示。建议安装的软件有 QQ、WinRAR、酷狗音乐、迅雷看看、杀毒软件、办公软件（WPS Office）、系统还原工具、Flash Player 等。

3．硬件检测

驱动精灵能检测连接到计算机上的硬件设备类型和型号，如 CPU 型号及主频、内存容量、显卡型号及显存容量、硬盘类型及硬盘容量、主板型号、网卡个数及类型、显示器类型及分辨率、操作系统类型等，如图 9-25 所示。

图 9-24　软件管理界面

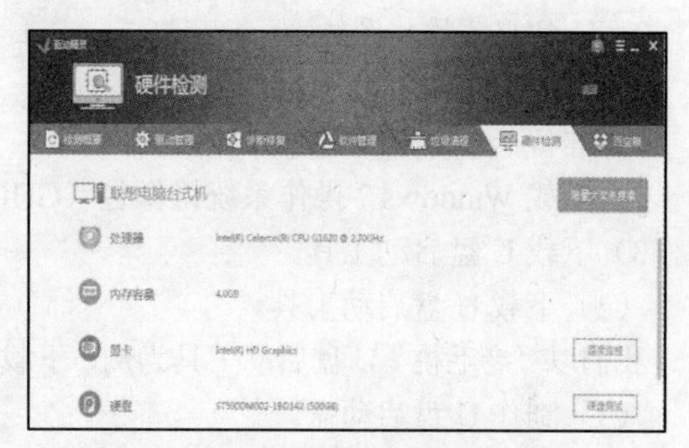

图 9-25　硬件检测界面

9.4.2　操作系统安装与恢复

在使用计算机的过程中，因为错误操作或计算机遭受病毒、木马程序的破坏，导致操作系统中的重要文件受损甚至崩溃而无法正常启动，需要重新安装操作系统。重装系统是指对计算机的操作系统进行重新安装。重装系统一般有覆盖式重装和全新重装两种。

（1）全新安装：在现有计算机上安装一种全新的操作系统，原有的操作系统也被保留，两种操作系统必须安装在两个不同的分区或磁盘上。例如，用户可以根据自身学习的需要在一台计算机上安装 Windows 和 Linux 两种操作系统，开机时根据选择进入对应的操作系统。

（2）覆盖式重装：对原有操作系统进行覆盖，原操作系统所在分区的数据与程序将被清除。

1．系统安装方法

操作系统重装一般有以下 4 种方法：

（1）Ghost 重装。

Ghost 重装是最简单最方便的重装系统方式，几乎所有的计算机维修和非官方的系统光盘都是基于 Ghost 进行重装的，Ghost 重装具有操作方便、重装速度快、方法简单的优点。

Ghost 重装系统是从网上下载的操作系统 GHO 镜像，然后使用 Ghost 工具（一般使用 Onekey Ghost）进行重装。

（2）U 盘重装。

U 盘重装系统是目前较为方便的一种重装系统的方法，只需下载 U 盘启动盘制作工具制作 U 盘启动盘，然后在进入系统时在 CMOS 中设置 U 盘启动即可，先从网上下载 ISO 镜像，再使用工具软件将系统 ISO 写入 U 盘。在 CMOS 界面上将 U 盘调整为第一启动项，插入 U 盘并重启计算机，会自动进入安装程序的安装界面，按照提示安装即可。

（3）光盘重装。

使用光盘重装系统是最为普遍的方法，直接利用光盘启动选择重装。首先用户在 CMOS 中设置成光驱启动或者按相关快捷键进入启动菜单后选择光驱启动。

（4）硬盘安装。

从网上下载 ISO（建议使用微软原版），然后解压到非系统盘，接着运行其中的 setup.exe 程序，安装时选择“高级”，选择操作系统安装的盘符（C:\盘），后面的安装工作是全自动无人值守方式。

2. U 盘重装操作系统

（1）准备工作。

1）准备一个 8GB 以上的 U 盘。

2）下载 Windows 7 操作系统镜像包（GHO 文件）。

3）下载 U 盘启动工具。

（2）下载 U 盘启动工具。

我们以“老毛桃”U 盘启动工具为例，下载并安装，下载网址为 https://www.laomaotao.net/。

（3）制作 U 盘启动盘。

1）下载并安装好老毛桃 U 盘启动装机工具，打开软件并插入 U 盘。

2）选择“U 盘启动”，在磁盘列表中选择需要制作启动的设备，在模式选项中选择 USB-HDD，选择格式 NTFS 并单击“一键制作”按钮，如图 9-26 所示。

3）制作启动盘会格式化 U 盘（请提前备份好 U 盘数据），单击“确定”按钮，老毛桃 U 盘启动装机工具将相关启动程序与数据写入 U 盘。制作好的启动 U 盘可以一盘两用，不影响 U 盘的拷贝存储功能，且占用空间小，还能用于计算机系统的启动与恢复，如图 9-27 所示。

图 9-26　启动 U 盘制作

图 9-27　启动程序写入 U 盘

（4）CMOS 中设置 U 盘启动。

1）将制作好的老毛桃启动盘插入计算机的 USB 接口，计算机开机或重启，待屏幕出现开机画面后立即按下热启动键进入 CMOS 设置界面，不同品牌的计算机进入 CMOS 的热键不一样，如联想电脑进入 CMOS 的热键为 F12，华硕电脑进入 CMOS 的热键为 F8，苹果电脑进入 CMOS 的热键为 OPTION。

2）进入 BIOS 界面后选择 Boot 进入菜单，通过上下方向键选择 Boot Device Priority 选项。

3）选择后回车进入子菜单选择 Boot Device，通过+和-键找到并将 U 盘所对应的选项调到第一位（注意，不同机型显示的不一样，我们只需找到带“USB”字样的即可）。

4）按 F10 键（不同品牌电脑按键不一样），弹出如图 9-28 所示的界面，选择 Yes 保存 CMOS 设置，计算机就会自动重启进入老毛桃 PE 界面并重装系统。

（5）系统恢复。

1）设置系统从 U 盘启动，插入 U 盘，开机或重启计算机，出现开机画面时通过按 U 盘启动快捷键进入老毛桃主菜单页面（图 9-29），选择“1”选项并回车确认。

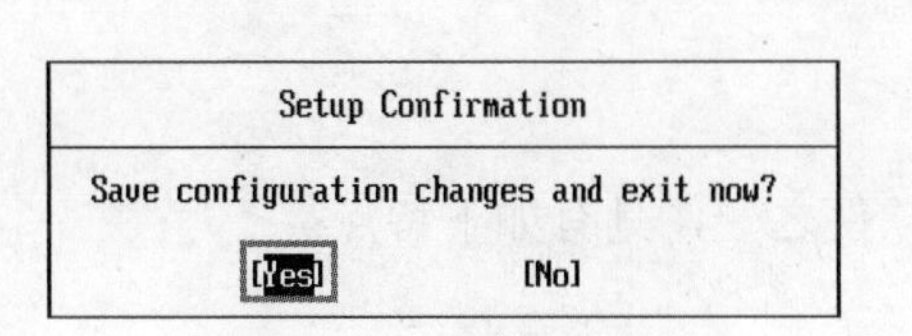

图 9-28　保存 BIOS 设置

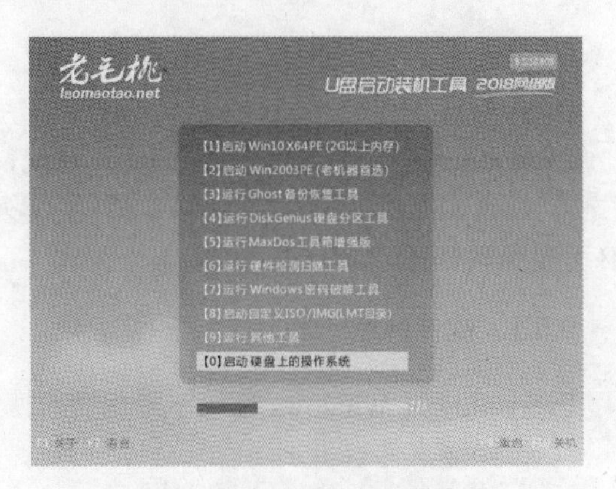

图 9-29　老毛桃功能选择界面

2）进入 WINPE 后，再双击桌面上的“老毛桃一键装机软件”打开“老毛桃”软件。

3）在“老毛桃”软件界面（图 9-30）中，用户可以安装系统，也可以备份系统。安装系统时，需要选择 Windows 7 映像文件所在的位置和新系统安装的位置（默认是 C:\盘），最后单击“执行”按钮。

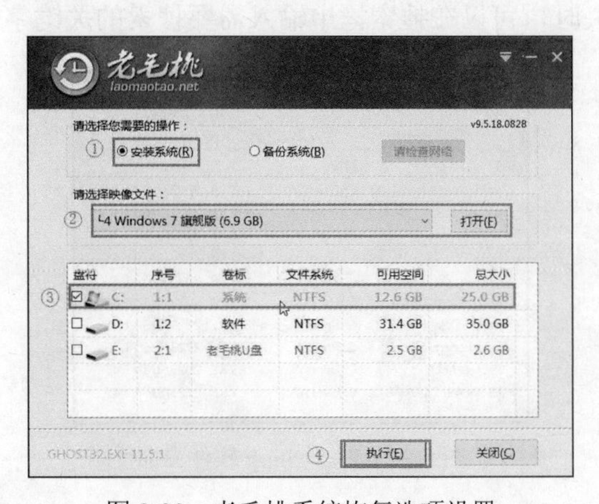

图 9-30　老毛桃系统恢复选项设置

4）执行后会弹出一个对话框，默认选项并单击“是”按钮（建议用户勾选“网卡驱动”复选项，以免新安装的系统不能使用网络），如图 9-31 所示。

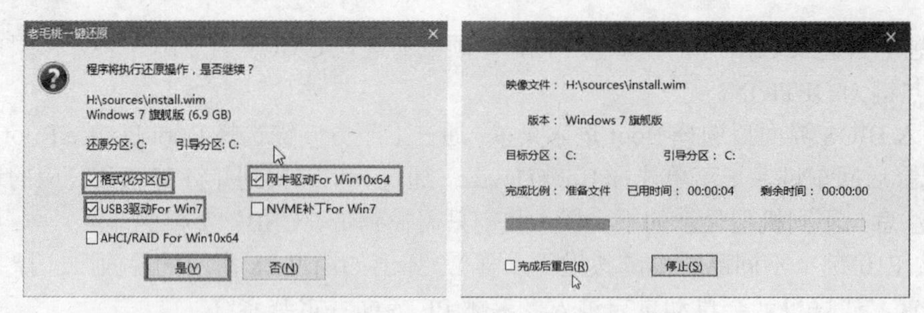

图 9-31　还原确认与还原过程

5）重启后会进入系统部署阶段，其间会弹出某些窗口，但无须理会，等待部署完成进入 Windows 7 系统桌面即重装系统成功。

9.5 搜 索 工 具

Everything 是一个运行于 Windows 系统，基于文件、文件夹名称的快速搜索引擎。在搜索之前 Everything 把所有的文件和文件夹都列出来，同时占用极低的系统资源，软件仅几百 KB 且是免费软件。

9.5.1 软件特点

Everything 是 Windows 环境下最优秀的搜索软件之一，具有如下特点：

（1）快速文件索引。

（2）快速搜索。

（3）最小资源使用。

9.5.2 文件及文件夹搜索

Everything 是基于 Windows 的一款文件和文件夹搜索引擎，其界面如图 9-32 所示，当需要搜索某个文件或文件夹时，可以在搜索框中输入需要搜索的关键字。

图 9-32　Everything 软件界面

Everything 搜索功能非常强大，下面通过几个例子来介绍 Everything 在搜索中的应用。

1．“与”搜索

当搜索条件需要同时满足时，关键字间用空格隔开，如搜索文件名中含有“360”且类型为.exe 的文件，可以在搜索框中输入“360.exe”（双引号不需要输入），搜索结果如图 9-33 所示。

图 9-33　“与”搜索

2. “或”搜索

当搜索条件只要满足其中之一时，关键字间用“|”隔开，如搜索文件名中含有“360”或者含有 exe 的文件，可以在搜索框中输入“360 | exe”，搜索结果如图 9-34 所示。

图 9-34　“或”搜索

3. 含空格关键字搜索

当搜索条件中有空格时，关键字用双引号，如搜索文件名中含有“test 1”的文件，可以在搜索框中输入“test 1”（双引号不能省），搜索结果如图 9-35 所示。

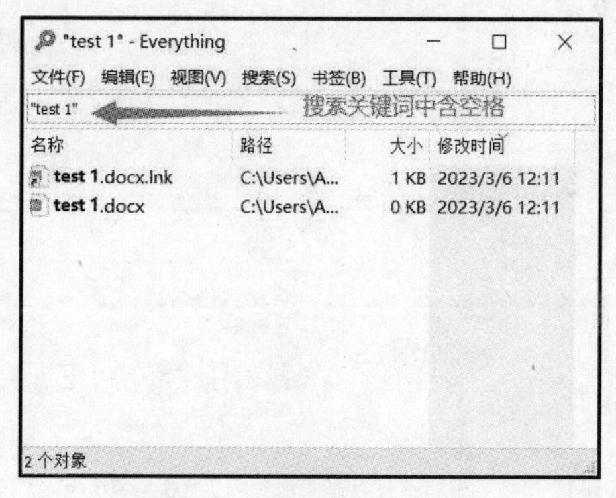

图 9-35　关键字中含有空格

4. 通配符搜索

通配符有*和？两个。“*”表示任意数量的任意字符，“？”表示一个任意字符。

例如搜索以 e 开头并以 g 结尾的文件和文件夹“e*g”，如图 9-36 所示。

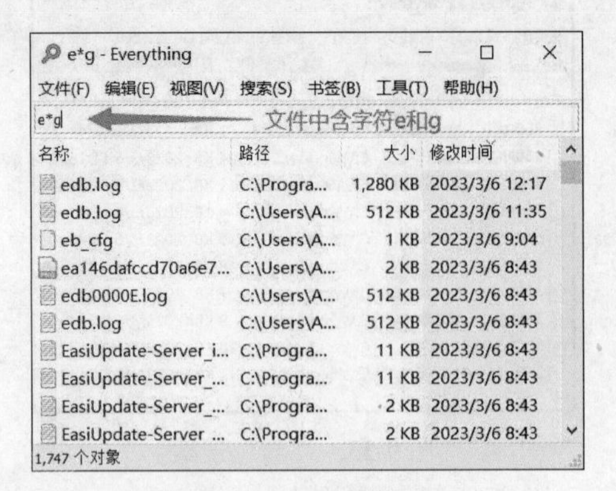

图 9-36 通配符搜索 1

再如搜索含有两个字符扩展名的文件“*.??”，如图 9-37 所示。

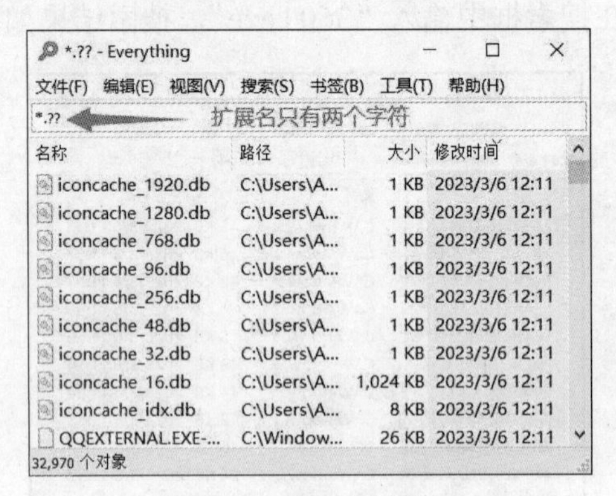

图 9-37 通配符搜索 2

第 10 章　信息技术前沿

本章通过对当今社会几种前沿计算机技术的概念、发展历程、特点、应用领域和发展趋势的解析让读者对计算机的新兴或热点技术有一个宏观的把握，并指导读者将计算机最新技术应用到各自相关的专业和学科之中。

10.1　3D　打　印

在人类历史中，蒸汽机技术和电力技术分别是第一次和第二次工业革命的代表技术，而3D 打印技术是第三次工业革命的一项代表性技术（英国著名杂志《经济学人》）。自从 1986年美国科学家 Charles Hull 开发了第一台商业 3D 印刷机，3D 打印的概念在学术界、工业界备受推崇，相关报道层出不穷。

10.1.1　3D 打印的概念

3D 打印是一种快速成型技术，它是基于数字模型文件，运用 3D 打印材料，由 3D 打印设备逐层堆积来制造实体物件的技术，它综合了信息技术、数学建模技术、机电控制技术、数字制造技术、材料科学等多方面的前沿技术，具有很高的科技含量。3D 打印的成型原理类似于传统打印机工作原理，是一种“增材制造”技术，因此 3D 打印不仅表达信息，更是直接实现功能。

10.1.2　3D 打印的成型过程

3D 打印的成型过程，依据其原理，可以分为前处理、打印、后处理 3 个阶段。整个打印过程分为计算机辅助设计、转成 STL 数据格式、转到 3D 打印设备上（或经过 STL 数据模型进行切片等处理后再转到 3D 打印设备上）由计算机控制三维打印机工作、设置 3D 打印机打印参数和打印前准备、建造实体物件、移出实体物件、后期加工 7 个步骤。前处理主要包括两个方面：一是模型输入的准备，它是基于计算机构建数字模型，并将三维模型转换为打印设备可以识别的文件格式；一是打印材料的准备。打印是通过计算机将转换后的数字模型输入打印设备，并控制其工作，逐层堆积材料形成实体物件。后处理是对打印设备打印出来的 3D 实体物件进行后期硬化、清洗等。3D 打印原理及成型过程示意图可参考图 10-1。

3D 打印的核心装备是打印设备，计算机技术在 3D 打印中扮演着重要角色，包括数字模型的构建和格式转换、模型的输入、接口软件设计、打印设备的控制等，是其中的灵魂部分，不可或缺。

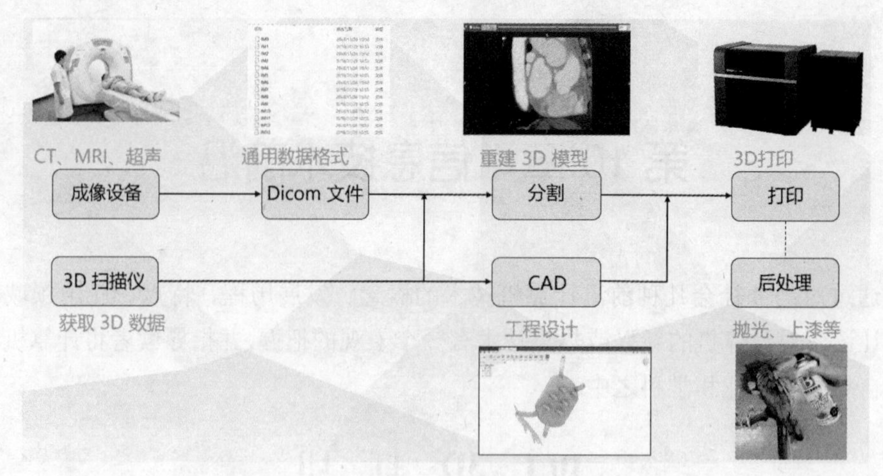

图 10-1 3D 打印原理及成型过程示意图

10.1.3 3D 打印技术工作原理

目前主流使用的 3D 打印技术大致可以分为三大类，即挤出成型技术、光聚合成型技术和烧结/粘结成型技术。其中，挤出成型技术中的 FDM（Fused Deposition Modeling，熔积成型）技术凭借其易操作、材料利用率高、FDM 线材机械性能优异等优势广泛应用在制作成品原型或研发模型中。而光聚合成型技术中的 SLA（Sterolithography Apparatus，立体光固化）技术是最早出现的一种快速成型技术，凭借激光扫描及光固化原理更适用于制作精度要求高的物品，但以点为单位打印速度较慢。相比之下以数字微镜元件投影产品的 DLP（Digital Light Processor，数字光处理）技术逐层打印速度更快且精度高，DLP 技术的综合表现略优于 SLA 技术。另外一种光固化 PolyJet（聚合物喷射）技术与前两者对比，又凭借其可用多种材料混合多种色彩从而满足更多样化的需求而更胜一筹。

在烧结/粘结成型技术中，SLM（Selective Laser Melting，激光选区熔化）、SLS（Selective Laser Sintering，选择性激光烧结）和 EBM（Electron Beam Melting，电子束熔化）是主流的金属成型工艺。SLS 和 SLM 属于利用激光器将粉末进行逐层叠加，EBM 利用高能电子束扫描熔融粉末逐层固化成型。SLS 相比 SLM 需要另添加黏合剂材料，混合粉末后 SLS 打印的成品硬度和精度略差于 SLM 制品。而 EBM 利用电子束产生的热量和能量高于 SLM，更适合制造高导热金属、高温合金、高熔点金属零件，但 SLM 利用激光打印的制品力学性能和制品强度仍略优于 EBM 制品。

综合来看，烧结/粘结成型技术凭借金属材料和技术特点能保证制品的硬度、力学性能等优点，更多应用于工业制造、航空航天、汽车制造中。

10.1.4 3D 打印的优缺点

3D 打印作为一种新型加工制造技术，是增材制造。它与借助刀具等工具切割出模型，去除多余材料的减材制造方式原理不同，也比利用模具进行生产加工的等材制造技术更具吸引力，其优点体现在：

（1）3D 打印是堆积制造，近似于等材制造，提高了材料的利用率，减少材料的浪费。

（2）3D 打印是数字制造，数字模型直接打印成型，不需要模具，简化了开发或制造工序，节约了生产成本，有利于产品开发或制造周期的控制。

（3）3D 打印是降维制造，将复杂的三维产品分解为简单的二维加工的“堆积”，更利于形状复杂的个性化实体物件的生产制造。

（4）3D 打印是快速制造，全自动、精度高，不依赖人工技能，降低了体力劳动强度。

作为堆积成型技术，3D 打印应用前景广阔，但也存在一些明显的缺点：

（1）3D 打印材料适用性不广泛，数字材料库不丰富，选择的局限性大。

（2）堆积成型实体物件性能较差，与传统技术制造的产品有差距，如无法与传统锻件相媲美。

（3）3D 打印的价格优势尚不明显。

（4）3D 打印对知识产权的保护有冲击，相关数字模型有被复制的风险。

（5）3D 打印对操作人员的技能要求高。

10.1.5　3D 打印的应用场景

日常生活中使用的普通打印机可以打印计算机设计的平面物品，3D 打印机与普通打印机工作原理基本相同，打印材料有些不同，在 3D 打印机内装金属、陶瓷、塑料、砂等不同的“打印材料”，通过计算机控制把“打印材料”一层层叠加起来，最终把计算机上的蓝图变成实物。3D 打印技术在航天科技、医学领域、房屋建筑、汽车行业、工艺品行业、沙盘模型上均有应用，如图 10-2 所示。

工业产品

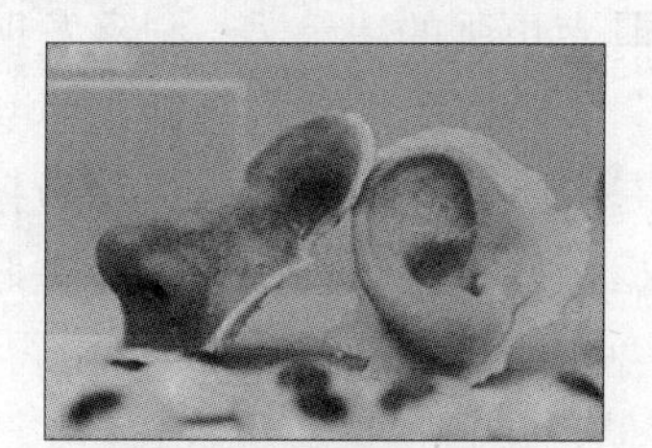

人体器官

汽车水轮泵

房屋建筑

航天科技

工艺品行业

沙盘模型

图 10-2　3D 打印在不同领域的应用案例

清华大学教授颜永年说:"3D打印不会取代传统的技术,而是一种融合,是对传统行业传统技术的提升。"这也是值得研究的课题。

10.2 大数据

在智能终端不断渗透、宽带网络基础设施不断优化的大背景下,社会生活的信息化、网络化程度越来越高,越来越多的大众享受到网购、手机支付等数字经济带来的刺激和便捷。此刻,你是否意识到大数据时代已来临?大数据已成为和材料、能源一样重要的国家战略资源?

10.2.1 大数据的概念

何谓大数据?研究机构 Gartner 给出了这样的定义:"大数据"是需要新处理模式才能具有更强的决策力、洞察发现力和流程优化能力来适应海量、高增长率和多样化的信息资产。麦肯锡全球研究所给出的定义是:一种规模大到在获取、存储、管理、分析方面大大超出了传统数据库软件工具能力范围的数据集合,具有海量的数据规模、快速的数据流转、多样的数据类型和价值密度低四大特征。

虽然没有统一的看法,但是关于大数据的"4V"观点(Volume(大量)、Velocity(高速)、Variety(多样)、Veracity(真实性))得到广泛的认可,多数学者和实践者赞同大数据指的是所涉及的数据量规模巨大到无法通过常规软件工具,在合理时间内达到获取、管理、处理的数据集合,是需要新处理模式才能具有更强的决策力、洞察发现力和流程优化能力的海量、高增长率和多样化的信息资产。因此,大数据的内涵包括数据本身、大数据技术、大数据应用三个方面。就数据本身而言,大数据是指大小、形态超出典型数据管理系统获取、存储、管理、分析等能力的大规模数据,这些数据之间存在着直接或间接关联性,通过大数据技术可以从中挖掘出模式和知识。大数据技术是使大数据中所蕴含的价值得以挖掘和发现的一系列技术与方法,包括数据采集、预处理、存储、分析挖掘、可视化等。

需要指出的是,大数据并非大量数据的堆积,而是具有结构性和关联性的信息资产,这是大数据与大规模数据的重要差别。大数据概念包含对数据对象的处理行为,即大数据技术,目的是对某一特定的大数据集合快速挖掘出更多有价值的信息,这是大数据与大规模数据、海量数据等类似概念的最大区别。

10.2.2 大数据的特征

特征是表达内涵的,大数据的特征包括数据特征、技术特征、应用特征。大数据包括结构化、半结构化和非结构化数据,非结构化数据越来越成为数据的主要部分。结构化数据也称作行数据,是由二维表结构来逻辑表达和实现的数据,主要通过关系型数据库进行存储和管理。与结构化数据相对的是不适于由数据库二维表来表现的非结构化数据,其数据结构不规则或不完整,没有预定义的数据模型,包括所有格式的办公文档、XML、HTML、各类报表、图片和音频、视频信息等。非结构化数据其格式非常多样,标准也是多样性的,而且在技术上非结构化信息比结构化信息更难标准化和理解。大数据也继承了非结构化数据的 Variety(多样)、Complexity(复杂)等特性。

大数据的数据特征，国际数据公司 IDC 定义 4V 来描述：

（1）大量（Volume）：即数据体量巨大，可以从数百 TB 到数百 PB，甚至到 EB 的规模。

（2）高速（Velocity）：即很多大数据需要在一定的时间限度下得到及时处理，才能最大化地挖掘利用大数据所潜藏的价值，具有时效性。

（3）多样（Variety）：即大数据包括各种格式和形态的数据。

（4）价值（Value）：即大数据包含很多深度的价值，大数据分析和利用将带来巨大的商业价值。

阿姆斯特丹大学的 Yuri Demchenko 等人提出了大数据体系框架的 5V 特征，增加了真实性（Veracity），即处理的结果要保证一定的准确性。此时大数据的 5V 特征如图 10-3 所示。

图 10-3　大数据 5V 特征

10.2.3　大数据技术

大数据技术包含于大数据概念之中，主要包含数据采集技术、数据存储技术、数据处理技术、数据呈现技术。

数据采集技术是通过网络抓取、实时数据采集等技术从外部数据源导入结构化数据（关系库记录）、半结构化数据（日志、邮件）、非结构化数据（文件、视频、音频、网络数据流）等实时数据。数据采集技术可以细分为数据库数据采集技术、文件数据采集技术、实时数据采集技术、全量数据复制、增量数据捕获（CDC）方案。

数据存储技术是负责大数据存储，针对全数据类型和多样计算需求，以海量规模存储、快速查询读取为特征，存储来自外部数据源的各类数据，支撑数据处理层的高级应用。存储技术可以细分为分布式文件存储技术、分布式数据库技术（列式数据库）、关系型数据库技术（集群）、内存数据库技术（NOSQL）、面向多种存储的元数据、数据资产管理功能、面向多种应用的数据服务接口（低延时或实时要求）。

数据处理技术是对多样化的大数据进行加工、处理、分析、挖掘，产生新的业务价值，发现业务发展方向，提供业务决策依据。数据处理技术可细分为批量、流式、内存计算技术、数据挖掘、大数据作业调度管理等。

数据呈现技术是指借助图形化手段，清晰传达与沟通信息。数据呈现技术可细分为HTML5展现技术、Flex展现技术、GIS展现技术等。

大数据技术当然也重视数据安全技术和标准研究。大数据安全技术主要解决从大数据环境下的数据采集、存储、分析、应用等过程中产生的诸如身份验证、授权过程和输入验证等大量安全问题。由于在数据分析、挖掘过程中涉及企业各业务的核心数据，防止数据泄露、控制访问权限等安全措施在大数据应用中尤为关键。大数据标准研究主要从数据自身的角度提出在不断创新应用和服务模式下的大数据标准体系即大数据标准化路线。

10.2.4 大数据产业应用场景

随着国家大数据战略配套政策措施的制定和实施，我国大数据产业的发展环境将进一步优化，目前我国大数据的行业应用领域十分广泛，几乎涉及了我们日常生活的各个领域，图10-4所示是大数据的一些常见应用场景。

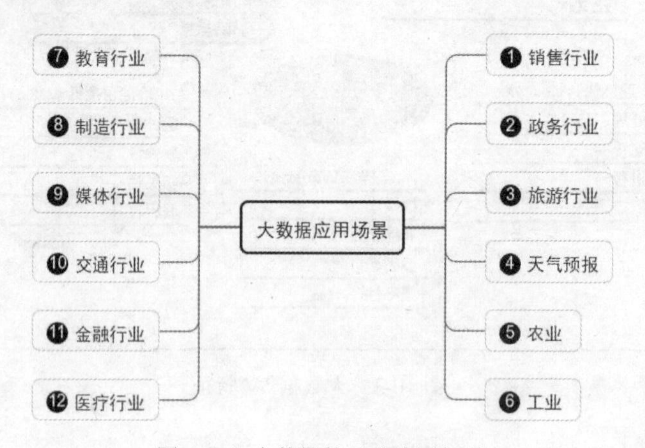

图10-4 大数据的一些应用场景

（1）销售行业：零售商可以使用大数据分析消费者行为、购买趋势和偏好，以帮助他们预测下一个大卖点和优化库存。

（2）政务行业：通过行政大数据的分析和应用，政府可以更好地监测和制定公共政策，发现和解决行政管理中的问题，优化政府管理流程，提高行政管理效率和公信力。

（3）旅游行业：通过旅游大数据，可以进行旅游市场分析、旅游产品研发、旅游线路规划、旅游安全管理、游客服务等。

（4）天气预报：分析大量历史数据之间隐藏的非线性关系，更准确地阐明地球系统中现象之间复杂的因果关系，对于极端天气气候事件，准确及时的预报有助于减少损失，挽救生命。

（5）农业：通过大数据分析，可以帮助农业从生产、流通、销售到科研、管理等各个方面实现智能化、精准化、高效化，提高农产品质量和安全、增加农业生产效益、促进农业可持续发展。

（6）工业：可以通过数据分析和挖掘，发现生产过程中的问题和机会，优化生产流程，提高生产效率和产品质量。工业大数据已经成为制造业智能化的重要组成部分。

（7）教育行业：大数据可以用于个性化学习、改进教学方式和提高学生绩效。

（8）制造行业：通过大数据技术，可以为企业提供制造过程中的实时反馈和更深入的洞察，指导企业进行生产和管理决策，进行供应链管理和优化，从而降低成本和提高效率；用于产品质量控制和产品设计改进，提高产品质量和客户满意度，促进企业可持续发展。

（9）媒体行业：大数据可以用于改进内容分发、个性化推荐和广告投放。

（10）交通行业：大数据可以用于优化路线、改进交通网络、减少交通拥堵和改善交通安全，可以帮助交通管理部门实现交通流量、拥堵等交通情况的实时监测和分析，优化交通信号控制和路网规划，提高交通效率，减少拥堵和交通事故。

（11）金融行业：大数据可以用于风险评估和欺诈检测，以及个人化投资和财务规划。

（12）医疗行业：大数据可以用于识别患者的疾病风险，改进诊断和治疗方案，并帮助医疗机构进行资源分配。

10.3　人 工 智 能

人工智能对于我们来说科幻、陌生，而且透着神秘。然而事实上，我们已经每天在日常生活工作中使用了人工智能，如语音助手、无人驾驶、智能手环、智能家居等产品，只是我们没有意识到而已。人工智能已经是一种存在的现实。

10.3.1　人工智能的概念

人工智能（Artificial Intelligence，AI）这一概念首次出现是在 1956 年，由麦卡锡在达特茅斯会议上提出，并定义为：人工智能就是要让机器的行为看起来就像是人所表现出来的智能行为一样，这标志着人工智能学科的诞生。然而，关于人工智能的理解，国内外的人工智能学者们因其学术背景的不同以及对智能的理解的不同，对人工智能做出不一样的解释。贝尔曼把人工智能定义为：人工智能是那些与人的思维、决策、问题求解和学习等有关的活动的自动化。费根鲍姆教授则认为：“人工智能是计算机科学中的一个分支，涉及计算机系统的设计，该系统显示人类行为中与智能有关的某些特征。”绍特里夫教授把人工智能定义为，“计算机科学中的一个分支，研究问题求解的符号方法和非算法问题”。尼尔逊教授这样定义人工智能：“人工智能是关于知识的学科——怎样表示知识以及怎样获得知识并使用知识的科学。”温斯顿认为：“人工智能是计算机科学的一个领域，它主要解决如何使计算机感觉、推理和行为等问题。”国内蔡曙山教授等认为人工智能就是试图实现人类智能的一种机器、方法或系统。钟义信院士指出，人工智能是一门学科，目标是要探索和理解人类智慧的奥秘，并把这种理解尽其可能地在机器上实现出来，从而创造具有一定智能水平的人工智能机器，帮助人类解决各种各样的问题。

维基百科认为人工智能是指由人工制造出来的系统所表现出来的智能，通常人工智能是指通过普通计算机实现的智能，同时也指研究这样的智能系统是否能够实现，以及如何实现的科学领域。百度百科则认为人工智能是研究、开发用于模拟、延伸和扩展人的智能的理论、方法、技术及应用系统的一门新的技术科学。

不管人工智能概念如何定义或理解，人工智能都是与计算机科学密不可分的。随着人工智能的发展，人工智能的范围已远远超出了计算机科学的范畴，涉及了自然科学和社会科学的所有学科。

10.3.2 人工智能的发展历程

人工智能始于 20 世纪 50 年代，至今大致分为以下 3 个发展阶段：

（1）第一阶段（20 世纪 50—80 年代）：起步期。这一阶段人工智能刚诞生，基于抽象数学推理的可编程数字计算机已经出现，符号主义（Symbolism）快速发展，但由于很多事物不能形式化表达，建立的模型存在一定局限性。随着计算任务的复杂性不断加大，人工智能发展一度遇到瓶颈。

（2）第二阶段（20 世纪 80—90 年代）：发展期。在这一阶段，专家系统得到快速发展，数学模型有重大突破，但由于专家系统在知识获取、推理能力等方面的不足，以及开发成本高等原因，人工智能的发展又一次进入低谷期。

（3）第三阶段（21 世纪初至今）：繁荣期。随着大数据的积聚、理论算法的革新、计算能力的提升，人工智能在很多应用领域取得了突破性进展，迎来了一个繁荣时期。

关于人工智能理论的发展，存在两种划分方法，均分为 3 个阶段。

第一种划分方法是计算、感知、认知 3 个阶段。中国科学院张钹院士、中国工程院李德毅院士和王恩东院士等业界人士认为，人工智能从技术阶段上主要分为运算智能、感知智能和认知智能三个层次。运算智能是指快速计算和记忆存储能力；感知智能，即视觉、听觉、触觉等感知能力；认知智能就是具有推理、可解释性的能力，也是人工智能的高级阶段。

张钹院士曾在 2015 年提出第三代人工智能体系的雏形，并于 2018 年底正式公开第三代人工智能的理论框架体系，其核心思想为：

（1）建立可解释、鲁棒性的人工智能理论和方法。

（2）发展安全、可靠、可信及可扩展的人工智能技术。

（3）推动人工智能创新应用。

也有学者称符号主义为第一代 AI，称连接主义为第二代 AI，将要发展的 AI 称为第三代 AI。张钹院士强调，发展第三代人工智能，需要依靠知识、数据、算法和算力四个要素，其中的关键问题是算法。

第二种划分方法是感知、认知、决策 3 个阶段。中国科学院大学人工智能学院徐波院长，根据人工智能解决问题的不同阶段，将其归纳为：感知智能、认知智能、决策智能三个阶段。其中，感知智能和认知智能的观点与第一种划分方法相同。徐波院长认为，随着机器认知水平越来越高，其“自主性”进一步增强，具备了应对更多样态势和功能的能力，人类无可避免地将越来越多的问题交给机器决策。为了提高机器决策的准确度，需要加强复杂问题下人机信任度的提升，增强人类与智能系统交互协作智能的研究，即决策智能。

10.3.3 人工智能的分类

人工智能作为一门前沿交叉学科，其定义一直存在不同的观点：《人工智能——一种现代方法》中将已有的一些人工智能定义分为 4 类：像人一样思考的系统、像人一样行动的系统、理性地思考的系统、理性地行动的系统。这里的行动应广义理解为采取行动或制定行动的决策。人工智能是知识的工程，是机器模仿人类利用知识完成一定行为的过程。根据人工智能是否能真正实现推理、思考和解决问题，可以将人工智能分为弱人工智能、强人工智能和超人工智能。

1. 弱人工智能

弱人工智能是指不能真正实现推理和解决问题的智能机器，这些机器表面看像智能的，但并不真正拥有智能，也不会有自主意识。迄今为止的人工智能系统都还是实现特定功能的专用智能，而不是像人类智能那样能够不断适应复杂的新环境并不断涌现出新的功能，因此都还是弱人工智能。

目前的主流研究仍然集中于弱人工智能，并取得了显著进步，如语音识别、图像处理和物体分割、机器翻译等方面取得了重大突破，甚至可以接近或超越人类水平。

2. 强人工智能

强人工智能是指真正能思维的智能机器，并且认为这样的机器是有知觉的和自我意识的，这是人工智能发展的质变。这类机器可分为类人（机器的思考和推理类似人的思维）与非类人（机器产生了和人完全不一样的知觉和意识，使用和人完全不一样的推理方式）两大类。从一般意义来说，达到人类水平的、能够自适应地应对外界环境挑战的、具有自我意识的人工智能称为"通用人工智能""强人工智能"或"类人智能"。

强人工智能不仅在哲学上存在巨大争论，在技术上的研究也具有极大的挑战性。强人工智能当前鲜有进展，美国私营部门的专家及国家科技委员会比较支持的观点是，至少在未来几十年内难以实现。因为这涉及了理解大脑产生智能的机理这一脑科学的终极性问题，绝大多数脑科学专家都认为这是一个数百年乃至数千年甚至永远都解决不了的问题。

通向强人工智能还有一条"新"路线，这里称为"仿真主义"。这条新路线通过制造先进的大脑探测工具从结构上解析大脑，再利用工程技术手段构造出模仿大脑神经网络基元及结构的仿脑装置，最后通过环境刺激和交互训练仿真大脑实现类人智能，简而言之，"先结构，后功能"。虽然这项工程也十分困难，但都是有可能在数十年内解决的工程技术问题，而不像"理解大脑"这个科学问题那样遥不可及。

仿真主义是通向强人工智能的关键一环。经典计算机是数理逻辑的开关电路实现，采用冯·诺依曼体系结构，可以作为逻辑推理等专用智能的实现载体。但要靠经典计算机不可能实现强人工智能。要按仿真主义的路线"仿脑"，就必须设计制造全新的软硬件系统，这就是"类脑计算机"，或者更准确地称为"仿脑机"。"仿脑机"是"仿真工程"的标志性成果，也是"仿脑工程"通向强人工智能之路的重要里程碑。

3. 超人工智能

牛津哲学家，知名人工智能思想家博斯特伦在其著作中提出，人工智能技术很可能在不久的将来孕育出在认知方面全面超越人类的超人工智能，并将超人工智能定义为"在几乎所有的领域都比人类最聪明的大脑聪明得多，包括科学、创新、通识和社交技能"。这是人工智能发展的终极目标，但是超人工智能将给人类带来什么深远的影响，这或许会颠覆我们常规的想法。

10.3.4 人工智能的特征

（1）由人类设计，为人类服务，本质为计算，基础为数据。人工智能系统必须以人为本，这些系统是人类设计出来的机器，按照人类设定的程序逻辑或软件算法通过人类发明的芯片等硬件载体来运行或工作，本质体现为计算，通过对数据的采集、加工、处理、分析和挖掘形成有价值的信息流和知识模型，为人类提供延伸人类能力的服务，实现对人类期望的一些"智能行为"的模拟，必须体现服务人类的特点，而不应该伤害人类，特别是不应该有目的性地做出伤害人类的行为。

（2）能感知环境，能产生反应，能与人交互，能与人互补。人工智能系统应能借助传感器等器件产生对外界环境进行感知的能力，可以像人一样通过听觉、视觉、嗅觉、触觉等接收来自环境的各种信息，对外界输入产生文字、语音、表情、动作等必要的反应，甚至影响到环境或人类。借助于按钮、键盘、鼠标、屏幕、手势、体态、表情、力反馈、虚拟现实/增强现实等方式，人与机器间可以产生交互与互动，使机器设备越来越“理解”人类乃至与人类共同协作、优势互补。这样，人工智能系统能够帮助人类做人类不擅长、不喜欢但机器能够完成的工作，而人类则适合于去做更需要创造性、洞察力、想象力、灵活性、多变性乃至用心领悟或需要感情的一些工作。

（3）有适应特性，有学习能力，有演化迭代，有连接扩展。人工智能系统在理想情况下应具有一定的自适应特性和学习能力，即具有一定的随环境、数据或任务变化而自适应调节参数或更新优化模型的能力，并且能够在此基础上通过与云、端、人、物越来越广泛深入的数字化连接扩展，实现机器客体乃至人类主体的演化迭代，以使系统具有适应性、鲁棒性、灵活性、扩展性，来应对不断变化的现实环境，从而使人工智能系统在各行各业产生丰富的应用。

10.3.5 人工智能关键技术

人工智能涉及 3 个层次，即基础层、技术层、应用层的相关技术。清华—中国工程院知识智能联合研究中心、清华大学人工智能研究院知识智能研究中心和中国人工智能学会发布的《人工智能发展报告 2011—2020》中有很多研究发现，根据技术的独立性特征，人工智能涉及 20 个子领域：机器学习、自然语言处理、机器人、知识图谱、语音识别、信息检索与推荐、计算机视觉 7 个人工智能关键技术和其他 13 个人工智能外延技术，如图 10-5 所示。

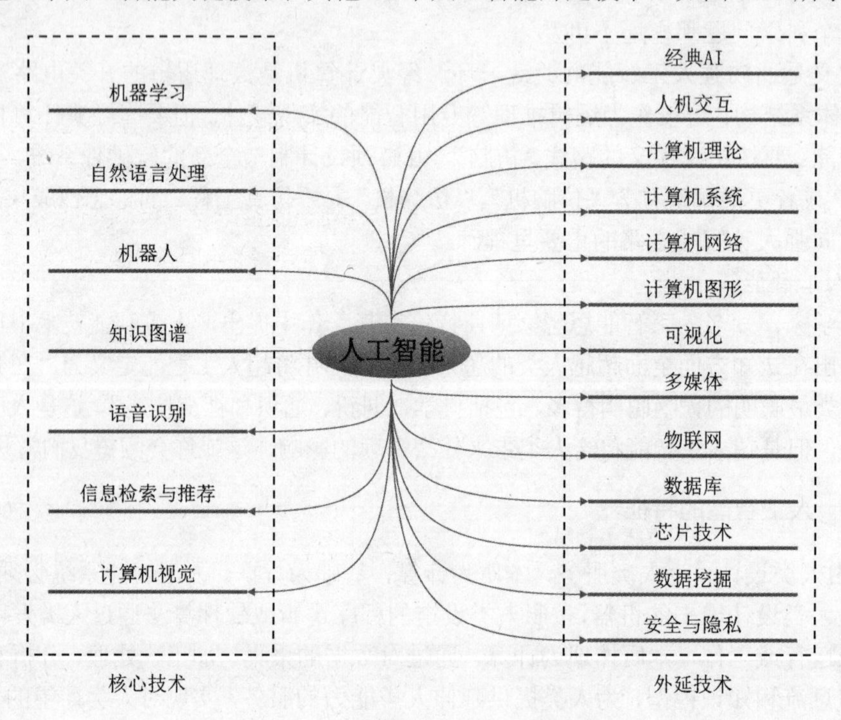

图 10-5 人工智能 20 个子领域导图

1. 机器学习

机器学习（Machine Learning）是人工智能技术的核心，研究计算机怎样模拟或实现人类的学习行为，以获取新的知识或技能，重新组织已有的知识结构使之不断改善自身的性能，达到寻找规律、利用规律对未来数据或无法观测的数据进行预测的目的，是概率论、统计学、逼近论、凸分析、算法复杂度理论等多门学科的交叉学科。

2. 自然语言处理

自然语言处理是指用计算机对自然语言，如汉语、英语等的形、音、义等信息进行处理，即对字、词、句、篇章的输入、输出、识别、分析、理解、生成等的操作和加工。自然语言处理是计算机科学领域与人工智能领域的一个重要方向，涉及的领域较多，主要包括机器翻译、文本摘要、文本分类、文本校对、信息抽取、语音合成、语音识别、语义理解和问答系统等。

3. 机器人

机器人广义上包括一切模拟人类行为和思想以及模拟其他生物的机械。狭义的机器人定义还有很多分类法及争议，我们采用国际标准化组织采纳的美国机器人协会给机器人下的定义，机器人是指一种可编程和多种功能的操作机，或是为了执行不同的任务而具有可用电脑改变和可编程动作的专门系统，一般由执行机构、驱动装置、检测装置、控制系统和复杂机械等组成。

借由模仿逼真的外观及自动化的动作，机器人是指能够半自主或全自主工作的智能机器，具有感知、决策、执行能力，可以辅助甚至替代人类完成危险、繁重、复杂的工作。机器人具有提高工作效率与质量，服务人类生活，扩大或延伸人的活动及能力范围的作用，是人类历史上非常重要的发明成果。

4. 知识图谱

知识图谱本质上是结构化的语义知识库，是一种由节点和边组成的图数据结构，以符号形式描述物理世界中的概念及其相互关系，其基本组成单位是“实体—关系—实体”三元组，以及实体及其相关“属性—值”对。不同实体之间通过关系相互联结，构成网状的知识结构。在知识图谱中，每个节点表示现实世界的“实体”，每条边为实体与实体之间的“关系”。通俗地讲，知识图谱就是把所有不同种类的信息连接在一起而得到的一个关系网络，提供了从“关系”的角度去分析问题的能力。

5. 语音识别

语音识别是让机器识别和理解说话人语音信号内容的技术。其目的是将语言信号转变为计算机可读的文本字符或者命令的智能技术，利用计算机理解讲话人的语义内容，使其听懂人类的语言，从而判断说话人的意图。语音识别技术包括特征提取技术、模式匹配准则、模型训练技术3个方面。

6. 信息检索与推荐

信息的检索与推荐都是用户获取有用信息的手段，其中信息检索是信息按一定的方式进行加工、整理、组织并存储起来，再根据用户特定的需求将相关信息准确地查找出来的过程，涉及信息的表示、存储、组织和访问，其目的主要是获取与需求匹配的信息。信息检索的主要环节包括信息内容分析与编码、组成有序的信息集合、用户提问处理和检测输出。其中信息提问与信息集合的匹配、选择是整个环节的重要部分。

信息推荐是指系统向用户推荐用户可能感兴趣但又没有获取的有效信息，其实现主要依靠推荐系统。推荐系统是指信息过滤技术，从海量项目中找到用户感兴趣的部分，并将其推荐给用户，这在用户没有明确需求或者项目数量过于巨大、凌乱时，能够很好地为用户服务，解决信息过载问题。推荐系统模型流程通常由用户特征收集、用户行为建模与分析、推荐与排序3个重要模块组成。

7. 计算机视觉

计算机视觉是使用计算机模仿人类视觉系统的科学，让计算机拥有类似人类提取、处理、理解和分析图像以及图像序列的能力。自动驾驶、机器人、智能医疗等领域均需要通过计算机视觉技术从视觉信号中提取并处理信息。近来随着深度学习的发展，预处理、特征提取与算法处理渐渐融合，形成端到端的人工智能算法技术。

8. 人机交互

人机交互也称为人机互动，是人与计算机之间为完成某项任务所进行的信息交换过程，是一门研究系统与用户之间的交互关系的学问。系统可以是各种各样的机器，也可以是计算机化的系统和软件。人机交互界面通常是指用户的可见，部分用户可通过人机交互界面与系统交流并进行操作。人机交互技术是计算机用户界面设计中的重要内容，与认知学、人机工程学、心理学等学科领域有着密切的关系。

人机交互是现代信息技术、人工智能技术研究的热门方向。作为人工智能技术在快速发展过程中的里程碑式产品，2022 年 11 月上线的 ChatGPT（Chat Generative Pre-Trained Transformer，生产型预训练变换模型，简译为聊天生成器）是由美国人工智能实验室 OpenAI 开发的人工智能聊天机器人应用。上线不到一周，用户就突破了 100 万，两个月时间，使用活跃用户过亿，打破了抖音九个月吸引用户过亿的纪录，成为世界上用户增长速度最快的应用程序。

ChatGPT 作为一种开放式、低门槛的互联网社交工具，重塑了人机关系。从技术层面看，ChatGPT 是基于人工智能技术所实现的一种大型语言模型的机器学习系统（张夏恒，2023），或可以更细致地说，ChatGPT 是在互联网场域中基于 Transformer（多层变换器）架构，通过 AIGC（AI Generated Content，人工智能内容生成）实现代码生成、文本问答、内容撰写等数字内容的生成，综合机器学习、神经网络等多种技术模型，实现针对人类反馈信息学习的大规模预训练语言模型。简单地理解，ChatGPT 是一种软件工具的产品形式。但对其进行概念界定时，应突破聊天工具或实现聊天功能的软件工具这一局限。我们认为要将 ChatGPT 升华到新一代人工智能技术层面，是在新一代人工智能技术叠加神经网络等更多先进技术乃至相关软硬件的基础上，依托广阔的互联网数据及资料，通过与人类的预训练及反馈用户需求的具备数字内容孪生能力、数字编辑能力及数字创作能力的强化学习应用范式，可以收集、理解、加工并升华人工内容，产出匹配用户需求的数字内容，并演化为一种智能式的认知理解模式。

通过学习大量现成的网络文本与对话集合，ChatGPT 能够高度模拟人类进行实时对话并流畅地回答各类问题，甚至能够撰写论文、商业计划书、行业分析报告、营销企划方案、代码编程等。这背后当然依赖于强大又先进的技术，尤其体现了“大数据+大算力+大算法=智能模型”的逻辑和特征。除此之外，ChatGPT 也表现出许多类人类、拟人类的特征。

总之，ChatGPT 的到来，将预示着人机交互新时代的到来，更将为信息产业、互联网产业乃至许多传统产业带来巨大变革。

10.3.6　人工智能应用场景

应用场景是人工智能发展的主要驱动力。应用场景构建了数据驱动的商业闭环，成为人工智能技术试验、成熟、应用的实验室。从技术视角看，应用场景是推动人工智能技术创新应用的新孵化平台；从企业视角看，应用场景是人工智能技术寻求改变人类生活方式的新试验空间；从产业视角看，应用场景是人工智能技术推动产业爆发的新生态载体。

近几年，为推进人工智能同产业深度融合，促进人工智能应用领域尽快落地，多省发布了人工智能应用场景需求，推进人工智能解决方案落地与普及推广，具体场景如表 10-1 所示。

表 10-1　各地区发布人工智能应用场景（根据时间降序排列）

省份	时间	人工智能应用场景
上海	2021 年 7 月	枢纽机场智慧交通、智能商圈、世博园人工智能商业应用、AI 智慧公园、海关科创智能监管服务、无人驾驶规模化示范应用、智慧银行生态体系
北京	2021 年 6 月	人工智能辅助诊疗、绿色工厂、科技冬奥、覆盖京津冀 85%交通场景的封闭测试基地等
浙江	2021 年 6 月	人工智能教育、5G 赋能智慧园区、具有驾驶能力的数字驾驶舱等
湖北	2021 年 6 月	智能头盔、配网带电作业机器人、消化道早癌病理结构化报告的智能诊断、AI 公交站、秸秆监管预警服务项目、智能喷涂机器人、智能跑道系统等
天津	2021 年 5 月	汽车智能装配、智能网联汽车、智能技术赋能高端装备材料制造、基于自主 E 级算力的人工智能创新一体化平台、工业人工智能研发与产业化
浙江	2021 年 4 月	基于人工智能的多方安全计算技术的联合信贷风险模型开发和应用系统、企业征信信息共享联盟链、反洗钱信息系统、智能家庭健康促进项目等
山东	2021 年 4 月	高精高效机床、井下支护台车机器人、装夹工件机器人、工程机械智能施工研究及产业化、高端智能装备制造等
湖北	2020 年 12 月	智能驾驶辅助系统、新冠肺炎多模异构医学人工智能系统、智慧校园、智慧金融、智慧农场、北斗时空智能服务、5G 智慧光网络、智能网联
四川	2020 年 11 月	三大特色场景：智能无人机应用/智能空管、普惠金融、智慧医疗 三大重点场景：智能制造、智慧交通、智慧旅游
江苏	2020 年 8 月	数据驱动新型公交、5G+AI 云一体化创新应用示范
重庆	2020 年 6 月	礼嘉智慧公园、智慧共享物流中心、西部自动驾驶开放测试基地
湖南	2020 年 5 月	湖南省大数据交易中心、天心区智慧环卫示范区、安防智能识别防控体系、5G 应急云广播、天心智教、精准政策推送、建筑垃圾人工智能监管

2022 年 8 月，科技部关于支持建设新一代人工智能示范应用场景的通知中提出的首批示范应用场景主要包括 10 个：智慧农场、智能港口、智能矿山、智能工厂、智慧家居、智能教育、自动驾驶、智能诊疗、智慧法院、智能供应链。

10.4　物　联　网

物联网，国内外普遍公认的是麻省理工学院自动识别中心于 1999 年在研究射频识别（Radio Frequency Identification，RFID）时最早提出来的，目的是为企业管理者提供便利的货物管理手段，实现对“物”的自动化、智能化管理与控制。2005 年，国际电信联盟发布《ITU Internet reports 2005—the Internet of things》对物联网的定义和范围进行了延伸，把 RFID 技术、传感网技术、智能器件、纳米技术和小型化技术作为都能引导物联网发展的技术，并介绍了物联网面临的挑战和未来的市场机遇。这使得物联网在全球范围内迅速获得认可，并成为继计算机、互联网之后信息产业革命的第三次浪潮和第四次工业革命的核心支撑。我国也将物联网正式列为国家五大新兴战略性产业之一，写入了十一届全国人大三次会议政府工作报告。2013 年 2 月，国务院关于推进物联网有序健康发展的指导意见，以实现物联网在经济社会各领域的广泛应用，掌握物联网关键核心技术，基本形成安全可控、具有国际竞争力的物联网产业体系，成为推动经济社会智能化和可持续发展的重要力量作为发展的总体目标。

10.4.1 物联网的概念

物联网（Internet of Things，IoT）是以感知技术和网络通信技术为主要手段，实现人、机、物的泛在连接，提供信息感知、信息传输、信息处理等服务的基础设施；也是通过 RFID、红外感应器、全球定位系统、激光扫描器等信息传感设备，按约定的协议，把任何物品与互联网连接起来，进行信息交换和通信，以实现智能化识别、定位、跟踪、监控和管理的一种网络。一句话，物联网就是“物物相连的互联网”。这有两层意思：第一，物联网的核心和基础仍然是互联网，是在互联网基础上的延伸和扩展的网络；第二，其用户端延伸和扩展到了任何物品与物品之间，进行信息交换和通信。这里的“物”要满足以下条件才能够被纳入物联网的范围：

（1）要有相应信息的接收器。

（2）要有数据传输通路。

（3）要有一定的存储功能。

（4）要有 CPU。

（5）要有操作系统。

（6）要有专门的应用程序。

（7）要有数据发送器。

（8）遵循物联网的通信协议。

（9）在世界网络中有可被识别的唯一编号。

物联网的作用是对其用户端的“物”进行定位、跟踪、监控和管理，即在网络的环境下，采用适当的信息安全保障机制，提供安全可控乃至个性化的实时在线监测、定位追溯、报警联动、调度指挥、预案管理、远程控制、安全防范、远程维保、在线升级、统计报表、决策支持、领导桌面等管理和服务功能，实现对“万物”的“高效、节能、安全、环保”的“管、控、营”一体化。

10.4.2 物联网的特征

物联网的本质还是互联网，只不过终端不再是计算机（PC、服务器），而是嵌入式计算机系统及其配套的传感器。这是计算机科技发展的必然结果。它具有对象设备化、终端互联化和服务智能化 3 个重要特征。

当前，互联网企业、传统行业企业、设备商、电信运营商全面布局物联网；连接技术不断突破，NB-IoT、eMTC、Lora 等低功耗广域网全球商用化进程不断加速；物联网平台迅速增长，服务支撑能力迅速提升；区块链、边缘计算、人工智能等新技术题材不断注入物联网；在技术和产业成熟度的综合驱动下，中国信息通信研究在《物联网白皮书（2018 年）》中指出：物联网呈现“边缘的智能化、连接的泛在化、服务的平台化、数据的延伸化”新特征。

（1）边缘的智能化。各类终端持续向智能化的方向发展，操作系统等促进终端软硬件不断解耦合，不同类型的终端设备协作能力加强。边缘计算的兴起更是将智能服务下沉至边缘，满足了行业物联网实时业务、敏捷连接、数据优化等关键需求，为终端设备之间的协作提供了重要支撑。

（2）连接的泛在化。局域网、低功耗广域网、第五代移动通信网络等陆续商用为物联网提供泛在连接能力，物联网网络基础设施迅速完善，互联效率不断提升，助力开拓新的智慧城市物联网应用场景。

（3）服务的平台化。物联网平台成为解决物联网碎片化、提升规模化的重要基础。通用水平化和垂直专业化平台互相渗透，平台开放性不断提升，人工智能技术不断融合，基于平台的智能化服务水平持续提升。

（4）数据的延伸化。先联网后增值的发展模式进一步清晰，新技术赋能物联网，不断推进横向跨行业、跨环节“数据流动”和纵向平台、边缘“数据使能”创新，应用新模式、新业态不断显现。

10.4.3　物联网的架构

由于物联网存在异构需求，所以物联网需要有一个可扩展的、分层的、开放的基本网络架构。我国基于自身的研究和实践，形成一种可普遍应用的技术框架，如图 10-6 所示。当然，目前大多数学者将物联网的基本架构分为三层：感知层、网络层和应用层。感知层是物联网中的关键技术，是实现物联网全面感知的核心能力，是在信息化、数字化中物联网标准化、产业化方面亟须突破的技术层面，感知能力提高和感知技术的发展是关键。网络层是物联网中标准化程度最高、产业化能力最强、最成熟的部分，主要以一些覆盖面广、运行成熟的网络为基础设施和技术支撑，作为物联网中网络层的运作关键在于形成具有系统感知能力的网络。应用层，是物联网实现目的和目标的重要层面，其业务和应用，包括业务延拓和应用扩展，有很大开发和发展空间，应用创新是物联网发展的核心。

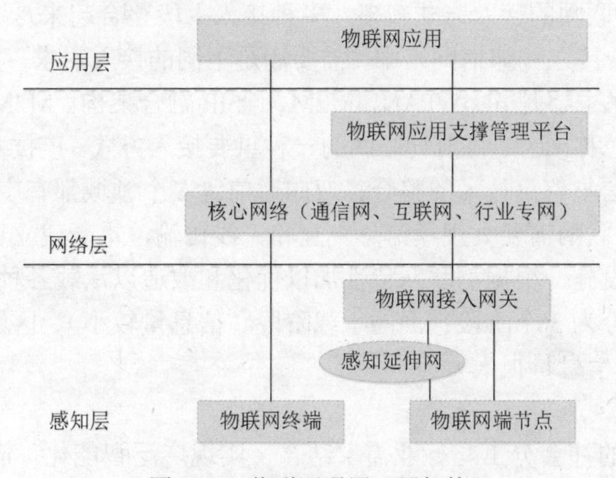

图 10-6　物联网通用三层架构

1. 感知层

在三层架构中，感知层处于最底层，又称为信源层，是物联网的皮肤和五官，负责识别物体、采集信息。感知层涉及的主要技术有电子产品代码（Electronic Product Code，EPC）技术、RFID 技术、智能传感器技术等。

（1）EPC 技术。EPC 技术将物体进行全球唯一编号以方便接入网络。编码技术是 EPC 的核心，该编码可以实现单品识别，使用射频识别系统的读写器可以实现对 EPC 标签信息的读取，互联网 EPC 体系中实体标记语言服务器对获取的信息进行处理，服务器可以根据标签信息实现对物品信息的采集和追踪，利用 EPC 体系中的网络中间件等对所采集的 EPC 标签信息进行管理。

（2）RFID 技术。射频识别（RFD）技术是一种非接触式的自动识别技术，使用射频信号对目标对象进行自动识别，获取相关数据，目前该方法是物品识别最有效的方式。根据工作频率的不同，可以把 RFID 标签分为低频、高频、超高频、微波等不同的种类。

（3）智能传感器技术。获取信息的另一个重要途径是使用智能传感器，在物联网中，智能传感器可以采集和感知信息，使用多种机制把获取的信息表示为一定形式的电信号，并由相应的信号处理装置处理，最后产生相应的动作。常见的智能传感器包括温度传感器、压力传感器、湿度传感器、霍尔磁性传感器等。

2. 网络层

网络层位于第二层，处在感知层和应用层之间，类似于人体结构中的神经中枢和大脑，负责将感知层获取的信息进行传递和处理。网络层包括通信与互联网的融合网络、网络管理中心、信息中心和智能处理中心等。网络层又可以分为汇聚网、接入网和承载网 3 个部分。

（1）汇聚网。汇聚网主要采用短距高通信技术如 ZigBee、蓝牙和 UWB 等技术，实现小范围感知数据的汇聚。ZigBee 无线技术是一种小范围、低速率、低成本的无线网络标准，拥有 250kb/s 的带宽，传输距离可达 1km 以上，功耗小。蓝牙技术是一种支持设备短距离通信的无线电技术，可以在移动电话、PDA、无线耳机、笔记本电脑等众多设备之间进行无线信息交换。利用该技术可以简化设备终端之间的通信，也能简化设备与互联网之间的相互通信，从而使数据传输准确高效。UWB（超宽带）技术具有系统复杂度低、发射功率谱密度低、对信道衰落不敏感、低截获能力、定位精度高等优点，适用于室内等密集多径场所的高速无线接入。

（2）接入网。物联网的接入方式较多，多种接入手段整合起来是通过各种网关设备实现的，使用网关设备统一接入到通信网络中，需要满足不同的接入需求，并完成信息的转发、控制等功能。常用的技术主要是 6LoWPAN、M2M、全 IP 融合架构。M2M 是机器之间建立连接的所有技术和方法的总称，这是目前物联网的一种重要接入方式。该技术是物联网实现通信链接的关键，在无线通信与信息技术的整合、双向通信等多个领域都有广泛的应用。

（3）承载网。物联网需要大规模信息交互和无线传输，重新建立通信网络是不现实的，需要借助现有通信网设施，根据物联网特性加以优化和改造以承载各种信息。

承载网发展可以分为 3 个阶段：混同承载阶段（信息量较小）、区别承载阶段（信息量较大）、独立承载阶段（信息量很大）。

3. 应用层

应用层是物联网的社会分工与行业需求结合，实现广泛智能化。应用层的关键技术包括中间件技术、云计算、物联网业务平台等。物联网中间件位于物联网的集成服务器和感知层、网络层的嵌入式设备中，主要针对感知的数据进行校对汇集，在物联网中起着比较重要的作用。云计算是基于网络将计算任务分布在大量计算机构成的资源池上，使用户可以借助网络按需求获取计算力、存储空间和信息服务。物联网业务平台主要针对物联网的不同业务，研究其系统模型、体系架构等关键技术。

10.4.4 物联网应用场景

物联网是人类信息技术领域发展的主要成果，随着数字化转型的智能升级步伐加速，物联网已经成为新型基础设施的重要组成部分，拥有着巨大的社会价值和产业价值。

（1）智慧城市：通过“城市物联网”连接和智慧化“城市大脑”决策，实现政府管理、社会服务、应急处置智慧化，进一步实现“善政、兴业、惠民”的智能化社会。

（2）智慧水利：通过建立端到端 IPv6 网络架构实现水利感知网 IPv6 融合应用，实现前端感知设备通过物联网关基于 IPv6 地址与物联平台间进行通信。

（3）智慧交通：需要充分利用物联网技术对交通管理、交通运输、公众出行等交通领域全方面以及交通建设管理全过程进行管控支撑，使智慧交通具备感知、互联、分析、预测、控制等能力，充分保障交通安全，发挥交通基础设施效能，提升交通系统运行效率和管理水平，为畅通公众出行和可持续经济发展服务。

（4）智慧能源：基于物联网建设一套分布式智能能源管控系统，协同管控水、电、气、光伏、路径灯等能源，提升能源调度控制运行能力，保障智慧城市的安全稳定运行。

（5）智慧医疗：以“智慧医院”为目标的医疗物联网建设已经成为热点趋势，尤其随着新冠疫情持续，加速了医疗物联网的发展，新技术和创新应用层出不穷。国内医院以开放态度探索和建设各类物联网应用，实现智慧管理、智慧服务、智慧医疗，正处在“现代医院”向“智慧医院”数字化转型升级关键时期。

10.5 虚拟现实

虚拟现实，并不是真实的世界而是一种可交互的环境，人们可通过计算机等各种媒介进入该环境与之交流和互动。它是把抽象、复杂的计算机数据空间转化为直观的、用户熟悉的事物，虽然其所产生的局部世界是人造的和虚构的，并非是真实的，但是当用户进入这一局部世界时，在感觉上与现实世界却是基本相同的。因此，虚拟现实改变了人与计算机之间枯燥、生硬和被动的现状，给用户提供了一个趋于人性化的虚拟信息空间，在信息通信、军事、医学、心理学、教育、科研、商业、影视、娱乐、制造业、工程训练等领域有广阔的应用前景。虚拟现实已经被公认为是 21 世纪重要的发展学科以及影响人们生活的重要技术之一，是新一代信息技术的重要前沿方向，是数字经济的重大前瞻领域，将深刻改变人类的生产生活方式，产业发展战略窗口期已然形成。

10.5.1 虚拟现实的概念

虚拟现实（Virtual Reality，VR）是人工构建的三维空间虚拟环境，在该环境中用户可以产生视觉、听觉、触觉等感官的感觉，并以自然的方式与虚拟环境中的事物或其他用户进行交互作用，相互影响。也就是说虚拟现实是一种多源信息融合的、交互式的三维动态视景和实体行为的系统仿真，使用户沉浸到该环境中。虚拟现实的目标有人提炼为：借助近眼现实、感知交互、渲染处理、网络传输和内容制作等新一代信息通信技术，构建跨越端管云的新业态，满足用户在身临其境等方面的体验需求，进而促进信息消费扩大升级与传统行业的融合创新。

虚拟现实是仿真技术的一个重要方向，作为一种综合计算机图形技术、多媒体技术、传感器技术、人机交互技术、网络技术、立体显示技术、仿真技术等多种科学技术而发展起来的计算机领域的新技术，是一个富有挑战性的交叉技术前沿学科和研究领域。

根据虚拟现实所倾向的特征的不同，目前的虚拟现实系统可分为4种：桌面式、增强式、沉浸式和网络分布式。桌面虚拟现实系统比较普遍，它是利用PC机或中低档工作站作为虚拟环境产生器，计算机屏幕或单投影墙作为用户观察虚拟环境的窗口，缺点是易受到周围真实环境的干扰，沉浸感较差，优点是成本相对较低。沉浸式虚拟现实系统主要利用各种高档工作站、高性能图形加速卡和交互设备，通过声音、力与触觉等方式，并且有效地屏蔽周围现实环境（如利用头盔显示器、3面或6面投影墙），使得被试者完全沉浸在虚拟世界中。增强式虚拟现实系统是利用穿透型头戴式显示器将计算机产生的虚拟图形和实际环境重叠在一起，因此用户在看见现实环境中的物体的同时又把虚拟环境的图形叠加在真实的物体上。该系统主要依赖于虚拟现实位置跟踪技术，以达到精确的重叠。网络分布式虚拟现实系统是由上述几种类型组成的大型网络系统，用于更复杂任务的研究。它的基础是分布交互模拟。

10.5.2 虚拟现实的发展历史

目前公认的现在所说的“虚拟现实”，是由美国VPL公司创建人拉尼尔在20世纪80年代提出的，也叫灵境技术或人工环境。虚拟现实从小说、电影走向现实，从投机走向理性，历经了7个发展阶段。

（1）第一个阶段（20世纪60年代以前）：模糊幻想阶段。

关于“虚拟现实”这个词的起源，目前最早可以追溯到1938年法国剧作家知名著作《戏剧及其重影》，在这本书里阿尔托将剧院描述为“虚拟现实”。其他诸如，1932年英国著名作家赫胥黎的长篇小说《美丽新世界》、1935年美国著名科幻小说家威因鲍姆的小说《皮格马利翁的眼镜》和1950年美国科幻作家布莱伯利的小说《大草原》中都对“沉浸式体验”进行了最初的描写。

（2）第二阶段（20世纪60年代左右）：萌芽发展阶段。

1956年，具有多感官体验的立体电影系统Sensorama被开发。但目前的多方面资料认为，海利希是在1960年才获得TelesphereMask专利的。到了1967年，海利希才构造了一个多感知仿环境的虚拟现实系统——SensoramaSimulator，这也是历史上第一套虚拟现实系统。自此，虚拟现实继续在文学领域发酵，同时也有科学家开始介入研究。

美国著名科幻杂志编辑根斯巴克于1963年探讨了他的虚拟现实设备，并命名为Teleyeglasses，这个再造词的意思是这款设备由电视+眼睛+眼镜组成。1965年，美国科学家——虚拟现实之父Lvan Sutherland提出感觉真实、交互真实的人机协作新理论，不久之后，美国空军开始用虚拟现实技术来做飞行模拟。1968年，Lvan Sutherland研发出视觉沉浸的头盔式立体显示器和头部位置跟踪系统，同时在第二年开发了一款终极显示器——达摩克利斯之剑，从而使得虚拟现实终于从科幻小说中走出来，成为现实。

（3）第三阶段（20世纪七八十年代）：概念的产生和理论的初步形成阶段。

1973年，Myron Krurger提出Virtual Reality的概念。虚拟现实从小说延伸到了电影。诸如1981年科幻小说家文奇的中篇小说《真名实姓》和1984年吉布森的科幻小说《神经漫游者》都有关于虚拟现实的描述。而在1982年，由史蒂文利斯伯吉尔执导，杰夫·布里奇斯等人主演的一部剧情片《电子世界争霸战》第一次将虚拟现实用电影的形式呈现给了观众。

科技界，特别是美国科技界掀起虚拟现实热，虚拟现实甚至出现在了《科学美国人》和《国家寻问者》杂志的封面上。1983年，美国国防部高级研究计划署与陆军共同制订了仿真组网计划，随后宇航局开始开发用于火星探测的虚拟环境视觉显示器。1986年，“虚拟工作台”这个概念被提出，裸视3D立体显示器开始被研发出来。1987年，游戏公司任天堂推出了Famicom3DSystem眼镜。最为重要的是，VPL公司在20世纪80年代推出了诸如手套、头显、环绕音响系统、3D引擎和虚拟现实操作系统等一系列产品，并再次提出Virtual Reality这个词，得到了大家的认可和使用。

（4）第四阶段（20世纪90年代到21世纪初）：理论完善阶段。

20世纪90年代，虚拟现实掀起了第一波全球热潮。除了《黑客帝国》等电影不断呈现虚拟现实外，诸如波音、世嘉、任天堂、索尼等公司大力布局虚拟现实，开发了很多产品，并于1994年出现了虚拟现实建模语言，为图形数据的网络传输和交互奠定了基础。

（5）第五阶段（2004—2011年）：静默酝酿阶段。

在21世纪的第一个十年里，手机和智能手机迎来爆发，虚拟现实似乎已被人们遗忘。尽管在市场尝试上不太乐观，但人们从未停止在虚拟现实领域的研究和开拓。索尼在这段时间推出了3公斤重的头盔，Sensics公司也推出了高分辨率、超宽视野的显示设备piSight，还有其他公司也在连续性推出各类产品。由于虚拟现实技术在科技圈已经充分扩展，科学界与学术界对其越来越重视，虚拟现实在医疗、飞行、制造和军事领域开始得到深入的应用研究。

（6）第六阶段（2012—2017年）：爆发阶段。

2012年8月，19岁的PalmerLuckey把OculusRift摆上了众筹平台Kickstarter的货架，短短一个月左右就获得了9522名消费者的支持，收获243万美元众筹资金。两年之后的2014年，Oculus被互联网巨头Facebook以20亿美元收购，该事件强烈刺激了科技圈和资本市场，沉寂多年的虚拟现实终于迎来了爆发。

此后全球资本密集投向虚拟现实这一领域。随着2016产业元年Sony、HTC和Oculus第一代面向大众消费市场VR终端“三剑客”（PSVR、Vive、Rift）的上市，以及Microsoft推出面向垂直行业市场的AR终端Hololens，资本市场投资热潮进一步高涨，各大ICT巨头积极提出有关发展战略，众多科技初创公司纷纷涌现，2017年苹果、谷歌相继推出了基于iOS11、Android 7.0（Nougat）平台的ARKit、ARCore，将虚拟现实技术赋能数亿部手机与平板。

（7）第七阶段（2016年至今）：理性调整阶段。

当前“虚拟现实产业临冬论”（2017年投资增速负增长）反映出虚拟现实发展已由概念热炒进入理性调整阶段，自2016年进入高速发展之后，全球虚拟现实风险资本市场已经针对产业链条开展更加审慎明确的投入。

需要指出的是，2018年，全球虚拟现实产业规模超过700亿元，2021年市场规模增长至约900亿元，预计到2024年有望增长至2400亿元，年复合增长率达到45%。

10.5.3　虚拟现实的特点

虚拟现实有以下 3 个特点：

（1）沉浸性（Immersion）：也称存在感，它是指用户感到作为主角存在于虚拟环境中的真实程度，即除计算机技术所具有的视觉感知之外，还有听觉、力觉、触觉、运动感知，甚至还包括味觉、嗅觉感知等。理想的模拟环境应该具有一切人所具有的感知功能，身临其境，达到使用户难以分辨真假的程度。

（2）交互性（Interactivity）：它是指用户对虚拟环境中物件的可操作程度和从环境中得到反馈的自然程度，比如当用户用手去抓取虚拟环境中的物件时，手就有握东西的感觉，而且可感觉到物件的重量，被抓物件也如现实中一样可以随手移动而移动。又如，当受到力的推动时，物件会向力的方向移动、翻倒、从桌面落到地面等。

（3）构想性（Imagination）：它是指在虚拟环境具有广阔的可想象空间，不仅可再现真实存在的环境，也可以随意构想客观不存在的甚至是不可能发生的环境，用户沉浸其中，可以获取新的知识，提高感性和理性认识，从而使用户深化概念和萌发新的联想，最终拓展人类认知范围，启发人的创造性思维。

10.5.4　虚拟现实的实现

虚拟现实的实现一般是从用户角度展开的，大体过程是从用户发起虚拟现实服务请求开始，到完成沉浸式互动，并将虚拟环境在用户面前展示成功结束，如图 10-7 所示。

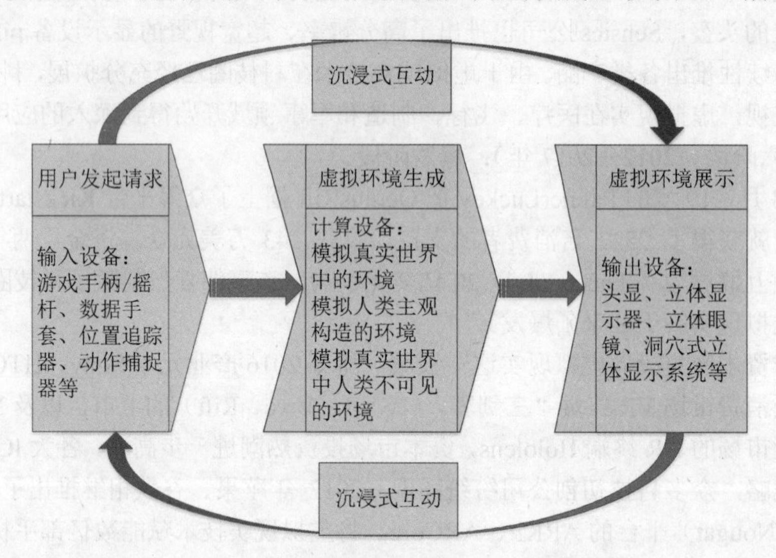

图 10-7　虚拟现实实现过程示意图

虚拟现实的实现依赖于输入设备、计算设备、输出设备。输入设备（也称辅助设备）主要用于信息输入、反馈，包括手柄、位置追踪器和动作捕捉器等。计算设备主要用于实现虚拟现实环境的逻辑计算和图像渲染，一般基于智能化操作系统、底层芯片能力访问的驱动接口，采用 Unity3D、Unreal 等支持虚拟现实渲染的中间件。输出设备（也称展示设备）主要用于将渲染的虚拟环境清晰化输出，并实现虚拟环境的三维立体化，展示在用户面前。

10.5.5 虚拟现实的发展趋势

纵观多年来的发展历程，虚拟现实的未来研究仍将遵循“低成本、高性能”这一原则，从软件、硬件上展开，并将在以下主要方向上发展：

（1）动态环境建模技术。

虚拟环境的建立是虚拟现实技术的核心内容，动态环境建模技术的目的是获取实际环境的三维数据，并根据需要建立相应的虚拟环境模型。

（2）实时三维图形生成和显示技术。

三维图形的生成技术已比较成熟，而关键是如何“实时生成”，在不降低图形的质量和复杂程度的前提下，如何提高刷新频率将是今后重要的研究内容。此外，虚拟现实还依赖于立体显示和传感器技术的发展，现有的虚拟设备还不能满足系统的需要，有必要开发新的三维图形生成和显示技术。

（3）人机交互。

新型交互设备的研制实现人能够自由地与虚拟世界中的对象进行交互，犹如身临其境，借助的输入输出设备主要有头盔显示器、数据手套、数据衣服、三维位置传感器和三维声音产生器等。因此，新型、便宜、鲁棒性优良的数据手套和数据衣服将成为未来研究的重要方向。

（4）智能化语音虚拟现实建模。

虚拟现实建模是一个比较繁复的过程，需要大量的时间和精力。如果将虚拟现实技术与智能技术、语音识别技术结合起来，则可以很好地解决这个问题。我们对模型的属性、方法和一般特点的描述通过语音识别技术转化成建模所需的数据，然后利用计算机的图形处理技术和人工智能技术进行设计、导航和评价，将基本模型用对象表示出来，并逻辑地将各种基本模型静态或动态地连接起来，最后形成系统模型。在各种模型形成后进行评价并给出结果，由人直接通过语言来进行编辑和确认。

（5）大型网络分布式虚拟现实的应用。

网络分布式虚拟现实将分散的虚拟现实系统或仿真器通过网络联结起来，采用协调一致的结构、标准、协议和数据库，形成一个在时间和空间上互相耦合的虚拟合成环境，参与者可自由地进行交互作用。目前，分布式虚拟交互仿真已成为国际上的研究热点，相继推出了 DIS、mA 等相关标准。网络分布式虚拟现实在航天中极具应用价值，例如国际空间站的参与国分布在世界不同区域，分布式虚拟现实训练环境不需要在各国重建仿真系统，这样不仅减少了研制设备费用，而且也减少了人员出差的费用和异地生活的不适。

（6）虚拟现实与人工智能的融合。

主要体现在三个方面：一是虚拟对象的智能化，包括虚拟实体、虚拟化身向虚拟人发展以及虚拟人体；二是虚拟交互的智能化，智能交互强调交互的感知、理解和识别，带来全新的交互方式；三是虚拟现实内容研发和生产的智能化。

10.5.6 虚拟现实应用场景

2021 年 10 月，赛迪研究院电子信息研究所联合相关单位编写的《虚拟现实产业发展白皮书（2021 年）》中对虚拟现实的应用作了介绍，现摘抄如下：

（1）制造领域。虚拟现实技术赋能产品研发、装配、维修等环节，显著提升仿真设计、制造测试、运营维护的可视化程度，实现工业制造全流程智能化和一体化。如基于 5G+云 XR 技术的远程协作系统，工作人员可进行“面对面”的远程指导服务，解决由于疫情隔离无法亲临现场的问题。如中国一拖集团利用虚拟现实技术实现了多角度观察装配工位和工艺生产线，如图 10-8 所示。

图 10-8　虚拟现实在制造领域应用

（2）教育领域。目前 VR 技术已经应用于中小学课程、高校课程和职业培训等教培领域，通过游戏化、情景化等多种手段，打造沉浸式和交互性的学习体验，激发学生的学习兴趣。如华中科技大学的基于 5G+VR 在线虚拟直播，将教学场景、教学人员、知识体系、技术环节等多维度“无死角”互联，改变了学习方式，如图 10-9 所示。

图 10-9　虚拟现实在教育领域应用

（3）文化领域。虚拟现实在文化领域的应用主要包括通过数字手段对传统影视作品进行艺术加工，使观众能够身临其境，甚至与作品中的人物进行互动。此外，还可以作为一种新型工具来进行艺术创作。如中视典基于虚拟现实技术开发了长征精神、井冈山精神、平型关战役、渡江战役等丰富的 VR 教学资源，如图 10-10 所示。

图 10-10　虚拟现实在文化领域应用

（4）健康领域。虚拟现实技术在医疗健康领域的应用主要包括学习培训、手术模拟、精神康复治疗等方面，通过提供真实环境和实时触觉反馈，虚拟现实技术可以帮助医生提高手术的熟练度和成功率，制订有效的康复训练计划帮助病人实现术后康复。在疫情期间，虚拟现实技术在守好疫情防线方面支撑作用明显。如深圳市人民医院与清华大学长庚医院在北京的团队合作，共同完成 5G+AR/VR 协同肝胆胰外科远程手术，如图 10-11 所示。

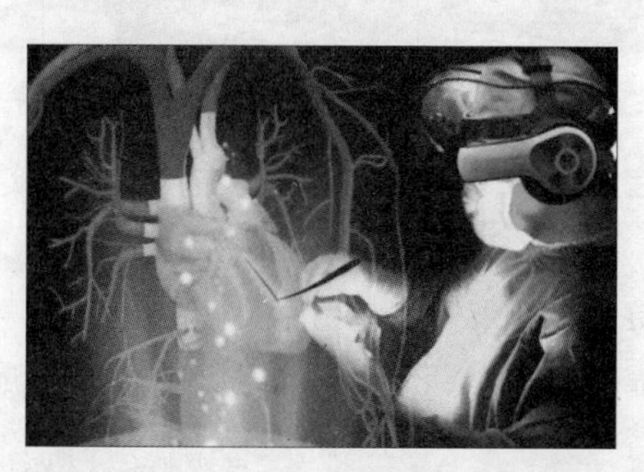

图 10-11　虚拟现实在健康领域应用

（5）商贸领域。虚拟现实技术在增加顾客对在线商品的感知度，提升在线商品信息的准确性和在线产品虚拟制造和展示这三个方面应用前景广阔。通过沉浸式的体验，消费者可以虚拟体验任何一款服装或者其他消费品，商家也可以收集用户数据对产品进行针对性设计，增加产品和服务吸引力，探索新型商业推广模式。如 ZARA 在全球 137 家店铺推出 AR 购物；中国农业银行通过 VR 互动游戏使客户了解银行相关业务，科普复杂业务相关信息，优化客户体验；房地产行业也通过虚拟现实技术给购房者提供三维全景新房装饰体验，提升房地产企业销售业绩，如图 10-12 所示。

图 10-12　虚拟现实在商贸领域应用

（6）军事领域。虚拟现实技术在军事领域的应用主要包括战场环境显示、战场作战指挥、装备维修保障、远程医疗救治和军事训练等，全面提高前方作战能力、后方保障工作效益和战后军事训练水平，在军事领域的应用范围不断扩大，颠覆了传统的战争模式和作战理念。如 King Crow 公司基于虚拟技术为美国军事训练提供 B-52 飞行员培训方案，如图 10-13 所示；微软基于增强现实和机器学习技术为美国在战场作战中将图像叠加于士兵现实视野，增强士兵感知、决策、目标捕获和目标交战能力，提升士兵的杀伤力和机动性。

图 10-13　虚拟现实在军事领域应用

2022 年 11 月，工业和信息化部等五部门联合发布《虚拟现实与行业应用融合发展行动计划（2022—2026 年）》，关于多行业多场景应用落地主要涉及 10 个行业，分别是虚拟现实+工业生产、虚拟现实+文化旅游、虚拟现实+融合媒体、虚拟现实+教育培训、虚拟现实+体育健康、虚拟现实+商贸创意、虚拟现实+演艺娱乐、虚拟现实+安全应急、虚拟现实+残障辅助、虚拟现实+智慧城市。

参考文献

[1] 战德臣，张丽杰．大学计算机——计算思维与信息素养[M]．3 版．北京：高等教育出版社，2019．

[2] 干彬，王家福，李朝林．大学计算机基础（微课版）[M]．北京：人民邮电出版社，2022．

[3] 肖丽，李冬．WPS Office 2019 应用及计算机基础[M]．北京：清华大学出版社，2021．

[4] 陈焕东，宋春晖．多媒体技术与应用[M]．2 版．北京：高等教育出版社，2016．

[5] 陶成兵，杨国富，郭旭辉．信息技术[M]．北京：中国人民大学出版社，2021．

[6] 黄林国．信息技术（微课版）[M]．北京：电子工业出版社，2023．

[7] 孟庆昌，张志华，等．操作系统原理[M]．2 版．北京：机械工业出版社，2022．

[8] 谢江宜，蔡勇．大学计算机基础实验（WPS 版）[M]．北京：中国水利水电出版社，2022．

[9] 甘勇，尚展垒，王浩．大学计算机基础[M]．5 版．北京：人民邮电出版社，2021．

读书笔记